精品课程新形态教材
21世纪应用型人才培养十四五系列教材
新时代创新型人才培养精品教材

信息技术与人工智能应用基础

主　编　吴　芸　钟　瑛
副主编　李　衍　申煜湘　陈孟军　刘铁桥

湖南师范大学出版社
·长沙·

图书在版编目（CIP）数据

信息技术与人工智能应用基础 / 吴芸，钟瑛主编．—长沙：湖南师范大学出版社，2025. 7.
ISBN 978-7-5648-5993-0

Ⅰ. TP3；TP18

中国国家版本馆 CIP 数据核字第 202597S9Q3 号

信息技术与人工智能应用基础
XINXI JISHU YU RENGONG ZHINENG YINGYONG JICHU
吴　芸　钟　瑛　主编

◇责任编辑：廖小刚　颜李朝
◇责任校对：曾　敏
◇出版发行：湖南师范大学出版社
地址/长沙市岳麓区　　邮编/410081
电话/0731-88872751　　传真/0731-88872636
网址/https：//press. hunnu. edu. cn
◇经　　销：全国新华书店
◇印　　刷：北京俊林印刷有限公司

◇开　　本：787mm×1092mm　1/16
◇印　　张：22
◇字　　数：530 千字
◇版　　次：2025 年 7 月第 1 版
◇印　　次：2025 年 7 月第 1 次印刷
◇书　　号：ISBN 978-7-5648-5993-0
◇定　　价：56. 00 元

（教学资料包索取电话：刘老师 13810926085）

前 言

党的二十大报告提出“深入实施科教兴国战略、人才强国战略、创新驱动发展战略”。教材是人才培养的重要支撑，也是引领科技创新的重要基础。为加快实现高水平科技自立自强，更好地培养拔尖创新人才，我们编写了本书，并力求本书内容与时代发展的需求保持同步。

随着信息技术的飞速发展，计算机科学与人工智能已成为推动社会变革和产业升级的核心动力。从基础的信息技术到前沿的大模型应用，现代社会对高素质信息技术人才的需求日益增长。计算机科学基础课程作为本科教学的重要组成部分，其内涵和目标需紧跟时代步伐，不仅要提升学习者的信息素养与技术能力，塑造科学的思维方式，还要注重培养其解决问题的能力和创新能力。本书围绕“基础理论—核心技术—行业应用—伦理治理”四个维度，系统梳理信息技术与人工智能的核心内容，涵盖理论知识、主流应用技术及实践操作，帮助学习者构建完整的知识体系，提升技术应用能力。

全书共分九章：第 1 章奠定计算机科学基础，介绍计算机硬件、操作系统、数据存储与安全等内容。第 2 章讲解办公自动化与应用，包括 WPS 文字处理，WPS 表格处理以及 WPS 演示的应用与操作。第 3 章讲解人工智能基础理论，包括数据科学、机器学习、深度学习的发展脉络。第 4 章介绍人工智能主流应用技术，如图像处理、文本处理、语音处理、AI 硬件部署等。第 5 章结合编程实践，训练和优化人工智能模型。第 6 章解析大模型的发展历程、核心技术及应用挑战。第 7 章介绍大模型工具，如网页工具、App 工具及提示词工程。第 8 章通过案例探讨大模型在智能客服、数据分析、内容生成等领域的实践。第 9 章展示 AI 在金融、电商、文创、代码编程等行业的创新应用。

本书采用项目引领与任务驱动的编排方式，突出对实际操作能力的培养。为满足不同层次读者的学习需求，书中对各个知识模块进行了分层次讲解，并配备了不同难度的实验项目和实践案例，以帮助学习者更好地理解和掌握相关内容。

由于编者水平有限，书中难免存在不足之处，恳请广大读者批评指正！

编者

目　录

第 1 章

信息技术基础

教学内容

本章主要介绍信息技术基础，包括计算机基础、多媒体技术、计算机网络与安全、物联网与大数据技术等内容。通过理论讲解与实践操作相结合，帮助学生全面了解计算机的基本构成、信息技术的发展趋势，并掌握计算机系统的维护与管理技能。

教学重点

1. 计算机基础：计算机的基本概念、发展历程及硬件与操作系统的组成。
2. 数据存储与管理：文件系统、数据库基础及存储管理方法。
3. 多媒体技术：数字声音、图像、视频处理及语音与自然语言处理。
4. 计算机网络与安全：网络架构、局域网构建、无线网络与安全防护。
5. 物联网与大数据技术：云计算、大数据处理、区块链技术及其应用。

教学难点

1. 计算机硬件与操作系统的协同工作方式。
2. 数据存储与管理的基本原理。
3. 计算机网络的构建与安全防护措施。
4. 物联网、云计算、大数据技术的核心概念及其应用场景。

教学方法

1. 理论讲授法：系统讲解计算机基础、网络技术、数据存储、系统维护及大数据技术等内容。

2. 案例分析法：通过典型案例分析，帮助学生了解各项技术的实际应用及其发展趋势。

3. 多媒体辅助教学：利用视频、动画等多媒体素材，直观呈现计算机系统架构、操作系统运行机制、网络通信等复杂概念。

4. 实践与操作法：安排实践操作，让学生进行计算机硬件安装、操作系统配置、系统维护、网络架构搭建等实践。

5. 课堂讨论与小组合作：鼓励学生进行小组讨论，分享对计算机系统、数据存储、网络安全等内容的理解，提升团队协作与解决问题的能力。

教学要求

1. 掌握计算机基础知识，包括硬件、操作系统及发展历程。
2. 理解数据存储与管理的方法，并掌握基本的数据库知识。
3. 掌握多媒体技术的基本应用，如数字声音、图像和视频处理。
4. 了解计算机网络的基本概念，并掌握网络安全的基本防护措施。
5. 了解物联网、大数据及区块链技术的基础知识及其应用。

素质目标

通过本章教学，在帮助学生掌握信息技术知识与技能的同时开展思政教育。借“中国芯”“北斗系统”等成就，激发学生的民族自豪感与科技报国热情，引导他们坚守技术伦理，树立正确价值观，鼓励他们运用所学为国家数字化建设添砖加瓦。

1.1 计算机基础

1.1.1 计算机概述

计算机（Computer），俗称“电脑”，是20世纪最重要的科技发明之一。作为当代迅速发展的技术之一，计算机技术在众多新兴技术中具有广泛的应用和深远的影响。它的应用最初源于军事计算，随后迅速扩展至社会的各个领域，如教育、政府机关、企事业单位等。如今，计算机已经深入到普通百姓的日常生活中，成为人们工作和生活中不可或缺的工具。本节将重点介绍计算机的发展历程、硬件及操作系统。

1.1.1.1 计算机的关键人物

1642年，科学家布莱士·帕斯卡（B. Pascal）发明的机械计算机如图1-1所示，可用于计算加减法。由一系列齿轮组成，6个轮子分别代表着个、十、百、千、万及十万。其工作原理和手表类似，用钥匙旋紧发条后能转动，只需顺时针拨动齿轮，就可以实现加法运算，而逆时针则是减法运算。为了解决“逢十进一”的进位问题，帕斯卡还采用了一种形似小爪的棘轮装置，当定位齿轮朝9转动时，棘轮就逐渐升高；一旦齿轮转到0，棘轮便跌落下来，推动前一位数的齿轮前进一挡。

图1-1 布莱士·帕斯卡和他发明的机械计算机

1834 年，英国数学家查尔斯·巴贝奇（Charles Babbage）（图 1-2 左一），他采用打孔纸带作为输入输出方式设计了分析机。在这项设计中，他曾设想根据存储数据的穿孔卡上的指令进行任何数学运算的可能性，并设想了现代计算机所具有的大多数其他特性，但因 1842 年政府拒绝进一步支持他的工作，巴贝奇的计算器未能完成。斯德哥尔摩的舒茨公司按他的设计于 1855 年制造了一台计算器。

1945 年，约翰·冯·诺伊曼（John von Neumann）（图 1-2 左二），提出了冯·诺伊曼架构，即存储程序计算机的概念。这一架构至今仍被大多数计算机所采纳，成为现代计算机设计的基础。

20 世纪中叶，艾伦·图灵（Alan Turing）（图 1-2 右一）提出了图灵机的概念，为计算机科学的理论基础奠定了根基。此外，图灵在密码学领域也做出了重要贡献，尤其是在破解德国恩尼格玛密码机方面的突出成就。

图 1-2 查尔斯·巴贝奇、约翰·冯·诺伊曼和艾伦·图灵

1946 年，约翰·普雷斯珀·埃克特（J. Presper Eckert）与约翰·威廉·莫奇利（John William Mauchly）共同设计并建造了 ENIAC。ENIAC 是世界上第一台大规模电子数字计算机（图 1-3 所示）。

图 1-3 世界上第一台大规模电子数字计算机——ENIAC

1.1.1.2 计算机的发展历程

电子计算机的诞生建立在数百年的机械式计算机和计算技术发展的基础之上。自电子计算机问世以来，其发展迅速。根据计算机所采用的电子逻辑器件，电子计算机的发展可分为四个阶段，分别被称为第一、二、三、四代计算机。

1. 第一代计算机（1946—1958 年）

第一代计算机（图 1-4 所示）的主要特征是采用电子管作为基本器件，并使用光屏管或汞延时电路作为存储器。其输入输出设备主要是穿孔纸带或卡片。此阶段的计算机依靠机器语言或汇编语言进行编程，系统软件尚未发展，应用范围狭窄。计算速度较低，一般为每秒几千到几万次，体积庞大、质量大、价格高昂，存储容量小，且维护困难。该类计算机主要用于科学计算。

图 1-4　第一代计算机

2. 第二代计算机（1958—1964 年）

第二代计算机（图 1-5 所示）的突出特点是采用晶体管作为逻辑元件，具有速度快、寿命长、体积小、质量较小和节能等优点。代表产品包括 IBM 公司的 IBM 7090、7094、7040、7044 等。这一时期，高级编程语言逐渐出现，计算机运算速度显著提高，可达到每秒数十万到数百万次，体积和质量也大幅缩小，计算机的使用变得更加便捷，应用范围逐渐扩大。除了科学计算外，计算机开始广泛应用于数据处理、事务处理以及工业控制。

图 1-5　第二代计算机

3. 第三代计算机（1964—1970 年）

进入 20 世纪 60 年代中期，半导体制造工艺的突破催生了集成电路的出现，第三代计算机（图 1-6 所示）开始采用中小规模集成电路作为主要构件。代表产品有 IBM 公司的 IBM 360、370 系列以及 DEC 公司的 PDP-11 小型机等。除了集成电路，计算机还采用了半导体存储器作为主存储器，外存储器使用磁盘和磁带。这一阶段，软件进一步发展，标准化的程序设计语言和人机交互式的 BASIC 语言相继诞生，操作系统逐渐完善，使计算机功能更加强大，应用领域不断扩展。计算机的运算速度提升至每秒数百万至数千万次，可靠性大幅提高，价格显著降低，产品系列化、兼容性和互换性得到加强，并逐步形成计算机网络。计算机不仅在科学计算中得到广泛应用，还进入企业管理、自动控制、辅助设计和制造等领域。

图 1-6 第三代计算机

4. 第四代计算机（1970 年至今）

第四代计算机（图 1-7 所示）的诞生得益于大规模集成电路的成功应用，标志着计算机进入了一个全新的时代——大规模和超大规模集成电路时代。计算机的体积进一步缩小，性能得到显著提升，性价比大幅提高。并行处理技术和多机系统得到发展，产品更新换代的速度不断加快。计算机软件也变得更加丰富，逐步实现了软件系统的工程化、理论化以及程序设计的自动化。微型计算机的出现，使计算机的应用已渗透到人类生活和国民经济的各个领域。第四代计算机的存储容量和运算速度远超前几代计算机，极大地推动了各行各业的发展。

图 1-7 第四代计算机

1.1.2 计算机硬件与操作系统

1.1.2.1 计算机硬件基本组成

计算机硬件是指计算机系统中所有的物理部件，它们共同合作完成计算机的基本功能。计算机硬件的主要组成部分如图 1-8 所示。

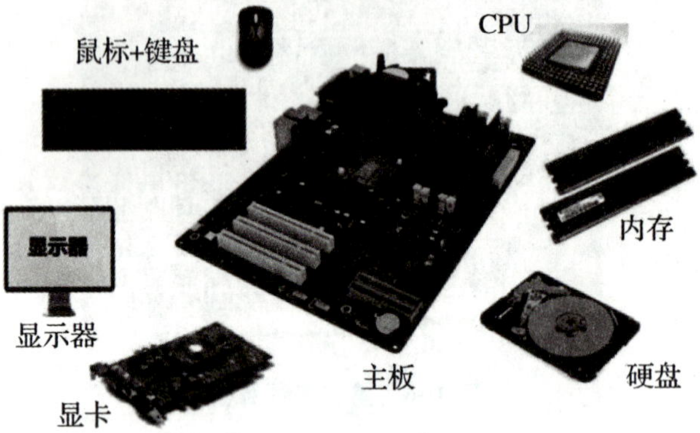

图 1-8 计算机硬件主要组成部分

1. 中央处理单元（CPU）

CPU 是计算机的“大脑”，负责处理数据和执行指令。它的性能直接决定了计算机的计算能力。CPU 的主要功能包括执行程序中的算术和逻辑操作，并控制计算机其他硬件设备的工作。其内部结构通常由运算器（ALU）、控制单元（CU）和寄存器组成。

2. 内存（RAM）

内存是计算机的临时存储空间，用于存放正在运行的程序和数据。内存的大小和速度直接影响计算机的运行效率。它的功能是为计算机提供快速的临时存储空间，但计算机关闭后，存储在内存中的数据会丢失。内存通常由随机存取存储器（RAM）和只读存储器（ROM）两部分组成。

3. 硬盘（HDD/SSD）

硬盘是计算机的长期存储设备，负责存储操作系统、应用程序和用户数据。硬盘的类型（分为机械硬盘（HDD）或固态硬盘（SSD））直接影响数据存取的速度。其功能是长期保存数据和文件，即使计算机关闭，存储在硬盘中的数据也不会丢失。

号，供用户查看。

4. 输入设备

输入设备，如键盘、鼠标、触摸屏等，用于将数据和命令输入到计算机中。这些设备允许用户通过指令控制计算机的操作，完成各项任务。其主要功能是通过用户的输入为计算机提供执行任务的依据。

5. 输出设备

输出设备，如显示器、打印机、音响等，用于将计算机的处理结果输出到外部设备。

它们通过不同的形式（如文本、图像、声音等）展示计算机的计算结果，方便用户获取信息和进行下一步操作。

1.1.2.2　操作系统基本功能

操作系统（Operating System，简称 OS）是管理计算机硬件和软件资源的程序，是计算机系统的核心。它为用户和应用程序提供了接口，使得计算机能够高效、安全地运行。操作系统的主要功能包括：

1. 资源管理

操作系统负责管理计算机的硬件资源，如 CPU、内存、硬盘和外部设备，确保各个程序能够有效地共享和利用这些资源。

（1）内存管理：分配内存空间，确保各程序的数据不发生冲突。

（2）进程管理：调度进程的执行，确保程序按照正确的顺序执行。

（3）文件管理：管理存储在硬盘上的文件，提供文件的创建、读取、修改和删除等操作。

2. 任务调度

操作系统根据优先级和资源需求调度进程的执行。调度策略直接影响计算机的响应速度和多任务处理能力。

多任务管理：允许计算机同时运行多个程序，操作系统通过时间片轮转等机制来分配 CPU 时间。

3. 用户界面

操作系统提供用户与计算机之间的交互接口。常见的用户界面有命令行界面（CLI）和图形用户界面（GUI）。

（1）命令行界面：通过输入命令行指令进行操作。命令行界面的软件通常需要用户记忆操作的命令，但是，由于其本身的特点，命令行界面较图形用户界面节约计算机系统的资源，适合高级用户。

（2）图形用户界面：通过图标、按钮、菜单等图形元素进行操作，更适合普通用户。不同用途和类型的图形用户界面有不同的视觉表现风格。设计良好的图形用户界面并没有一个固定的公式可以套用，但好的设计也会遵循一定的准则。

4. 设备驱动管理

操作系统通过设备驱动程序与硬件设备进行通信，确保计算机能够正确识别并操作各类硬件设备，如打印机、显示器等。

5. 安全与权限管理

操作系统负责保护计算机系统的安全，确保程序和用户的操作不会危及系统稳定性。它还管理不同用户的访问权限，确保数据的保密性和完整性。

（1）用户身份验证：通过用户名和密码等方式确保用户身份的合法性。

（2）文件权限控制：限制用户对文件的读写权限，防止数据丢失或泄密。

1.1.2.3 常见操作系统介绍

操作系统是计算机硬件和用户之间的桥梁，负责管理硬件资源并提供用户与计算机互动的界面。不同的操作系统具有各自的特点和适用场景，几种主流操作系统如图 1-9 所示。

图 1-9 常见的操作系统

（1）Windows：由微软公司开发，是全球最常用的个人计算机操作系统之一。Windows 操作系统以其良好的兼容性和丰富的应用支持，深受普通用户的喜爱。

（2）Linux：一个开源操作系统，广泛应用于服务器和嵌入式系统。Linux 因其稳定性、安全性以及开源特性，在开发者和技术爱好者中拥有广泛的受众。

（3）MacOS：由苹果公司开发，主要用于苹果个人电脑。MacOS 以其优雅的设计、流畅的用户体验和高效的性能而著称。

（4）Android：基于 Linux 的开源操作系统，主要用于智能手机、平板电脑等移动设备。Android 具有高度的自定义性，广泛支持各种硬件平台。

（5）iOS：苹果公司专为 iPhone、iPad 等设备设计的操作系统，具有极高的稳定性和安全性，提供了优质的用户体验。

（6）近年来，中国自主研发的操作系统（如统信 UOS、麒麟 OS、华为鸿蒙 HarmonyOS 等）发展迅速，在政务、金融、教育及特定行业领域逐步推广应用，致力于实现关键领域的自主可控。

1.1.3 数据存储与管理

1.1.3.1 数据存储介质

计算机系统中，数据存储是指将数据保存在介质上以便未来访问和使用。数据存储通常分为主存储和辅存储两大类，主存储用于临时数据存取，辅存储用于长期保存数据。见图 1-10。

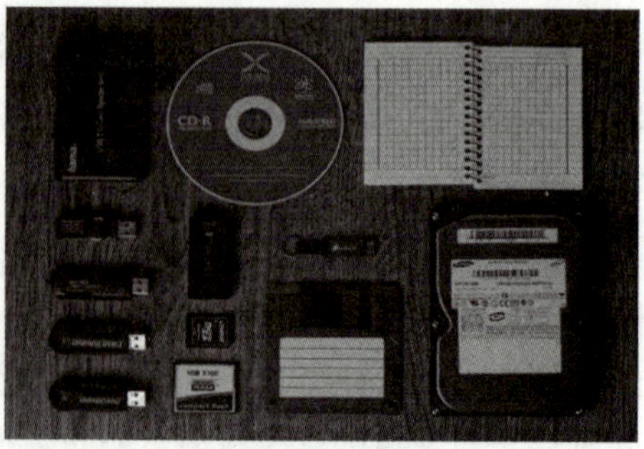

图 1-10 数据存储介质

(1) 主存储：通常指计算机的内存（RAM），主要负责存储运行中的程序及其相关数据。

(2) 辅存储：包括机械硬盘（HDD）和固态硬盘（SSD），这些设备用于数据的长期保存。与传统硬盘相比，固态硬盘拥有更快的读写速度。SSD 是由固态电子存储芯片阵列构成的存储设备，其存储介质主要分为两种：一种是以闪存（Flash 芯片）作为存储介质，类似高速、大容量的 U 盘，常用于移动存储；另一种是以 DRAM 作为存储介质，通常固定在计算机内部，作为高性能存储设备。DRAM 型固态硬盘具有极高的速度和较长的使用寿命，但缺点是需要独立电源来确保数据安全。由于其非主流地位，目前台式机和笔记本电脑更多采用基于闪存的 SSD 作为首选存储硬盘，将操作系统安装于此，以实现快速启动和更高的可靠性。

(3) 外部存储：多媒体数据存储对容量、速度、便携性以及与计算机接口的兼容性提出了较高要求。除了计算机内置的大容量硬盘外，满足这些需求的外部存储介质包括移动硬盘、可记录光盘、MP3、MP4、U 盘和闪存卡等。

1.1.3.2 数据存储架构

1. 分布式存储

分布式存储系统是一种将数据分散存储于多台独立设备的技术架构，如图 1-11 所示。与传统的网络存储系统不同，后者依赖集中的存储服务器来存放所有数据，使得存储服务器往往成为系统性能的瓶颈，同时也是可靠性和安全性的关键隐患，这种集中式设计难以满足大规模存储应用的需求。而分布式网络存储系统则采用了灵活可扩展的架构，通过多台存储服务器协同工作，分担存储负载，并借助位置服务器精确定位存储信息。这种设计不仅显著提升了系统的可靠性、可用性和数据访问效率，还便于根据需求进行扩展，适应不断增长的存储需求。

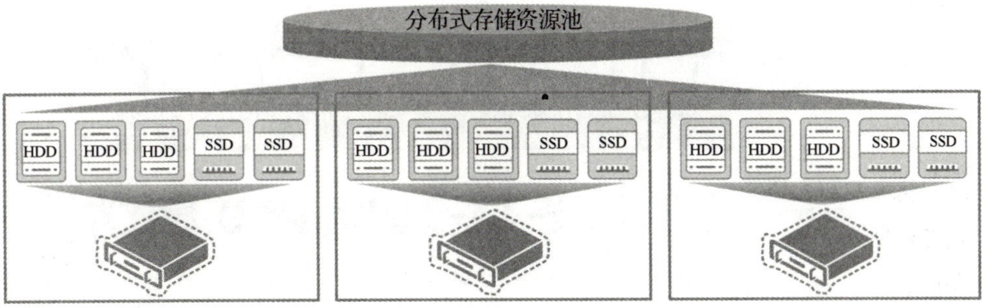

图 1-11 分布式存储

2. 集群存储

集群存储通过将多台存储设备的存储空间整合为一个统一的存储池，为应用服务器提供一致的访问接口和管理平台，如图 1-12 所示。应用程序可以通过这一接口透明地访问并利用所有存储设备上的磁盘资源，从而最大限度地发挥设备性能并提升磁盘利用率。在集群存储中，数据会依据特定规则分布存储于多台设备，并从中并行读取，以实现更高的并发访问性能。这种方式不仅优化了资源分配，还为高负载场景下的大数据处理提供了强有力的支持。

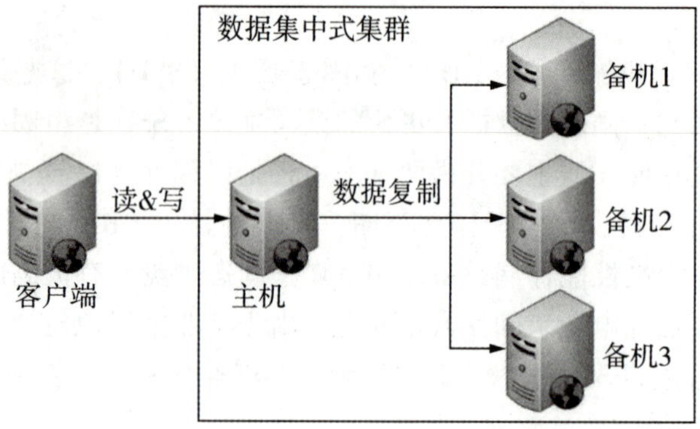

图 1-12　集群存储

3. 虚拟化存储

虚拟化存储通过将一个或多个目标服务（target）与其他附加功能整合，统一提供高效且全面的存储服务，如图 1-13 所示。其核心在于通过技术手段实现资源的抽象与优化，典型应用场景包括：屏蔽底层系统的复杂性，为用户提供简洁的操作体验；增加或集成新的功能以提升存储能力；通过仿真、整合或分解现有服务功能来满足多样化的需求。虚拟化技术作用于一个或多个提供存储资源或服务的实体之上，旨在打破物理限制，构建灵活、高效的存储环境，为用户提供无缝的存储体验。

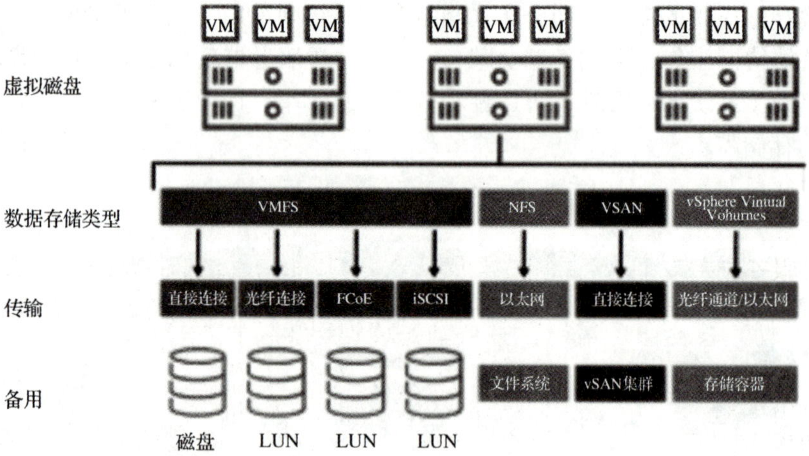

图 1-13　虚拟化存储

1.1.3.3　数据管理与安全

1. 数据管理

包括数据的存取、备份、恢复、生命周期管理等。操作系统和数据库管理系统（DBMS）常用于对数据的管理。随着计算机技术的发展，数据管理经历了人工管理、文件系统、数据库系统三个发展阶段。在数据库系统中所建立的数据结构，更充分地描述了数据间的内在联系，便于数据修改、更新与扩充，同时保证了数据的独立性、可靠、安全性与完整性，减少了数据冗余，故提高了数据共享程度及数据管理效率。

2. 数据备份与恢复

定期备份数据是防范数据丢失的关键措施，能够有效降低因意外事件导致的数据风险。备份通常包括将数据复制到独立存储介质或远程服务器，以确保在主系统发生故障时仍能保留完整的数据副本。数据恢复技术则是这一过程的另一核心，通过专业工具和方法，在硬件损坏、软件故障、人为误操作甚至自然灾害等情况下，快速重建或还原丢失的数据。这些技术不仅保障了数据的持久性，还为企业或个人的业务连续性提供了坚实后盾。例如，现代备份方案常结合增量备份与全量备份策略，辅以云存储支持，既提升效率又优化存储空间使用。

3. 数据安全

数据安全旨在通过一系列技术手段保护数据的机密性、完整性和可用性，防止敏感信息落入未经授权的人手中。加密技术是其中的核心支柱，通过将数据转化为难以破解的密文，确保即使数据被拦截也无法轻易解读。此外，访问控制机制进一步强化了安全性，通过身份验证、权限分级和多因素认证等手段，严格限制对数据的访问，仅允许合法用户在指定范围内操作。同时，数据完整性校验（如哈希算法）能够及时发现数据是否被篡改，而防病毒软件和入侵检测系统则为抵御外部威胁提供了额外保障。这些技术的综合运用，不仅守护了个人隐私和商业机密，也为数字化时代的数据管理建立了更高的安全标准。

1.1.3.4　现代数据存储技术

1. 云存储

云存储是一种基于网络的远程存储服务，用户将数据存放于由第三方托管的虚拟服务器集群，而非专属的本地服务器。托管公司负责运营大规模数据中心，为需要存储空间的用户提供按需购买或租赁的服务，以满足其数据存储需求。数据中心运营商在后端通过虚拟化技术整合存储资源，形成一个灵活的存储资源池（storage pool），供客户自由使用。用户可通过这一资源池存储文件或对象，而实际上，这些数据可能分散存储于分布在多个地理位置的服务器主机上。这种模式不仅提升了存储的灵活性和可扩展性，还大幅降低了用户自行维护硬件的成本与复杂性，为个人和企业提供了高效便捷的存储解决方案。

2. 大数据存储

随着数据量的爆炸式增长，传统的存储方式已难以应对海量数据的挑战，大数据存储因此应运而生，依托分布式文件系统（如 Hadoop HDFS）等技术实现数据的存储与管理。“大数据”之“大”不仅体现在数据量的庞大规模，还反映了组织或企业在 IT 基础设施上的需求层次。它既是对数据存储容量的考验，也是对处理能力的全面挑战。业界对大数据寄予厚望，认为商业信息积累越多，其潜在价值越大——前提是我们能找到挖掘这些价值的方法。随着大数据应用的迅猛发展，它不仅催生了独特的存储架构，还推动了存储、网络和计算技术的革新。处理海量数据的特殊需求带来了新的技术挑战，而硬件的进步往往由软件需求驱动。在这一背景下，大数据分析的应用需求正深刻影响着存储基础设施的演进。与此同时，数据的多样化（包括结构化与非结构化数据）以及分析来源的复杂化，使得传统基于块和文件的存储系统设计逐渐捉襟见肘。存储厂商敏锐地捕捉到这一趋势，开始重新设计存储架构，以适应大数据时代的高并发、高吞吐量和灵活扩展的新要求。这一转变不仅为厂商提供了新的市场机遇，也标志着存储技术迈向更高效、更智能的发展阶段。

1.1.4 计算机系统维护与管理

1.1.4.1 计算机系统管理的主要内容

计算机系统管理涵盖多个方面，包括硬件管理、软件管理、资源管理和网络管理，以确保计算机系统的稳定运行和高效运作。硬件管理涉及设备的安装、配置、检测和升级，确保各部件正常工作，减少硬件故障的影响。软件管理主要负责操作系统及应用程序的安装、更新与优化，防止系统漏洞带来的安全威胁。资源管理涉及内存、CPU、磁盘空间等关键资源的分配和优化，避免资源浪费或冲突，提升系统性能。网络管理则确保网络设备的正常运行，优化网络连接，提高数据传输的稳定性和安全性。

1.1.4.2 系统维护的常见方法

计算机系统维护通常采用多种方法，以保障系统的长期稳定性和安全性。定期检查与优化能够确保硬件、软件和网络环境的健康运行，例如清理磁盘、优化启动项、释放系统资源等。备份与恢复是维护工作的核心之一，通过定期备份数据，系统在遭遇故障或攻击时能够迅速恢复，减少损失。监控与日志管理可帮助管理员实时掌握系统运行状态，并通过分析日志发现潜在问题。病毒防护与安全管理是确保系统安全的关键，定期更新防病毒软件、配置防火墙和访问控制策略，有助于抵御网络攻击和恶意软件的侵害。

1.1.4.3 计算机系统维护中的问题与挑战

计算机系统维护过程中会面临诸多挑战，影响系统的稳定性和安全性。硬件故障是维护中的常见问题，长期运行的计算机可能出现设备老化或损坏，需要及时检测和更换。操作系统更新可能导致兼容性问题，部分软件在新系统环境下可能无法正常运行，因此升级前需进行充分测试。安全威胁是系统管理的另一大挑战，计算机面临病毒、勒索软件等攻击，如何有效防护成为系统维护的重要任务。数据丢失也是维护中的关键问题，突发的硬件损坏或系统故障可能导致重要数据丢失，因此制定完善的备份和恢复方案至关重要。

1.1.4.4 计算机系统管理工具

现代计算机系统管理依赖多种工具来提升维护效率和管理能力。监控与诊断工具，如任务管理器、资源监视器等，可以帮助管理员实时监控 CPU、内存、磁盘等系统资源，及时发现性能瓶颈。系统备份工具，如 Acronis 和 Windows 备份，能够定期备份系统数据，保障数据安全，减少意外丢失的风险。防病毒与安全软件，如 Norton 和 McAfee，有助于检测和清除恶意软件，提升系统安全性。网络管理工具，如 Wireshark 和 Nagios，则用于监测和优化网络运行，确保计算机系统具备稳定高效的网络环境。

1.1.4.5 现代计算机系统管理的发展趋势

随着技术的进步，计算机系统管理正朝着智能化、自动化方向发展。自动化运维利用人工智能和机器学习技术，减少人为干预，提高维护效率，并能自动检测和修复问题。云计算和虚拟化技术的普及，使得系统管理更加灵活，资源调度更加动态，企业可以通过云平台实现高效运维。智能运维借助大数据分析和 AI 技术，能够预测系统故障，提前采取措施进行修复，大幅降低系统宕机的风险，提高计算机系统的可靠性和可用性。

1.2　多媒体技术基础

1.2.1　多媒体技术概述

媒体（Media）是承载信息的载体，具体指信息的表现形式或传播形式，如文字、声音、图像、动画和视频等。根据国际电信联盟（ITU）建议的定义，媒体可以分为以下几类：感觉媒体（Perception Medium）、表示媒体（Representation Medium）、表现媒体（Presentation Medium）、存储媒体（Storage Medium）、传输媒体（Transmission Medium）。这些分类依据其在信息传递中的作用不同进行划分。

1.2.1.1　多媒体的重要特征

多媒体技术具有以下四个重要特征：

（1）多维化：多媒体能够将不同类型的信息（如文字、音频、图像、视频等）结合在一起，形成多维度的表达形式，从而丰富了信息的传递和表达。

（2）集成性：多媒体能够将多种技术集成到一个系统中，跨越传统的单一信息形式，通过计算机技术和网络技术将文字、声音、图像等多种信息融合到一起。

（3）交互性：多媒体系统强调人与系统之间的互动。用户不仅是信息的接受者，也可以通过各种输入设备与系统进行互动，控制信息的呈现方式，提升用户体验。

（4）实时性：多媒体技术具备实时处理的能力，能够对音频、视频等信息进行实时采集、处理和传输，尤其在视频会议、远程医疗、在线游戏等应用中尤为重要。

1.2.1.2　多媒体系统的基本组成

多媒体系统通常由硬件和软件两个部分组成，如图 1-14 所示。

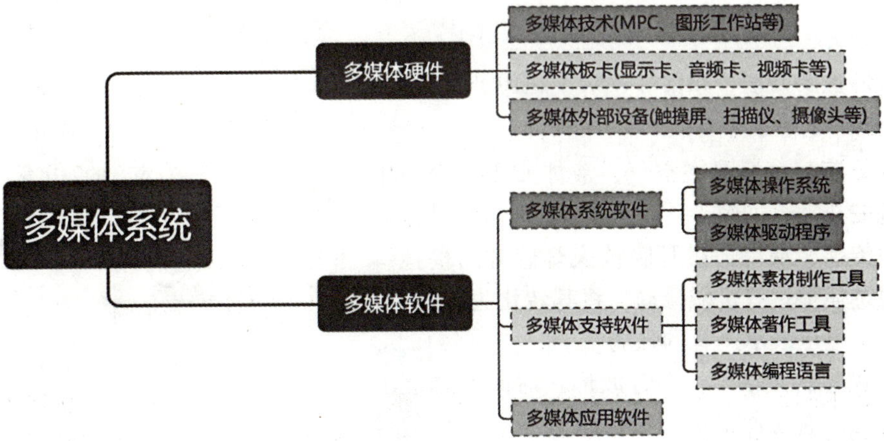

图 1-14　多媒体系统的基本组成

（1）硬件部分：包括计算机的主要配置（如 CPU、内存、显卡等）以及与外部设备连接的设备和接口，如显示器、音箱、摄像头、麦克风等输入输出设备。

（2）软件部分。主要包括：

①多媒体驱动软件：用于驱动硬件设备，使其能够与系统进行有效的互动。

②多媒体操作系统：支持多媒体数据的存储、处理和管理。

③多媒体数据处理软件：用于处理图像、音频、视频等多媒体内容的编辑、转换、压缩等。

④多媒体创作工具软件：用于内容创作的工具，如图像处理软件、视频编辑软件、音频合成软件等。

⑤多媒体应用软件：基于多媒体技术的应用程序，如多媒体播放器、虚拟现实应用、教育培训系统等。

1.2.1.3 多媒体技术应用

多媒体技术在多个领域有着广泛的应用，在以下几个方面具有极为重要的应用前景：

（1）图像信息处理：多媒体技术在图像信息处理中的应用尤为广泛。通过图像压缩和格式转换技术，多媒体技术能够将高质量图像有效压缩并转换为适合传输和存储的格式，同时保证图像信息的传递性，常见应用如图像压缩、图像编辑和图像识别。

（2）音频信息处理：音频信息的处理同样是多媒体技术的一个重要领域。通过音频合成技术，能够产生特定的语言信息，满足不同用户的需求。此外，当前非常流行的语音识别与语音转换技术，能够实现语音信息与文本信息之间的高效转换，为人们的日常生活和工作提供极大的便利。这一技术广泛应用于语音助手、智能客服、实时字幕生成等场景，提升了信息交流的便捷性和效率。

（3）交互式应用：随着技术的发展，交互式多媒体应用逐渐普及。在虚拟现实（VR）、增强现实（AR）以及游戏娱乐等领域，用户通过与多媒体内容的互动，能够获得身临其境的体验。

1.2.2 数字声音

1.2.2.1 声音基本概念与声音数字化

多媒体主要处理音频信号，对于超声波和亚声波不作处理。

1. 数字音频基本概念

（1）声音：声音是在空气、液体或固体介质中产生的机械波动，如图 1-15 所示。它通过物体振动在介质中传播，最终通过耳膜被人耳感知。模拟音频技术通过捕捉这些机械振动，将其转化为电信号，并通过模拟电压表示声音的强弱。

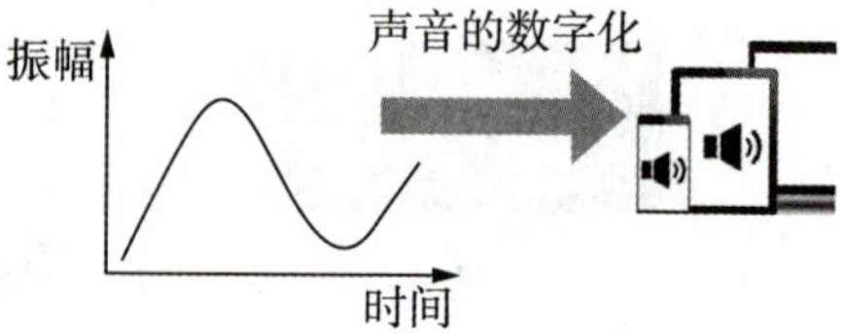

图 1-15　声音的数字化

（2）模拟音频信号：声音波形在时间和幅度上都是连续的，通常通过电压波形来表示。这些信号连续的特点使得它无法直接被计算机处理，因此必须进行数字化处理。

（3）数字音频信号：数字音频信号是将模拟音频信号中的电压值通过数字化的方式表示。数字信号是一种离散信号，计算机只能处理这种信号。

2. 音频信号数字化过程

数字化音频信号的质量受以下几个因素的影响：

（1）采样频率：采样频率指的是每秒采样的次数，频率越高，表示采集的音频样本点越多，从而可以更准确地恢复原始声音。常见的音频采样频率有 44.1 kHz（CD 质量），48 kHz（视频和广播音频），96 kHz（高分辨率音频）。

（2）量化位数（采样深度）：量化位数决定了每个采样值的精度，通常是指每个采样点的二进制数位。常见的位深有 8 位、16 位和 24 位。位深越高，音频的动态范围和细节还原能力越强。

（3）声道数：声道数指的是一次采样中录制的声音波形的个数，常见的有单声道和双声道。双声道（立体声）比单声道能够提供更丰富的空间感和音频体验，但也会增加音频文件的存储需求。

3. 存储计算

音频文件的存储量可以通过以下公式计算：

$$存储量 = (采样频率 \times 采样位数 \times 声道数)/8$$

例如，对于一张 60 分钟的 CD 唱片，采用 44.1 kHz 采样频率、16 位深度、双声道，存储容量为：（44.1×1000×16×2×3600）/8=635040000B≈606 MB。

1.2.2.2　声卡与声音文件格式

1. 声卡简介

声卡，又名音频卡，如图 1-16 所示，是计算机的核心硬件之一，负责处理计算机中的音频数据。声卡是多媒体技术中最基本的组成部分，是实现声波/数字信号相互转换的一种硬件。声卡的基本功能是把来自话筒、磁带、光盘的原始声音信号加以转换，输出到耳机、扬声器、扩音机、录音机等声响设备，或通过音乐设备数字接口（MIDI）使乐器发出美妙的声音。

图 1-16　声卡

2. 声卡的作用

（1）A/D 转换：将外部的模拟声音信号转换为数字信号，便于计算机处理和存储。

（2）D/A 转换：将计算机中的数字音频信号转换为模拟信号，通过扬声器或耳机播放。

（3）I/O 能力：声卡配备的输入/输出端口允许用户连接麦克风、音箱、外部录音设备等，进行音频录制或播放。

3. 声卡的主要接口

（1）话筒输入（Mic In）：用于连接麦克风，通常用于录音。

（2）线路输入（Line In）：用于连接录音机、乐器等外部音源，进行音频录制。

（3）线路输出（Line Out）：将数字音频信号输出至音响系统或其他播放设备。

（4）扬声器输出（Speaker Out）：用于连接耳机或音箱播放音频。

（5）游戏棒/MIDI（Joystick/MIDI）：用于连接游戏手柄或 MIDI 乐器，常用于音乐创作或游戏音效。

4. 声卡的关键部件

（1）数字信号处理器（DSP）：声卡的核心部件，负责管理音频信号的输入输出，并执行音频信号的数字/模拟转换。

（2）总线接口芯片：负责在声卡与计算机系统总线之间传输数据和控制命令。

（3）混音器：用于将多个音频源信号混合处理，生成最终的音频输出。

（4）音乐合成器：主要用于生成 MIDI 文件的声音，用于音乐创作和播放。

5. 声音文件格式说明

音频文件通常采用特定的文件格式进行存储，如表 1-1 所示。常见的格式有 WAV、MP3、FLAC、AAC 等，每种格式都有其特点。例如，MP3 通过压缩算法减少文件大小，FLAC 则是无损压缩，保持更高的音质。

表 1-1　声音的存储格式

WAV 文件格式	来源于对声音模拟波形采样，声音还原性好，缺点是占用存储空间大。适用领域：音频原始素材保存。该格式是通用音频格式
MP3 文件格式	采用 1∶10~1∶20 压缩率制作的数字音频文件。必须经过解压缩才能播放，数据量小
RA 文件格式	最早的因特网流媒体音频，音质相对较差。特点是可在低的带宽下网上实时播放，因为压缩比例最大可达 96∶1
WMA 文件格式	因特网流媒体音频，在互联网上播放的压缩音频文件
RAMID 文件格式	是一种通过电子乐器弹奏，数字化合成的音频文件，占用空间很小
APE 文件格式	是一种音频无损压缩格式，可压缩到传统无损格式 WAV 文件的一半；而在音质上超越一般的 MP3，达到和 CD 相同的音质
AIF 文件格式	Apple 计算机的音频文件格式

1.2.3　数字图像

1.2.3.1　图像基本知识

颜色的基本特性可以通过亮度、色调和饱和度来描述。亮度决定了颜色的明暗程度，色调用于区分不同的颜色类型，而饱和度则反映了颜色的纯度，饱和度越高，颜色越鲜艳。色彩的呈现依赖于三原色原理，即红、绿、蓝（RGB）三种基色光按照不同的比例混合，形成人眼能够感知的各种颜色。这一原理构成了色彩学的基础，并衍生出不同的颜色空间。RGB 颜色空间通过红、绿、蓝三色混合生成色彩，广泛应用于计算机显示和图像处理。CMY 颜色空间（青、品红、黄）主要用于彩色印刷，以实现精准的色彩再现。YUV 颜色空间常用于视频信号处理，其中 Y 表示亮度，UV 则表示色差信号，使视频能够在不同显示设备上呈现自然的色彩效果。HSL 颜色空间通过色调（H）、饱和度（S）和亮度

（L）来描述颜色，广泛应用于图像编辑软件，以便用户直观地调整色彩参数。

1.2.3.2　图像数字化

图像数字化是将连续的模拟图像转换为计算机可处理的离散数据的过程，主要包括采样、量化和编码三个步骤。采样是将图像划分为离散的像素点，每个像素点的亮度和色彩信息由数值表示，分辨率则决定了图像的精细度。量化是将像素的采样值映射为有限的离散数值，通常用二进制表示，量化位数越高，色彩层次越丰富，但文件大小也会增加。编码则是将量化后的数据转换为计算机可识别的二进制格式，便于存储和传输。

1.2.3.3　图像类型、属性与格式

图像主要分为矢量图和位图两种类型。矢量图基于数学公式和几何图形存储，适用于线条和图形设计，具有可无限缩放且不失真的特点。位图由像素点组成，适用于照片等复杂图像，但缩放时可能会失真。图像的关键属性包括分辨率、图像深度和颜色深度。分辨率决定图像的细节表现，通常以像素每英寸（PPI）表示；图像深度反映每个像素所用的二进制位数，影响色彩表现的丰富度。常见的图像格式包括 JPEG（适用于照片的有损压缩格式）、PNG（支持透明背景的无损压缩格式）和 GIF（支持动画和透明背景，但颜色数较少）。

1.2.3.4　图像数据获取与编辑

图像数据可以通过数码相机、扫描仪、数字化设备等方式获取，并在图像编辑软件中进行处理。Photoshop 等工具可以调整亮度、对比度、裁剪图像，或添加特效等。常见的编辑方法包括颜色调整、尺寸缩放、滤镜应用等。此外，还可以使用图像处理算法，如边缘检测用于提取图像轮廓，平滑处理用于减少噪声，从而提高图像的质量和表现力。

1.2.4　视频处理

1.2.4.1　视频基本概念

1. 视频

视频是连续的图像序列，以每秒多个静态图像的方式呈现，通常每秒显示 24 至 60 帧，给人以连续、流畅的动态视觉效果。视频包括两部分内容，即图像和音频。图像部分由一系列静态图像构成，音频部分通常为与图像同步的声音信号。

2. 帧率

每一张静态图像称为一帧（frame），这些帧按时间顺序组合在一起形成视频，如图 1-17所示。每秒的帧数称为帧率（frame rate），常见的帧率有 24 fps（电影）、30 fps（视频）以及 60 fps（高质量视频）。帧率对视频的流畅度有重要影响，较高的帧率可以带来更流畅的播放效果，尤其是在快速运动场景中。

3. 分辨率

视频分辨率指的是视频图像的宽度和高度，通常用像素表示。常见的视频分辨率有：1080 p（Full HD），1920×1080 像素；4K，3840×2160 像素；8K，7680×4320 像素。较高的分

辨率意味着更多的像素点，可以呈现更精细的画面，但也需要更高的带宽和存储空间。

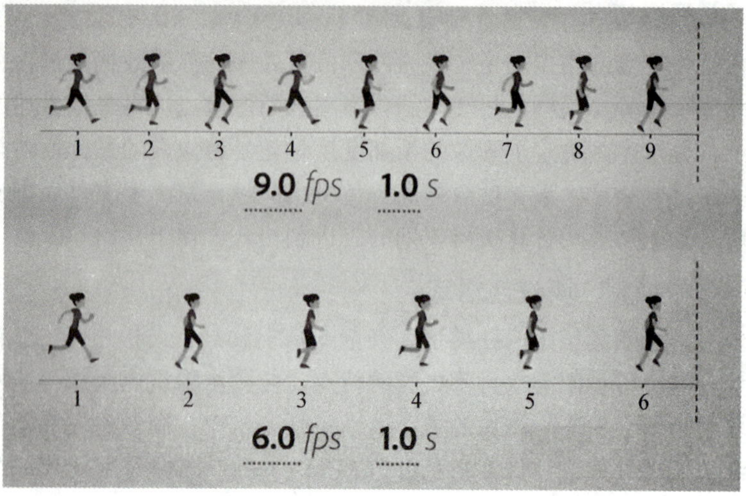

图 1-17　视频帧率

1.2.4.2　视频编码与解码

1. 视频编码

视频编码是一种数据压缩技术，旨在减少视频文件的大小，以便于存储和传输，如图 1-18 所示。常见的视频编码标准包括：H.264（AVC），其压缩效率较高，被广泛用于高清视频和流媒体；H.265（HEVC），相比 H.264 可提供更高的压缩效率，适用于 4K 及 8K 视频；VP9，由 Google 开发，广泛应用于 YouTube 等流媒体平台。

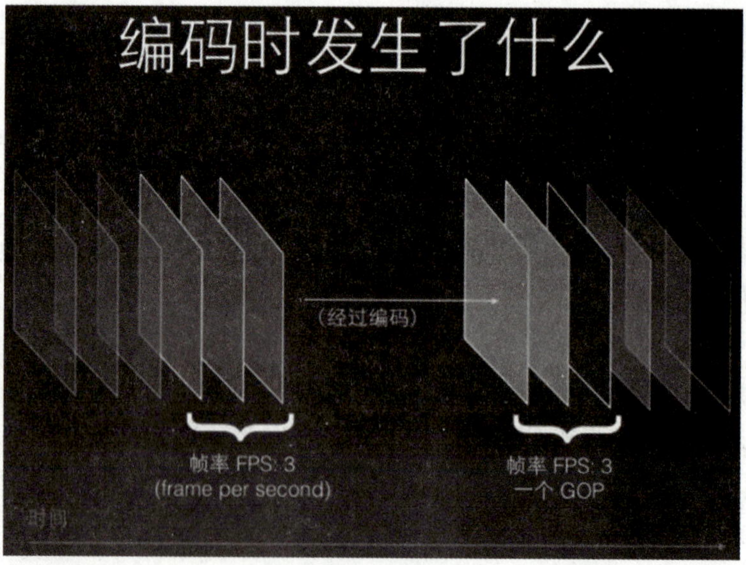

图 1-18　视频编码

2. 视频解码

视频解码是指将经过编码压缩的视频数据还原成可播放的格式。解码通常依赖软件或硬件支持，如 VLC 播放器或带有专用解码模块的 GPU，以确保流畅播放不同格式的视频文件。

1.2.4.3　视频处理与编辑

视频处理与编辑是指对视频数据进行调整和操作的过程。常见的操作包括：

（1）剪辑与合并：剪辑是指从视频中截取一部分片段，合并是将多个视频片段连接成一个完整的视频。

（2）转场效果：视频转场是连接不同片段之间的过渡效果，如溶解、推拉、翻页等效果，常用于视频编辑中。

（3）颜色校正与调色：通过调节视频的色温、对比度、亮度等参数来优化视频画面，使视频更加符合视觉需求。

（4）特效与字幕：在视频中添加特效（如爆炸、烟雾、虚化等）和字幕，以增强观众的观看体验。

目前常用的视频编辑软件有 Adobe 的 Premiere 和微软的 Video for Windows。

1.2.4.4　视频压缩与格式

视频压缩通过去除冗余数据来减小视频文件的大小，常见的压缩方式有：

（1）有损压缩：在压缩过程中会丢失一部分数据，但压缩比高，常见的视频压缩格式如 MP4、AVI、FLV 等。

（2）无损压缩：压缩后不会丢失任何数据，虽然压缩比低，但保留了视频的所有细节，常见的无损视频格式如 MKV。

常见视频格式如表 1-2 所示。其中 MP4 是最广泛应用的视频格式，支持多种设备和平台，兼容性强。AVI 格式的视频和音频可以独立压缩，适用于高质量视频存储。MOV 由 Apple 公司开发，主要用于 Mac 系统的视频文件格式，兼容性较差。MKV 支持多种音频、视频、字幕格式，适合存储高质量视频文件。

表 1-2　常见视频格式

GIF	两种类型，固定画面的图像文件与多画面动画文件，均采用 256 色
SWF	用 Flash 软件制作的动画文件格式。该格式的动画主要在网络上播出，特点是数据量小，动画流畅，但不能进行修改和加工
AVI	通用的视频文件格式。兼容性好、调用方便、图像质量好，但缺点是文件体积过于庞大，同时在编码方面出现很多问题，如高低版本互不兼容以及一些莫名其妙的问题
DV AVI	数码 AVI 格式。它不同于传统 AVI 格式，数码摄像机就是使用这种格式记录视频数据的
DivX	采用 DivX 编码的 AVI 格式。它可把 DVD 视频压缩为原来的 10%，质量接近 DVD 视频光盘的效果。经压缩后的视频文件扩展名也是 .avi
MPEG	用 MPEG 算法压缩得到的视频文件。VCD 是用 MPEG-1 格式压缩的，DVD 则是用 MPEG-2 格式压缩的

续表

RM	视频流媒体技术始创者。图像质量较差。特别适合带宽较小的网络用户在网上实时观看，可以边下载边播放，还可以根据需要实现在线播放
RMVB	它是 RM 格式的升级。它的文件大小比 DivX 影片减少了近 45%，而视听觉效果与其相当，比 RM 格式文件相对大一些，视频和音频质量相对也好一些
ASF	微软开发的适合在网页中插播的流格式视频文件
WMV	微软开发的一种可在网上实时播放流格式视频文件。效果好于 ASF 和 RM 格式的视频文件
MOV	Apple 公司开发，默认播放器是 Quicktime Player，跨平台，支持 Windows 和 Mac Os

1.2.5 语音与自然语言处理

1.2.5.1 语音识别

语音识别是指计算机将语音信号转换为文本的技术，其流程如图 1-19 所示。它依赖于声学模型、语言模型和词典库等核心组件来提高识别准确度。声学模型用于分析语音信号的特征，识别出音素或单词；语言模型则基于统计和概率方法预测可能的单词序列，使识别结果更加连贯和自然。目前，语音识别广泛应用于智能助手（如 Google Assistant、Siri）、实时语音翻译、会议记录等场景，极大地提升了人机交互的便利性。

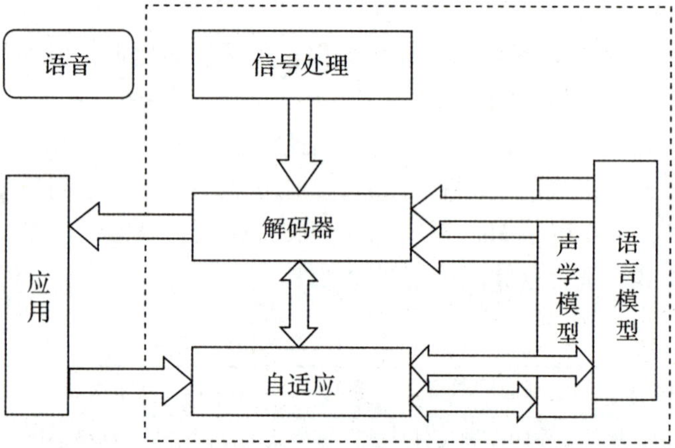

图 1-19 语音识别流程

1.2.5.2 语音合成

语音合成技术（Text-to-Speech，TTS）能够将文本转换为自然语音，使计算机具备“说话”能力。常见的语音合成方式包括基于规则的合成、拼接合成和基于深度学习的合成。基于规则的方法依赖语音学规则生成语音，但自然度较低；拼接合成通过拼接预录音频片段实现流畅发音，效果较好但受限于数据集；基于深度学习的方法（如 WaveNet）利用神经网络生成接近人类的语音，质量最高。语音合成已广泛应用于智能助手、导航系统、读屏软件等领域，为用户提供便捷的语音交互体验。

1.2.5.3　自然语言处理（NLP）

自然语言处理（NLP）是计算机科学与人工智能的重要分支，致力于使计算机能够理解、分析和生成自然语言。其核心技术包括分词、词性标注、命名实体识别、情感分析等。例如，分词技术可以将连续的文本切分成有意义的词语，情感分析则用于判断文本的情感倾向。机器翻译和智能问答系统也是 NLP 的典型应用，如 Google Translate 能够自动翻译多种语言，智能客服能够根据用户问题提供精准答案。NLP 的挑战在于语义理解、多义性处理和语境依赖等问题，计算机需要深入理解文本含义才能提供准确的分析和响应。

1.2.5.4　语音与文本结合应用

语音与文本技术的结合催生了许多智能化应用。例如，语音搜索通过语音输入代替文字输入，使用户能够更便捷地查找信息；语音翻译与实时字幕技术则能够实现跨语言交流，广泛应用于国际会议、直播字幕等场景。这些技术的进步正在推动人机交互更加自然高效，为全球用户带来更优质的使用体验。

1.3　计算机网络与安全

1.3.1　计算机网络概述

1.3.1.1　计算机网络的定义

计算机网络是通过通信线路将多台计算机和外部设备连接起来，形成一个可以实现数据交换和资源共享的系统。网络可以跨越地理区域，实现设备之间的信息传输和数据交互，促进信息和资源的高效共享与管理。

1.3.1.2　计算机网络的分类

计算机网络可以根据不同标准进行分类。

按交换方式分类，可以分为电路交换、报文交换、分组交换。

按使用者分类，可以分为公用网和专用网，如图 1-20 所示。

公用网（因特网）　　专用网（军队、铁路、电力、银行）

图 1-20　按使用者分类

按传输介质可以分为有线网络和无线网络两类，如图 1-21 所示。

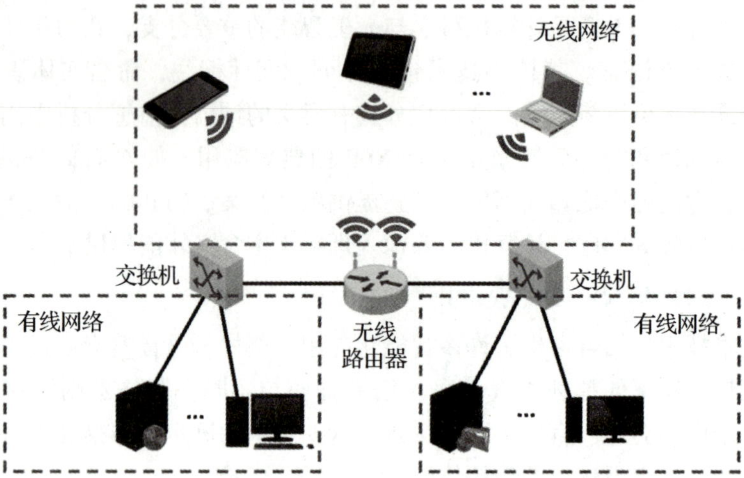

图 1-21　按传输介质分类

按覆盖范围分类可以分为广域网、城域网、局域网和个域网，如图 1-22 所示。

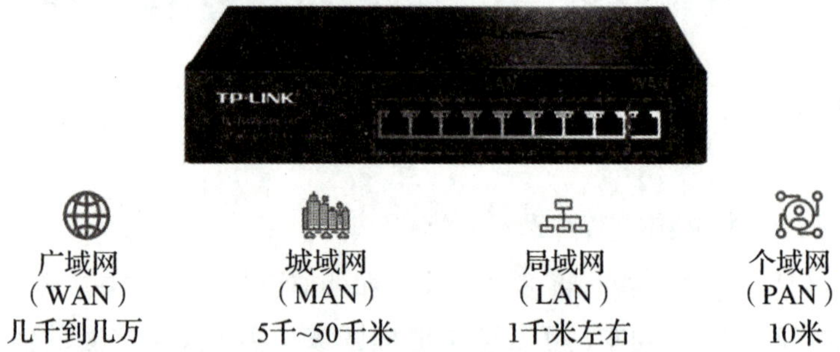

图 1-22　按覆盖范围分类

按拓扑结构可以分为星型、环型、总线型和网状型，如图 1-23 所示。

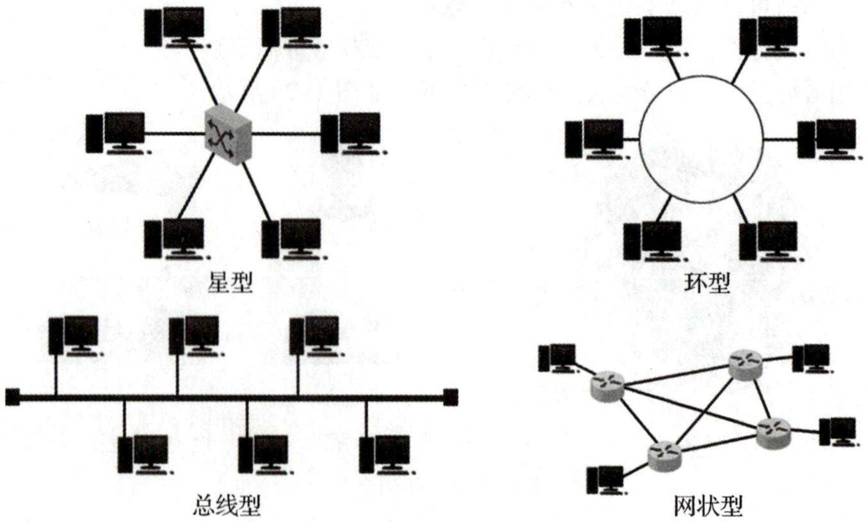

图 1-23　按拓扑结构分类

1.3.1.3 计算机网络的功能

计算机网络的主要功能包括数据通信、资源共享、分布式处理和系统可靠性提升。网络使得计算机之间能够快速交换数据，实现硬件、软件和数据的共享，并通过分布式处理提高处理效率，同时通过冗余和备份机制增强系统的可靠性和可用性。

1.3.1.4 计算机网络的发展历程

计算机网络经历了多个发展阶段，从 1960 年代的 ARPANET 到 1970 年代 TCP/IP 协议的提出，为现代互联网奠定基础。1980 年代个人计算机普及，局域网技术迅速发展；1990 年代互联网的全球扩展及 WWW 的出现改变了信息共享的方式；21 世纪初无线网络技术的发展及物联网（IoT）等新技术的兴起使得网络连接无处不在。

1.3.2 网络架构与局域网构建

1.3.2.1 网络架构的组成

网络架构包括多个重要组成部分：网络设备（如交换机、路由器、集线器、无线接入点）、传输介质（如双绞线、光纤、无线电波）、网络协议（如 TCP/IP、HTTP、FTP 等）、网络服务（如 DNS、DHCP）及操作系统和管理软件等。每一部分都有其特定的功能，确保网络的高效运行和数据的顺畅传输。

1.3.2.2 局域网（LAN）构建

局域网的构建从需求分析开始，考虑到网络规模、用户需求等因素。接着，通过设计合适的网络拓扑结构、设备选型及布线方案，为网络实施提供基础。实施阶段包括网络设备的安装、配置与调试，之后进行网络测试与优化，确保网络的可靠性和高效性。

1.3.2.3 局域网构建流程

局域网构建的流程涉及多个步骤，包括网络布局的规划、设备的选择与布线、网络设备配置以及搭建网络服务等。完成这些后，需通过网络测试工具进行性能验证，并为用户提供必要的培训。此外，定期进行网络维护和升级，确保网络始终保持最佳状态。

1.3.3 网络、互联网和因特网

网络（network）是由若干节点（node）和连接这些结点的链路（link）组成，如图 1-24 所示。多个网络可以通过路由器连接起来，构成一个更大范围的网络，也就是互联网，所以互联网就是网络中的网络。因特网是世界上最大的互连网络。

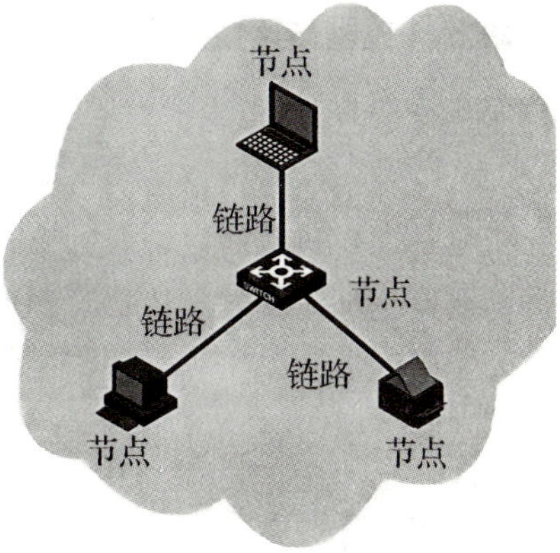

图 1-24 网络

1.3.3.1 Internet（因特网）

Internet（因特网）是一个专用名词，它指当前全球最大的、开放的、由众多网络相互连接而成的特定计算机网络，它采用 TCP/IP 协议簇作为通信的规则，其前身是美国的 ARPANET。因特网已发展成为基于

ISP 的多层次结构的互连网络，如图 1-25 所示。

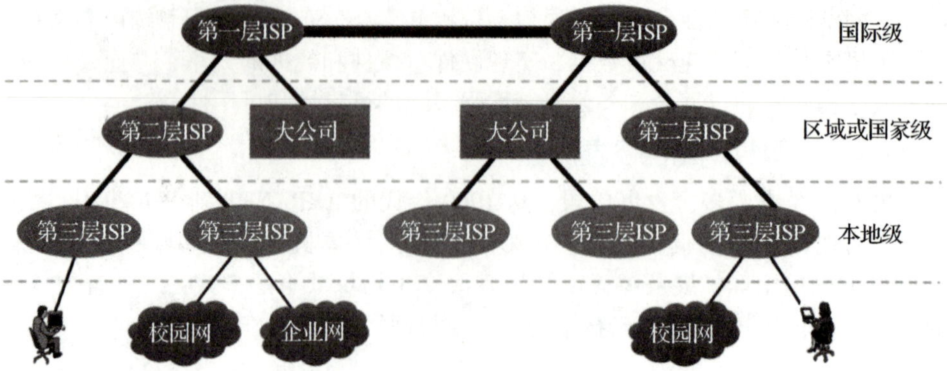

图 1-25　多层次结构的互连网络

因特网由核心部分和边缘部分组成，如图 1-26 所示。

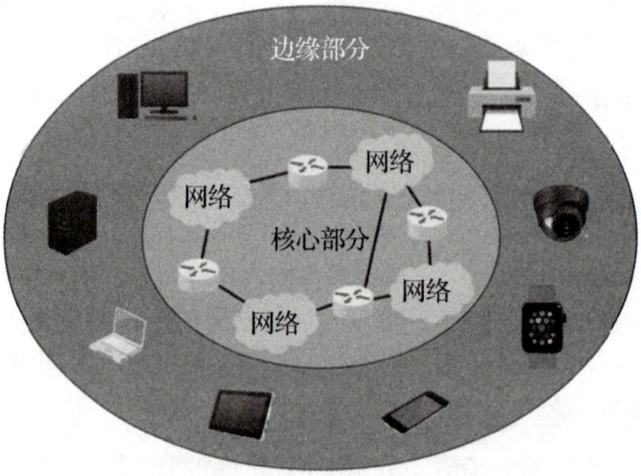

图 1-26　因特网的组成

（1）边缘部分：由所有连接在因特网上的主机组成，这部分由用户直接使用。用来进行通信（传送数据）和资源共享。

（2）核心部分：由大量的网络和连接在这些网络的路由器组成，这部分为边缘部分提供服务（提供连通性和交换）。

1.3.3.2　三种交换方式

1. 电路交换

电话交换机接通电话线的方式称为电路交换。从通信资源的分配角度来看，交换是按照某种方式动态地分配传输线路的资源。

电路交换的三个步骤如图 1-27 所示。

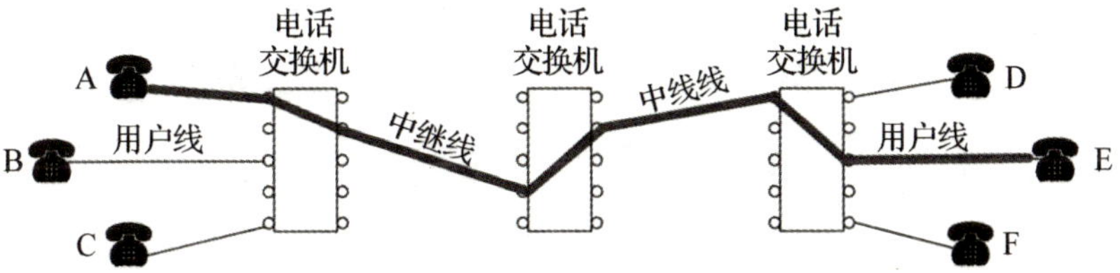

图 1-27　电路交换

如果我们使用电路交换来传输计算机数据的时候，它的线路的传输效率很低。（因为计算机的资源是突发性的，如果一个用户正在输入一份待传输的文件的时候，他所占用的资源没有被利用，别人也没有办法利用，这就造成了资源的一个浪费）所以计算机网络一般采用的是分组交换的方式。

2. 分组交换

如图 1-28 所示，假设主机 H1 的用户要给主机 H3 的用户发送一条消息，通常我们把表示该消息的整块数据称为一个报文。

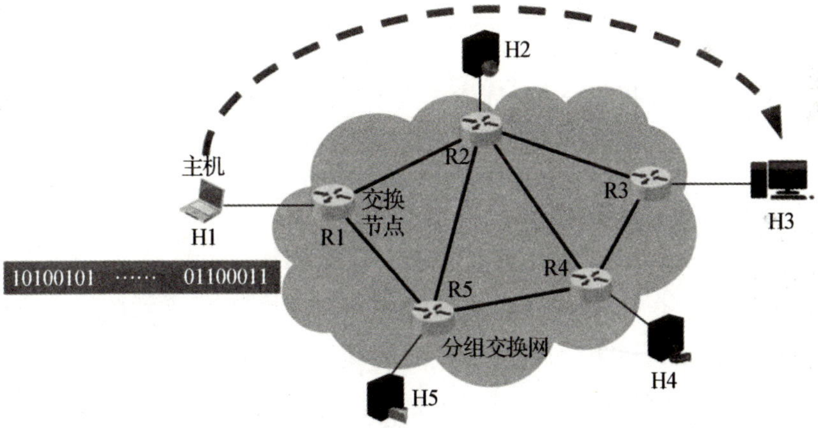

图 1-28　分组交换

在发送数据之前，我们需要先把报文划分成一个个小的等长数据段，然后在每一个数据段的前面，加上一些由必要的控制信息组成的首部后，就构成了一个分组，简称为包。首部也可以成为包头。（首部的关键作用：首部包含了传输的目的地址）当我们发送的数据传到了目的地址后，也就是到了 H3 的位置，会进行去除首部的操作，并重新再次重组，如图 1-29 所示。从而得到完整的数据报文。

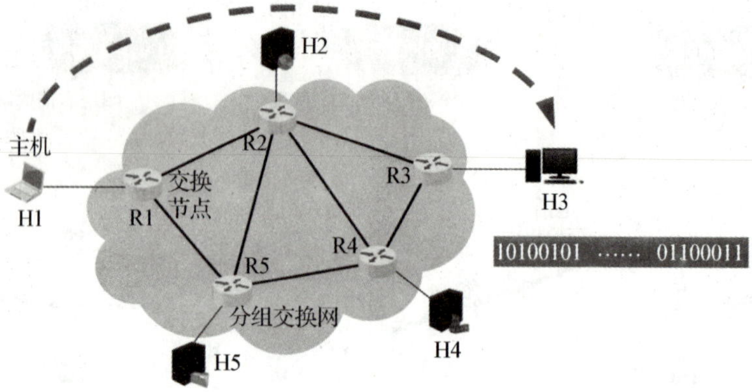

图 1-29　分组交换数据重组

分组交换的优缺点：

优点：①没有建立连接和释放连接的过程。②分组传输过程中逐段占用通信链路，有较高的通信线路利用率。③交换节点可以为每一个分组独立选择转发路由，使得网络有很好的生存性。

缺点：①分组首部带来了额外的传输开销。②交换节点存储转发分组会造成一定的时延。③无法确保通信时端到端通信资源全部可用，在通信量较大时可能造成网络拥塞。④分组可能会出现失序和丢失等问题。

3. 报文交换

报文交换是分组交换的前身。

在报文交换中，报文被整个地发送，而不是拆分成若干个分组进行发送。

交换节点将报文整体接收完成后才能查找转发表，将整个报文转发到下一个节点。

因此，报文交换比分组交换带来的转发时延要长很多，需要交换节点具有的缓存空间也大很多。

以上三种方式的对比如图 1-30 所示。

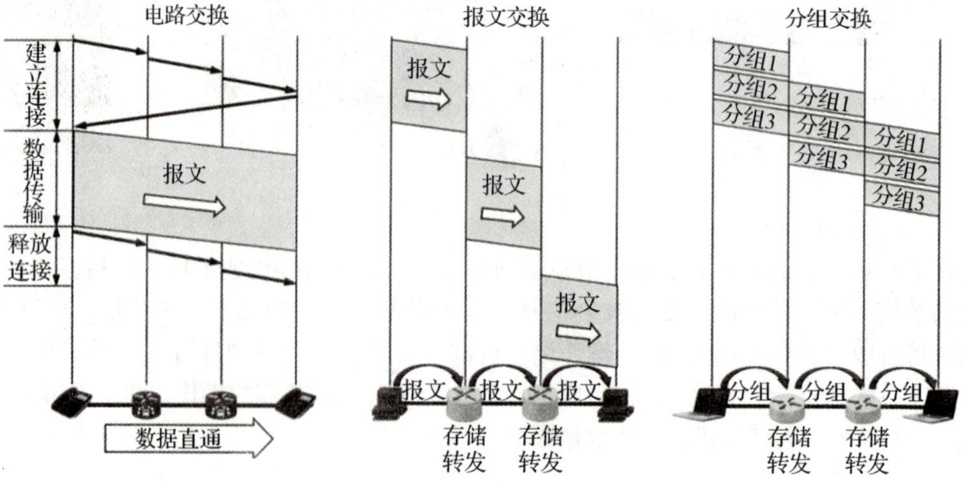

图 1-30　三种交换方式的对比

若要连续传送大量的数据，并且数据传送时间远大于建立连接的时间，则使用电路交换可以有较高的传输效率。然而计算机的数据传送往往是突发式的，采用电路交换时通信线路的利用率会很低。

报文交换和分组交换都不需要建立连接（即预先分配通信资源），在传送计算机的突发数据时可以提高通信线路的利用率。

将报文构造成若干个更小的分组进行分组交换，比将整个报文进行报文交换的时延要短，并且还可以避免太长的报文长时间占用链路，有利于差错控制，同时具有更好的灵活性。

1.3.3.3　常用的 8 个计算机网络性能指标

计算机网络的性能指标被用来从不同方面度量计算机网络的性能。常用的 8 个计算机网络性能指标如图 1-31 所示。

图 1-31　计算机网络的性能指标

1. 速率

速率，即数据传送速率，衡量的是每秒传送的比特数，它是计算机网络中衡量传输能力的关键指标。一个比特代表二进制数字中的 1 或 0，而数据量的常用单位包括字节、千字节、兆字节、吉字节和太字节。速率的单位通常是比特/秒，常用表达方式有 kb/s、Mb/s、Gb/s 和 Tb/s，速率的换算关系如图 1-32 所示。

数据量的单位	换算关系
比特（b）	基本单位
字节（B）	1 B=8 bit
千字节（KB）	KB=2^{10}B
兆字节（MB）	MB=K·KB=2^{20}B
吉字节（GB）	GB=K·MB=2^{30}B
太字节（TB）	TB=K·GB=2^{40}B

速率的单位	换算关系
比特/秒（b/s）	基本单位
千比特/秒（kb/s）	kb/s=10^3 b/s
兆比特/秒（Mb/s）	Mb/s=k·kb/s10^6 k/s
比特/秒（Gb/s）	Gb/s=k·Mb/s=10^9 b/s
比特/秒（Tb/s）	Tb/s=k·Gb/s=10^{12} b/s

图 1-32　速率的换算关系

2. 带宽

带宽在模拟信号系统中指的是信号包含的各种频率成分所占的频率范围，单位为 Hz。而在计算机网络中，带宽表示的是网络通信线路的数据传输能力，其单位同样是 b/s，反映了网络链路的实际承载能力。数据传送速率如图 1-33 所示。

数据传送速率=min[主机接口速率，线路带宽，交换机或路由器的接口速率]

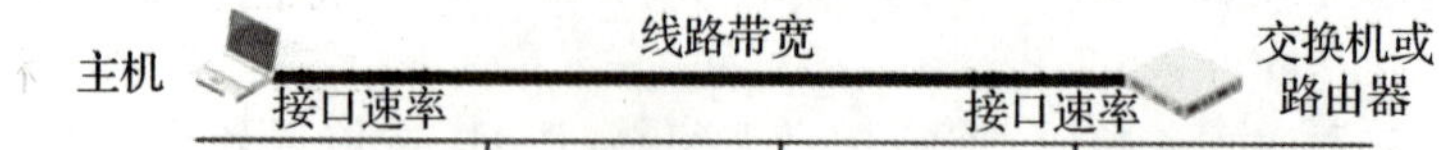

数据传送速率	主机的接口速率	线路带宽	交换机或路由器的接口速率
1 Gb/s	1 Gb/s	1 Gb/s	1 Gb/s
100 Mb/s	100 Mb/s	1 Gb/s	1 Gb/s
100 Mb/s	1 Gb/s	100 Mb/s	1 Gb/s
100 Mb/s	1 Gb/s	1 Gb/s	100 Mb/s

图 1-33　带宽数据传送速率

3. 吞吐量

吞吐量是衡量网络实际数据传输能力的指标，它表示单位时间内通过网络或接口的实际数据量，如图 1-34 所示。吞吐量受限于网络带宽，是评估网络性能的重要参数。

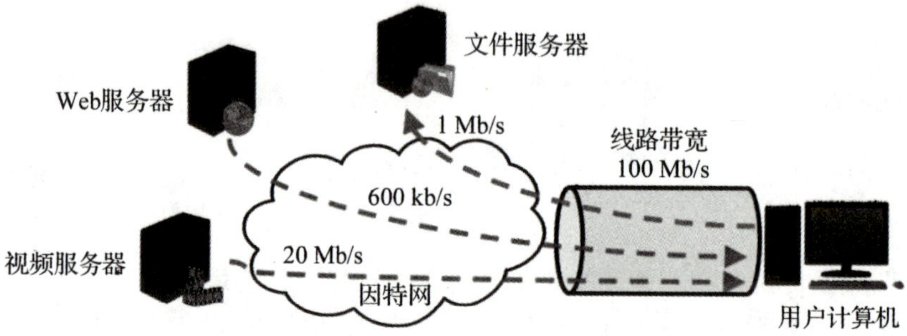

吞吐量=20 Mb/s + 600 kb/s + 1 Mb/s = 21.6 Mb/s

图 1-34　吞吐量

4. 时延

时延，又称延迟，是指数据在网络中从一端传送到另一端所需的时间，如图 1-35 所示。它可能由一个比特或多个分组构成，时延的大小直接影响网络通信的效率。

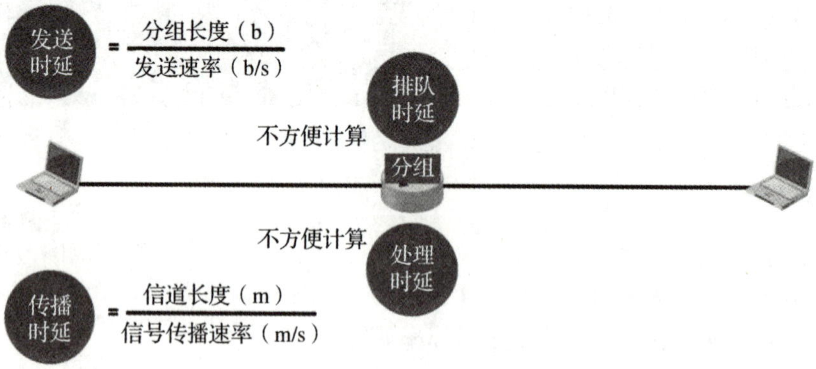

图 1-35　时延

5. 时延带宽积

时延带宽积是传播时延与带宽的乘积，它可以帮助我们理解链路的特性。如图 1-36 所示，一条 1 km 长的光纤链路，带宽为 1 Gb/s，其时延带宽积就是链路长度的一种体现。

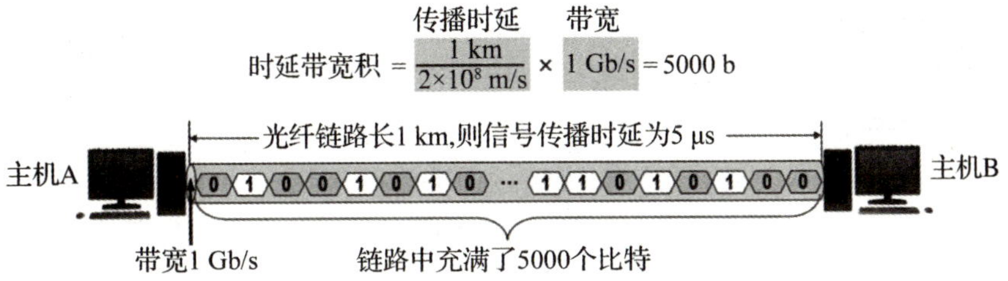

图 1-36　时延带宽积

6. 往返时间

往返时间（RTT）是指从发送端发送数据分组开始，到收到接收端确认分组为止的总时间。RTT 是评估网络性能和诊断网络问题的重要参数。

7. 利用率

利用率反映的是网络链路的使用程度。当链路利用率提高时，引起的时延也会迅速增加。在理想条件下，网络当前的时延与网络空闲时的时延及网络利用率之间存在一定的关系。

8. 丢包率

丢包率是指在一定时间内，传输过程中丢失的分组数量与总分组数量的比率。它能够反映网络的拥塞情况，从无拥塞时的 0 丢包率，到严重拥塞时的 5%~15%丢包率，丢包率的变化揭示了网络健康状况的变化。

1.3.4　网络安全基础

1.3.4.1　入侵形式

网络安全面临多种攻击形式，黑客攻击主要可分为被动攻击、主动攻击、物理临近攻击、内部人员攻击和分发攻击等类别。被动攻击通常指窃听和监视网络通信，而主动攻击则涉及篡改、伪造或破坏数据。物理临近攻击利用物理接触设备的机会进行非法操作。内部人员攻击则源于对系统具有合法访问权限的用户滥用权限或故意破坏。分发攻击则涉及通过软件供应链或合法渠道传播恶意代码，影响大量用户。

此外，计算机病毒和恶意软件是常见的攻击方式。计算机病毒通过自我复制和传播干扰或破坏系统功能，恶意软件（如木马、勒索软件、间谍软件等）在用户无察觉的情况下窃取敏感信息、控制系统或造成经济损失。了解这些攻击形式，有助于构建更完善的安全防御体系，提高网络环境的整体安全性。

1.3.4.2　预防攻击的策略与措施

为了有效防范黑客攻击，需要采取一系列多层次的防护措施，从技术、管理和用户行为等多个维度加强网络安全。

（1）识别与修复程序漏洞：定期更新软件补丁，修复已知安全漏洞，降低被利用的风险。

（2）加强用户操作安全：提高用户安全意识，避免使用弱密码，定期更换密码，并警惕社交工程攻击，如钓鱼邮件。

（3）采取外部防护措施：部署防火墙、入侵检测系统（IDS）、入侵防御系统（IPS）等安全设备，建立边界防御体系，阻止未经授权的访问。

核心防御技术包括：

（1）数据加密：确保数据在存储和传输过程中的机密性。

（2）身份认证：使用多因素认证（MFA），如密码+指纹识别，提高账户安全性。

（3）访问控制：基于最小权限原则（PoLP），确保用户只能访问必要资源，防止权限滥用。

（4）安全审计与日志分析：记录系统操作日志，定期分析安全事件，及时发现异常行为。

（5）入侵检测与响应：利用人工智能和机器学习技术分析网络流量，快速识别潜在威胁，并自动采取响应措施。

通过这些措施，可以显著降低网络攻击带来的风险，确保信息系统的安全性和稳定性。

1.3.4.3 信息加密的基础与技术

加密技术是网络安全的重要基石，通过特定算法和密钥对数据进行加密，确保信息在传输和存储过程中的安全性，防止未经授权的访问和篡改。

1. 古典加密算法

（1）凯撒密码：通过字母位移实现加密，虽然简单，但为现代密码学提供了基础概念。

（2）棋盘密码：利用矩阵对字符进行映射，提高了一定的安全性。

2. 现代加密技术

现代密码学采用更复杂的数学算法，主要分为对称加密和非对称加密：

（1）对称加密（Symmetric Encryption）：加密与解密使用相同密钥，如 AES（高级加密标准）、DES（数据加密标准），加密速度快，适用于大规模数据传输。

（2）非对称加密（Asymmetric Encryption）：采用公钥-私钥对进行加密和解密，如 RSA、ECC（椭圆曲线加密），适用于安全通信和身份认证。

此外，哈希算法（SHA、MD5）用于数据完整性验证，确保信息未被篡改。

1.3.4.4 用户认证的方法与技术

用户认证是保障网络安全的核心机制，确保系统访问者具备合法身份，并防止未经授权的访问。主要的认证技术包括：

（1）消息认证（MAC，Message Authentication Code）：通过哈希函数或对称密钥技术，验证消息的来源及完整性，防止数据被篡改。

（2）身份验证（Authentication）：包括基于密码、智能卡、指纹识别、面部识别、多因素认证（MFA）等方式，提升账户安全性。

（3）数字签名（Digital Signature）：基于公钥加密技术，保证数据的完整性、来源可验证性和不可否认性，常用于电子合同、在线交易等场景。

1.4　物联网与大数据技术

1.4.1　物联网技术概述

物联网（IoT）被视为继计算机、互联网和移动通信网络之后的第三次信息产业浪潮。它打破了传统思维，将物理基础设施（如机场、公路、建筑物）与信息基础设施（如数据中心、计算机网络）融合为统一的基础设施，支撑全球的经济、生产、社会管理和个人生活。

1999 年，麻省理工学院 Auto-ID 中心首次提出物联网概念，将其定义为通过 RFID、条码等传感设备将物品与互联网连接，实现智能识别和管理。2005 年，国际电信联盟（ITU）进一步阐述物联网，认为它通过 RFID、传感器、GPS 等设备实现物理世界与数字世界的互联，达到智能识别、定位、跟踪、监控和管理的目标。

欧盟定义物联网为基于标准和通信协议的全球动态网络设施，物理与虚拟物体通过智能接口无缝连接。我国在 2010 年政府工作报告中指出，物联网通过信息传感设备，将任何物品与互联网连接，实现智能化信息交换、识别和管理。

1.4.2　云计算技术与大数据处理

云计算、物联网、大数据的关系如图 1-37 所示。物联网产生了大量数据，大数据一系列技术为物联网的数据分析提供支撑。其中云计算为大数据提供了技术基础。

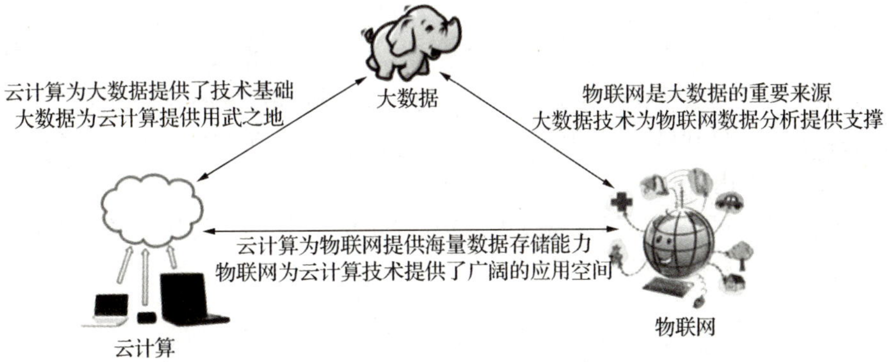

图 1-37　云计算、物联网、大数据的关系

1.4.2.1　云计算架构与应用

云计算是一种基于互联网的计算方式，它将计算资源（如服务器、存储、数据库等）按需提供给用户，而不需要用户自行拥有和管理硬件设备。云计算主要包括三种

架构：

（1）IaaS（基础设施即服务）：提供虚拟化的计算资源，如虚拟机、存储和网络，用户可以灵活配置和管理。

（2）PaaS（平台即服务）：提供应用开发平台和工具，开发者可以在云端构建和部署应用，而不需要担心底层的硬件和操作系统。

（3）SaaS（软件即服务）：提供现成的软件应用，用户通过互联网使用，无须安装和维护软件。

云计算的优势在于能够提供弹性扩展、按需计费以及高可用性，广泛应用于数据存储、在线办公、企业管理等领域。

1.4.2.2 大数据存储和分析

云计算为大数据存储与分析提供了强大的支持。传统的数据存储和处理模式往往面临存储容量和计算能力的瓶颈，而云计算提供了弹性存储（如 Amazon S3、Google Cloud Storage）和分布式计算资源（如 Google BigQuery、Amazon EMR），可以有效解决这些问题。

（1）存储方面：云存储能存储海量数据，同时提供数据备份与容灾保障。

（2）计算方面：云计算通过分布式计算框架（如 Hadoop、Spark）对大数据进行并行处理，实现高效的数据分析。

1.4.3 区块链技术与数据安全

1.4.3.1 区块链基本原理

区块链是一种去中心化的分布式账本技术，主要特点是数据不可篡改、透明且可追溯。区块链将数据按“区块”形式存储，每个区块包含一定量的数据和前一个区块的哈希值，形成链式结构。由于其去中心化和共识机制，区块链能够在没有第三方的情况下确保数据的安全性和可信度。

1.4.3.2 区块链在大数据共享与隐私保护中的应用

在大数据应用中，区块链能够提供更加安全、可信的数据共享方式。通过智能合约，数据的共享和交易可以在没有中介的情况下进行，同时确保数据的隐私和完整性。

（1）数据共享：区块链可以用于在多方之间共享数据，所有参与方可以查看和验证数据，但无法篡改数据内容。

（2）隐私保护：区块链通过加密技术保护数据隐私，同时允许用户对数据进行精确的访问控制，确保敏感数据的安全性。

1.4.4 新型计算机与数据处理

1.4.4.1 边缘计算与量子计算简介

1. 边缘计算

边缘计算是一种将计算任务从中心化的数据中心转移到离数据源更近的“边缘”设备上进行处理的技术。它减少了数据传输的延迟，提高了响应速度，非常适合需要实时处理的应用场景，如物联网设备、自动驾驶等。

2. 量子计算

利用量子力学的原理，量子计算机能够在某些计算任务上比传统计算机高效得多。量子计算可以解决经典计算机无法在合理时间内解决的问题，特别是在大数据分析和复杂计算任务方面，如密码破解、优化问题等。

1.4.4.2　大数据分析中的潜在突破

边缘计算能够将数据处理过程从云端转移到设备端，减少延迟，节省带宽，同时提高数据处理的效率。它特别适用于实时数据分析，如智能制造、环境监控等领域。

在大数据分析中，量子计算有潜力通过超强的计算能力，突破传统计算的瓶颈，快速处理大规模数据集，进行复杂的模式识别、优化算法等。

1.4.5　数据挖掘与机器学习基础

数据挖掘与机器学习是大数据分析的核心技术，帮助从海量数据中提取出有价值的信息和知识。

1.4.5.1　数据挖掘

数据挖掘是通过算法从大量数据中发现潜在模式和关系的过程。常用的技术包括分类、聚类、关联规则挖掘、回归分析等。通过数据挖掘，可以帮助企业分析客户行为、市场趋势等，从而做出更加科学的决策。主要的数据挖掘技术包括：

（1）分类（决策树、支持向量机）：预测数据所属类别。

（2）聚类（K-Means、DBSCAN）：发现数据中的自然分组。

（3）关联规则挖掘（Apriori、FP-Growth）：揭示数据之间的关联关系。

（4）回归分析（线性回归、逻辑回归）：用于数值预测。

1.4.5.2　机器学习

机器学习是人工智能的一个分支，它通过分析数据来发现规律，并利用这些规律进行预测和决策。机器学习分为三类，如图 1-38 所示：

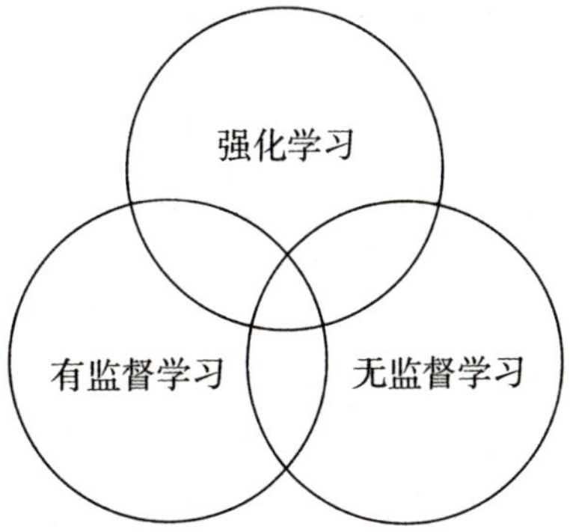

图 1-38　机器学习三大分类

（1）监督学习：使用已标记的数据进行训练，常用于分类和回归问题。

（2）无监督学习：用于没有标签的数据，常用于聚类、降维等任务。

（3）强化学习：通过与环境互动进行学习，广泛应用于机器人控制、自动驾驶等领域。

课后习题

一、单项选择题

1. 以下哪项不属于计算机的基本组成部分？（　　）

A. 运算器　　B. 存储器

C. 网络适配器　　D. 输入设备

2. 计算机的中央处理单元（CPU）主要包括（　　）。

A. 运算器和控制器　　B. 主存储器和控制器

C. 运算器和输入设备　　D. 控制器和输出设备

3. 计算机存储设备按照访问速度由快到慢的排列顺序是（　　）。

A. 硬盘>RAM>缓存>寄存器　　B. 寄存器>缓存>RAM>硬盘

C. 缓存>寄存器>RAM>硬盘　　D. RAM>缓存>寄存器>硬盘

4. 以下关于计算机操作系统的描述，错误的是（　　）。

A. 操作系统是管理计算机硬件和软件资源的系统软件

B. Windows、Linux 和 MacOS 是常见的操作系统

C. 操作系统只能运行在特定的硬件架构上，不能跨平台运行

D. 操作系统提供用户接口以便用户与计算机交互

5. 以下关于多媒体技术的描述，正确的是（　　）。

A. 多媒体技术仅指视频处理技术

B. 多媒体技术可以包括文本、图像、音频和视频

C. 多媒体技术与计算机网络无关

D. 多媒体技术不涉及数据存储

6. 数字声音处理中，采样率越高意味着（　　）。

A. 声音质量越差　　B. 数据量越小

C. 声音质量越高，文件体积越大　　D. 只能在高端设备上播放

7. 以下哪项属于常见的数字图像存储格式？（　　）

A. MP3　　B. PNG　　C. WAV　　D. AVI

8. 视频处理过程中，关键帧的作用是（　　）。

A. 仅用于音频增强　　B. 作为参考帧，提高视频压缩效率

C. 仅存储文本信息　　D. 仅用于视频编辑软件的时间轴显示

9. 以下关于计算机网络的描述，错误的是（　　）。

A. 计算机网络是一组相互连接的计算机系统

B. 局域网（LAN）通常用于小范围内的网络连接

C. 互联网和因特网是两个完全不同的概念
D. 网络通信协议确保数据在网络中的可靠传输

10. 在网络架构中，客户端-服务器（C/S）模式的特点是（　　）。
A. 所有设备地位相同，任何设备都可以请求或提供服务
B. 服务器负责提供资源和服务，客户端请求资源和服务
C. 服务器不能处理多个客户端请求
D. 客户端可以独立运行，不需要服务器支持

11. 区块链技术的核心特点不包括（　　）。
A. 分布式存储　　B. 数据不可篡改
C. 交易记录透明　　D. 依赖中心化服务器

12. 以下哪种技术不属于云计算的服务模式？（　　）
A. SaaS（软件即服务）　　B. PaaS（平台即服务）
C. IaaS（基础设施即服务）　　D. BIOS（基本输入输出系统）

13. 大数据处理过程中，MapReduce 的主要作用是（　　）。
A. 进行数据存储　　B. 提供分布式计算框架
C. 进行数据可视化　　D. 提高数据库查询速度

14. 机器学习与传统编程的主要区别是（　　）。
A. 机器学习依赖于人类手动编写规则
B. 机器学习通过从数据中学习模式，而不是直接编写规则
C. 传统编程比机器学习更适用于大数据分析
D. 机器学习无法进行数据预测

15. 以下关于物联网（IoT）的描述，正确的是（　　）。
A. 物联网仅适用于工业应用，不能用于个人设备
B. 物联网设备通过互联网进行数据通信和远程控制
C. 物联网不涉及数据存储
D. 物联网设备不需要任何安全防护措施

二、思考题

1. 计算机硬件和操作系统如何协同工作以实现计算任务？请结合实例说明。

2. 在数字音频处理中，采样率和比特深度如何影响音频质量？举例说明高质量音频的存储需求。

3. 在网络安全领域，常见的攻击方式有哪些？请举例说明并讨论防御措施。

4. 云计算和大数据技术如何结合使用？请举例说明在企业中的应用场景。

5. 区块链技术在数据安全方面有哪些应用？请结合实际案例进行分析。

6. 机器学习与数据挖掘的主要区别是什么？在现实应用中，它们如何互相结合？

第 2 章

办公自动化与应用

教学内容

本章节主要介绍办公自动化的基本概念、常用办公软件及其应用，包括文字处理软件、电子表格和演示文稿的基础操作。重点介绍 WPS 的功能及使用方法，使学生掌握办公软件的基本操作，提高办公自动化能力。

教学重点

1. WPS 文字处理，文档编辑与排版技巧。
2. WSP 电子表格，公式与函数的基本使用。
3. WPS 演示文稿的制作技巧。
4. Office 和 WPS 的基础操作及应用场景。

教学难点

1. 电子表格中公式和函数的灵活应用。
2. 演示文稿动画与母版的使用。
3. Office 与 WPS 之间的文件兼容性与协作功能。

教学方法

理论讲授法：系统讲解办公自动化的基本概念、发展历程及核心应用场景，涵盖 Word、Excel、PPT 三大模块的功能特点及操作逻辑。

案例驱动教学：通过典型案例分析，引导学生理解办公软件在不同场景下的应用。

多媒体互动演示：通过动态操作演示、界面图解、对比视频（如 WPS 与 Office 功能对比）等多媒体手段，直观展示文档排版、数据统计、幻灯片设计等操作流程，降低学习门槛。

任务导向实践：设计分阶实践项目，包括基础操作、综合应用，通过动手实践强化文字处理、公式计算、图表生成等核心技能。

协作探究学习：组织小组任务，通过讨论排版规范、数据可视化方案等议题，培养学生团队协作能力与实际问题解决能力。

教学要求

1. 掌握办公自动化的基本概念及其重要性。
2. 熟练使用 WPS 进行文字处理，包括排版、表格、页眉页脚等操作。
3. 能够使用 WPS 进行数据处理，掌握基本公式和函数的应用。
4. 熟练制作 WPS 演示文稿，掌握幻灯片设计、动画设置和母版管理。
5. 熟悉 Office 和 WPS 的基本功能，并了解二者的差异及应用场景。

素质目标

通过学习办公软件的应用，培养严谨规范的工作态度，提升信息素养与职业道德。强调数据安全与信息伦理，增强学生的责任感和网络安全意识。同时，通过对国产办公软件 WPS 的介绍，增强学生的民族自信心，激发学生对科技自主创新的关注与思考。

2.1　办公自动化概述

办公自动化（Office Automation，简称 OA）是一种集成化的信息处理与管理解决方案，它通过特定的流程和环节与日常事务紧密结合，显著提升了公文流转、审批、发布等环节的效率。OA 系统不仅实现了办公管理的规范化和信息规范化，还显著降低了企业的运营成本。办公自动化系统在企业中的应用广泛，针对不同的用户群体，其功能各异：

对于企业高层领导，OA 系统充当决策支持系统（DSS），利用科学的数据模型，结合内外部信息，为领导层的决策提供数据支持和参考。

对于中层管理者，OA 系统作为信息管理系统（IMS），从业务数据中提炼出管理信息，以降低经营风险，提升经营效率。

对于普通员工，OA 系统则是事务/业务处理系统，提供高效的办公工具和环境，确保工作的准确性和高效性。

办公自动化的理论与技术研究起源于 20 世纪 70 年代末的美国、英国、日本等发达国家。美国的办公自动化发展历程尤为显著，可分为四个阶段：

（1）1975 年前的单机设备阶段，以单项工作为目标，被称为“秘书级别”。

（2）1975 年至 1982 年的局域网阶段，实现了数据和设备的共享，被称为“主任级别”。

（3）1983 年至 1990 年的一体化阶段，采用多媒体信息，通过广域网传输，被称为“决策级别”。

（4）1990 年后的多媒体信息传输阶段，办公自动化系统更加先进。

在中国，办公自动化系统也经历了快速发展，可分为以下四个阶段：

（1）1980 至 1999 年，文件型办公自动化阶段，实现了从手工到电脑办公的转变，形成了 OA 的基本概念。

（2）2000至2005年，协同型办公自动化阶段，增加了公文流转、流程审批等功能，建立了企业内部的协同工作环境。

（3）2006至2010年，知识型办公自动化阶段，以知识管理为核心，提高了系统的灵活性和开放性。

（4）2011年后，智能型办公自动化阶段，系统更加注重决策支持、知识挖掘，标志着办公自动化向智能化方向演进。

2.2 Office软件应用与WPS简介

在办公软件领域，WPS与Office无疑是两颗璀璨的明珠。它们各自拥有庞大的用户群体和丰富的功能，但又在细节和特色上有所不同。本节将从组件差异、兼容性、实用性、应用技术、定义、优缺点等多个方面，对WPS与Office进行深入对比，以帮助读者更好地了解两者之间的区别。

2.2.1 定义与背景

WPS Office是一款由中国的金山软件公司开发的国产办公软件套件。它自诞生之初就深谙国内用户的操作习惯和需求，提供了一些符合中国用户习惯的特色功能。近年来，WPS Office在国内市场取得了很大的成功，并逐渐在国际市场上获得了一定的份额。

Microsoft Office则是由美国的微软公司开发的全球范围内使用最广泛、历史最悠久的办公软件。它包含了Word、Excel、PowerPoint等多个组件，每个组件都拥有强大的功能和工具，以满足不同用户的需求。Office凭借其深厚的底蕴和不断的技术创新，成为全球领先的办公软件品牌。

2.2.2 组件差异

WPS Office主要由WPS文字、WPS表格、WPS演示三个组件组成，每个组件都专注于特定的办公任务。WPS文字用于文档编辑和排版，WPS表格用于数据计算和分析，WPS演示则用于制作幻灯片演示文稿。

Microsoft Office则包含了更为丰富的组件，如Word、Excel、PowerPoint、Outlook等。Word作为专业的文字处理软件，提供了多种字体、字号、样式等文字排版选项；Excel是一款电子表格软件，主要用于数据分析和计算；PowerPoint则是一款幻灯片演示软件，可以帮助用户创建演示文稿；Outlook则用于电子邮件管理和日程安排。

2.2.3 兼容性对比

WPS Office支持真正的全平台，包括Windows、Mac、Linux、Android、iOS等多个操作系统。这意味着用户可以在不同设备之间无缝切换，实现跨平台办公。WPS Office还能完美兼容 Office 格式的文档，如 .doc、.xls、.ppt 等，确保文档的无缝对接。

Microsoft Office 同样具有良好的兼容性，其文件格式（如 .docx、.xlsx）被广泛接受，几乎所有的办公软件都能与之兼容。此外，Office 还提供了丰富的插件库，用户可以根据需要扩展软件功能。

2.2.4 实用性对比

WPS Office 对于普通用途和家庭使用来说是一款非常好的 Office 软件。其界面设计简洁明了，操作起来更加方便，符合国人的使用习惯。WPS 还提供了丰富的模板和插件，方便用户快速创建和编辑文档。此外，WPS Office 的体积较小，安装和运行速度快，占用系统资源少，对于配置较低的电脑也能流畅运行。

Microsoft Office 则更适合工作使用，因为它具有更高的专业性和兼容性。Office 套件中的 Word、Excel、PowerPoint 等软件都是各自领域的佼佼者，能够满足用户各种复杂的办公需求。此外，Office 还提供了更加完善的审阅和修订功能，方便多人协作编辑文档。

2.2.5 应用技术对比

WPS Office 在应用技术方面也不断创新，以满足用户日益多元化的需求。例如，WPS 文字支持多种语言输入和翻译功能，让跨国交流变得更加便捷；WPS 表格则内置了丰富的数据分析工具，帮助用户快速挖掘数据背后的价值；WPS 演示则支持多种动画效果和在线协作功能，让演示更加生动有趣且高效。

Microsoft Office 则以其深厚的底蕴和不断的技术创新展现出了更为强大的实力。Office 支持动态的 3D 素材，这样就可以通过多个视角来展示内容，比如转个方向、放大、缩小等。此外，Office 还提供了智能排版功能，以及对图片进行人脸识别技术裁剪排序等高级功能。

2.2.6 优缺点对比

WPS Office 在许多方面具备独特的优势，尤其是在软件轻量化和跨平台兼容性方面表现突出。其安装包体积较小，能够迅速完成安装并以较快的速度启动，即使在配置较低的设备上也能流畅运行。此外，WPS Office 支持 Windows、Mac、Linux、Android、iOS 等多种操作系统，用户可以在不同设备之间自由切换，满足移动办公的需求。另一个显著优势在于 WPS 提供免费版本，涵盖了基础办公功能，对于预算有限或仅需基本编辑处理的用户来说，这是一个极具吸引力的选择。

然而，WPS Office 在专业功能方面仍有一定局限性。相比于 Microsoft Office，它在宏的使用、深度设置以及部分高级功能上尚待完善，难以满足部分专业用户的需求。尽管 WPS Office 在兼容性方面做出了极大优化，能够打开和编辑 Office 格式的文档，但在处理高版本 Office 特有的复杂格式时，仍可能出现一定的格式差异或功能缺失，影响文档的完整性和排版稳定性。

Microsoft Office 则凭借其强大的专业性成为办公软件领域的标杆。其各个组件功能全面，能够高效处理大型文件和复杂任务，特别适用于企业级办公和数据密集型操作。Office 的文件格式（如 .docx、.xlsx）已成为行业标准，几乎所有的办公软件都能无缝兼容 Office 格式，确保了文件的稳定性和一致性。此外，Microsoft Office 更新速度较快，能够迅速适应新技术的发展，为用户提供更智能和高效的办公体验。

尽管 Microsoft Office 功能强大，但它也存在一定的局限性。首先，Office 大多数版本需要付费，用户需要承担较高的购买或订阅成本，这对个人用户或小型企业而言可能是一笔不小的支出。其次，Office 的界面设计更偏向国际化，功能选项较为丰富，但也使得整体操作逻辑较复杂，对于初次使用的用户而言，可能需要一定的学习时间才能熟练掌握各种功能。

2.2.7 用户群体与选择建议

WPS Office 更适合个人用户和小型企业使用。对于注重本土化需求、追求性价比的用户来说，WPS 是一个不错的选择。WPS Office 的简洁界面和易用性使得新手用户能够快速上手，同时其丰富的模板和插件也提高了工作效率。

Microsoft Office 则更适合大型企业、专业用户以及需要处理国际化业务或跨平台办公的用户。Office 的强大功能和高度兼容性能够满足各种复杂的办公需求，同时其丰富的自定义选项和高级设置也满足了专业用户对于个性化、高效率的追求。

在选择办公软件时，用户应根据自己的实际需求和习惯来进行选择。对于需要处理国际化业务或跨平台办公的用户来说，Office 可能更加适合；而对于注重本土化需求、追求性价比的用户来说，WPS 则是一个不错的选择。同时，用户也可以考虑在同一台计算机上安装并同时使用 WPS 和 Office，以根据具体需要选择使用不同的软件。

2.3 WPS 文字处理与实践

2.3.1 WPS 文字工作窗口

2.3.1.1 启动 WPS 文字

启动 WPS 文字的方法：双击桌面上的 WPS Office 的快捷方式图标，或者单击“开始”屏幕所有程序列表中的“WPS Office”菜单项。成功启动 WPS Office 后将看到如图 2-1 所示的欢迎界面。

图 2-1　WPS Office 的欢迎界面

2.3.1.2　WPS 文字的工作界面

单击图 2-1 中的“新建空白文档”可进入 WPS 文字的工作界面，图 2-2 展示了它的组成。

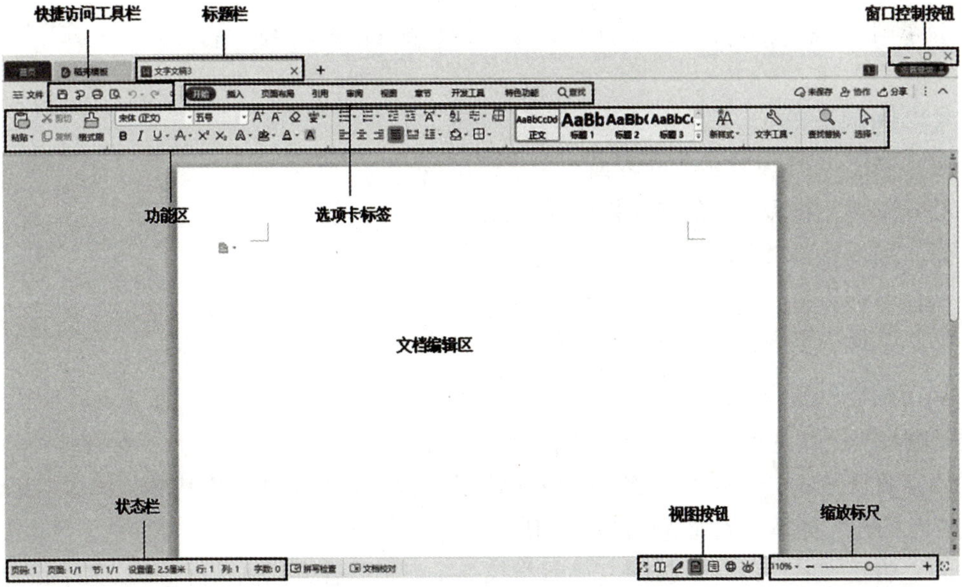

图 2-2　WPS 文字的工作界面

WPS 文字工作界面各组成区域的作用介绍如下：

（1）标题栏：位于窗口顶部中央，显示当前正在编辑的文档名，如“文字文稿 3”。

（2）快速访问工具栏：位于标题栏左边，显示最常用的功能按钮，用户可根据需要定制。

（3）窗口控制按钮：位于标题栏右边，分别是“最小化”“最大化/向下还原”和“关闭”按钮。

（4）功能区：位于标题栏下边，包含了多个选项卡，其中“文件”选项卡整合了大部分文档处理功能，其他选项卡则用来设计文档内容和格式，还有一些选项卡只能在操作相应对象时才会显示出来，如编辑图片时会出现“图片工具”的选项卡标签，编辑表格时会出现“表格工具”的选项卡标签。每个选项卡又分成多个功能分组，每个分组都包含了各自细化的功能，以按钮、库或对话框的形式体现。

（5）文档编辑区：功能区下边的大片区域，以纸张形式呈现，用户可在此区域编排文档。

（6）状态栏：位于文档编辑区的左下方，显示当前文档的节数、页数、字数、输入状态等信息。

（7）视图按钮和缩放标尺：位于文档编辑区的右下方。Word 文档的视图方式有 7 种，分别是全屏显示、阅读版式、写作模式、页面视图、大纲、Web 版式和护眼模式，可以单击视图按钮进行各种视图的切换。而缩放标尺则可以对编辑区的显示比例进行调整。

> 提示 1：编辑文档时建议使用“页面视图”。
> 提示 2：缩放标尺仅影响屏幕上的显示效果，不影响打印效果。

2.3.2 实践项目一（财经类公共基础课程模块化）

一、实践目的

（1）熟悉 WPS 文字的工作界面。

（2）掌握字符和段落的格式化设置方法。

（3）掌握普通页眉的设置方法。

（4）掌握表格的插入和修饰方法。

（5）掌握表格内公式计算数据的方法。

二、实践内容

对财经类公共基础课程模块化进行操作，完成以下文档编辑任务：

（1）打开“文档 .docx”，将标题段（“财经类公共基础课程模块化”）文字设置为标准红色的三号黑体，添加蓝色的双波浪下划线，并居中显示。

（2）将正文各段落（“按照《高等学校……三种组合方式供选择。”）文字设置为小四号的华文楷体，行距设置为 18 磅，段落首行缩进 2 字符。

（3）在页面顶端的居中位置输入页眉“财经类专业计算机基础课程设置研究”，并设置成小五号楷体。

（4）将文中后 8 行文字转换为一个 8 行 5 列的表格，表格居中显示，并设置表格的第 2 列列宽为 5 厘米，其余列列宽为 2 厘米，表格的行高为 0.6 厘米，表格中所有文字水平居中。

（5）设置表格所有框线为 1 磅粗细的红色单实线。

（6）计算表格合计行中“讲课”“上机”“总学时”的合计值。

（7）保存文件。

编辑任务完成后的效果如图 2-3 所示。

财经类专业计算机基础课程设置研究

财经类公共基础课程模块化

按照《高等学校文科类专业大学计算机教学基本要求（2003 年版）》要求，财经类公共基础部分的内容包括：计算机基础知识（软、硬件平台）、微机操作系统及其使用、多媒体知识与应用基础、办公软件应用、计算机网络基础、Internet 基本应用、电子政务基础、电子商务基础、数据库系统基础和程序设计基础等。

公共基础课程的组成由模块组装构筑。如果课时有限，并且考虑到有些学生已经具备了其中的部分知识，《基本要求》给出了公共基础课程的三种组合方式供选择。

第一种组合方式：课程名可为：大学计算机应用基础

序号	模块	讲课	上机	总学时
1	计算机基础知识	6	2	8
2	微机操作系统及其应用	4	4	8
3	多媒体知识和应用基础	7	7	14
4	办公软件应用	14	14	28
5	计算机网络基础	10	8	18
6	Internet 基本应用	7	7	14
合计		48	42	90

图 2-3　实践项目的编辑效果

三、操作要点

1. 要点提示

先选中文字，再利用“开始”选项卡中的“字体”分组，可单击“字体”分组右下角的对话框启动器，打开“字体”对话框，设置字符格式。

2. 要点提示

先选中段落，再利用“开始”选项卡中的“段落”分组，可单击“段落”分组右下角的对话框启动器，打开“段落”对话框，设置段落格式。

3. 要点提示

利用“插入”选项卡→“页眉和页脚”分组插入页眉，输入文字后，选中文字再进行文本格式设置。

4. 要点提示

（1）选中后8行文字，利用“文本转换成表格”功能实现转换。可以注意到，原文中这几行文字的词汇是等距离排列的，利用“开始”选项卡→“段落”分组中的按钮，可以得知这些间距是制表符（Tab键），因此在“文本转换成表格”对话框中“文字分割位置”应选中“制表符”。

（2）选中整张表格（包含每行最后的段落标志），利用“开始”选项卡→“段落”分组中的居中按钮实现表格的整体居中。

提示：若选中表格时没有包含每行最后的段落标志，则只能实现各单元格内文字在单元格内部的居中。

（3）光标定位到表格内部，利用“表格属性”对话框，对表格的各行各列进行行高和列宽的设置。

5. 要点提示

光标定位到表格内部，单击“表格工具”选项卡→“设计”选项卡→“边框”分组右下角的对话框启动按钮，在弹出的“边框和底纹”对话框中，先选择“样式”为“单实线”，颜色为“标准色-红色”，宽度为“1磅”，再在右侧“预览”区选中所有的框线，“应用于”下拉框设置成“表格”，单击“确定”按钮即可完成框线的设置。

提示：也可直接先在“表格工具”选项卡→“设计”选项卡→“边框”分组内直接设置，先设置线条的外观再从“边框”下拉按钮中选择框线。

6. 要点提示

先将光标定位到要放结果的单元格中（如“讲课”的合计值在第8行第2列），可单击“表格工具”选项卡→“布局”选项卡→“公式”按钮插入公式，由于要计算的三个合计值刚好都是求该单元格上方的所有数据之和，因此三个合计值的计算公式都为“=SUM（ABOVE）”。

7. 要点提示

在编辑过程中应随时保存，以免出错丢失。

2.3.3 实践项目二（邀请函制作）

一、实践目的

（1）掌握文字的替换方法。
（2）掌握脚注的插入方法。
（3）掌握页面布局设置的方法。
（4）掌握邮件合并的使用。

二、实践内容

为召开云计算技术交流大会，小王需制作一批邀请函，邀请函的文本已存于“文

档 . docx”中，要邀请的人员名单见“Word 人员名单 . xlsx”。请在本实验项目配套资料的基础上，完成以下邀请函的编辑任务：

（1）打开“文档 . docx”，设置标题“邀请函”的字体为标准红色的二号加粗黑体，并设置文字效果为“巧克力黄，8 pt 发光，着色 2”，居中显示。

（2）设置正文各段落为 1.25 倍行距，段后间距为 0.5 行，首行缩进 2 字符。

（3）最后 3 段文字设置为右对齐，文本之后缩进 0.5 字符。

（4）将文档中“×××大会”替换为“云计算技术交流大会”。

（5）设置页面高度为 27 厘米，页面宽度为 27 厘米，上下左右的页边距均为 3 厘米。

（6）设置苹果图案的艺术性页面边框。

（7）在正文第 2 段的第一句话“……进行深入而广泛的交流”后插入脚注，内容为“参见 http：//www. cloudcomputing. cn 网站”。

（8）设置邮件合并，将资料文件夹下“Word 人员名单 . xlsx”中的姓名信息自动填写到文档中“尊敬的”字样后面，合并生成针对名单人员的邀请函，所有邀请函都在一个文档内。

（9）原名保存主文件，并把新生成的输出文档以文件名“邀请函 . DOCX”保存到主文件所在的文件夹中。

编辑任务完成后的主文件效果如图 2-4 所示。

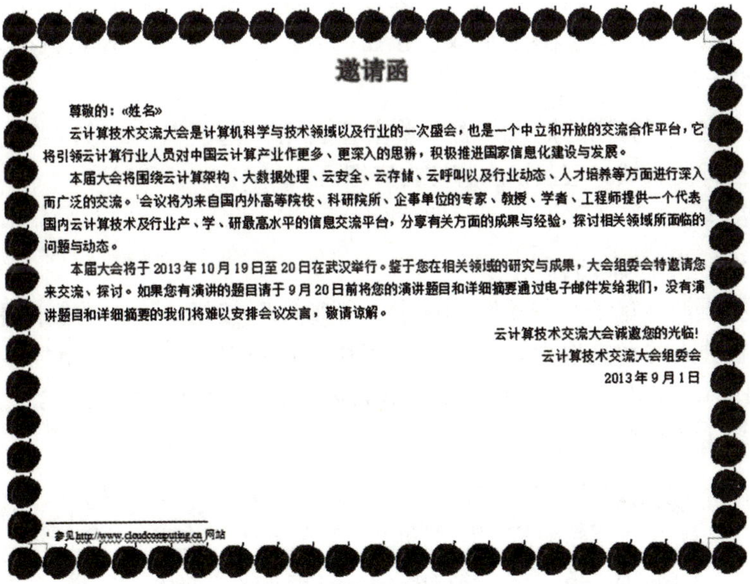

邀请函

尊敬的：«姓名»

云计算技术交流大会是计算机科学与技术领域以及行业的一次盛会，也是一个中立和开放的交流合作平台，它将引领云计算行业人员对中国云计算产业作更多、更深入的思辨，积极推进国家信息化建设与发展。

本届大会将围绕云计算架构、大数据处理、云安全、云存储、云呼叫以及行业动态、人才培养等方面进行深入而广泛的交流。[1]会议将为来自国内外高等院校、科研院所、企事单位的专家、教授、学者、工程师提供一个代表国内云计算技术及行业产、学、研最高水平的信息交流平台，分享有关方面的成果与经验，探讨相关领域所面临的问题与动态。

本届大会将于 2013 年 10 月 19 日至 20 日在武汉举行。鉴于您在相关领域的研究与成果，大会组委会特邀请您来交流、探讨。如果您有演讲的题目请于 9 月 20 日前将您的演讲题目和详细摘要通过电子邮件发给我们，没有演讲题目和详细摘要的我们将难以安排会议发言，敬请谅解。

云计算技术交流大会诚邀您的光临！

云计算技术交流大会组委会

2013 年 9 月 1 日

[1] 参见 http://www.cloudcomputing.cn 网站

图 2-4　实践项目的编辑效果

三、操作要点

1. 要点提示

（1）文字效果可在“开始”选项卡→“字体”功能区中，找到“文字效果”按钮，单击后再在出现的窗格内进行文字效果的设置。

(2) 任务中要求文字效果为“巧克力黄，8 pt 发光，着色 2”，因此应在“发光”区域寻找预设为该名字的发光样式。

2. 要点提示

任务中只要求“正文各段”，因此选择段落时应排除掉标题所在段落。

3. 要点提示

最后的 3 个段落内容是落款和时间，通常信件中就是要居右摆放的。段落的对齐方式可直接在“段落”分组中进行设置。

4. 要点提示

利用“查找替换”功能，单击“开始”选项卡→“查找替换”选项卡→“替换”按钮，注意“查找内容”中输入的“×”符号一定要和原文中的一致，建议直接从原文中复制。

5. 要点提示

利用“页面设置”对话框设置，单击“页面布局”选项卡→“纸张大小”下拉按钮→“其他页面大小”按钮→“边框”下拉按钮→“纸张大小”下拉按钮→“自定义大小”中进行设置。

6. 要点提示

苹果图案的艺术型页面边框需利用“边框和底纹”对话框设置，单击“开始”选项卡→“边框”下拉按钮→“边框和底纹”按钮→“页面边框”中进行设置。

7. 要点提示

先在文档中定位到脚注的插入位置，单击“引用”选项卡→“插入脚注”按钮，且光标自动跳转至脚注区域，直接输入脚注内容即可。

8. 要点提示

利用“邮件”实施邮件合并

(1) 打开数据源：单击“引用”选项卡→“邮件”按钮→点击功能区中的“打开数据源”选项，在弹出的“选取数据源”对话框中，选择对应的路径，准备好的数据源文件“Word 人员名单 . xls”（对于“Word 人员名单 . xls”，数据在 Sheet1 $ 工作表中），如图 2-5 所示，单击“确定”按钮。

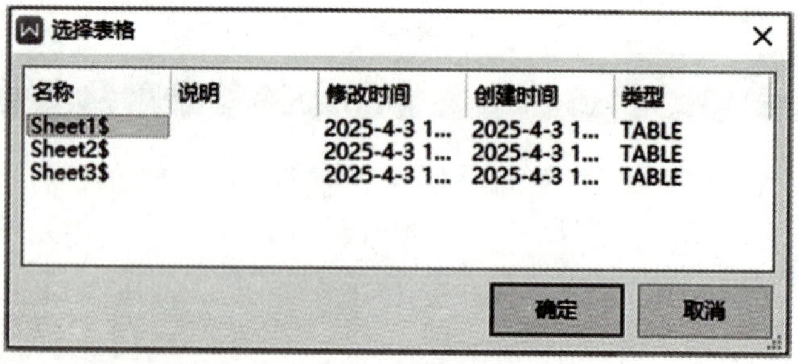

图 2-5 “选择表格”对话框

（2）插入合并域：先将光标定位到“尊敬的”字样后面位置，单击“插入合并域”选项，在弹出的插入域对话框中，选择“姓名”对应的数据源字段，如图 2-6 所示，点击“插入”按钮。

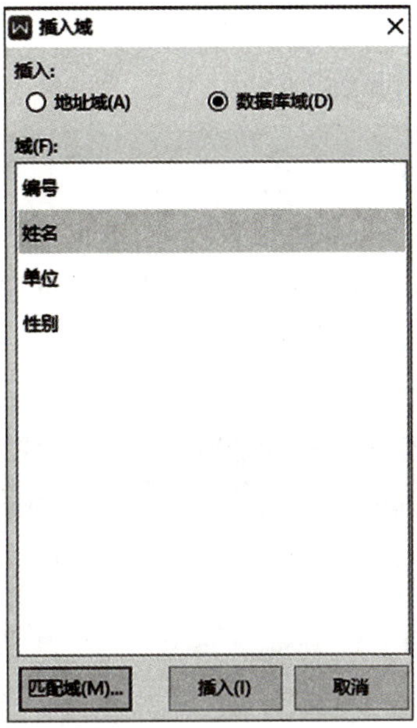

图 2-6　“插入域”对话框

（3）完成合并：在功能区右侧，找到并点击“合并到新文档”选项，在弹出的“合并到新文档”对话框中，“合并记录”选择“全部”单选项，如图 2-7 所示。单击“确定”按钮，此时，WPS 会自动根据数据源生成一个新的文档，其中包含所有合并后的数据。

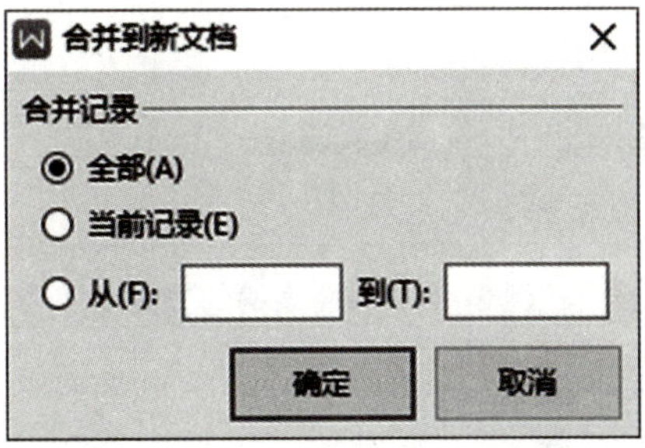

图 2-7　“合并到新文档”对话框

9. 要点提示

（1）主文档在编辑过程中应随时保存，以免出错丢失。

（2）注意区分主文档（只有一页）和新生成的输出文档（有多页），输出文档应以“另存为”的方式，按指定文件名存储到指定文件夹中。

2.4 WPS 表格处理与实践

2.4.1 WPS 文字工作窗口

2.4.1.1 启动 WPS 表格

启动 WPS 表格的方法：双击桌面上的 WPS Office 的快捷方式图标，或者单击“开始”屏幕所有程序列表中的“WPS Office”菜单项。成功启动 WPS Office 单击“新建”，选择表格，将看到如图 2-8 所示的界面。

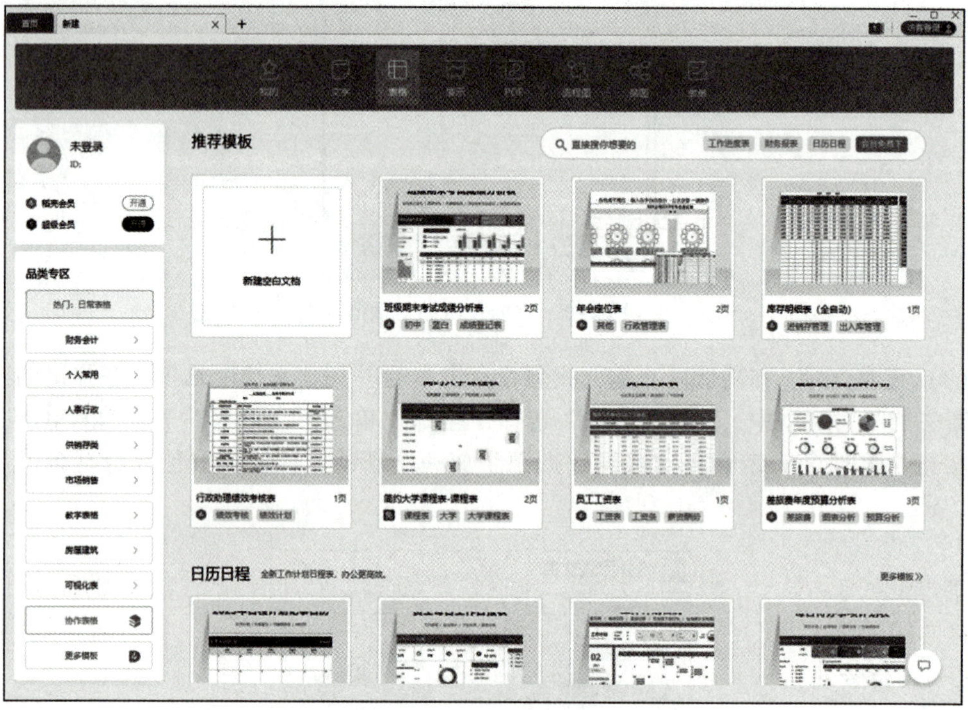

图 2-8　WPS 表格的界面

2.4.1.2 WPS 表格的工作界面

单击图 2-8 中的“新建空白文档”可进入 WPS 表格的工作界面，图 2-9 展示了它的组成。其主工作区呈表格方式，功能区包含多个选项卡，每个选项卡分成多个功能分组。

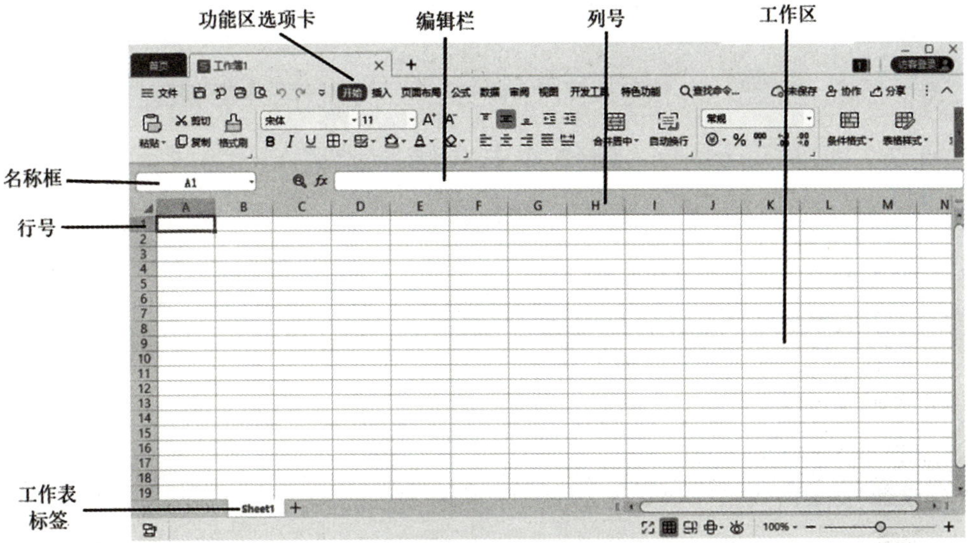

图 2-9　WPS 表格工作界面

2. 4. 1. 3　WPS 表格的基本概念

1. 工作簿

工作簿是存储数据的独立文件，类似于“账簿”，可包含多个工作表。

2. 工作表

一张工作表由若干行和列构成。每张工作表的下方有标签，标出该表的名称。一个工作簿可以包含多张工作表，默认为 1 张，以 Sheet1 命名。单个工作簿最多可容纳 255 个工作表。

3. 单元格

工作表中每一行和每一列交叉处的格子称为单元格，单元格为表格操作的最小对象。单元格的位置由行（编号 1～1048576）和列（字母 A～XFD）来确定，如“C6”表示列号为“C”与行号为“6”的交叉点上的单元格。

4. 数据输入与编辑

支持手动输入、复制粘贴、导入外部数据（如 Excel 文件）及分列处理。

提供“数据有效性”功能，限制输入内容的范围或格式。

5. 公式与函数

通过“=”符号启动公式编辑，支持相对引用、绝对引用及数组公式。

常用函数包括 SUM（求和）、AVERAGE（平均值）、VLOOKUP（跨表查询）等。

6. 数据处理与分析

（1）排序与筛选：按数值、笔画或拼音排序，支持高级筛选条件。

（2）分类汇总：对结构化数据按指定字段分组，并对其他字段进行统计（如求和、平均值等）的功能。

（3）条件格式：根据数值范围自动高亮单元格。

7. 图表制作

支持柱状图、折线图、饼图等多种图表类型，可自定义样式和数据源。

2.4.2 实践项目一（制作期末成绩统计表）

一、实践目的

（1）掌握针对工作表的基本操作。

（2）掌握数据的基本输入方法和自动填充方法。

（3）掌握公式和常用函数的输入方式。

（4）掌握表格格式化设置。

（5）掌握条件格式的设置。

二、实践内容

请按照下列要求，完成某课程的期末成绩统计工作：

（1）打开工作簿“文档.xlsx”，将工作表“sheet1”重命名为“期末成绩”，并将该工作表标签颜色设置为“紫色（标准色）”。

（2）在第1行的上方插入一行，在A1单元格中输入标题文字“期末成绩表”，将区域A1~H1合并后居中，将标题文字设置为红色20字号的隶书，行高设置为40。

（3）在A3~A46单元格中，输入学生在班级中的序号“01”~“44”。

（4）在F3~F46单元格中，利用公式计算每个人的总评成绩：总评=平时×10%+期中×30%+期末×60%，计算结果应为数值型，保留1位小数。

（5）在G3~G46单元格中，利用IF函数计算每个人的等级，对应关系如表2-1所示：

表2-1 成绩与等级的对应关系

总评<60	60≤总评<85	85≤总评
不及格	中等	优秀

（6）在H3~H46单元格中，利用RANK函数计算每个人在班级里的排名。

（7）在F48单元格中，利用AVERAGE函数计算班级总评的平均分，计算结果应为数值型，保留1位小数。

（8）利用条件格式，将C3~F46中小于60的分数设置成“突出显示单元格规则（浅红填充色深红色文本）”。

（9）将区域A2~H48的格式设置为12字号的黑体；将区域A2~H48的列宽设置为8，单元格的水平对齐设置为居中，垂直对齐也设置为居中；为区域A2~H46添加内外边框：内边框为细实线，外边框为最粗实线。

编辑任务完成后的工作表效果如图2-10所示。

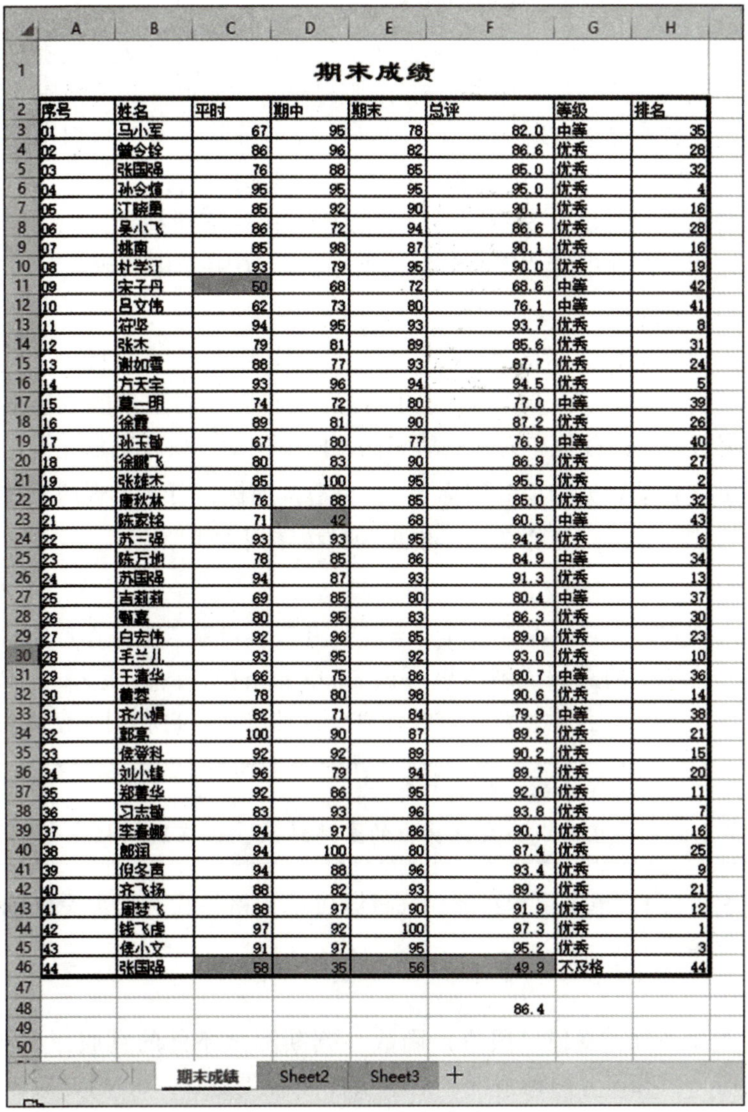

序号	姓名	平时	期中	期末	总评	等级	排名
01	马小军	67	95	78	82.0	中等	35
02	曾令铨	86	96	82	86.6	优秀	28
03	张国强	76	88	85	85.0	优秀	32
04	孙令煊	95	95	95	95.0	优秀	4
05	江晓勇	85	92	90	90.1	优秀	16
06	吴小飞	86	72	94	86.6	优秀	28
07	姚南	85	98	87	90.1	优秀	16
08	杜学江	93	79	95	90.0	优秀	19
09	宋子丹	50	68	72	68.6	中等	42
10	吕文伟	62	73	80	76.1	中等	41
11	符坚	94	95	93	93.7	优秀	8
12	张杰	79	81	89	85.6	优秀	31
13	谢如雪	88	77	93	87.7	优秀	24
14	方天宇	93	96	94	94.5	优秀	5
15	莫一明	74	72	80	77.0	中等	39
16	徐霞	89	81	90	87.2	优秀	26
17	孙玉敏	67	80	77	76.9	中等	40
18	徐鹏飞	80	83	90	86.9	优秀	27
19	张雄杰	85	100	95	95.5	优秀	2
20	康秋林	76	88	85	85.0	优秀	32
21	陈家铭	71	42	68	60.5	中等	43
22	苏三强	93	93	95	94.2	优秀	6
23	陈万地	78	85	86	84.9	中等	34
24	苏国强	94	87	93	91.3	优秀	13
25	吉莉莉	69	85	80	80.4	中等	37
26	鞠嘉	80	95	83	86.3	优秀	30
27	白宏伟	92	96	85	89.0	优秀	23
28	毛兰儿	93	95	92	93.0	优秀	10
29	王清华	66	75	86	80.7	中等	36
30	黄蓉	78	80	98	90.6	优秀	14
31	齐小娟	82	71	84	79.9	中等	38
32	郭嘉	100	90	87	89.2	优秀	21
33	侯登科	92	92	89	90.2	优秀	15
34	刘小锋	96	79	94	89.7	优秀	20
35	郑菁华	92	86	95	92.0	优秀	11
36	习志敏	83	93	96	93.8	优秀	7
37	李春娜	94	97	86	90.1	优秀	16
38	郎润	94	100	80	87.4	优秀	25
39	倪冬声	94	88	96	93.4	优秀	9
40	齐飞扬	88	82	93	89.2	优秀	21
41	周梦飞	88	97	90	91.9	优秀	12
42	钱飞虎	97	92	100	97.3	优秀	1
43	侯小文	91	97	95	95.2	优秀	3
44	张国强	58	35	56	49.9	不及格	44
					86.4		

图 2-10　实践项目“期末成绩”工作表

三、操作步骤

1. 要点提示

重命名工作表，在 Sheet1 标签上单击鼠标右键，在弹出的快捷菜单中选择“重命名”菜单项。对工作表进行重命名时，要注意名字的准确性。若命名时输入错误，而后续又需按名字引用该工作表中的数据，将找不到对应的工作表。

工作表的标签设定，在工作表标签上单击鼠标右键，在弹出的快捷菜单中选择“工作表标签颜色”，再选择颜色。

2. 要点提示

选中第1行单击“开始”选项卡→“行和列”按钮下拉列表，选择插入单元格菜单项，插入行。

选中准备合并的单元格区域，单击“开始”选项卡→“合并后居中”按钮。在进行“合并后居中”操作时，应先选中区域A1~H1，不能选择整行。

选中第1行单击“开始”选项卡→“行和列”按钮下拉列表，选择插入单元格菜单项，选择行高按钮，在弹出的“行高”对话框中输入40并单击“确定”按钮即可。

3. 要点提示

序号是从“01”开始而不是“1”，因此其类型应为“文本型数据”，可在“01”前添加一个英文的单引号（即“’01”），选中A3单元格时，右下角的绿色小方块被称为填充柄，然后用鼠标左键按住该单元格的填充柄，向下拖动。松开鼠标左键时，所填充区域的右下角将显示“自动填充选项”图标，单击该图标，可从出现的下拉列表中更改选定区域的填充方式，其中“填充序列”实现的是按序列方式填充。

4. 要点提示

单元格输入公式时，必须以等号（“=”）开头，再输入由操作数和运算符组成的运算表达式。第一位学生的总评成绩应填写在F3单元格中，内容应为“=C3*0.1+D3*0.3+E3*0.6”。完成第一位学生总评成绩计算公式的输入，再利用填充柄自动填充。

> 提示1：公式中输入的符号都应是英文符号。
> 提示2：在单元格中会显示成公式计算出的最终结果，但在编辑栏中会显示公式本身。

选中区域F3~F44，单击鼠标右键，选择设置单元格格式选项，设置单元格格式类型为数值，小数位保留1位。

5. 要点提示

（1）IF（测试条件，真值，假值）函数（判断测试条件的真假，为真则返回真值，为假则返回假值）只能区分两种情况，但本项任务需要将0~100划分成3个区间，因此得利用IF函数的多次嵌套来实现。例如第一位学生的等级可如此计算：“=IF（F3<60,"不及格"，IF（F3<85,"中等","优秀"））”。

上列式子的意思可以这样理解：第一个IF中，若F3的值<60，则G3的值为“不及格”，否则（即F3的值≥60）再由第二个IF继续区分是否<85；第二个IF中，若F3的值<85，则G3的值为“中等”，否则（即F3的值≥85）G3的值为“优秀”。

上述计算的式子并不唯一，也可以倒过来从85分开始区分。

（2）公式中所有符号都应为英文符号。

6. 要点提示

（1）理解RANK（数值，引用区域，排位方式）函数（返回数值在引用区域中的大小排名）以第一位学生的排名为例，其排名的计算方式为“=RANK（F3，F3：F46，0）”，其意思是：F3的数值在区间F3~F46所有的数值中按降序排第几名。

（2）注意美元符号＄的使用：不管计算哪位学生的排名，RANK 函数的第二个参数（区间）都应为 F3～F46，由于相对引用在自动填充时会发生变化，因此第二个参数应当采用绝对引用的方式，即＄F＄3～＄F＄46。鉴于此，第一位学生的排名计算方式应修正为“=RANK（F3，＄F＄3：＄F＄46，0）”，再重新利用填充柄自动填充。

7. 要点提示

班级总评的平均分是针对班级，不是针对个人的，因此只需计算一个值。平均值计算函数为“=AVERAGE（F3～F46）”。

8. 要点提示

设置条件格式时，应先选中整块需要做判断的区域再进行设置。选中区域 C3～F46，单击“开始”选项卡→“条件格式”按钮，“突出显示单元格规则”设置“小于”条件。设置后系统会自动按照指定条件设置格式，不需要人工判断。

9. 要点提示

选中区域 A2～H48，可在“设置单元格格式”对话框的“边框”选项卡中设置区域的边框，注意先设置直线的样式和颜色，再在“预置”区域或“边框”区域选择需要的边框线。

2.4.3　实践项目二（家庭流水统计分析）

一、实践目的

（1）掌握从文本文件导入数据的方法。

（2）掌握数据验证的方法。

（3）掌握图表的插入和编辑方法。

（4）掌握排序、分类汇总等数据处理分析方法。

二、实践内容

请按照下列要求，完成小明家六月份的收支统计工作：

（1）打开工作簿“文档 .xlsx”，将资料文件夹下“六月收支流水 .txt”中的数据导入到“六月”工作表中，放置在 A3～C15 区域内。

（2）在 C 列“金额”的前面插入一列，取名“类别”；设置“类别”列的数据只能选择“收入”“衣”“食”“住”“行”五种，并根据各行项目的含义填写好 C3～C15。

（3）将“六月”工作表复制一份，置于“六月”工作表的后面，并将其重命名为“统计”。

（4）在“统计”工作表中，将 A3～D15 区域按“类别”进行分类汇总，统计各个类别的金额总和。分类汇总的结果覆盖原数据的位置，汇总值放置在各类别的下方。

（5）在“统计”工作表中，以“衣”“食”“住”“行”四项的汇总值为源数据，绘制饼图，调整好大小尺寸，放置在 F2～J15 区域中，在图表上方显示标题为“开支比例图”，并在各扇形区域内添加数据标签，显示各项所占支出总数的百分比。

（6）保存文档。

编辑任务完成后的“统计”工作表效果如图 2-11 所示。

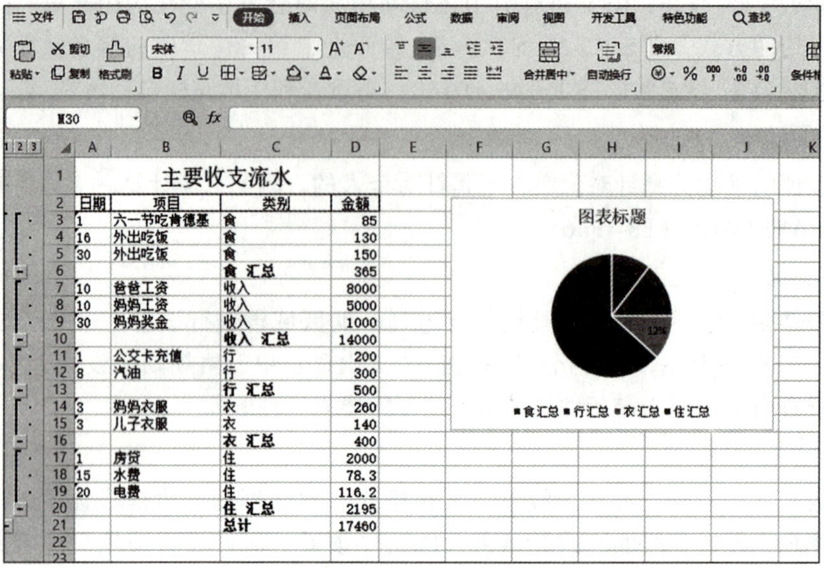

图 2-11 “统计”工作表

三、操作步骤

1. 要点提示

（1）单击“数据”选项卡→“导入数据”按钮，选择数据源“六月收支流水 . txt”，进入“文件转换”。

（2）文本导入向导第 1 步：设置前应先打开“六月收支流水 . txt”文件进行观察，可看到文本文件中的数据为中文，数据的分隔方式为 Tab 键，数据从第 1 行开始，无标题行。因此在第 1 步的对话框中，“原始数据类型”区域中应选择“分割符号”，“导入起始行”应为“1”，如图 2-12 所示。单击“下一步”按钮继续。

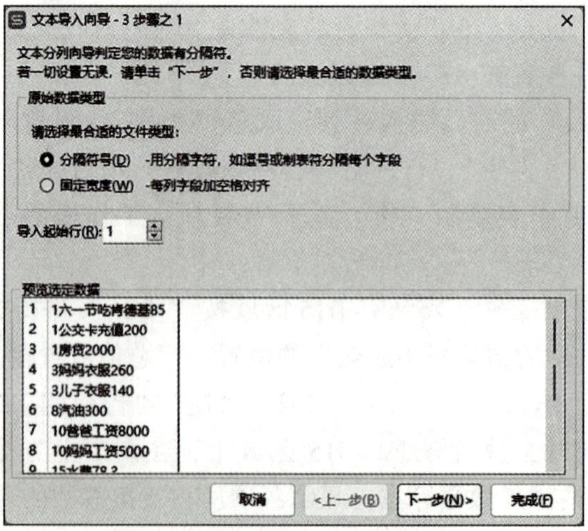

图 2-12 文本导入向导的第 1 步

（3）文本导入向导第 2 步：观察“六月收支流水 . txt”文件可发现，由于文本长度不一，但又需要对齐，因此某些行在分割词汇时使用了连续的多个 Tab 键。因此在第 2 步的对话框中需要勾选“Tab 键”和“连续分隔符号视为单个处理”复选框，如图 2-13 所示。在“数据预览”区域检查数据的识别情况，确认无误后单击“下一步”按钮。

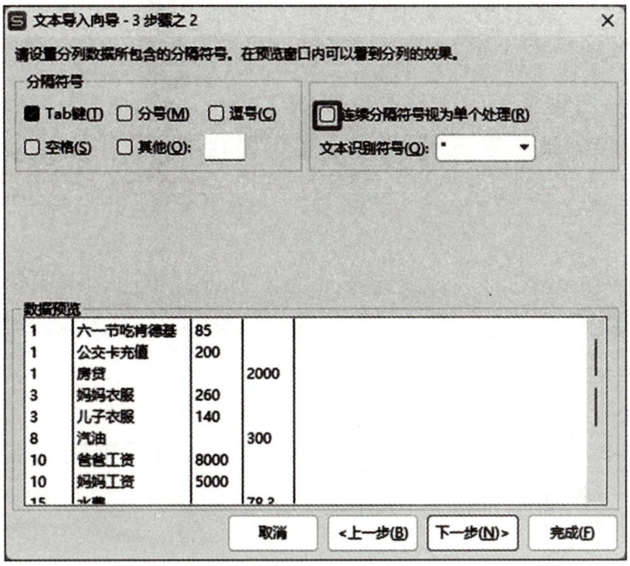

图 2-13　文本导入向导的第 2 步

（4）文本导入向导第 3 步：核实各列数据的类型和格式，由于第一列的数据实际上表示日期，因此可以将其修改成“文本”类型，目标区域为“= $ A $ 3”，如图 2-14 所示，单击“确定”按钮完成导入。

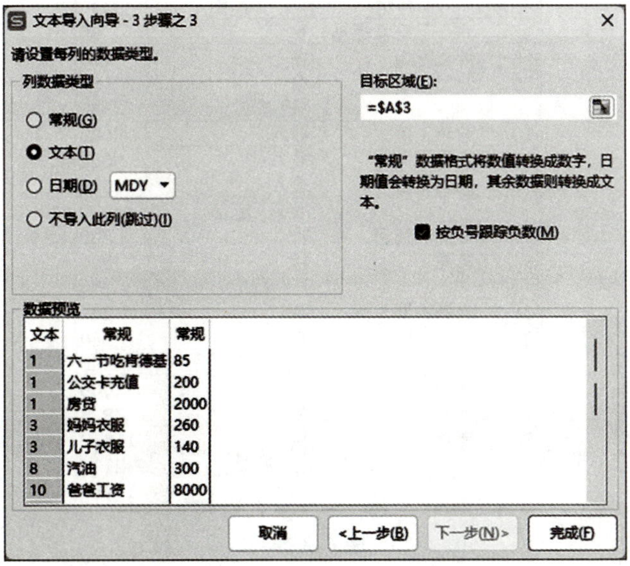

图 2-14　文本导入向导的第 3 步

2. 要点提示

选中 C 列，单击鼠标右键，选择插入列数 1。设置单元格只能从指定的五种数据中进行选择，这需要使用“有效性”功能来实现。选择“数据”选项卡→“有效性”下拉菜单→“有效性…”菜单项。有效性条件允许：“序列”类型，其中序列的来源应为“收入，衣，食，住，行”，注意用英文逗号分隔。

3. 要点提示

利用工作表标签右键菜单中“移动或复制工作表”对话框中勾选“建立副本”复选框，可以将工作表中的数据及其格式一起复制到副本，比“Ctrl+C”和“Ctrl+V”更方便。

4. 要点提示

（1）在插入分类汇总之前，必须先按分类依据进行排序，将同类别的数据放置在一起，本项任务要求“按‘类别’统计各类别的金额总和”，因此应以“类别”为关键字进行排序。

（2）弄懂“分类汇总”对话框中各个参数的含义，本项任务中要求“按‘类别’统计各类别的金额总和”，则“分类汇总”对话框中的“分类字段”下拉框中应选择“类别”，“汇总方式”下拉框中应选择“求和”，“选定汇总项”列表中需选中“金额”。

5. 要点提示

（1）源数据只包含“衣”“食”“住”“行”四项的汇总值（注意不含“收入”），因此应按住 Ctrl 键进行不连续区域的选择，本项任务要求选中“衣”“食”“住”“行”四项的汇总名和汇总值如图 2-15 所示，选择“插入”选项卡，图表类型选择“饼图”。

主要收支流水

日期	项目	类别	金额
1	六一节吃肯德基	食	85
16	外出吃饭	食	130
30	外出吃饭	食	150
		食 汇总	365
10	爸爸工资	收入	8000
10	妈妈工资	收入	5000
30	妈妈奖金	收入	1000
		收入 汇总	14000
1	公交卡充值	行	200
8	汽油	行	300
		行 汇总	500
3	妈妈衣服	衣	260
3	儿子衣服	衣	140
		衣 汇总	400
1	房贷	住	2000
15	水费	住	78.3
20	电费	住	116.2
		住 汇总	2195
		总计	17460

图 2-15 图表数据的选择示例

(2) 本项任务中需要添加的“数据标签”不是将数据直接显示，而是要求换算成百分比形式，因此需要在“设置数据标签格式”窗格的“标签选项”中，去掉“值”的复选框，勾选“百分比”复选框，如图 2-16 所示。

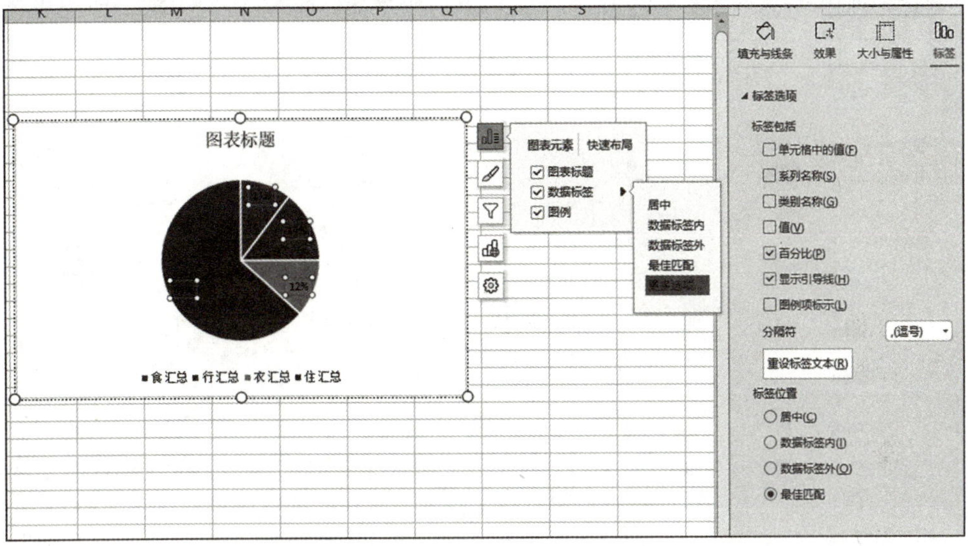

图 2-16　设置数据标签的格式

6. 要点提示

在编辑过程中应随时保存，以免出错丢失。

2.5　WPS 演示处理与实践

2.5.1　WPS 演示介绍

2.5.1.1　启动 WPS 演示

启动 WPS 演示的常见操作方法有以下几种：

方法 1：双击桌面上的 WPS Office 的快捷方式图标，打开 WPS 后，单击“新建”菜单中的“新建演示”命令。

方法 2：开始菜单中找到 WPS Office 程序，打开 WPS 后，单击“新建”菜单中的“新建演示”命令。

方法 3：在 WPS 演示中单击文档标签右侧的加号（+）图标，单击“新建”菜单中的“新建演示”命令。看到如图 2-17 所示的新建界面。

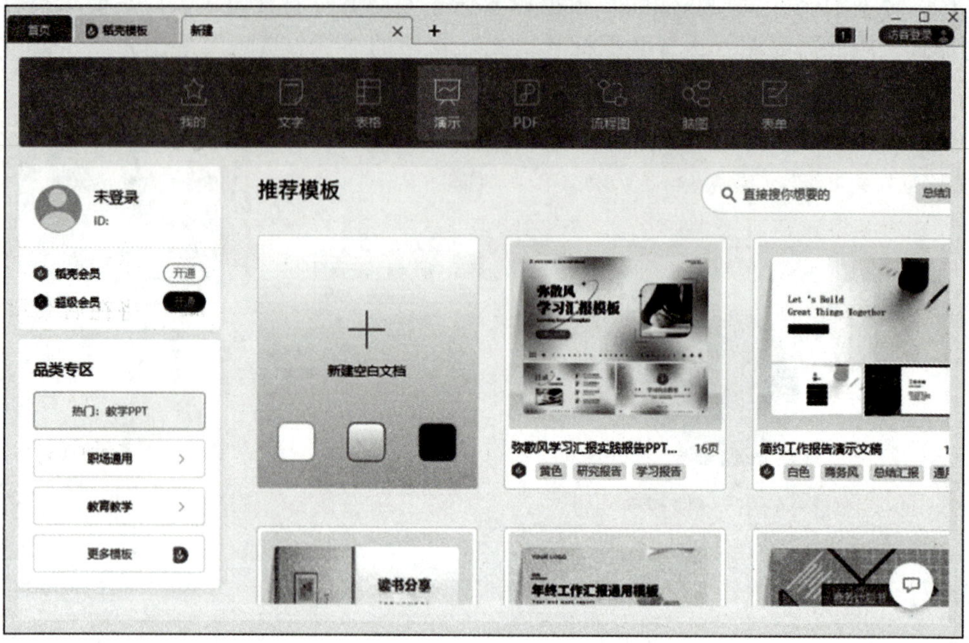

图 2-17　WPS 演示的欢迎界面

2.5.1.2　WPS 演示的工作界面

利用 WPS 演示做出来的作品被称为“演示文稿”，演示文稿由多张“幻灯片”组成。单击图 2-17 中的“新建空白演示文稿”可进入 WPS 演示的工作界面，图 2-18 展示了它的组成。

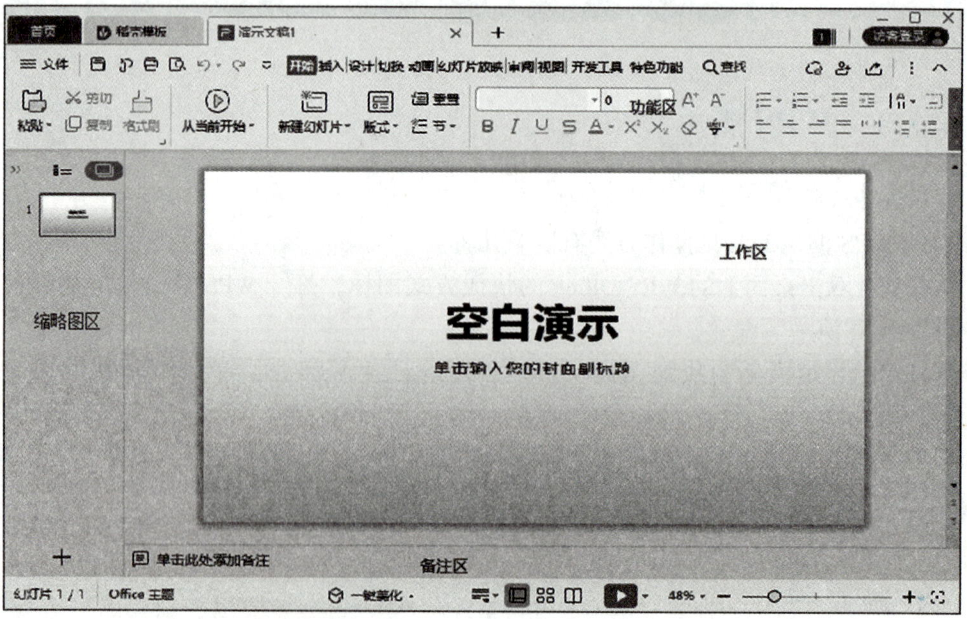

图 2-18　WPS 演示工作界面

WPS 演示工作界面各组成区域的作用介绍如下：

（1）工作区：呈单张幻灯片方式，在此对幻灯片进行编辑。

（2）左窗格（缩略图区）：位于主工作区左侧，这里将展示演示文稿中所有幻灯片的缩略图。在缩略图区，可以通过拖动缩略图更改幻灯片的次序；配合 Shift 键可选择多张连续的幻灯片，配合 Ctrl 键则可选择多张不连续幻灯片。

（3）备注区：位于工作区下方，可编辑当前幻灯片的备注信息。

（4）功能区：位于工作区上方，包含多个选项卡，每个选项卡分成多个功能分组。功能区中有部分功能与 WPS 文字一致，有些则是 WPS 演示特有的，对它们将在后续章节中陆续进行介绍。

2.5.1.2　演示文稿的视图模式

演示文稿的视图模式是指 WPS 演示文档在屏幕上的显示方式，WPS 演示中有多种视图，不同视图将产生不同使用界面。WPS 演示视图及功能如表 2-2 所示：

表 2-2　WPS 演示视图及功能

	组件	功能
主要用于制作	普通视图	主要视图，可用于设计和编写演示文稿
	幻灯片浏览视图	查看缩略图形式的幻灯片，可调整演示文稿的顺序
	备注母版	以整页的形式查看和使用备注
	幻灯片母版	可以对关联的每个幻灯片的样式进行全局更改
主要用于放映	幻灯片放映视图	用于向观众放映演示文稿
	演示者视图	使用多台屏幕放映演示文稿
	阅读视图	作者在计算机上检查演示文稿的放映效果

WPS 演示的默认视图模式是“普通视图”，在“视图”选项卡中可以切换视图模式，或通过状态栏中的视图按钮区域进行快速切换。

2.5.2　实践项目一（相册制作）

一、实践目的

（1）掌握幻灯片版式的使用和主题的应用。

（2）掌握对象的批量处理方式。

（3）掌握插入智能图形的操作。

（4）掌握设置幻灯片对象动画效果的方法。

（5）掌握设置幻灯片切换的方法。

（6）掌握音视频文件的插入和设置方法。

二、实践内容

请按照下列要求，在本实践项目配套资料的基础上，完成一本相册的制作：

（1）打开演示文稿“文档 . pptx”，在第一张幻灯片的标题位置输入“相册”，副标题位置输入“由 xiangce 创建”。

（2）创建 3 张空白幻灯片，在每张幻灯片中均插入 4 张图片（资料文件夹中的 Photo（1）. jpg ~ Photo（12）. jpg），每幅图片的尺寸都设置为高度 7. 14 厘米、宽度 11. 43 厘米，并应用“阴影外部居中偏移”的图片样式，调整图片的相对位置，如图 2-19 所示。

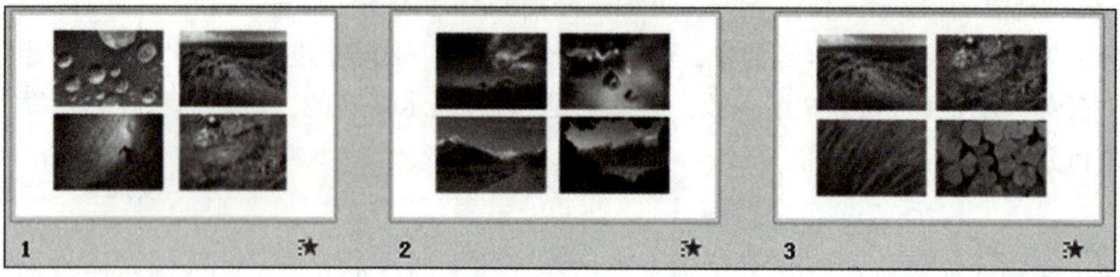

图 2-19　图片的摆放示例

（3）在标题幻灯片后面插入一张新的幻灯片，将该幻灯片设置为“仅标题”版式。在该幻灯片的标题位置输入“摄影社团优秀作品赏析”，在标题下方插入“图片题注列表”的智能图形。并将文字“湖光春色”“冰消雪融”“田园风光”和图片 Photo（1）. jpg、Photo（6）. jpg、Photo（9）. jpg 依次放到相应智能图形中的位置。

（4）设置演示文稿的主题为“currency. potx”。

（5）为第二张幻灯片中的智能图形添加“飞入”进入动画效果。

（6）设置第一张至第五张幻灯片的切换效果分别为“擦除”“淡出”“溶解”“百叶窗”“线条”。

（7）将给定文件夹中的“ELPHRG01. wav”声音文件作为该相册的嵌入背景音乐，添加到第一张幻灯片中。

制作任务完成后的幻灯片效果如图 2-20 所示。

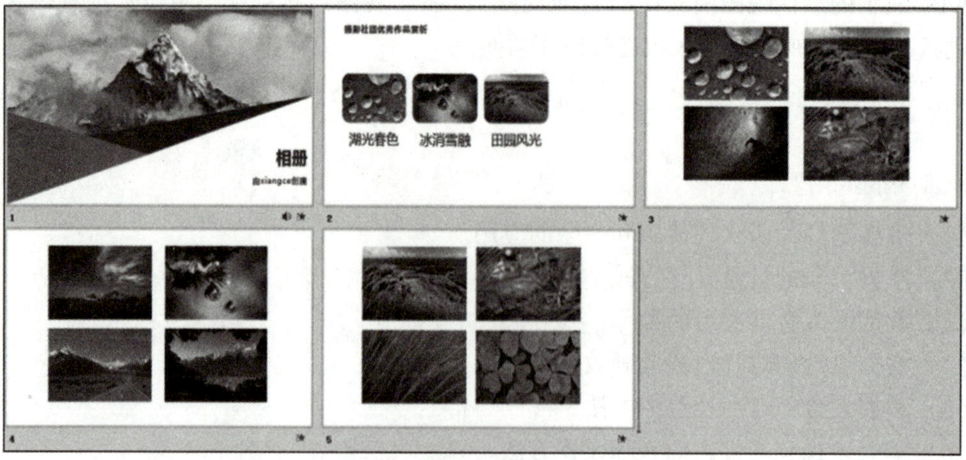

图 2-20　相册制作完成后效果图

三、操作要点

1. 要点提示

第一张幻灯片的版式为“标题”，在对应占位符位置输入要求的文字即可。

2. 要点提示

(1) 新建幻灯片时要注意选择“空白”版式，也可以先新建默认版式的幻灯片，再更改其版式。

(2) 每张幻灯片上需要插入四张图片，可以在“插入图片”对话框里按 Ctrl 键选择四个图片文件一起插入。

(3) 可以在幻灯片上同时选中四张图片，一起设置尺寸格式，再分别按照图 2-19 移动到合适位置。

3. 要点提示

注意新幻灯片的插入位置是标题幻灯片后面，即本任务插入的幻灯片实际上是整篇演示文稿的第二张幻灯片，仅标题版式。插入“智能图形”的“图片题注列表”，文中只需要 3 个图片题注列表，可以点击图片题注列表中文本删除。“图片题注列表”类型的智能图形中，每个条目由一张图片和一个文本标注框组成，依次单击各条目的图片占位符，插入对应的图片。

4. 要点提示

选择主题，若默认的内置主题列表中没有“currency. potx”，则可导入相应的主题文件。

5. 要点提示

注意区分“动画”和“切换”，“动画”针对的是幻灯片中的某个对象，“切换”针对的是幻灯片。

选中第二张幻灯片中的智能图形，添加“飞入”进入动画效果。

6. 要点提示

分别选中相应幻灯片再设置相应切换效果。

7. 要点提示

点击要插入声音的幻灯片，点击“插入”→“音频”→“嵌入背景音乐”，导入相应的音频文件。

8. 要点提示

在编辑过程中应随时保存，以免出错丢失。

2.5.3 实践项目二（北京景点介绍）

一、实践目的

(1) 掌握音视频文件的插入和设置方法。

(2) 掌握幻灯片页脚的设置方式。

（3）掌握演示文稿放映方式的设置方法。

二、实践内容

请在本实践案例配套资料的基础上，帮助北京旅游局人员完成以下“北京主要景点”演示文稿的制作任务：

（1）打开演示文稿“文档 . pptx”，插入八张幻灯片，第 1 张幻灯片版式为“标题幻灯片”，第 2~7 张幻灯片版式为“标题和内容”，第 8 张幻灯片版式为“空白”。

（2）将第 1 张标题幻灯片中的标题输入为“北京主要旅游景点介绍”，副标题为“历史与现代的完美融合”。

（3）在第 1 张幻灯片中嵌入背景音乐“北京欢迎你 . mp3”，设置为自动播放，且放映时要隐藏。

（4）将第 2 张幻灯片的标题输入为“北京主要景点”，在文本区域中以项目符号列表方式依次添加下列内容：天安门、故宫博物院、八达岭长城、颐和园、鸟巢。

（5）自第 3 张幻灯片开始，按照天安门、故宫博物院、八达岭长城、颐和园、鸟巢的顺序依次介绍北京各主要景点，相应的文字素材“北京主要景点介绍 . docx”以及图片文件均位于资料文件夹下，要求每个景点介绍占用一张幻灯片。

（6）在最后一张幻灯片中插入一行五列的艺术字“谢谢”，设置其进入动画效果为“盒状”。

（7）将第 2 张幻灯片文本区域列表中的内容分别链接到后面对应的幻灯片。

（8）设置幻灯片的主题为“plan. potx”。

（9）各幻灯片的切换效果依次设置为“切出”“淡出”“擦除”“分割”“形状”“随机”“形状”“棋盘”。

（10）在第 3~7 张幻灯片中，将所有文字的进入动画效果设置为“飞入”，图片的进入动画效果设置为“百叶窗”。

（11）除标题幻灯片外，其余幻灯片的页脚中均需包含幻灯片编号、自动更新的日期和时间。

（12）设置演示文稿放映方式为“循环放映，按 ESC 键终止”，换片方式为“手动”。

（13）保存文件，制作任务完成后的幻灯片效果如图 2-21 所示。

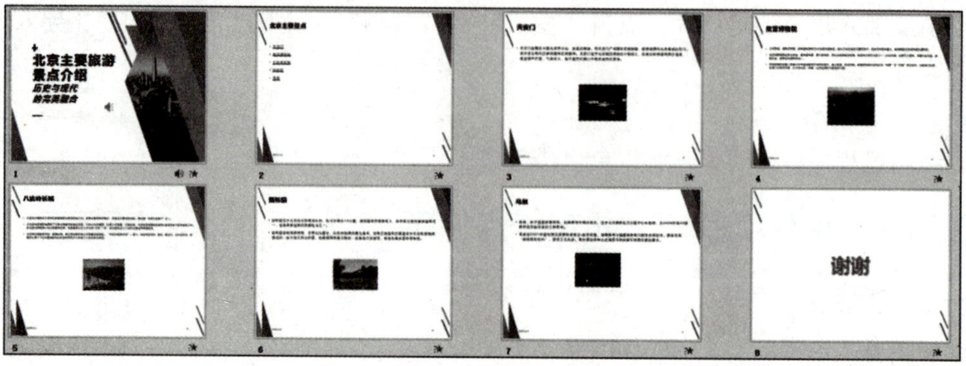

图 2-21　“北京景点介绍”完成后效果图

三、操作要点

1. 要点提示

新建幻灯片时应注意按要求选择对应的版式。

2. 要点提示

选中第 1 张幻灯片，按要求输入标题和副标题。

3. 要点提示

嵌入背景音频文件后，在“音频工具”选项卡中可看到，该音频的开始播放时机默认为“自动”，但还需勾选“放映时隐藏”复选框。

4. 要点提示

选中第 2 张幻灯片，按要求输入标题和文本。

5. 要点提示

打开“北京主要景点介绍 . docx”文档，将文字内容依次复制到第 3~7 张幻灯片中，并插入对应的图片。

6. 要点提示

选中最后一页幻灯片，插入艺术字（样式列表中的一行五列），再为其添加动画效果。

7. 要点提示

依次选中第 2 张中的文字，插入对应的链接。

8. 要点提示

选择主题，若默认的内置主题列表中没有“plan”，则可导入相应的主题文件。

9. 要点提示

先选中幻灯片再设置切换效果。

10. 要点提示

先选中对象再设置动画效果。

11. 要点提示

幻灯片的“页眉和页脚”虽然与 WPS 文字不同，但也是从“插入”选项卡→“文本”分组里进行设置，在弹出的“页眉和页脚”对话框中勾选上“日期和时间”下的“自动更新”和“幻灯片编号”，如图 2-22 所示。

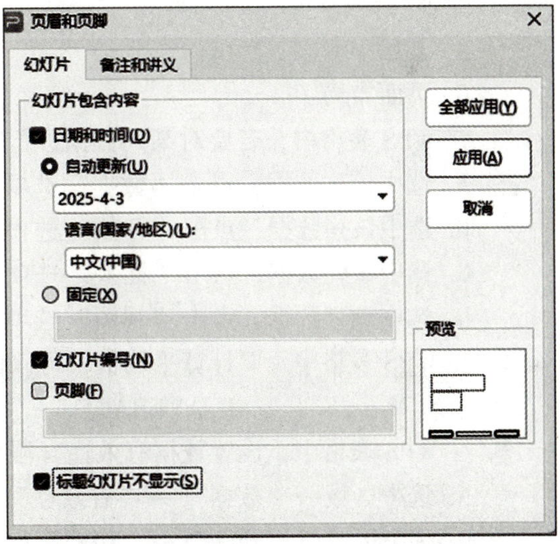

图 2-22　幻灯片的“页眉和页脚”对话框

12. 要点提示

在“设置放映方式”对话框中设置。

13. 要点提示

在编辑过程中应随时保存，以免出错丢失。

课后习题

一、选择题

1. 在 WPS 文字中，要将文档中多处“计算机”一词快速替换为“电脑”，应使用的功能是（　　）。

A. 查找　　B. 替换

C. 定位　　D. 审阅

2. 以下关于 WPS 文字中段落格式设置的说法，错误的是（　　）。

A. 可以设置段落的行距　　B. 能设置段落的缩进

C. 不能对段落设置分栏　　D. 可以设置段落的对齐方式

3. 在 WPS 文字编辑状态下，若要调整文档的纸张方向，应在（　　）选项卡中操作。

A. 开始　　B. 插入

C. 页面布局　　D. 视图

4. 在 WPS 文字中，对插入的图片进行裁剪操作，应在（　　）选项卡中进行。

A. 图片工具-格式　　B. 开始

C. 插入　　D. 页面布局

5. 在 WPS 文字中，要创建一个项目符号列表，应使用（　　）选项卡中的相关命令。

A. 开始　　B. 插入

C. 页面布局　　D. 引用

6. 在 WPS 表格中，若要对某列数据进行升序排序，可使用的方法是（　　）。

A. 选中该列数据，点击“数据”选项卡中的“升序”按钮

B. 选中该列数据，点击“开始”选项卡中的“升序”按钮

C. 选中该列数据，点击“插入”选项卡中的“升序”按钮

D. 选中该列数据，点击“视图”选项卡中的“升序”按钮

7. 在 WPS 表格中，要计算平均值，可以使用的函数是（　　）。

A. SUM　　B. AVERAGE　　C. COUNT　　D. MAX

8. 在 WPS 表格中，设置数据有效性（限制输入内容）的步骤是（　　）。

A. 选中区域→“数据”→“有效性”→设置条件

B. 选中区域→“开始”→“格式”→设置条件

C. 右键菜单直接设置

D. 通过公式自动限制

9. 若需将公式中的部分单元格引用锁定为绝对地址，应使用符号（　　）。

A. !　　B. $　　C. #　　D. @

10. 在 WPS 表格中，输入公式时应先输入的符号是（　　）。

A. +　　B. -　　C. /　　D. =

11. 在 WPS 演示文稿中，不存在的母版种类是（　　）。

A. 幻灯片母版　　B. 讲义母版　　C. 大纲母版　　D. 备注母版

12. 在 WPS 演示文稿中，对于由多部分内容组成的结构复杂的演示文稿，正确的处理方法是（　　）。

A. 对不同部分内容的幻灯片应用不同的字体

B. 为不同部分内容的幻灯片创建单独的节

C. 对不同部分内容的幻灯片应用不同的主题

D. 对不同部分内容的幻灯片应用不同的版式

13. 在 WPS 演示文稿中，能实现一屏显示多张幻灯片的视图方式为（　　）。

A. 普通视图　　B. 幻灯片浏览视图

C. 阅读视图　　D. 幻灯片母版视图

14. 在 WPS 演示文稿中，下列关于幻灯片母版的说法不正确的是（　　）。

A. 一个演示文稿可以有多个幻灯片母版

B. 可以添加新的版式

C. 可以重命名现有的版式

D. 不可以在母版中插入图片

15. 对于 WPS 演示文稿中所插入的音频，下列说法中错误的是（　　）。

A. 可以在幻灯片中调整音频的音量

B. 无法在幻灯片中对音频进行剪辑

C. 可以将音频设置为演示文稿的背景音乐，使其跨幻灯片播放

D. 可以将音频设置为循环播放，直到演示文稿放映结束

二、操作题

1. 对“短篇《哈利-波特 4》：浪漫爱情赛过上课斗法”文档进行编辑：

（1）设置标题文字“《哈利-波特……赛过上课斗法”字体为“隶书”，字号为“小三”，字形为“加粗、倾斜”，颜色为“红色”，对齐方式为“居中”，字符间距为“加宽、1 磅”，字符位置“提升 3 磅”。

（2）设置正文第 2 段“据称，该片的导演……”首行缩进为“42 磅”。

（3）设置正文第 2 段“据称，该片的导演……”边框为“方框”，线型为“单实线”，宽度为“2. 25 磅”，底纹填充色为“紫色”，应用于段落。

（4）设置正文第 3 段“由于《哈 4》原著……透露这么多。”项目符号为“■”形。

（5）插入一张图片，环绕方式为“紧密型”，调整适当大小。

编辑任务完成后的主文件效果如图 2-23 所示。

《哈利-波特 4》：浪漫爱情赛过上课斗法

《哈利·波特 6》小说刚刚上市，华纳公司的电影《哈利·波特 4：哈利·波特和火焰杯》(HarryPotterandtheGobletofFire)，也将在今年 11 月中旬全球同步上映。日前华纳公司在芝加哥举办秘密试映，虽然是未完成特效的粗剪版本，却赢得多数观众好评，他们认为该片比上一集集中了更多元素，除了黑暗外，当然还多了爱情的浪漫。

据称，该片的导演迈克·纽威尔之前最有名的作品是《四个[illegible]以及《诺丁山》等。该片中最有看头的当然是小演员们开始有了“爱情”。[illegible]秋着迷、罗恩开始对妙丽动心，因此导演迈克·纽威尔将重点放在小主角们的[illegible]他拍起文艺喜剧来颇有功力。因此华纳看中的也是纽威尔对于感情处理到位。[illegible]场景要远远多于上课和斗法的场景，因此妙趣横生。所以也可以被称作“[illegible]的一集《哈利·波特》”

- 由于《哈 4》原著长达 700 余页，因此编剧和导演忍痛删去了很多人物，比如韦斯利太太、派西、小精灵多比等人的戏份，重点集中在“三魔法师斗法大赛”上。据透露，该片的开头与原著大致相同，哈利在梦中目睹佛地魔现身杀人，头上疤痕剧痛而惊醒，起床后马上跟着韦斯利家人前往“魁地奇杯”会场……影片由此拉开序幕。由于这属于极度的机密，因此影片只能透露这么多。

图 2-23　操作题 1 完成后效果图

2. 请根据下列要求完成任务：

（1）将 Sheet1 工作表改名为“1 月加班记录”，并删除其余工作表。

（2）在“序号”列输入编号 001，002，003，…，014。

（3）在最上端插入一行，输入表格标题“员工加班记录表”，将 A1 ~ G1 单元格合并，并设置水平居中，设置标题字号为 18。

（4）为区域 A2 ~ G16 添加双实线外边框、最细单实线内边框，将区域 A2 ~ G2 底纹设置为红色。

（5）使用公式计算每位员工的加班时间（以小时为单位计算），加班时间 =（到何时结束-从何时开始）×24，要求计算结果保留一位小数。

（6）使用 IF 函数计算加班费，员工每小时加班费 30 元，副主管每小时 25 元，主管每小时 20 元。加班费为每小时加班费与加班小时数的乘积，结果保留整数。

（7）以每个人加班费为数据源建立图表，图表类型为“簇状柱形图”，图表标题为“加班费”，数据标签显示值。图表放置在 A18 ~ G34 区域。

编辑任务完成后的“1 月加班记录”工作表效果如图 2-24 所示。

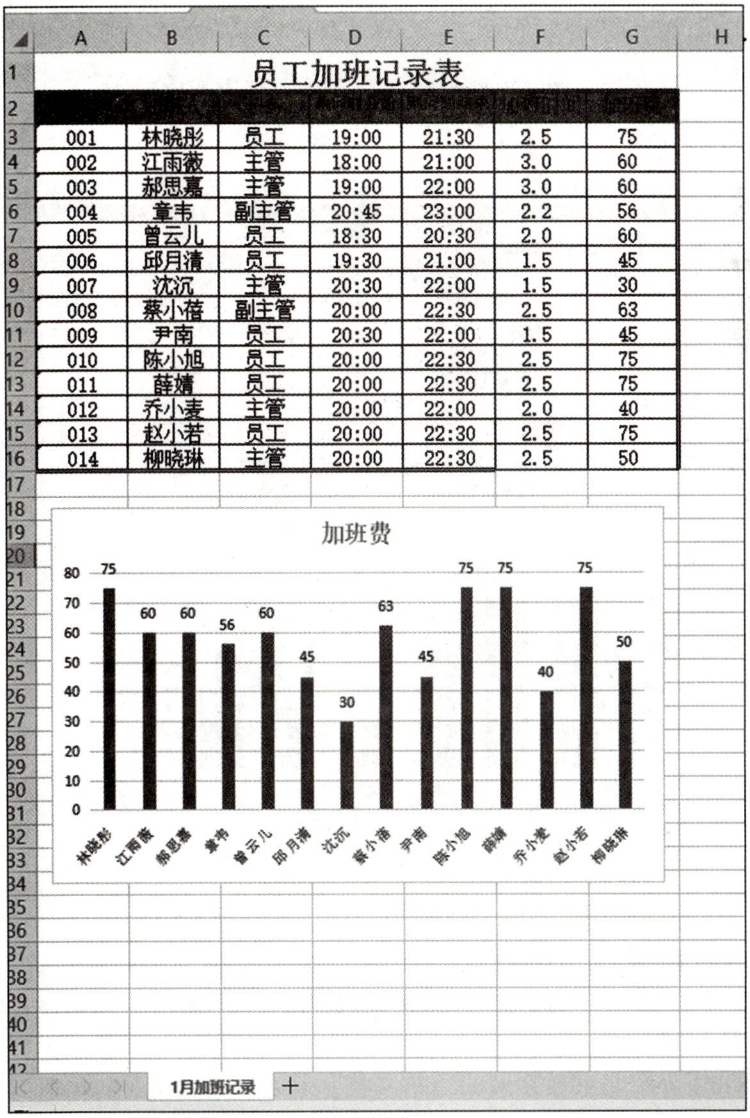

员工加班记录表

001	林晓彤	员工	19:00	21:30	2.5	75
002	江雨薇	主管	18:00	21:00	3.0	60
003	郝思嘉	主管	19:00	22:00	3.0	60
004	章韦	副主管	20:45	23:00	2.2	56
005	曾云儿	员工	18:30	20:30	2.0	60
006	邱月清	员工	19:30	21:00	1.5	45
007	沈沉	主管	20:30	22:00	1.5	30
008	蔡小蓓	副主管	20:00	22:30	2.5	63
009	尹南	员工	20:30	22:00	1.5	45
010	陈小旭	员工	20:00	22:30	2.5	75
011	薛婧	员工	20:00	22:30	2.5	75
012	乔小麦	主管	20:00	22:00	2.0	40
013	赵小若	员工	20:00	22:30	2.5	75
014	柳晓琳	主管	20:00	22:30	2.5	50

图 2-24　“1 月加班记录”工作表

3. 请根据下列要求完成任务：

（1）利用“条件格式”功能进行下列设置：将大学英语和大学物理两科中低于 80 分的成绩所在的单元格以红色填充，其他五科中大于或等于 95 分的成绩以浅蓝色填充。

（2）将第一列“学号”的格式设置为文本，设置成绩列为保留两位小数的数值。设置数据区域行高为 15、列宽为 13，为数据区域设置内外边框，标题行设置为紫色底纹，居中对齐。

（3）利用 Sum 和 Average 函数计算每一个学生的总分以及平均成绩。

（4）将“期末成绩”表中的数据复制到 Sheet2 中，自 A1 单元格开始存放，将

Sheet2 重命名为“成绩单分类汇总”。

（5）在“成绩单分类汇总”表中，通过分类汇总功能求出每个班各科的平均成绩，并将每组结果分页显示。

（6）创建一个簇状柱形图，对每个班各科平均成绩进行比较。

编辑任务完成后的“成绩单分类汇总”工作表效果如图 2-25 所示。

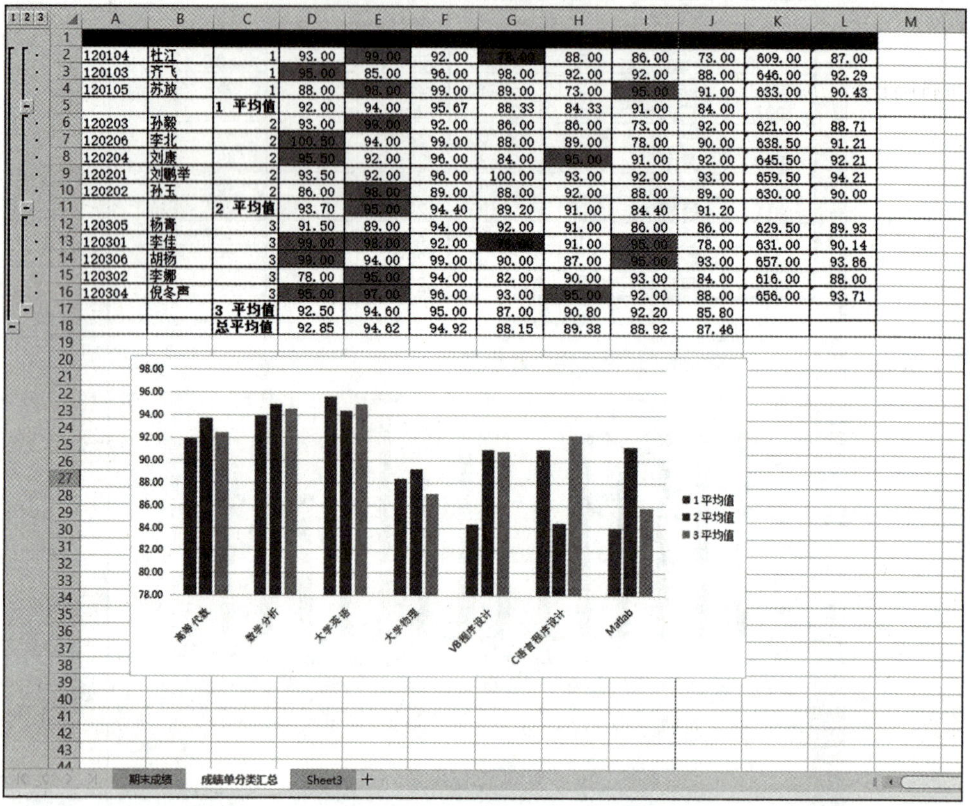

	A	B	C	D	E	F	G	H	I	J	K	L
1												
2	120104	杜江	1	93.00	99.00	92.00	78.00	88.00	86.00	73.00	609.00	87.00
3	120103	齐飞	1	95.00	85.00	96.00	98.00	92.00	92.00	88.00	646.00	92.29
4	120105	苏放	1	88.00	98.00	99.00	89.00	73.00	95.00	91.00	633.00	90.43
5			1 平均值	92.00	94.00	95.67	88.33	84.33	91.00	84.00		
6	120203	孙毅	2	93.00	99.00	92.00	86.00	86.00	73.00	92.00	621.00	88.71
7	120206	李北	2	100.50	94.00	99.00	88.00	89.00	78.00	90.00	638.50	91.21
8	120204	刘康	2	95.50	92.00	96.00	84.00	95.00	91.00	92.00	645.50	92.21
9	120201	刘鹏举	2	93.50	92.00	96.00	100.00	93.00	92.00	93.00	659.50	94.21
10	120202	孙玉	2	86.00	98.00	89.00	88.00	92.00	88.00	89.00	630.00	90.00
11			2 平均值	93.70	95.00	94.40	89.20	91.00	84.40	91.20		
12	120305	杨青	3	91.50	89.00	94.00	92.00	91.00	86.00	86.00	629.50	89.93
13	120301	李佳	3	99.00	98.00	92.00	[illegible]	91.00	95.00	78.00	631.00	90.14
14	120306	胡杨	3	99.00	94.00	99.00	90.00	87.00	95.00	93.00	657.00	93.86
15	120302	李娜	3	78.00	95.00	94.00	82.00	90.00	93.00	84.00	616.00	88.00
16	120304	倪冬声	3	95.00	97.00	96.00	93.00	95.00	92.00	88.00	656.00	93.71
17			3 平均值	92.50	94.60	95.00	87.00	90.80	92.20	85.80		
18			总平均值	92.85	94.62	94.92	88.15	89.38	88.92	87.46		

图 2-25 “成绩单分类汇总”工作表

4. 小王制作了介绍北京植物园的演示文稿，但需要进行调整。请按要求帮他完成相应操作，调整过程中不要新增或删减幻灯片，也不要更改幻灯片的顺序。

（1）按以下要求，对演示文稿的“幻灯片母版”进行调整：

①将“标题幻灯片”版式的“副标题”文本格式设置为“微软雅黑，36 号字”。

②对于“标题幻灯片”版式以外的其他版式，将“标题样式”的格式设置为“隶书，48 号字”，“文本样式”的格式设置为“楷体，20 号字”。

（2）第 2 页幻灯片使用了智能图形“垂直框列表”，但需要进行以下调整：

①在“锁定纵横比”情况下，图形的大小缩放 60%。

②图形相对于“左上角”水平位置为 7.5 厘米，垂直位置为 5 厘米。

（3）将第 3 页幻灯片的版式调整为“图片与标题”，且在左侧图片区域插入“植物园 jpg”。

（4）第 5~9 页幻灯片是对“专类花园”的介绍，但第 6 页幻灯片的排版与其他 4 页幻灯片不一致，请对它使用“比较”版式，并参照其他 4 页幻灯片格式进行调整。

（5）对第 4 页幻灯片中的“表格”进行以下操作：

①应用表格样式“中度样式 4”。

②表格内容设置为“楷体，20 号字，居中对齐”。

③进入动画设置为“飞入”，且飞入方向为“自右下部”，速度为“中速”。

（6）将所有幻灯片的“切换”效果设置为“抽出”，且切换效果播放的时间为 1 秒。

制作任务完成后的幻灯片效果如图 2-26 所示。

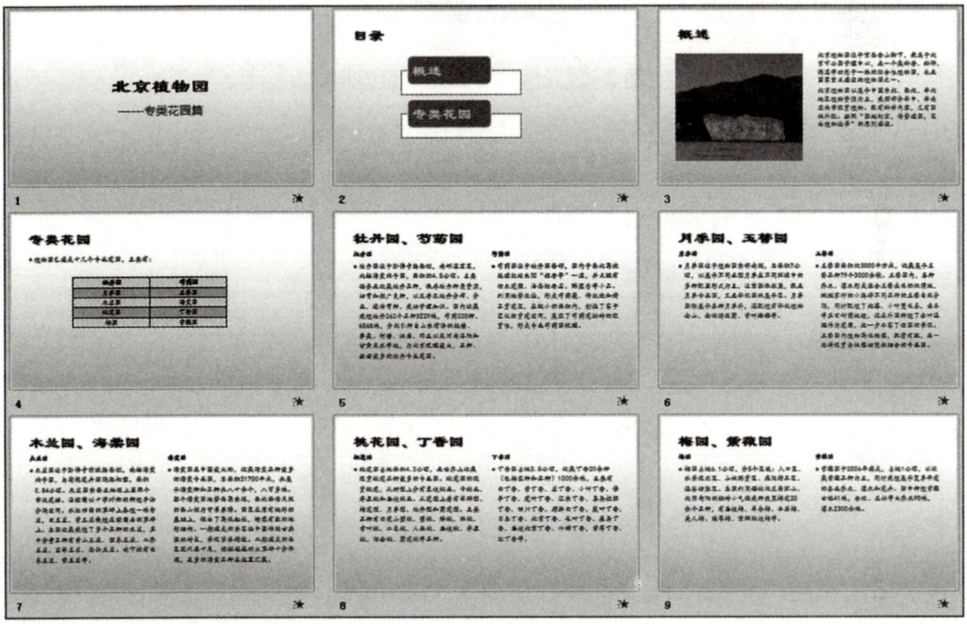

图 2-26　操作题 4 完成后效果图

5. 按照下列要求设置完善并保存

（1）设置幻灯片背景颜色为渐变色推荐中的“深蓝-午夜蓝渐变”，透明度设置为 90%，应用到所有幻灯片。

（2）第 1 张幻灯片的主标题“桅杆疏景缀浦江　船艇浮动靓申城”的字体大小设置为 44 号，副标题“记第 17 届中国国际船艇及其技术设备展览会”的字体设置为方正舒体 24 号。

（3）第 2 张幻灯片的文本部分内容首行缩进 2 个字符，字体设置为华文行楷 24 号，文字进入时添加“百叶窗”动画设置。

（4）把第 3 张幻灯片的文本部分内容字体设置为 28 号。

（5）把第 4 张幻灯片的左栏文本部分内容首行缩进 2 个字符，行距为 1.5 倍，字体设置为华文隶书 20 号，文字进入时添加“十字形扩展”动画设置。右栏插入一张图片（名称为“游艇 JPG”），进入时添加“百叶窗”动画设置。

（6）在第 5 张幻灯片中输入“谢谢”并设置字体为微软雅黑 60 号。

制作任务完成后的幻灯片效果如图 2-27 所示。

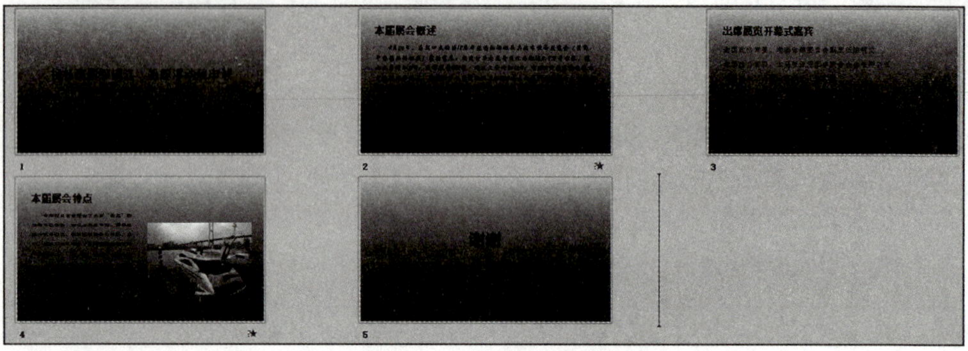

图 2-27　操作题 5 完成后效果图

第3章

人工智能基础理论

教学内容

本章主要介绍人工智能基本概念、发展历程以及相关学派的认知观点，分析人工智能的研究领域与实际应用，回顾人工智能的主要发展时期和代表性技术，最后讲解从传统人工智能到机器学习、深度学习的演变过程。

教学重点

1. 从不同学科或科学的角度出发，理解人工智能的多种定义，并探讨其本质。

2. 追溯人工智能的起源，详细了解其发展历程及重要里程碑事件。

3. 讨论人工智能与人类智能的关系，分析两者的异同和互补性。

4. 介绍当前人工智能的主要学派，如符号主义、连接主义和行为主义等，并阐述它们各自的特点与理论基础。

5. 概述人工智能的研究范围及广泛的应用领域，包括自然语言处理、计算机视觉、智能推荐、机器人等。

教学难点

1. 深入理解人工智能的定义和本质，尤其是在不同学科中的定义及其内涵。

2. 理解人工智能作为一门交叉学科的深远意义，尤其是它对计算机科学、认知科学等领域的推动作用。

3. 理解人工智能各学派的主要理论及其争论焦点，如符号主义与连接主义的分歧，以及行为主义对智能理解的贡献。

教学方法

1. 课堂讲授：以讲解为主，结合案例分析帮助学生理解抽象概念。

2. 多媒体素材辅助：利用网络课程中的视频、动画等多媒体素材，使学生对人工智能的基本理论有更加直观的理解。

3. 互动讨论：通过分组讨论和案例分析，鼓励学生提出自己的见解，增强课堂的互动性。

4. 视频教学：播放相关纪录片和技术演示视频，帮助学生更加直观地了解人工智能的历史发展、应用场景以及技术演变过程。

教学要求

1. 掌握人工智能的几种定义，理解其跨学科的性质和内涵。

2. 了解人工智能的起源与发展过程，熟悉其主要的研究方向和技术进展。

3. 能够阐述人工智能的主要学派，以及它们在人工智能发展中的作用与贡献。

4. 清晰了解人工智能的应用领域，特别是在日常生活中的具体体现，例如智能助手、自动驾驶、医疗诊断等。

素质目标

通过对人工智能基本概念与发展历程的学习，引导学生深入理解科技发展背后的时代背景与国家战略需求，增强对科技强国理念的认同。以人工智能多学科交叉的特性为切入点，培养学生辩证思维与系统思维能力，理解创新驱动发展的现实意义。通过对人工智能各学派观点的分析，提升学生理论联系实际的能力，引导他们树立实事求是的科学精神。在人工智能应用案例学习中，引导学生关注科技向善、技术伦理与社会责任，增强法治意识和责任意识，坚定践行社会主义核心价值观，为服务国家战略和推动高质量发展贡献智慧与力量。

3.1 人工智能概述

人工智能（AI）是计算机科学的一个重要分支，旨在研究和开发能够模拟、执行或超越人类智能行为的机器系统。通常，人工智能指通过计算机程序模拟人类智能的技术，涵盖了机器的学习、推理、感知、决策等认知功能。随着技术的不断发展，人工智能在多个领域已展现出超越人类的能力，例如图像识别、自然语言处理和棋类游戏等。

人工智能的核心目标是设计和开发智能主体（即智能体），这些智能体能够观察周围环境、理解输入数据并做出合理决策。智能体通过学习和适应环境来实现预定目标。人工智能的应用领域广泛，包括专家系统、启发式算法、自然语言处理和计算机视觉等多个技术领域。

根据智能水平的不同，人工智能可分为弱人工智能和强人工智能。弱人工智能专注于解决特定的任务，在某些领域已经达到了超越人类的表现。强人工智能，亦称通用人工智能（AGI），则是人工智能领域的长远目标，旨在创造具备人类推理、学习、交流等多项能力的系统。

人工智能的研究涉及多个技术问题，主要集中在如何使机器具备推理、知识获取、计划、学习、感知等复杂能力。为了实现这些目标，人工智能的研究跨越多个学科，包括统计学、计算智能、仿生学、认知心理学等，同时结合概率论、经济学等领域的算法进行深入探索。

随着人工智能技术的不断发展，其应用场景逐渐扩展，并在医学、机器人学、自动驾驶等领域展现出巨大的潜力。未来，人工智能有望在更多领域替代部分人工岗位，推动各行各业的变革。

3.2　人工智能发展历程

3.2.1　人工智能名称起源

图 3-1　参加达特茅斯会议的科学家

1956 年 8 月，在美国汉诺斯小镇宁静的达特茅斯学院中，约翰·麦卡锡、马文·闵斯基（人工智能与认知学专家）、克劳德·香农（信息论的创始人）、艾伦·纽厄尔（计算机科学家）、赫伯特·西蒙（诺贝尔经济学奖得主）等科学家正聚在一起，如图 3-1 所示，讨论着一个完全不食人间烟火的主题：用机器来模仿人类学习以及其他方面的智能。会议足足开了两个月的时间，虽然大家没有达成普遍的共识，但是却为会议讨论的内容起了一个名字：人工智能。这次会议被认为是人工智能领域的正式诞生，1956 年也就成为了人工智能元年。

3.2.2　人工智能的第一次浪潮（1956—1974 年）

1956—1974 年，这一时期被称为“人工智能的早期探索阶段”。研究人员主要集中在开发能够解决特定问题的算法和程序，如简单的游戏和数学定理证明。

艾伦·图灵（Alan Turing）在 1950 年提出了图灵测试，如图 3-2 所示。这一测试成为衡量机器智能的重要标准。图灵测试的基本思想是，如果一台机器在与人类的对话中表现得无法区分于人类，那么这台机器就可以被认为具有人类智能。

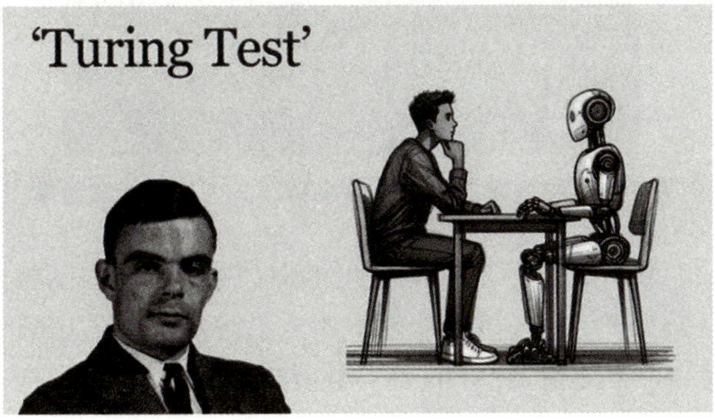

图 3-2　图灵测试

在图灵实验中，一个重要的指标是“70%”。这个指标表示如果机器的回答能让提问者有70%的概率认为回答来自人类而非机器，那么就可以说机器通过了图灵测试。这个指标是在20世纪50年代确立的，随着技术的进步，现在的机器要达到这个指标应该会更容易一些。

1951年夏天，当时普林斯顿大学数学系的一位24岁的研究生马文·闵斯基（Marvin Minsky）建立了世界上第一个神经网络机器SNARC（Stochastic Neural Analog Reinforcement Calculator），如图3-3所示。这项开创性的工作为人工智能奠定了深远的基础。

图 3-3　马文·闵斯基和他发明的神经网络机器

1963年，数学与计算项目（Project MAC）在视觉和语言理解等领域推动了众多研究进展，并获得了美国高等研究计划局（ARPA）200万美元投资。该项目也是麻省理工学院计算机科学与人工智能实验室（MIT CSAIL）的前身，如图3-4所示。同年6月，MIT从新成立的ARPA（后来更名为DARPA，国防高级研究计划局）获得了220万美元的资助，用于支持MAC项目，其中包括Minsky和McCarthy5年前创立的人工智能研究组。此后，ARPA每年为该项目提供300万美元资金，直至20世纪70年代。

图 3-4　麻省理工学院计算机科学与人工智能实验室

此外，ARPA还资助了艾伦·纽厄尔和赫伯特·西蒙在卡内基梅隆大学的工作组，以及John McCarthy于1963年在斯坦福大学创立的人工智能项目。1965年，Donald Michie在爱丁堡大学建立了另一个重要的AI实验室。在接下来的数年里，这4个研究机构成为了人工智能学术界研究和经费资助的核心。

最早的聊天机器人伊莉莎（Eliza）是由系统工程师约瑟夫·魏泽堡和精神病学家肯尼斯·科尔比在 20 世纪 60 年代共同编写的。这是世界上第一个真正意义上的聊天机器人。

在达特茅斯会议之后的几年，迎来了人工智能领域的黄金时代。在这个充满大发现的时期，许多程序的开发成果令人惊叹：计算机不仅能解决代数问题，证明几何定理，还能学习并使用英语。对于当时的大众来说，机器展现出的这种“智能”几乎是难以置信的。研究者们在私下的讨论和公开发表的学术文章中，普遍流露出乐观的情绪，他们预测完全智能的机器将在 20 年内成为现实。从 20 世纪 50 年代后期到 60 年代，一系列成功的 AI 程序和新颖的研究方向如雨后春笋般涌现。

3.2.3　人工智能的第一次低谷（1974—1980 年）

20 世纪 70 年代，人工智能（AI）研究经历了其发展史上的首次重大低谷，史称“第一次人工智能寒冬”（AI Winter）。在这一时期，由于技术、资金、学术批评等多方面因素的影响，AI 研究进展受阻，外界对该领域的兴趣与投资大幅下降。尽管人工智能在诞生初期取得了一系列突破性进展，但研究成果远未能满足社会的高期待，导致公众和资助机构的信心下滑。人工智能的第一次低谷可以总结为以下 4 个方面。

3.2.3.1　技术瓶颈与计算复杂性问题

20 世纪 70 年代的人工智能系统主要基于符号主义方法，这些 AI 程序虽然在特定任务上表现良好，但难以处理复杂问题，因此常被戏称为“玩具”程序。由于当时计算机的算力有限，这些系统无法高效地解决现实世界中的问题。此外，人工智能领域面临计算复杂性和指数爆炸问题，即在求解某些问题时，计算量会随问题规模呈指数级增长，导致求解时间过长甚至不可行。这种计算上的限制成为 AI 发展的主要障碍之一。

3.2.3.2　资金支持的减少

随着人工智能研究进展缓慢，政府和科研机构对该领域的投资热情减退。英国政府的莱特希尔报告（Lighthill Report）系统性批评了人工智能研究的可行性和实际应用价值，导致英国政府大幅削减 AI 研究经费。同样，美国国防高级研究计划局（DARPA）和国家科学研究委员会（NRC）对人工智能项目的支持也在此期间逐渐减少。由于资金支持的减少，许多 AI 实验室被迫关闭，研究人员流失，导致整个领域进入低迷期。

3.2.3.3　学术界与哲学界的批评

在这一时期，人工智能研究受到了来自学术界和哲学界的广泛质疑。一些哲学家针对 AI 的核心假设提出批评，例如约翰·塞尔（John Searle）提出的“中文房间”思想实验，试图论证计算机即使能表现出智能行为，但并不具备真正的理解能力。此外，部分认知科学家和计算机科学家认为，早期 AI 研究过于关注符号推理，而忽略了感知、学习和自主适应能力，这种理论上的分歧进一步影响了人工智能的发展方向。

3.2.3.4　感知器的局限性与联结主义研究的停滞

20 世纪 60 年代，基于生物神经网络的感知器（Perceptron）模型曾被认为是人工智能的前沿方向。然而，1969 年，马文·闵斯基（Marvin Minsky）和西摩·派普特（Seymour

Papert）在《感知器》（*Perceptrons*）一书中揭示了感知器的重大局限性，特别是单层感知器无法解决线性不可分问题，如异或（XOR）问题。这一发现导致联结主义（Connectionism）研究在接下来的 10 年中几乎停滞，神经网络研究的热度也大幅下降。然而，20 世纪 80 年代，新一代研究者通过多层感知器和反向传播算法（Backpropagation）克服了感知器的缺陷，使联结主义重新成为人工智能研究的重要分支。

第一次人工智能寒冬导致 AI 研究一度陷入低谷，但也促使研究者反思 AI 的技术路线，并探索新的发展方向。例如，符号主义 AI 的局限性促使科学家更关注知识表示、推理机制及搜索算法的改进。同时，“寒冬”过后，AI 研究逐步吸收了来自认知科学、统计学和计算神经科学等学科的理论，为后来的人工智能复兴奠定了基础。

3.2.4　人工智能的第二次浪潮（1980—1987 年）

20 世纪 80 年代，人工智能（AI）研究在经历了 70 年代的低谷后迎来了新的发展契机。以专家系统为代表的人工智能在工业和商业领域得到了广泛应用，推动了 AI 技术的实际落地。同时，知识处理成为人工智能研究的重要方向，研究者们开始系统性地构建和管理知识库，以提高智能系统的推理能力。此外，日本政府在此期间发起了第五代计算机项目，并引发了全球范围内对 AI 的投资热潮。与此同时，联结主义（Connectionism）因新型神经网络技术的突破而重新崛起，为人工智能的发展奠定了新的基础。

3.2.4.1　专家系统的兴起与应用

1. 专家系统基本概念与原理

专家系统（Expert System）是一类基于知识推理的人工智能程序，如图 3-5 所示，能够模拟人类专家在特定领域内的决策过程。这类系统依靠知识库（Knowledge Base）存储专业知识，并通过推理机（Inference Engine）执行逻辑推理，以解答特定领域的问题。专家系统的兴起标志着人工智能研究从单纯的算法探索转向实际应用开发，为 AI 技术的落地奠定了基础。

图 3-5　专家系统

2. 典型专家系统与早期成果

20 世纪 60 年代至 70 年代，早期专家系统的成功应用展示了其在特定任务上的卓越能力。例如，1965 年由爱德华·费根鲍姆（Edward Feigenbaum）及其团队开发的 Dendral 系统，主要用于化学物质结构分析，是世界上最早的专家系统之一。1972 年，MYCIN 系统专门用于血液感染疾病的诊断，通过推理规则辅助医生进行医学诊疗，证明了专家系统在医疗领域的巨大潜力。

3. 专家系统的商业化成功

进入 20 世纪 80 年代，专家系统在工业界取得了显著成就，推动了人工智能的复兴。其中，最具代表性的应用是 XCON（eXpert CONfigurer）。1980 年，卡内基梅隆大学（CMU）为数字设备公司（DEC）开发了 XCON 专家系统，专门用于计算机硬件配置优化。XCON 在 1986 年之前为 DEC 每年节省了 4000 万美元，显著证明了专家系统的经济价值。随着企业对专家系统的投资不断增加，到 1985 年，AI 领域的总投资已超过 10 亿美元，支持专家系统的软硬件产业迅速发展，催生了如 Symbolics 和 Lisp Machines 等专门制造 AI 计算设备的硬件公司，以及 IntelliCorp 和 Aion 等提供专家系统开发工具的软硬件公司。

3.2.4.2　知识处理与 AI 研究转向

1. 知识库系统与知识工程

随着专家系统的广泛应用，人工智能研究逐渐将重点转向知识处理（Knowledge Processing）。研究者们认识到，智能系统的性能与其所依赖的知识库质量密切相关，因此提出了知识工程（Knowledge Engineering）的概念。这一概念强调通过系统化的方法来构建、管理和优化知识库，从而提升智能推理能力。在这一时期，AI 研究者开始关注多个方面，尤其是知识的表示方法（如规则、语义网络、框架等），以及如何有效获取和管理知识，以提高专家系统的适用性和扩展性。

2. 国际投资与第五代计算机项目

20 世纪 80 年代初期，日本政府启动了第五代计算机（Fifth Generation Computer Systems，FGCS）项目，旨在开发具有并行处理能力的人工智能计算机，以推动知识处理技术的发展。该项目得到了政府的大力资助，并引发了全球范围内的 AI 投资热潮。为了应对日本的进展，美国国防高级研究计划局（DARPA）加大了对人工智能研究的投入。同时，欧洲多个国家也相继启动了 AI 研究计划，积极跟进全球人工智能技术的发展动态。

3.2.4.3　联结主义复兴与神经网络突破

1. 联结主义再兴起

20 世纪 80 年代中期，神经网络研究迎来了新的突破，促使联结主义（Connectionism）在人工智能研究中重新获得了极大的关注。尽管早期神经网络研究受到 70 年代《感知器》一书的批评而一度陷入低谷，但进入 80 年代后，神经网络的研究迎来了强劲的复兴。John Hopfield 和 David Rumelhart 等人的开创性研究为神经网络技术注入了新的活力，特别是在计算能力和算法改进方面的进展，极大推动了神经网络的理论与应用研究。

2. Hopfield 网络与反向传播算法

（1）Hopfield 网络（Hopfield Network）：由 John Hopfield 提出的这种网络能够执行联想存储和优化计算，具有自组织和自适应能力。Hopfield 网络的提出，展示了神经网络在处理复杂问题时的强大能力，尤其是在模式识别和优化问题中的应用，奠定了神经网络技术的新基础。

（2）反向传播算法（Backpropagation）：David Rumelhart 等人在 1986 年提出了反向传播算法，该算法通过反向调整权重，使得多层神经网络能够有效地训练，突破了早期神经网络在深度学习中的瓶颈。反向传播算法的引入，使得神经网络能够从大规模数据中提取有效特征，并进行更为精确的模式识别和预测。

3.2.4.4 影响与总结

20 世纪 80 年代的人工智能发展具有深远的历史意义，对 AI 领域产生了多方面的影响。

1. 专家系统的成功应用

专家系统的成功商业化应用标志着 AI 技术从理论研究走向实际应用，并推动了企业界对人工智能的投资和兴趣。这一时期，专家系统被广泛应用于医学诊断、金融决策等领域，为 AI 技术的普及奠定了基础。

2. 知识处理成为研究核心

随着专家系统的应用，研究者将更多的精力投入到知识处理领域，尤其是知识库的构建和推理方法的优化。知识工程的兴起，使得智能系统在各类复杂应用中的实用性和可扩展性大大提升。

3. 国际 AI 投资热潮

全球范围内的 AI 研究和技术投资热潮加速了人工智能的技术进步和应用普及。在这场国际竞争中，各国纷纷投入资源，推动了全球 AI 技术的创新和发展。

4. 联结主义的复兴与深度学习的起步

联结主义的复兴不仅为神经网络技术的突破铺平了道路，还为深度学习的兴起打下了基础。反向传播算法和 Hopfield 网络的创新使得神经网络能够处理更为复杂的任务，为深度学习在图像识别、自然语言处理等领域的应用打下了理论基础。

3.2.5 人工智能的第二次低谷（1987—1993 年）

“AI 之冬”是指人工智能研究和应用在特定历史时期内遭遇的低谷，表现为研究资金的大幅削减、产业投资的下降以及技术发展的停滞。该术语最早由经历 1974 年人工智能研究经费削减的学者提出，并用于描述人工智能领域可能因期望过高而导致的失望周期。在 20 世纪 80 年代，专家系统的成功催生了人工智能投资的热潮，然而，到了 80 年代末，这种热情迅速降温，人工智能行业进入了第二次“AI 之冬”，其主要原因可以归结为以下 4 点。

3.2.5.1 AI 硬件市场衰退

1987 年，人工智能硬件市场出现严重滑坡。专用 AI 计算机（如 Symbolics 和 Lisp Machines 生产的 Lisp 工作站）曾被认为是支持专家系统运行的关键基础设施。然而，随着通用计算机硬件的快速发展，Apple 和 IBM 等公司的台式计算机性能显著提升，并在 1987 年前后超越了昂贵的专用 Lisp 机器。由于这些通用计算机能够以更低的成本提供相似的计算能力，AI 硬件市场迅速萎缩，导致价值 5 亿美元的 Lisp 机器产业在短时间内崩溃。

3.2.5.2　专家系统局限性暴露

专家系统的应用在 20 世纪 80 年代取得了显著的商业成功，但其局限性在大规模部署后逐步显现。以 XCON 系统为代表的专家系统存在以下主要问题：

（1）维护成本高昂：专家系统的知识库需要持续更新，而规则的增加往往会导致系统的复杂性上升，增加维护难度和成本。

（2）可扩展性受限：专家系统通常专注于特定领域，难以扩展到更广泛的应用场景。

（3）应对异常情况能力不足：在面对未曾预见的输入或边界情况时，专家系统的表现较为脆弱，容易出错。

这些问题的积累使得许多企业在经历初期的高昂投资后，对专家系统的长期可行性产生了怀疑，导致投资减少，市场需求下降。

3.2.5.3　研究资金减少

20 世纪 80 年代末，美国国防高级研究计划局（DARPA）对人工智能的研究投资大幅缩减。DARPA 的新任管理层对人工智能技术的短期可行性表示质疑，认为该领域难以在短时间内取得实际突破。因此，资金被转向更具短期可行性的计算机科学和工程领域，如并行计算和传统软件工程。这一决定使得依赖政府资助的许多人工智能研究机构面临经费短缺，进一步加剧了行业的低迷。

3.2.5.4　第五代计算机项目失败

日本政府在 1982 年启动的第五代计算机系统（FGCS）项目曾是全球人工智能研究的标志性工程，旨在开发能够进行自然语言处理、逻辑推理和自动问题求解的计算机。然而，到 1991 年，该项目并未能实现预期目标，其中包括“与人进行自然交互”的智能能力，即使到了 2010 年，人工智能在该领域的突破仍然有限。第五代计算机的失败不仅影响了日本的 AI 战略，也使全球范围内对人工智能的乐观预期受到打击，导致其他国家减少对 AI 研究的投资。

1987—1993 年间的“AI 之冬”是人工智能发展史上的重要阶段，其根本原因在于技术能力与市场预期之间的巨大落差。专家系统的局限性、AI 硬件市场的崩溃、研究资金的减少以及第五代计算机项目的失败共同导致了这一低谷。尽管这一时期人工智能研究陷入低潮，但其中积累的经验为后来的机器学习、神经网络等技术的发展提供了重要的启示。进入 90 年代后，随着计算能力的提升和新的算法突破，人工智能迎来了新的发展机遇，为后续的第三次人工智能浪潮奠定了基础。

3.2.6　人工智能的复苏（1993—2011 年）

在历经半个世纪的发展之后，人工智能终于实现了其最初设定的一些目标。它在技术产业中的应用取得了成功，尽管有时它的作用是在幕后默默无闻。这些成就既得益于计算机性能的显著提升，也归功于科研人员在追求特定课题时所展现出的高尚科学责任感。然而，在商业领域，AI 的声誉已不如当年那般辉煌。“实现人类水平的智能”这一最初的梦想，曾在 60 年代激发全球的想象力，但其未能实现的原因至今仍是众说纷纭。多种因素的交织使得 AI 分裂为多个各自为战的子领域，有时甚至需要用新的术语来包装，以掩盖“人工智能”这块曾经辉煌却已蒙尘的招牌。如今，AI 比以往任何时候都更加谨慎，同时也在某种程度上取得了更加显著的成就。

以下是人工智能复苏的几个比较重要事件。

IBM 公司研发的国际象棋超级计算机“深蓝”（DeepBlue）在 1997 年成功战胜了国际象棋世界冠军加里·卡斯帕罗夫（Garry Kasparov），如图 3-6 所示，这一事件标志着计算机在复杂战略博弈中的潜力。深蓝使用了强大的并行计算能力和庞大的棋局数据库，通过对大量棋局的深度搜索来预测最优走法，突破了传统的人工智能局限性，成为人工智能领域的重要突破之一。深蓝的胜利不仅展示了计算机在高度复杂的认知任务中的优势，也在全球范围内引发了对于人工智能未来发展的广泛关注。

图 3-6 “深蓝”战胜国际象棋世界冠军（左）和 Watson 参加智力问答节目（右）

IBM 开发的人工智能程序“沃森”（Watson）在 2011 年参加美国著名智力问答节目《危险边缘》，并成功战胜了两位人类冠军（如图 3-6 所示）。沃森通过自然语言处理、信息检索和数据分析技术，能够理解节目中的复杂问题，并快速、准确地提供答案。这一事件展示了人工智能在理解自然语言和进行复杂推理方面的巨大潜力。沃森的成功不仅为医疗、金融等行业的人工智能应用奠定了基础，也证明了 AI 系统在现实世界中超越人类在特定领域的能力。

3.2.7 人工智能的第三次浪潮（2011 年至今）

3.2.7.1 深度学习兴起

进入 2010 年代，深度学习（Deep Learning）的发展推动了人工智能技术的突破，标志着人工智能进入新的发展阶段。深度学习依托多层神经网络，通过大规模数据训练，显著提升了图像识别、语音识别、自然语言处理等领域的性能，使人工智能的应用场景进一步拓展。

1. AlexNet 与深度学习的突破

2012 年，在 ImageNet 大规模图像识别竞赛（ILSVRC）中，Geoffrey Hinton 的学生 Alex Krizhevsky 开发的 AlexNet 模型取得了压倒性胜利。AlexNet 采用卷积神经网络

（CNN）结构，大幅降低了图像分类错误率，使深度学习技术受到广泛关注。AlexNet 的成功验证了深度神经网络在计算机视觉任务中的强大性能，推动了后续深度学习技术的发展。

2. 深度学习模型的发展

随着计算能力的提升和算法的优化，深度学习在多个领域取得了突破：

（1）计算机视觉：卷积神经网络（CNN）被广泛应用于图像分类、目标检测、图像分割等任务，推动了自动驾驶、医学影像分析等领域的发展。

（2）自然语言处理（NLP）：循环神经网络（RNN）及其变种长短时记忆网络（LSTM）显著提升了序列数据的处理能力，成为机器翻译、语音识别等任务的核心技术。

（3）生成式 AI：2014 年提出的生成对抗网络（GAN）开创了图像生成和风格迁移的新方向，使人工智能能够合成逼真的图像、音频和视频。

3. 深度学习兴起的经典事件

2014 年，百度在美国康奈尔大学图书馆发表了一篇论文，介绍了其语音识别系统 Deep Speech 的最新成果（如图 3-7 所示）。研究表明，Deep Speech 的语音识别准确率已超过当时市场上主流的苹果和谷歌语音识别产品。这一突破标志着语音识别技术的飞跃，百度通过深度学习技术，显著提高了语音识别的准确度和实时性，为语音助手、自动翻译和语音搜索等应用的普及铺平了道路。这一成就不仅体现了中国在人工智能领域的领先地位，也为语音交互技术的应用提供了新的方向。

2016 年，Google DeepMind 开发的 AlphaGo 程序以 4∶1 的比分战胜了世界围棋九段棋手李世石（如图 3-7 所示），这一事件在全球范围内引起了广泛关注。AlphaGo 通过深度学习和蒙特卡罗树搜索技术，成功应对了围棋这一传统上被认为是“人工智能难以攻克”的复杂游戏。李世石的“神奇一手”虽然给 AlphaGo 带来了挑战，但整体来看，AlphaGo 展现出了前所未有的棋艺水平，打破了人类对围棋的传统认知。这一胜利标志着人工智能在复杂的策略性任务中超越了人类，并为深度学习在更广泛的应用场景中提供了巨大的发展空间。

图 3-7　Deep Speech 超越苹果与谷歌（左）和 AlphaGo 战胜围棋九段棋手李世石（右）

2017 年，AlphaGo 的第四代版本 AlphaGoZero 诞生。与之前的版本不同，AlphaGoZero 并没有依赖人类棋谱数据，而是通过自我对弈进行学习。经过短短 3 天的训练，AlphaGoZero 便以 100∶0 的成绩横扫了第二代的 AlphaGo。经过 40 天的自学，AlphaGoZero 甚至战胜了第三代 AlphaGo，这一成就标志着人工智能在自我学习能力和战略决策方面的巨大突破。AlphaGoZero 的成功表明，AI 可以通过完全自主的方式进行知识学习，打破了传统的依赖人类数据输入的限制，为人工智能的未来发展开辟了全新的路径。

3.2.7.2 预训练模型与大模型时代

1. 预训练模型的突破

随着数据规模的增长和计算资源的增强，人工智能进入预训练模型时代。预训练模型通过在大规模数据集上进行自监督学习，然后在特定任务上进行微调，极大提升了模型的泛化能力。其中，代表性模型包括：

（1）BERT（2018）：谷歌提出的双向编码器表示（Bidirectional Encoder Representations from Transformers），在阅读理解、情感分析等任务上取得领先性能。

（2）GPT-3（2020）：OpenAI 推出的生成式预训练模型（Generative Pre-trained Transformer 3），具备强大的文本生成和推理能力，推动了对话 AI、代码生成等应用的发展。

2. 大模型的崛起

随着参数规模不断扩大，人工智能进入大模型时代。大模型具备更强的知识整合与推理能力，推动了多模态学习的发展，使得 AI 能够同时处理文本、图像、音频等多种数据类型，并在智能搜索、自动化内容生成等领域实现突破。与此同时，中国科技企业也积极投入大模型研发，推出了文心大模型、通义大模型、盘古大模型、Deepseek 等具有影响力的国产大模型，推动着中文理解、产业智能化等领域的发展。

3.2.7.3 人工智能广泛的应用

人工智能技术的突破带来了广泛的产业应用，在多个领域取得了深远影响。

1. 自动驾驶

特斯拉、Waymo 等公司不断推进自动驾驶技术的研发与应用，依托计算机视觉、强化学习、传感器融合等前沿 AI 技术，成功实现了对车辆周围环境的精准感知、路径规划和自动驾驶控制。AI 系统能够实时处理来自摄像头、雷达和激光雷达等传感器的大量数据，预测交通状况，规避潜在危险，实现高度自动化的驾驶体验。随着技术的不断成熟，自动驾驶将在交通、物流和城市出行等领域带来革命性的改变。

2. 智能医疗

人工智能在医疗领域的应用逐渐改变了传统医疗服务的模式。通过医学影像分析，AI 能够准确识别疾病症状，例如肿瘤、肺炎等，辅助医生进行更快速和精准的诊断。在药物发现方面，AI 通过预测蛋白质的三维结构，帮助加速药物研发过程，降低开发成本。同时，AI 技术在个性化治疗中发挥了重要作用，通过分析患者的基因数据、病历信息及生活习惯，制定出更为精确的个性化治疗方案，极大提升了治疗效果和患者的生活质量。

3. 金融分析

AI 技术在金融行业中的应用已经非常广泛，尤其在风险评估、市场预测、欺诈检测等方面。通过大数据分析，AI 能够从历史数据中挖掘出有价值的规律，帮助金融机构进行更精准的市场预测和投资决策。在信用评估中，AI 通过机器学习算法对客户的财务数据、交易行为等信息进行分析，评估其信用风险。同时，AI 技术还在欺诈检测中发挥着关键作用，通过实时监控交易行为，快速发现异常，保护用户资金安全。

4. 智能家居

随着人工智能技术的发展，智能家居已逐步成为现代家庭的重要组成部分。智能助手（如苹果的 Siri、亚马逊的 Alexa）通过自然语言处理技术，能够理解并回应用户的语音指令，帮助用户实现语音控制家居设备。此外，AI 还被广泛应用于家庭安防系统，通过面部识别、运动检测等技术，提高家庭安全性。在智能家电控制方面，AI 技术能够根据用户的生活习惯和需求，自动调节设备的工作状态，为用户提供更加便捷和个性化的服务，极大提升了生活质量。

人工智能的第三次浪潮由深度学习驱动，在计算机视觉、自然语言处理、生成式 AI 等领域取得了突破性进展。预训练模型和大模型的崛起进一步提升了人工智能的能力，使其应用范围不断扩大，推动了自动驾驶、智能医疗、金融分析等行业的智能化发展。随着算法优化、算力提升和数据积累，人工智能将在未来继续深化，并对社会和产业带来深远影响。

回顾了人工智能近 70 年的发展历程，如图 3-8 所示。漫长的时间里，科研技术人员不断突破阻碍，让我们可以看到今天人工智能所取得的辉煌成果。人工智能关系到人类的未来，属于全球科研领域的前沿技术，它的发展与信息技术、计算机技术、精密制造技术、互联网技术紧密相连。

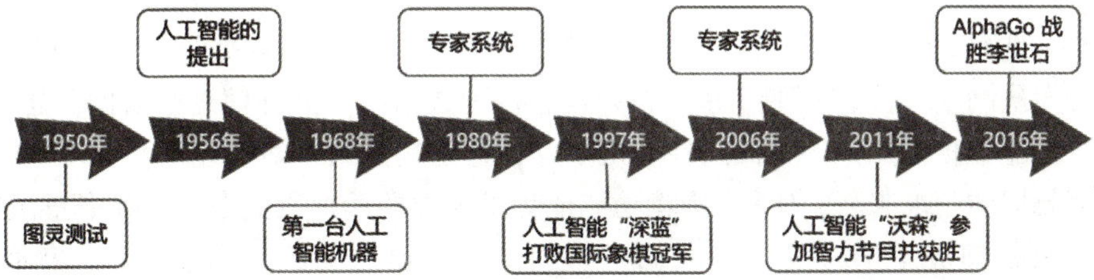

图 3-8　人工智能发展历程

人工智能的未来，有太多的可能，最终它能够发展到什么程度，现在无法定论，答案只能交给时间。

3.3　从数据科学到机器学习、深度学习的演变

3.3.1　数据科学

数据科学是 2010 年兴起的学科，定义为利用科学的方法、流程、算法和系统从数据中提取价值的跨学科领域。其主要目标是通过分析数据，抽取有价值的信息和知识，并提供指导决策的基本原则和方法。数据科学结合了统计学、计算机科学和业务知识，是一种综合性学科（如图 3-9 所示），注重从大规模数据中发现趋势、模式和关联，从而帮助决策和创新。数据科学家通常会应用多种技术和工具，例如数据清洗、数据挖掘和可视化，

以提供更深入的见解。

首先，数据科学是什么呢？百度百科上面的解释是这样的：数据科学是利用科学方法、流程、算法和系统从数据中提取价值的跨学科领域。数据科学家综合利用一系列技能（包括统计学、计算机科学和业务知识）来分析从网络、智能手机、客户、传感器和其他来源收集的数据。本书更愿意称之为数据库技术。因为数据库技术就是研究如何科学地组织和存储数据，以及如何高效地查询和处理数据。所以，QQ 能够给我们推荐好友，那是因为 QQ 存储了很多我们的个人信息。

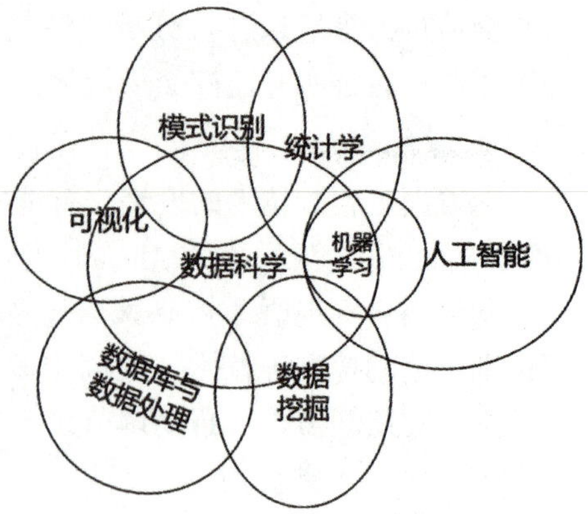

图 3-9　数据科学与其他学科的关系

其次，大数据核心是数据本身，尤其是数据的数量和来源。大数据是指规模庞大、复杂、速度快速增长的数据集合，其处理和存储远超传统数据库的能力。大数据技术处理的不是单一的数据，而是从多个来源（如社交媒体、传感器、交易记录等）收集来的大量数据。通过分布式计算和存储技术（如 Hadoop 和 Spark），大数据能够高效存储并快速处理海量数据。在 QQ 的好友推荐功能中，大数据的应用体现在存储和管理亿级用户数据，以及高效查询用户之间的关系。

最后，思考一下数据科学、大数据、机器学习和人工智能的区别？

以 QQ 的好友推荐为例，数据科学涉及对存储在系统中的数据进行分析和处理。QQ 通过收集大量的个人信息（如联系人、兴趣、行为数据等）并存储这些数据，建立起数据模型，从而能够根据用户的共同属性进行推荐，这正是数据科学的应用。

从大数据的角度来看，QQ 的推荐功能依赖于庞大的用户数据集。大数据技术使得 QQ 能够存储和处理成千上万的用户数据，通过识别用户之间的共同点，计算出可能认识的人。

而机器学习和人工智能则进一步提高了推荐的智能化程度。QQ 可以通过机器学习算法，分析和预测用户的兴趣和行为，从而提供更加精准的推荐。

3.3.2　机器学习

机器学习（Machine Learning）是一种通过数据驱动的方法，利用统计学和算法，使计算机能够从数据中自动学习和改进性能。机器学习算法可以根据输入数据进行训练，从而在新数据上进行预测和决策。

3.3.2.1　机器学习

机器学习是一门使计算机能够从数据和统计信息中学习的科学技术，其核心目标是使计算机能够自主发现数据中的规律，并基于此进行预测和决策。机器学习是实现人工智能的重要手段之一，但人工智能的范畴更为广泛，旨在使机器具备类似人类的思考和行动能力，包括增强人类的脑力和体力。因此，人工智能涵盖机器学习，而机器学习又包含深度学习（如图 3-10 所示）。

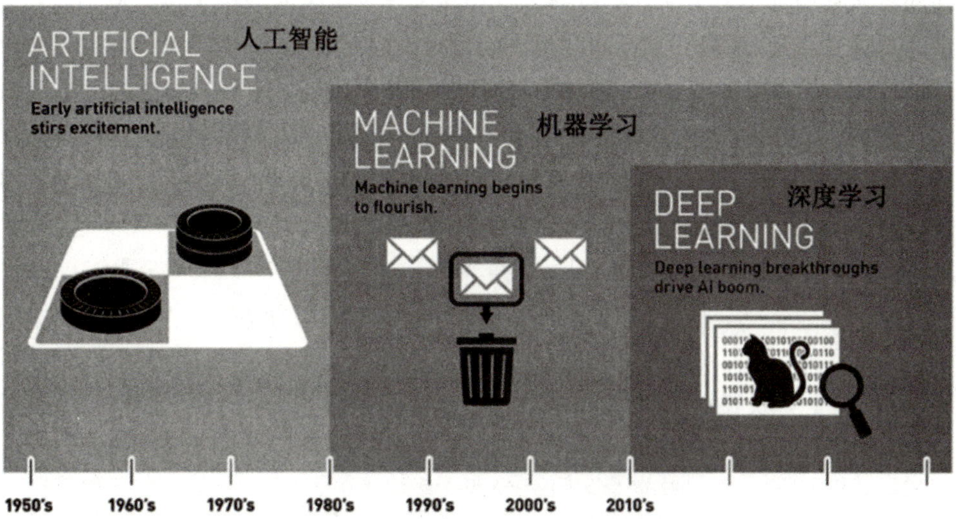

图 3-10　机器学习与人工智能的关系

在日常生活中，机器学习已得到广泛应用。例如，在电子商务平台上，机器学习算法会基于用户的购买历史和行为模式，推荐可能感兴趣的商品，从而提升购买概率。这种基于数据分析和模式识别的技术，使得计算机能够根据历史数据进行自主学习和优化。

机器学习的基本过程可以类比于人类的学习过程（如图 3-11 所示）。例如，在教授儿童识字的过程中，教师会展示不同的字卡，并通过重复训练帮助儿童建立认知。在机器学习中，这一过程可以分解为以下几个核心概念：

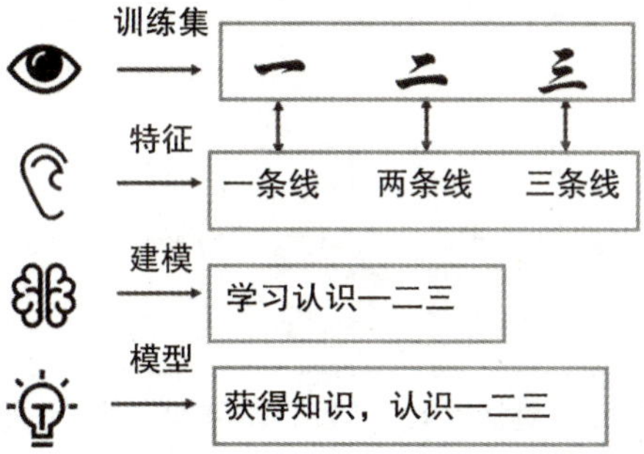

图 3-11　儿童学识字的过程与机器学习学识字的过程

（1）训练集（Training Set）：类似于识字时的字卡，机器通过这些数据进行学习。

（2）特征（Feature）：用于区分不同类别的信息，例如汉字中的笔画数量。

（3）建模（Modeling）：机器学习通过训练数据不断调整内部参数，以形成对数据的理解。

（4）模型（Model）：经过训练后，计算机总结出的规律，用于预测新数据的类别或趋势。

在机器学习过程中，计算机通过大量训练数据识别特征，逐步优化模型，最终具备自主学习和适应新数据的能力。这一过程不仅提高了计算机的智能化水平，也为各行业的智能化应用奠定了技术基础。

目前机器学习有 3 种最主要的方法：监督学习、非监督学习和强化学习。它们在机器学习中扮演着不同的角色，各自有不同的应用场景和技术特点。监督学习依赖带标签的数据来进行预测和分类；非监督学习通过无标签的数据发现结构和模式；强化学习通过与环境的互动和试错来优化策略以最大化累积奖励。

3.3.2.2 监督学习

监督学习（Supervised Learning）是一种常见的机器学习方法，旨在通过已有的训练数据学习模式（函数/学习模型），并基于该模式对新的数据进行预测。训练数据由输入对象（通常表示为向量）及其对应的预期输出组成，学习模型的目标是推测新输入数据的正确输出。

根据输出类型的不同，监督学习可分为两大类：

（1）回归（Regression）：用于预测连续数值，如房价预测、股票价格走势分析等。

（2）分类（Classification）：用于预测离散类别，如手写数字识别、垃圾邮件检测等。

1. 监督学习的工作原理

监督学习的核心任务是通过观察一组已标注的训练样本（输入及其对应的输出），构建一个能够泛化到新数据的模型。在认知科学中，这一过程类似于概念学习（Concept Learning），即人类通过有限的观察总结普遍规律。

2. 监督学习的基本步骤

在解决一个具体的监督学习问题（如酒）时，需要依次完成以下关键步骤，如图 3-12所示，一共分为 7 步：收集数据、数据准备、选择模型、模型训练、模型评估、参数调整、模型预测（开始使用）。

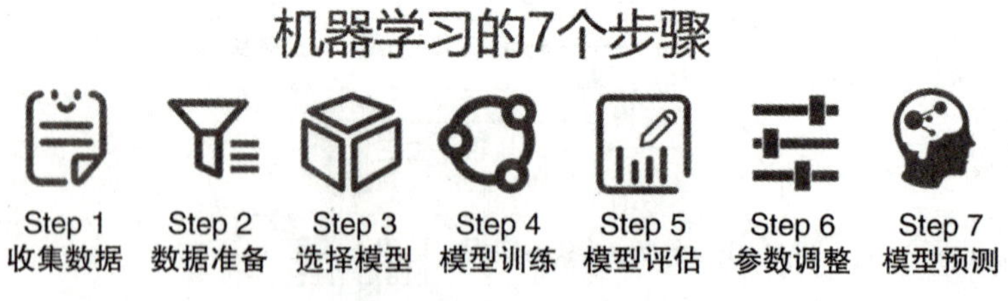

图 3-12 机器学习的 7 个步骤

假设我们的任务是通过酒精度和颜色来区分红酒和啤酒，下面详细介绍一下机器学习中每一个步骤是如何工作的。

步骤 1：收集数据

我们在超市买来一堆不同种类的啤酒和红酒，然后再买来测量颜色的光谱仪和用于测量酒精度的设备。这个时候，我们把买来的所有酒都标记出它的颜色和酒精度，会形成表 3-1。

表 3-1

颜色	酒精度	种类
610	5	啤酒
599	14	红酒
693	13	红酒
……	……	……

步骤 2：数据准备

在这个例子中，我们的数据是很工整的，但是在实际情况中，我们收集到的数据会有很多问题，所以会涉及数据清洗等工作。

当数据本身没有什么问题后，我们将数据分成 3 个部分——训练集（60%）、验证集（20%）、测试集（20%），用于后面的验证和评估工作。

步骤 3：选择一个模型

研究人员和数据科学家多年来创造了许多模型。有些非常适合图像数据，有些非常适合于序列（如文本或音乐），有些用于数字数据，有些用于基于文本的数据。

在我们的例子中，由于我们只有 2 个特征——颜色和酒精度，我们可以使用一个小的线性模型，这是一个相当简单的模型。

步骤 4：模型训练

大部分人都认为这个是最重要的部分，其实并非如此，数据数量和质量、还有模型的选择比训练本身重要得多（训练只是台上的 3 分钟，更重要的是台下的 10 年功）。

这个过程就不需要人来参与，机器独立就可以完成，整个过程就好像是在做算术题。因为机器学习的本质就是将问题转化为数学问题，然后解答数学题的过程。

步骤 5：模型评估

一旦训练完成，就可以评估模型是否有用。这是我们之前预留的验证集和测试集发挥作用的地方。评估的指标主要有准确率、召回率、F 值。

这个过程可以让我们看到模型对尚未看到的数是如何做预测的。这意味着模型在现实世界中的表现。

步骤 6：参数调整

完成评估后，您可能希望了解是否可以以任何方式进一步改进训练。我们可以通过调整参数来做到这一点。当我们进行训练时，我们隐含地假设了一些参数，我们可以通过这些参数让模型表现得更出色。

步骤 7：模型预测

上面的 6 个步骤都是为了这一步来服务的，这也是机器学习的价值。这个时候，当我们买来一瓶新的酒，只要告诉机器酒的颜色和酒精度，它就会告诉你，这是啤酒还是红酒了。

3. 监督学习的应用示例

监督学习广泛应用于分类任务。例如，在图像分类任务中，我们希望训练一台计算机识别“猫”和“狗”。使用监督学习时，我们需要提供大量标注好的图片，其中每张图片都带有正确的标签（如图 3-13 所示）。

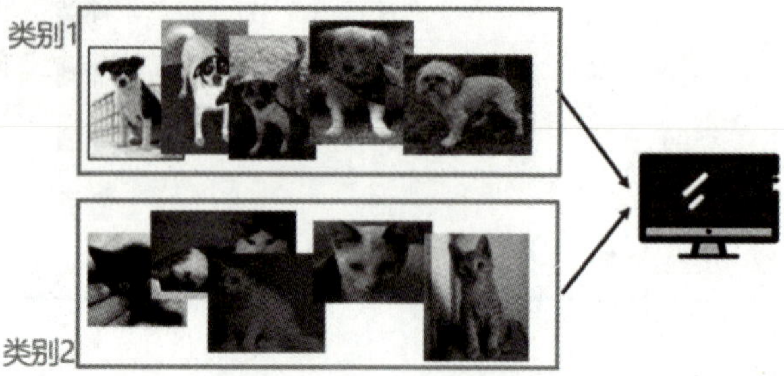

图 3-13　监督学习标签分类

这些标签相当于提供给机器的“正确答案”。通过大量学习，机器可以识别出数据中的模式，并在新图片中正确区分猫和狗（如图 3-14 所示）。

图 3-14　有监督学习的模式

这种通过大量人工打标签来帮助机器学习的方式就是监督学习。这种学习方式效果非常好，但是成本也非常高。通过监督学习，计算机可以模拟人类的学习过程，从已有经验中总结规律，并对未来的未知情况进行预测，为自动化和智能化应用提供强大支持。

3.3.2.3　非监督学习

非监督学习是一类机器学习方法，旨在从未标注的数据中自动发现模式和结构。与监督学习不同，非监督学习不依赖于预先标注的训练数据，而是通过分析数据的固有特性进行分类、聚类或特征提取。

非监督学习主要应用于聚类分析（Cluster Analysis）、关联规则学习（Association Rule Learning）和降维（Dimensionality Reduction）等任务，并常用于探索数据分布、挖掘潜在信息和优化数据表示。

1. 非监督学习的核心任务

在非监督学习中，输入数据没有明确的“正确答案”，所有样本均视为未分类的数据点。学习算法的目标是从数据中挖掘内在模式，自动识别相似样本并进行分组，或发现隐藏的结构关系。例如，非监督学习可用于客户行为分析，以发现消费模式；或用于生物信息学，识别基因表达数据中的潜在类别。

2. 典型的非监督学习方法

非监督学习包括聚类分析、关联规则学习和降维等方法。聚类分析（Cluster Analysis）通过衡量数据点之间的相似性，将数据自动划分为多个类别（簇），常见算法包括 K 均值（K-Means）、层次聚类（Hierarchical Clustering）和密度聚类（DBSCAN），分别基于质心、层次结构和数据密度进行分类。关联规则学习（Association Rule Learning）用于挖掘数据项之间的潜在关系，例如超市的购物篮分析可以发现“购买面包的人更可能购买牛奶”的模式，典型算法有 Apriori 和 FP-Growth。降维（Dimensionality Reduction）通过减少数据特征维度，提高计算效率，同时尽可能保留重要信息，主要方法包括主成分分析（PCA）、t-SNE（用于数据可视化）以及基于神经网络的自编码器（Autoencoder）。这些非监督学习方法在数据探索、模式发现和特征提取等方面发挥着重要作用。

3. 非监督学习应用案例

非监督学习在多个领域具有广泛应用。例如，在图像处理任务中，我们可以使用非监督学习对一组未标注的猫和狗的照片进行分类，而不需提供“猫”或“狗”的标签（如图 3-15 所示）。

图 3-15 非监督学习的训练样本

在这一过程中，机器会自动识别出数据中的相似性，并将图片分成两类。例如，它可能基于毛发纹理、耳朵形状或其他视觉特征，将数据划分为 A 类和 B 类。然而，与监督学习不同，非监督学习并不知道 A 类代表“猫”、B 类代表“狗”。相反，它只是根据数据分布自动形成聚类，而具体类别的含义需要人类解释。

通过学习，机器会把这些照片分为 2 类，一类都是猫的照片，一类都是狗的照片。虽然跟上面的监督学习看上去结果差不多，但是有着本质的差别，在非监督学习中（如图 3-16 所示），虽然照片分为了猫和狗，但是机器并不知道哪个是猫，哪个是狗。对于机器来说，相当于分成了 A、B 两类。

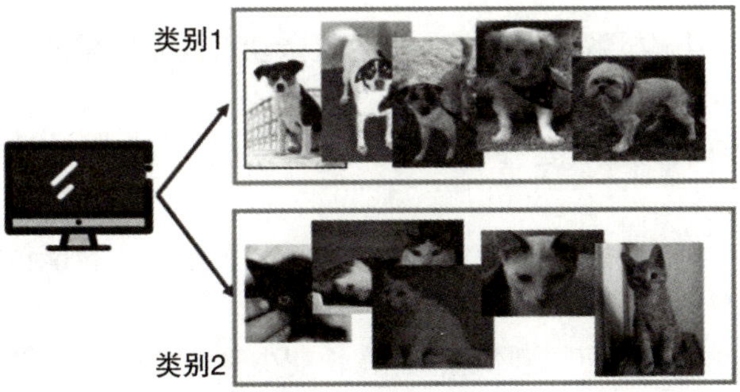

图 3-16 非监督学习的模式

尽管非监督学习与监督学习在某些情况下可能产生相似的结果，但两者的核心方法和目标不同。例如，在图像分类任务中，监督学习需要提供“猫”和“狗”的标签，而非监督学习仅通过图像特征自行划分类别。监督学习构建的是一个映射函数，而非监督学习则专注于模式发现和数据表示。

非监督学习在面对大规模未标注数据时尤为重要。通过自动提取结构信息，非监督学习为数据挖掘、异常检测、推荐系统等任务提供了强大的工具，极大地拓展了机器学习的应用边界。

3.3.2.4 强化学习

强化学习（Reinforcement Learning，RL）是机器学习的一个重要分支，研究如何在不确定环境中通过试错学习最优决策策略，以最大化累积回报。作为机器学习的三大基本方法之一，强化学习不同于监督学习和非监督学习，它无须带标签的数据，而是通过智能体（Agent）与环境（Environment）的交互来学习最优策略。在这一过程中，智能体既需要探索未知（Exploration），也要利用已有知识（Exploitation），平衡二者以实现最优决策。强化学习在许多复杂的决策问题中取得了显著成果，例如游戏控制、机器人控制和自动驾驶等领域。

1. 理论基础与应用领域

强化学习的理论基础来源于行为主义心理学，特别是对奖励和惩罚机制的研究。在强化学习框架下，智能体在环境中执行动作，环境根据特定规则给予奖励或惩罚，智能体通过长期的交互学习最优策略。这一方法具有广泛的适用性，已在博弈论、控制理论、运筹学、信息论、仿真优化、多智能体系统、群体智能、统计学等领域得到广泛研究。在运筹学和控制理论中，强化学习常被称为近似动态规划（Approximate Dynamic Programming，ADP）或神经动态规划（Neuro-Dynamic Programming）。在经济学和博弈论中，它被用于分析有限理性条件下的均衡状态演化。

2. 强化学习的核心优势

强化学习的强大能力来源于两个关键点：一是利用采样优化行为，即智能体可以从交互数据中不断学习并调整策略；二是使用函数逼近技术对复杂环境建模，如采用深度学习进行策略优化，从而在高维状态空间中进行有效决策。这使得强化学习适用于以下复杂环境：

（1）环境已知，但解析解不存在：如求解复杂动态规划问题时，强化学习可通过数值方法进行近似求解。

（2）仅提供环境的仿真模型：例如机器人控制系统，智能体可以在模拟环境中进行试验，以优化其控制策略。

（3）唯一获取环境信息的方式是交互：如自动驾驶系统，智能体需要在真实道路环境中不断探索和优化驾驶策略。

由于强化学习能够适应不确定环境，并在长期决策任务中取得优异表现，因此它已在机器人控制、自动驾驶、游戏 AI、电梯调度、网络流量优化、金融交易、医疗诊断等多个领域得到了成功应用。

3. 强化学习应用案例

阿尔法狗团队从在线围棋对战平台 KGS 上获取了 16 万局人类棋手的对弈棋谱，并从中采样了 3000 万个样本作为训练样本。对于每个样本，通过策略网络进行训练，训练的数据包含当前棋局局面状态 s 以及人类落子方案 a，记为（s，a），将这 3000 万个训练样本通过监督学习的方式训练该策略网（如图 3–17 所示），从而得到了监督学习策略网络。实际上监督学习策略网络已经可以模拟人类棋手的风格进行落子。

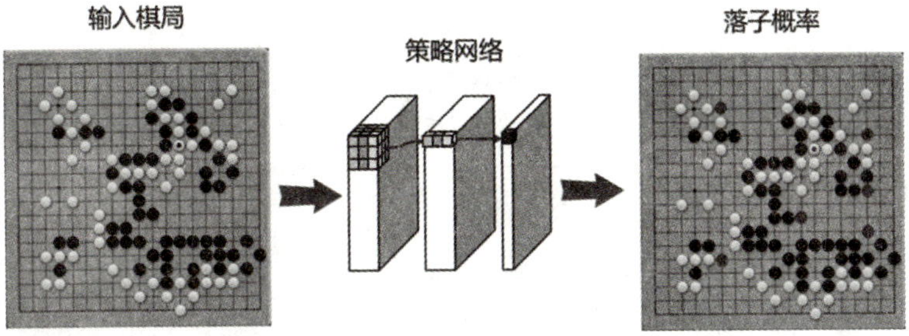

图 3–17　监督学习策略网络

这种方法只能达到普通棋手的水平，分析其原因，除了棋手水平高低不一外，另一个重要的原因是训练样本（s，a）中只关心了棋手是怎么下的，而并没有关心最终结局是输了还是赢了，正所谓好的棋也学了，差的棋也学了，这样怎么能提高自己的棋力呢？因此，为了进一步提高策略网络的棋力，阿尔法狗使用了强化学习技术（如图 3–18 所示）。

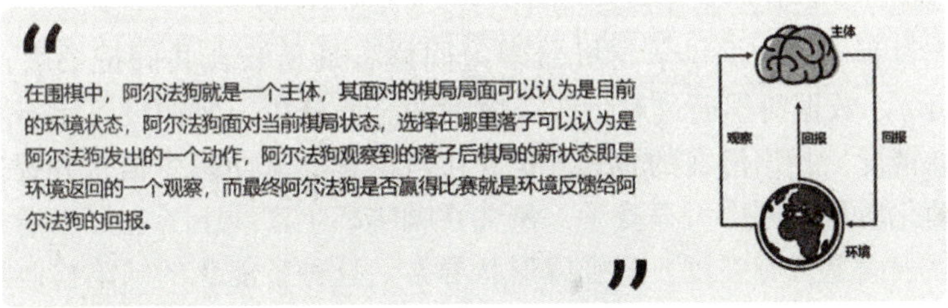

图 3–18　强化学习策略

阿尔法狗中的估值网络用于量化评估当前围棋的局面，它使得阿尔法狗在对弈中无须走完全局即可快速预测当前局面的胜率。估值网络以棋盘当前局面作为输入，并预测阿尔法狗在当前局面下的胜率。

这就是强化学习的一个基本思路（如图 3–19 所示），通过环境汇报率来引导预测的方向。

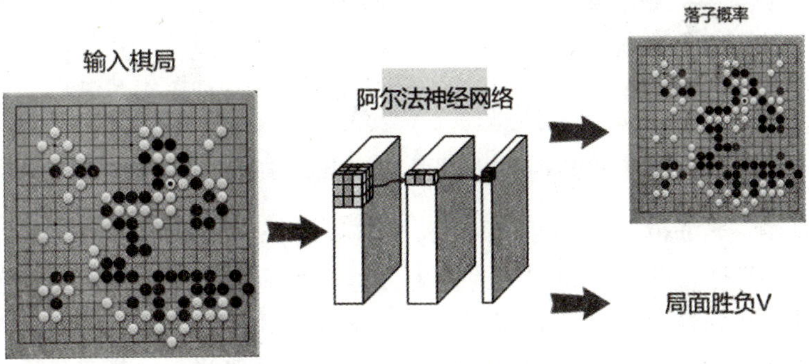

图 3–19　强化学习策略网络

3.3.2.5 数据科学与机器学习的区别

在商品销售的案例中，数据科学与机器学习的协同作用为优化销售渠道提供了强有力的支持（如图 3-20 所示）。数据科学通过深入分析历史销售数据、客户行为模式以及市场趋势，识别出最有效的销售渠道并优化资源分配，例如确定哪些平台更适合推广特定商品。与此同时，机器学习则更进一步，它能够基于复杂的算法模型，自动对潜在客户进行优先级排序。通过分析客户的购买历史、浏览习惯甚至社交媒体互动，机器学习可以精准预测哪些客户更有可能转化，从而帮助销售团队集中精力锁定高价值目标，提高效率和收益。

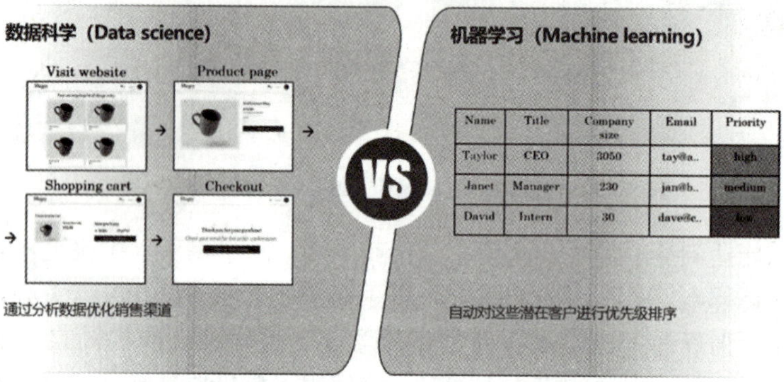

图 3-20　数据科学与机器学习在商品销售优化上的区别

在商品生产过程中，数据科学与机器学习同样各展所长，共同推动生产效率的提升（如图 3-21 所示）。数据科学通过对生产线数据的全面分析，例如设备运行状态、生产周期和原材料消耗情况，找出潜在的瓶颈并优化生产流程，从而减少浪费并提升产能。而机器学习则在自动化质量控制中大显身手，例如在咖啡杯生产线上，它可以通过图像识别技术实时检测产品表面是否有裂纹、瑕疵或形状异常。这种智能化的缺陷检测不仅显著降低了人工检查的成本，还提升了产品质量的稳定性和一致性。

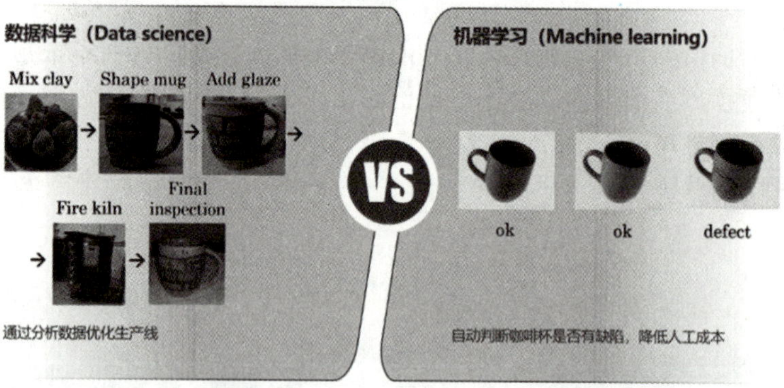

图 3-21　数据科学与机器学习在商品生产优化上的区别

在招聘场景中，数据科学与机器学习的分工同样体现了各自的独特价值（如图 3-22 所示）。数据科学通过分析招聘相关的历史数据，如应聘者的来源渠道、面试通过率以及员工入职后的表现来优化整个招聘流程，帮助企业找到最适合的人才获取策略。而机器学习则更聚焦于自动化筛选环节，它可以通过自然语言处理技术分析简历内容，结合职位需求自动判断候选人是否符合要求。例如，它能快速识别关键词、评估技能匹配度，甚至预测候选人的潜在表现，从而大幅缩短人工筛选时间，提升招聘效率。

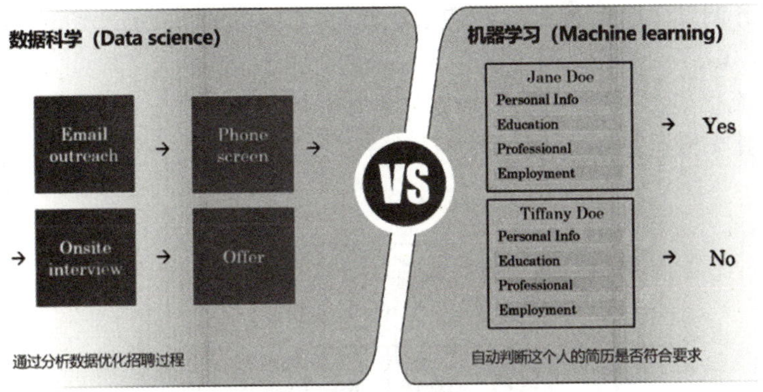

图 3-22 数据科学与机器学习在招聘场景上的区别

在智慧农业领域，数据科学与机器学习的结合为现代农业注入了新的活力，两者的区别也在实际应用中得以鲜明体现（如图 3-23 所示）。数据科学通过整合和分析多源数据，如土壤湿度、天气预报、作物生长周期等为种植过程提供科学指导，优化灌溉、施肥和播种策略，从而提升产量并降低资源浪费。而机器学习则凭借其强大的机器视觉能力，实现了农业任务的自动化升级。例如，它可以通过无人机或摄像头拍摄的图像，自动识别田间杂草的位置和种类，并指导智能设备进行精准除草。这种方式不仅减少了人工巡查的繁琐，还能避免过度使用除草剂，助力可持续农业的发展。

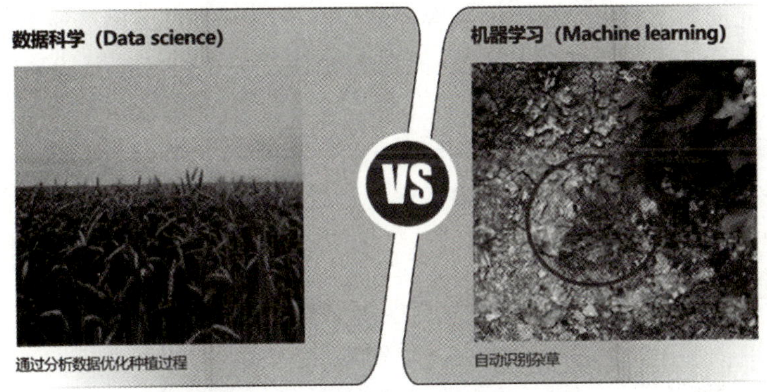

图 3-23 数据科学与机器学习在智慧农业领域上的区别

3.3.3 硬件及框架

现代深度学习（Deep Learning）技术的核心，正是构建多层神经网络，使其在大规模数据训练中自主学习的模式和特征。当前最先进的神经网络可以包含数百万到数万亿个参数，依赖庞大的数据集训练。由于神经网络由大量计算单元构成，其计算需求呈现高度并行化特征，因此，需要强大的计算硬件支持，而这正是 CPU 和 GPU 发挥作用的关键领域。

3.3.3.1 CPU：擅长控制的通用计算核心

中央处理器（Central Processing Unit，CPU）被誉为计算机的大脑，负责计算机系统的核心控制和任务调度。CPU 内部主要包含运算器（Arithmetic Logic Unit，ALU）和控制器（Control Unit，CU），并辅以高速缓存（Cache）和寄存器。

CPU 的工作流程如图 3-24 所示：数据从存储器加载到 CPU，控制器（CU）从存储器提取数据，并将其交给运算器（ALU）进行计算，计算完成后，结果返回存储器，等待进一步处理。

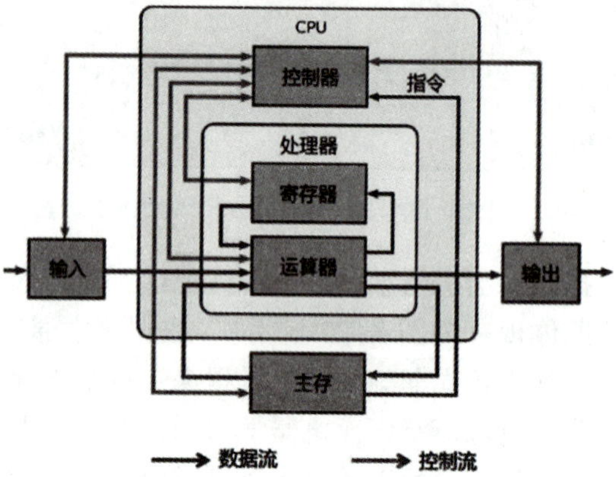

图 3-24　CPU 的工作流程

数据来了，会先放到存储器。然后，控制器会从存储器拿到相应数据，再交给运算器进行运算。运算完成后，再把结果返回到存储器。在早期，CPU 采用单核架构，即单个处理核心负责所有计算任务。由于单核 CPU 无法并行处理多个任务，只能采用时间片轮转方式依次执行任务，所以性能受限。

为提升并行计算能力，芯片制造商开始在单个芯片上集成多个计算核心，如图 3-25 所示，形成多核 CPU。多核 CPU 能够真正并行处理多个任务，大幅提升系统吞吐量。目前，市面上的多核 CPU 主要在 2 核、4 核、8 核等数量级浮动，高端服务器 CPU 甚至可以达到几十核。

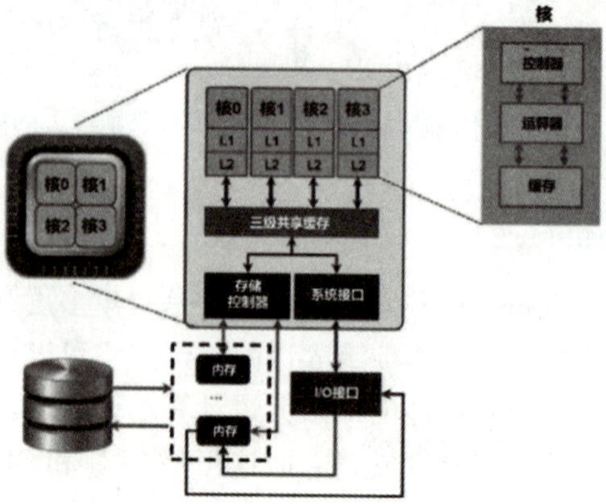

图 3-25　CPU 的核心

然而，CPU 的核心数量并非越多越好，在智能手机刚开始普及的时候，手机的外观趋同，其他地方也乏善可陈，厂家就大力渲染 CPU 的核数，史称智能手机的“核战”。不过“核战”也就从双核烧到 4 核再到 8 核，然后大家也就都偃旗息鼓了。芯片厂家也都是在这个核心数量上做优化。那为什么 CPU 不多集成一些核心呢？这是因为 CPU 是一个通用处理器。它的任务非常复杂，既要应对不同类型的数据计算，还要响应人机交互。

复杂的任务管理和调度使得它需要更复杂的控制器和更大的缓存来进行逻辑控制和调度，保存各种任务状态，以降低任务切换时的时延。CPU 的核心越多，核心之间的互联通信压力就越来越大，会降低单个核心的性能表现。并且，核心多了还会使功耗增加，如果忙闲不均，整体性能还可能不升反降。

3.3.3.2　GPU：并行计算专家，AI 时代的核心引擎

1. CPU 与 GPU 的计算特性

计算机的核心处理单元——中央处理器（CPU），长期以来承担着计算机系统的各类任务。CPU 具备强大的逻辑处理能力，适用于处理复杂的计算和决策任务。然而，随着计算机图形技术的迅猛发展，尤其是在游戏、电影特效等领域，对高效图形处理的需求大幅提升。

传统 CPU 架构虽然擅长逻辑判断与通用计算，但在面对大规模并行计算时，其有限的计算核心难以高效处理。例如，在图像处理中，每张图像都由众多像素点组成，可以表示为矩阵，而对这些像素的处理往往涉及大规模矩阵运算，对计算资源提出了更高的要求。因此，专门用于图形渲染的硬件——图形处理单元（GPU）应运而生，以分担 CPU 的计算压力，并大幅提升图形处理能力。

2. GPU 的架构与并行计算优势

GPU 概念在 1999 年由 NVIDIA 推出的 GeForce 系列显卡中得到广泛推广。该系列产品能够同时处理每个像素点，执行图形转换、照明、三角剪裁等数学密集型并行计算，从而大幅加速图像渲染过程。

GPU 之所以擅长并行计算，与其架构设计密切相关。相比 CPU，GPU 的计算单元数量大幅增加，但单个计算核心的运算能力相对较弱，缓存规模也较小（如图 3-26 所示）。CPU 通常具有较少的高性能核心，并配备复杂的逻辑判断单元，适用于执行复杂的任务调度、指令执行和顺序运算。而 GPU 采用大规模并行架构，依靠数千个计算核心同时执行任务，使其能够高效处理大规模矩阵运算和向量计算，尤其适用于需要并行执行的大规模数据处理任务。

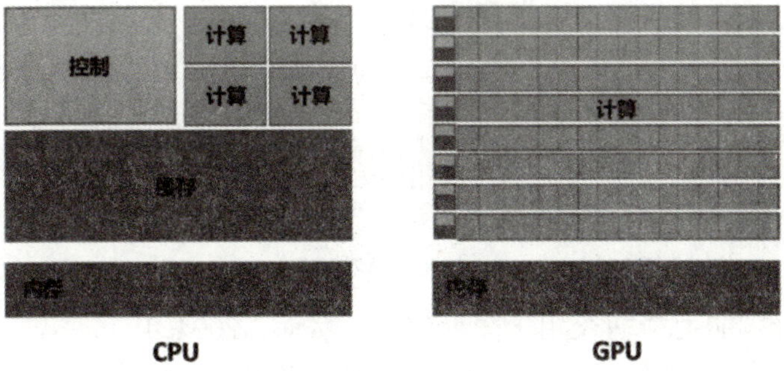

图 3-26　CPU 与 GPU 的区别

3. GPU 应用扩展与通用计算

随着技术的进步，GPU 的计算能力不断增强，其应用领域也逐步拓展，不再局限于图像渲染。GPU 的可编程性使其成为高性能计算、深度学习、科学模拟等领域的重要计算平台，推动了通用 GPU 的兴起。

在人工智能的快速发展背景下，深度学习对大规模并行计算的需求激增，而 GPU 的架构特性正好契合这一需求。相较于仅依赖 CPU 进行训练，使用 GPU 加速深度学习训练任务可以大幅缩短计算时间，尤其是在处理大型神经网络时表现尤为突出。因此，GPU 逐渐从图形处理的辅助角色跃升为人工智能计算的核心，成为训练和推理任务的首选计算平台。

4. 智算：基于 GPU 的智能计算时代

随着人工智能、数据科学等领域的快速发展，GPU 所提供的计算能力被广泛称为“智算”，即智能计算。GPU 凭借其卓越的并行计算能力，已成为人工智能模型训练、自动驾驶、科学计算等领域的核心计算资源。如今，GPU 的计算能力不仅支撑着深度学习的发展，还在高性能计算、大规模数据分析等领域发挥着不可替代的作用，推动计算技术迈向更高效、更智能的未来。

3.3.3.3 NVIDIA 的成立与 GPU 的诞生

1993 年，黄仁勋（Jensen Huang）、Chris Malachowsky 和 Curtis Priem 在美国加利福尼亚州联合创立了 NVIDIA（英伟达）公司，如图 3-27 所示。他们的愿景是使 PC 成为能够畅享高质量游戏和多媒体体验的平台。彼时，市场上已有超过 20 家图形芯片公司，竞争异常激烈。然而，在经历了激烈的市场洗牌后，到 2006 年，英伟达成为了唯一一家仍然独立运营的图形芯片公司。

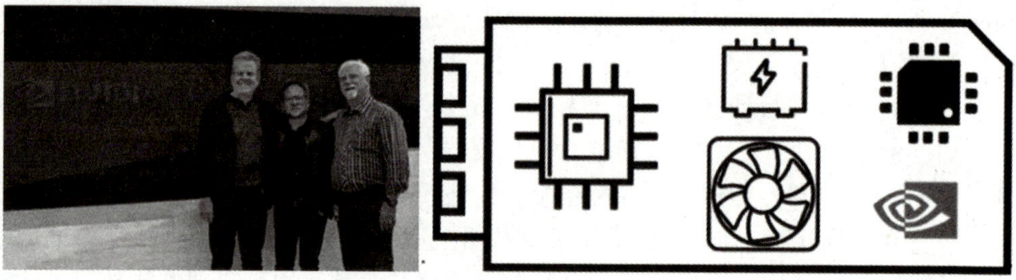

图 3-27　英伟达三大创始人和 GPU 显卡

英伟达的核心突破点在于 GPU 的设计理念。传统的计算架构中，CPU 通常只有几个计算核心，擅长处理复杂逻辑运算，但在面对海量数据并行计算时效率较低。而 GPU 则采用了“海量并行计算”架构，集成了成千上万个计算核心，可以同时处理大量像素点的计算任务。例如，在渲染一幅高清游戏画面时，每个像素点的颜色和亮度都需要即时计算，CPU 难以高效完成，而 GPU 的并行计算特性使其成为最佳选择。

3.3.3.4 CUDA 的推出与 GPU 的计算变革

GPU 的强大计算能力最初仅用于图形渲染，然而，2004 年，一名斯坦福大学博士生发现了 GeForce 显卡所具备的通用计算潜力。他通过连接 32 块 GeForce 显卡，并结合 8 台投影仪，实现了 8K 分辨率的游戏画面渲染。更重要的是，他利用 GeForce 显卡自带的基础编程工具，通过 C 语言在 GPU 上实现了通用并行计算。这一发现标志着 GPU 不仅仅局限于图形计算，还可用于更广泛的高性能计算领域。

英伟达迅速意识到这一技术的潜力，并邀请这位博士生加入公司，全力支持其研究。最终，在 2006 年，英伟达推出了 CUDA（Compute Unified Device Architecture）框架。这一创新架构使开发者能够使用 C、C++等高级编程语言直接在 GPU 上编写通用计算任务，大大拓展了 GPU 的应用范围。之后英伟达开始和 Google，Facebook 等公司合作，推广开源 AI 框架 TensorFlow、PyTorch，当然，它们都构建在 CUDA 之上。然而，CUDA 的推出初期并未受到业界广泛关注，许多科技专家认为这一技术仅适用于小众市场，并不具备广泛的商业价值。

3.3.3.5 深度学习的兴起与英伟达的战略转型

2007 年，CUDA 的推广开始获得突破。随着人工智能领域的快速发展，特别是深度学习算法的普及，计算机需要处理庞大的神经网络计算任务。深度学习模型的核心运算涉及大量矩阵乘法和向量计算，而这些计算任务天然适合 GPU 的并行计算特性。NVIDIA 的 GPU 凭借 CUDA 架构的高效计算能力，成为深度学习训练和推理的理想计算平台。

图 3-28 辛顿和他的两个学生

2007 年，CUDA 平台刚发布时，深度学习领域的权威人物辛顿（图 3-28 右一）就发现，用英伟达的 GPU 代替 CPU 进行 AI 训练，速度提升了 30 倍。他在一次顶级学术会议上向上千名人工智能研究者推荐了英伟达的 GPU。辛顿和他的两个学生，他们使用英伟达的 GPU 也取得了显著成就。Alex Krizhevsky（图 3-28 左二）在 2012 年的图片分类比赛中，用两张英伟达显卡训练的模型，击败了谷歌公司用 16000 个 CPU 训练的模型。OpenAI 的前首席科学家 Ilya Sutskever（图 3-28 左一）也用英伟达的显卡，开发出了 2022 年世界上第一个千亿参数的大模型 GPT-3，之后才有了火遍全球的 ChatGPT。

近几年的加密货币、自动驾驶、元宇宙 3D 建模都非常适合用 GPU 来做，而大模型时代下的人工智能直接把英伟达公司推向了一个新的高度，短暂打败苹果公司成为市值全球第二的公司。

3.3.3.6 AI 框架：人工智能技术发展的基石

1. AI 框架的定义与功能

AI 框架（Artificial Intelligence Framework）是一套标准化的接口、特性库和工具包，专用于人工智能（AI）算法的设计、训练和验证。它集成了算法封装、数据管理、计算资源调度等功能，并为开发者提供高效的编程接口及执行平台。AI 框架的核心价值在于促进 AI 算法的工程化落地，使其能够高效适配不同计算环境，并在各类智能应用中发挥作用。

AI 框架在人工智能生态系统中的地位，类似于计算机领域的操作系统（如 Windows 或 Android），所有 AI 算法的训练与部署均需依赖 AI 框架进行管理与优化。因此，它被视为人工智能技术体系中的“根技术”，对 AI 产业的发展具有举足轻重的作用。

2. AI 框架的作用与价值

AI 框架就类似 Windows、Android 一样，是“AI 领域的操作系统”，所有人工智能的算法及应用都要通过 AI 框架进行训练与部署。作为人工智能领域的“根技术”，AI 框架在人工智能技术的发展中具有重要作用：

（1）AI 框架下接硬件、上承应用，是整个人工智能技术体系的核心，可实现 AI 算法工程化，提高人工智能学习效率、强化模型能力。

（2）AI 框架是智能应用快速落地的关键支撑者，是大规模并行计算的关键调度者，将主导智能经济时代各行各业细分场景。

（3）AI 框架将成为智能经济时代的操作系统，“AI 框架+算力硬件”的组合在一定程度上决定了人工智能产业应用的主体技术路线。

3. AI 框架的应用领域

AI 框架的应用已渗透至多个行业，并在实际生活中发挥重要作用。例如：

（1）智慧交通：基于 AI 框架开发的深度学习算法，可对车辆进行识别，监测违停、逆行等违规行为，并通过自动报警系统辅助交通管理部门实时监控路况。

（2）智能金融：银行及金融机构通过 AI 框架构建图神经网络（GNN）模型，综合分析用户的社交关系和信用状况，优化贷款风控策略，提高金融服务精准度。

（3）智能医疗：AI 框架支持医学影像分析、疾病预测和个性化医疗方案推荐，提高医疗诊断效率，助力精准医疗发展。

4. AI 框架的技术优势

AI 框架具备以下关键技术特性：

（1）简化开发流程，提高开发效率。AI 框架支持自动任务切分，使得开发者只需使用串行表达，即可实现并行训练。这种自动化优化策略极大降低了开发门槛，使得大规模 AI 模型的训练与部署更加高效（如图 3-29 所示）。

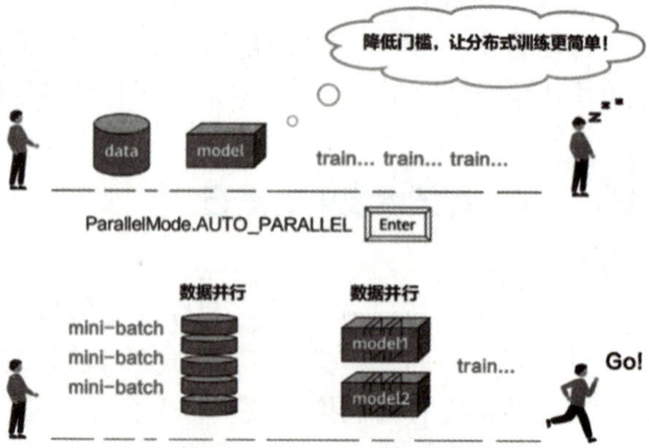

图 3-29　集成很多方法，降低开发成本

（2）优化计算性能，充分发挥硬件算力。AI 框架集成了计算图优化、内存管理、分布式计算等技术，能够最大限度地利用 GPU、TPU 等高性能计算硬件，减少计算资源的浪费，提高模型训练与推理的效率（如图 3-30 所示）。

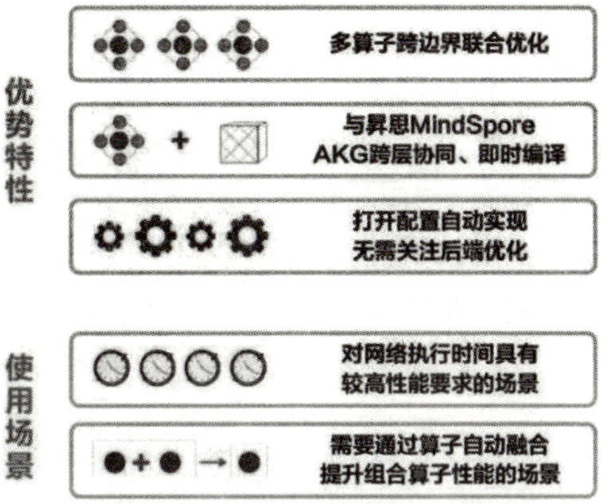

图 3-30　优化计算性能

（3）灵活部署，适应多种计算环境。AI 框架支持端、边、云协同计算，具备统一的接口标准，使得 AI 模型能够在云端服务器、边缘计算设备、智能终端等不同计算环境中快速部署。这一特性不仅提升了计算资源的利用率，同时增强了隐私保护能力，使得开发者能够专注于 AI 应用的创新（如图 3-31 所示）。

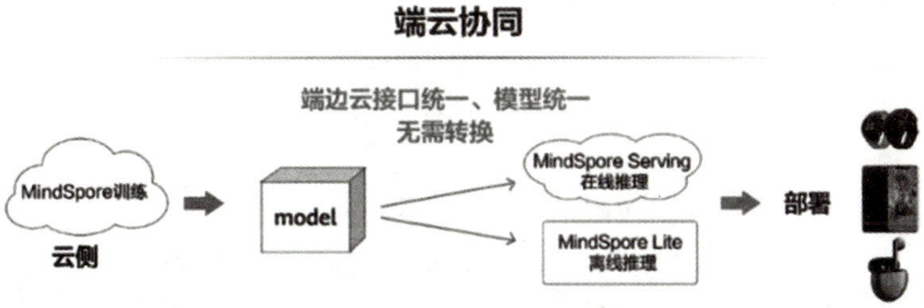

图 3-31　AI 框架云端部署

3.3.3.7　国产 AI 算力服务器及 GPU

在当今这个数字化与智能化交织的时代，AI 算力服务器硬件作为支撑人工智能发展的基石，正发挥着越来越重要的作用。中国作为全球科技大国，在这一领域涌现出了一批实力雄厚的厂商，它们各自在不同领域发挥着领头羊的作用，共同推动着中国 AI 算力产业的蓬勃发展。本书将介绍中国六大“AI 算力服务器硬件”厂商，并对它们的技术优势、市场定位及发展前景进行简要分析。

1. 华为（HUAWEI）

作为全球信息与通信技术（ICT）解决方案的领军企业，在人工智能（AI）芯片和 GPU 算力核心的研发上投入巨资，取得了显著成就。其自主研发的鲲鹏系列处理器和超聚变服务器，不仅性能卓越，而且具备极高的灵活性与可扩展性，完美适应了多样化的复杂应用场景。华为还通过与 H3C 等合作伙伴的合作，将其先进的服务器技术广泛部署于各行各业，为数字化转型提供了坚实的支撑。在 AI 算力服务器硬件领域，华为的贡献不仅体现在技术创新上，更在于其推动产业协同发展的开放合作态度。

（1）昇腾计算（Atlas）：华为的昇腾系列 AI 处理器和基础软件构建了 Atlas 人工智能计算解决方案。这包括 Atlas 系列模块、板卡、小站、服务器、集群等多种产品形态，覆盖了深度学习领域的推理和训练全流程。

（2）TaiShan 服务器：TaiShan 服务器是华为的基于鲲鹏处理器的新一代数据中心服务器。它适合于大数据、分布式存储、原生应用、高性能计算和数据库等应用的高效加速，满足数据中心多样性计算和绿色计算的需求。

（3）Atlas 800 推理服务器（型号：3000）：这款 AI 服务器具有强大的实时推理能力和视频分析能力，广泛应用于中心侧 AI 推理场景。它支持 8 个 Atlas 300I/V Pro 推理卡，满足多场景推理需求。

（4）FusionServer G5500 服务器：这是一款面向数据中心部署的异构服务器，具有高密的异构计算能力。它支持 GPUDirect RDMA 和 P2P，以及 NVLink 互联技术，适用于 AI、HPC、智能云、视频分析和数据库加速等应用场景。

2. 智谷算网（NovaVal）

在计算机集群、服务器及存储领域同样表现出色。该公司专注于高性能计算和大数据处理，致力于为用户提供高效、可靠、安全的 IT 解决方案。其产品在高等教育、医疗保健、科学研究等领域得到了广泛应用，为这些领域的智能化进程贡献了重要力量。智谷算网通过持续的技术革新和产品迭代，不断提升服务器硬件的性能与稳定性，满足了用户对高算力和高可靠性的需求。

（1）GPU 产品：智谷算网提供的高性能 GPU 适用于 AI 算力、深度学习、大模型训练等多种场景。

它们主要使用的 GPU 包括 NVIDIA RTX A 系列和 H 系列。这些 GPU 在数据中心的高效计算和顶级 AI 计算方面表现出色，同时 RTX 系列还赋能游戏与创意产业。

（2）服务器产品：智谷算网的服务器产品包括 GPU/CPU/存储服务器，这些服务器稳定高效，能够快速处理数据，是企业运算的重要基础。

它们的服务器产品主要用于 AI 高性能算力服务器领域，目前的主要客户使用的 GPU 以英伟达的产品为主，例如 A100、H100、H800、A6000、L40S 等型号。

（3）其他产品和服务：除了 GPU 和服务器，智谷算网还提供工作站、网络产品（如交换机、网卡、线缆）以及算力租赁服务。

它们为不同行业提供定制化的解决方案，包括院校教学、科研企业、医疗、智能制造、金融企业等，旨在通过高性能计算解决方案加速各行业的创新和效率提升。

3. 浪潮信息（INSPUR）

作为中国云计算和大数据服务的先行者之一，浪潮信息在服务器和存储领域拥有深厚的技术底蕴和市场经验。其产品线丰富多样，覆盖了从初级到高端的所有应用场景。浪潮信息通过不懈地技术创新和产品升级，为用户提供量身定制的解决方案，助力用户实现数字化转型和业务升级。其服务器硬件产品以高效能、低功耗、易维护等特性赢得了市场的广泛认可。

（1）NF5688G7：这是一款面向超大规模数据中心的 AI 服务器，具有极致的扩展能力和强劲的性能。它可以在 6U 空间内搭载 1 块 NVIDIA Hopper 架构 HGX-8GPU 模组，支持最高 4TB 系统内存和 128TB NVMe 高速存储。此外，它还支持高达 12 个 PCIe Gen5 x16 扩展槽位，并具备高效的散热性能和网络带宽。

（2）NF5698G7：这款 AI 服务器是浪潮信息全新一代开放加速计算服务器，符合全球开放计算 OCP 开放加速器规范 OAM v1.1/v1.5。它支持 8 颗 54V 开放加速模块和 2 颗 Intel 至强可扩展处理器，适用于大模型训练、自然语言处理等 AI 应用场景。

（3）NF5468M6：这款服务器是 NF5468 系列的最新旗舰产品，支持多种主流 AI 加速卡，适用于互联网 AI 公有云、企业级 AI 云平台和视频编解码等场景。它提供超大本地存储，并支持三种 GPU 配置，以灵活应对不同 AI 应用场景的需求。

（4）M10A：这是一款面向全场景视频 AI 应用的高密度 VPU 加速卡，支持 16 路 1080P 全高清视频实时编解码，并采用超低功耗设计。它专为视频 AI 优化设计，加速视频处理全流程，适用于直播、短视频、视频会议等场景。

4. 新华三（H3C）

作为紫光集团的核心企业，是中国 IT 解决方案和服务的关键提供商。继承了华为和 3com 公司的优良传统，新华三的服务器、存储、网络产品及其硬件支持在业界享有盛誉。新华三通过持续的技术创新和产品升级，为用户提供高效、智能、安全的 IT 基础设施，推动各行各业的数字化转型。其服务器硬件产品以高性能、高可靠性和高可扩展性，满足了用户对复杂应用场景的需求。

（1）H3C UniServer R5300 G3：这是一款面向人工智能和高性能计算领域的 GPU 服务器，支持 2 颗英特尔至强可扩展处理器，并可配置多达 8 个双宽 GPU 或 20 个单宽 GPU。它采用了 PCIe 4.0 通信链路设计，支持高速低延迟的数据通信，适合深度学习和 HPC 工作负载。

（2）H3C UniServer R5500 G5：这款服务器搭载高性能的 8-GPU 模组，适用于 AIGC、语音识别、图像分类、机器翻译等多种人工智能业务场景。它支持 AMD 或英特尔的 CPU 计算模块，并提供了高达 200TB 的存储空间和 200GE 网络支持，适合高性能的 AI 算力集群部署。

5. 联想（Lenovo）

作为全球知名的 PC 制造商，联想近年来也在 AI 算力服务器领域积极拓展。凭借在消费级市场的深厚积累、强大的研发能力和全球供应链优势，联想在 AI 算力服务器市场迅速崛起。通过不断推出创新产品，加强技术创新，联想为用户提供更加高效、智能的 AI 算力解决方案。其服务器硬件产品以高性能、低功耗和易于部署等特点赢得了用户的广泛赞誉。

（1）联想 ST650 V2 图形渲染 GPU 服务器：这是一款 4U 塔式服务器，配置包括 2 颗至强金牌 6330N 处理器（2.2GHz，28 核），1TB DDR4 内存，1TB M.2 固态硬盘和 2 块 4T SAS 硬盘。它配备了 2 张 RTX A6000 显卡，每张显卡具有 48GB 内存。该服务器专为图形渲染和其他高性能计算任务设计。

(2) 联想 SR670 GPU 深度学习 AI 服务器：这是一款 2U 机架式服务器，配置包括 2 颗至强金牌 6230R 处理器（26 核），384GB DDR4 内存，2 块 1.92TB 固态硬盘和 6 块 2.4TB 10K SAS 硬盘。它配备了 Tesla V100S 32GB 显卡，专为人工智能（AI）和高性能计算（HPC）工作负载设计。

(3) 联想 SR660 V2 高性能 GPU 计算服务器：这是一款机架式服务器，配置包括英特尔至强金牌 6326 处理器（2.9GHz，16 核），256GB TruDDR4 内存，8 块 960GB 固态硬盘和 NVIDIA A30 24GB GPU。该服务器适用于各种高性能计算任务。

6. 其他信创厂商

随着国家推动国产化替代政策的实施，信创厂商积极布局各大领域，助力中国 AI 算力核心产业的发展。特别是中科曙光、海光信息、宁畅等企业，在服务器硬件的研发和生产上取得了显著成果，为国产化替代提供了有力保障。同时，摩尔线程、景嘉微、龙芯等芯片研发企业也在积极推动 AI 算力核心产业的发展，为中国 AI 产业的自主可控贡献了力量。

3.3.3.8 信创改造的意义

信创，全称为信息技术应用创新产业，起源于 2016 年成立的“信息技术应用创新工作委员会”，是由多家专注于软硬件关键技术研究及应用的企业共同发起的非营利性社会组织。随着时间的推移，信创将多个软硬件行业整合在一起，形成了如今的信息技术应用创新产业。

信创是我国近年来市场的热门话题，它既是国家数据安全和网络安全的基础，也是新型基础设施建设的重要组成部分。许多投资者都希望在信创这片广阔的市场中寻找投资机会，但信创的概念和内涵对许多人来说较为陌生。

随着国际环境的变化，一系列事件（如微软黑屏事件、伊朗震网事件、美国“棱镜门”事件、中兴和华为芯片断供事件、微软 Windows 7 停服事件等）促使我国加快信创产业的发展（如图 3-32 所示）。

图 3-32　外部因素对中国的影响

内部因素：我国信息产业虽然发展迅速，但缺乏全链路的自主创新，面临发展瓶颈。为改变这一现状，国家提出建设"数字中国"和发展"新基建"，以推动信息产业技术创新和高质量发展。

信创发展的重要性：

（1）信创产业内涵：旨在建立我国自主的 IT 底层架构和标准，降低对国外技术的依赖，提高信息和网络安全。

（2）经济发展：信创产业有助于我国经济发展取得新成效，是实现国家"十四五"规划和二〇三五年远景目标的重要支撑。

（3）金融科技安全：作为全球金融科技的领航者，我国需要以信创产业为基石，确保金融科技安全，防范系统性金融风险。

信创产业涉及广泛，主要包括基础硬件、基础软件、应用软件和信息安全四大领域。其中，芯片、整机、操作系统、数据库、中间件等环节是产业链的关键部分。信创产业的目标是实现全面国产化，确保我国在信息技术领域不受制于人。

3.3.4　深度学习

3.3.4.1　定义

深度学习是机器学习的一个重要分支，它基于人工神经网络架构，实现对数据的表征学习。深度学习中的"深度"一词，指的是模型中包含多个层次的神经元网络。早期研究表明，单层感知机无法解决所有分类问题，而如果使用非线性激活函数，并在网络中引入足够宽的隐藏层，则可以实现通用分类能力。

深度学习的核心在于自动学习数据的表征。对于同一幅图像，可以采用不同方式进行表示，例如直接将像素强度作为输入，或者通过提取边缘和形状等高级特征来表征图像内容。合适的表示方式能够显著提升学习任务的效果，例如在人脸识别或表情识别任务中，深度学习可以自动提取有利于识别的特征，而无须依赖人工构造特征。相比传统的手工特征工程，深度学习采用非监督或半监督的方法进行特征学习和分层特征提取，使得模型能够高效地从数据中自动构建合适的表示。

表征学习的目标是通过建立更优的模型，从大规模未标注数据中学习有效的表示方式。这一思想受到神经科学的启发，借鉴了神经编码的概念，试图刻画神经元之间的信息处理模式以及大脑神经活动的规律。基于这种方法，深度学习可以自动构建层级特征表示，进而在计算机视觉、语音识别、自然语言处理、生物信息学等多个领域取得突破性进展。

3.3.4.2　机器学习与深度学习的区别

机器学习和深度学习同属于人工智能（AI）的重要分支，二者在技术原理上有诸多相似之处，但在模型复杂度、特征学习方式、数据需求、计算资源及应用场景等方面存在显著差异，二者之间最明显的差异就是特征提取部分，如图 3-33 所示。

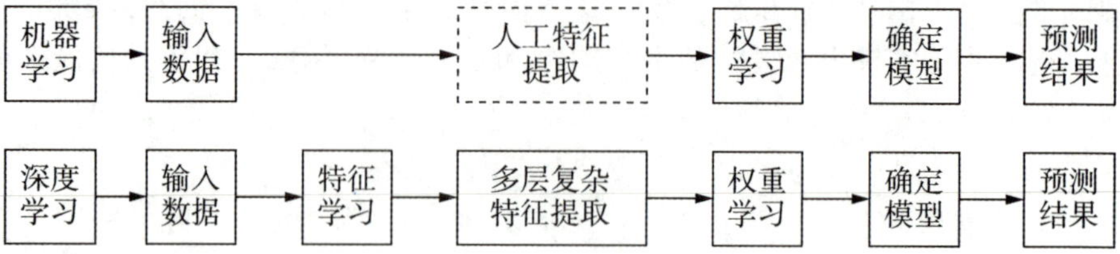

图 3-33　机器学习与深度学习的区别

1. 模型复杂度

机器学习的模型通常较为简单，主要采用线性回归、决策树、支持向量机（SVM）等传统算法，这些模型较易解释且计算开销相对较低。而深度学习依赖于多层神经网络（如卷积神经网络 CNN、循环神经网络 RNN、变换器 Transformer 等），其结构复杂，包含数百万乃至数十亿个参数，能够学习数据中的高阶特征，适用于更复杂的任务。

2. 特征工程方式

在传统机器学习中，特征工程至关重要，研究人员需根据领域知识手工提取数据的关键特征，如文本分析中的 TF-IDF、图像处理中的 SIFT 特征等。相比之下，深度学习能够通过神经网络自动学习数据特征，无需人工设计特征，使得模型适应性更强，尤其在计算机视觉和自然语言处理等领域表现突出。

3. 数据需求

深度学习通常需要海量数据进行训练，模型的性能随着数据量的增加而提升，通常需要数百万甚至数亿条样本才能训练出高效模型。而传统机器学习对数据量的需求相对较小，数千到数万条数据即可训练出较为稳健的模型，适用于数据资源有限的场景。

4. 计算资源要求

深度学习的计算量远超传统机器学习，训练深度神经网络往往需要高性能计算设备，如 GPU（图形处理单元）、TPU（张量处理单元）等，以加速矩阵计算和反向传播优化。而机器学习的模型通常计算开销较低，即使在普通 CPU 上也能高效运行，适用于资源受限的环境。

5. 适用场景

机器学习广泛应用于金融风控、推荐系统、客户分类等领域，适用于特征较为明确、数据规模适中的任务。而深度学习则在计算机视觉、自动驾驶、语音识别、自然语言处理等复杂任务中表现卓越，能够处理高维度非结构化数据，并在图像识别、语音合成、文本翻译等应用中取得突破性进展。

6. 发展历程

机器学习的理论基础可追溯至 20 世纪 50 年代，随着统计学、计算机科学的发展，逐步形成了丰富的算法体系，并在实践中广泛应用。深度学习则是在 21 世纪大数据和高性能计算硬件的推动下兴起的，其核心思想——多层神经网络——早在 20 世纪 80 年代已被提出，但由于计算能力限制，当时未能广泛应用。近年来，随着硬件性能的飞跃发展，深度学习在多个领域取得了巨大突破，并成为人工智能研究的核心方向之一。

如图 3-34 所示，其中 x 轴为参数数据量（Amount of data），y 轴为表现性能（Performance）。随着参数越来越多，性能越来越好，深度学习与机器学习的最大区别就是数据量和算力的增加。

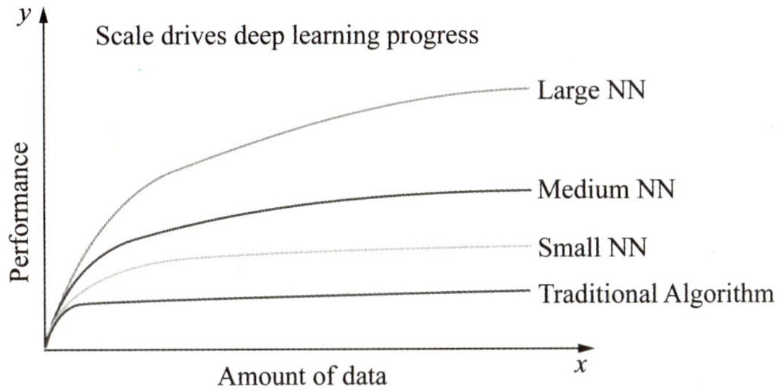

图 3-34　机器学习与深度学习的区别

3.3.4.3　神经网络

人工神经网络（ANN），简称神经网络（NN），是一种模拟生物神经网络（特别是大脑）结构和功能的计算模型。它通过大量互联的人工神经元协同工作，以实现复杂的模式识别、数据处理和智能决策等任务。

经典的神经网络架构通常包括输入层、隐藏层和输出层三个层次，如图 3-35 所示。其中，输入层负责接收原始数据，隐藏层对输入数据进行特征提取与计算，输出层则根据计算结果生成最终预测或分类结果。在神经网络的每一层中，圆圈表示神经元（Neuron），它们相互连接，形成复杂的网络结构。输入层的神经元仅负责接收数据，不进行计算，而隐藏层和输出层的神经元则通过权重和激活函数对输入数据进行计算和转换。神经网络的基本计算单元是神经元，早期称为感知机（Perceptron），其原理类似于生物神经元的信号传递机制。

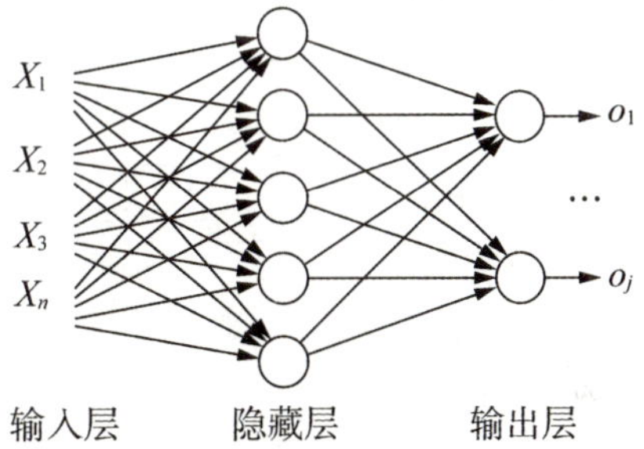

图 3-35　神经网络架构

3.3.4.4　深度神经网络

如果神经网络包含两层或两层以上的隐藏层，则通常被称为深度神经网络（DNN）。相比于浅层神经网络，深度神经网络能够学习更复杂的非线性关系，提供更高层次的特征抽象能力，因此在许多应用场景中表现卓越。

目前大多数深度学习创造的经济价值都基于一种机器学习——监督学习。由神经网络模型创造的价值基本上都是基于监督式学习的。监督式学习与非监督式学习本质区别就是是否已知训练样本的输出 y。在实际应用中，机器学习解决的大部分问题都属于监督式学习，神经网络模型也大都属于监督式学习，监督学习在日常生活中应用广泛，例如图像分类和手写识别。下面让我们举个例子来介绍。

假设你经营一个卖 T 恤的网站，需要对商品需求量做一个市场分析：价格作为输入，需求量作为输出，可以看到随着价格越来越高，需求越来越小，而 X 到 Y 的映射可以看作一个简单的神经元，这就是最简单的神经网络，只要神经元层数大于 1 层（如图 3-36 所示），就是深度学习网络。

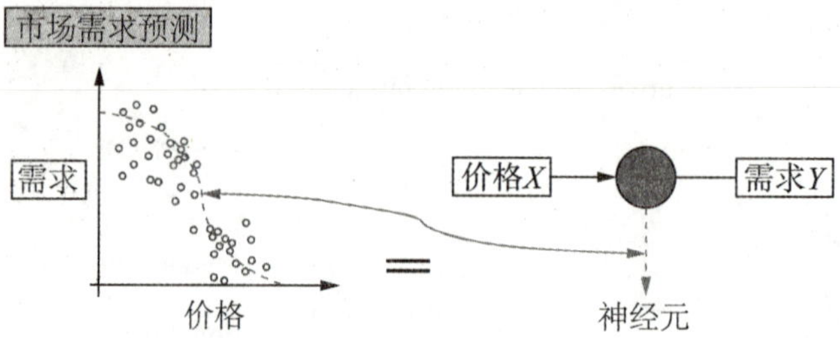

图 3-36　单层神经网络

假设影响因子不只一个，层数是两层，如图 3-37 所示，价格、邮费转化成购买力，价格和产品类型、广告营销转化为性价比等，再通过新的特征转化为下一层的特征因子，最后输出需求量。这个就是简单的两层神经网络的例子。

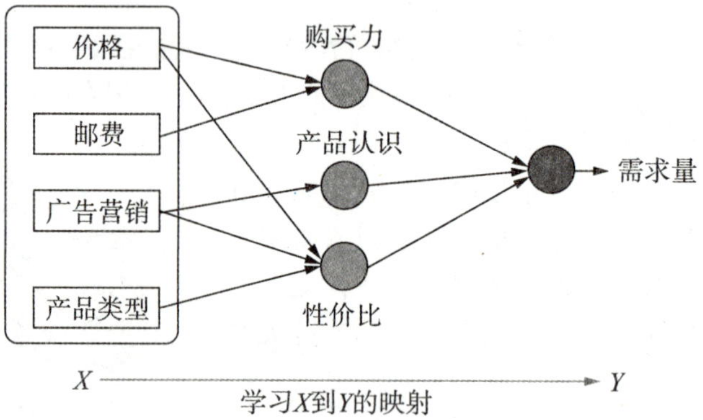

图 3-37　两层神经网络

3.3.4.5　卷积神经网络

卷积神经网络（Convolutional Neural Network，CNN）是一种专为处理图像数据设计的深度神经网络架构，在计算机视觉领域取得了巨大成功。CNN 通过卷积层提取局部特征，结合池化层进行降维，从而减少计算复杂度并提升模型的泛化能力。

不仅如此，CNN 也被广泛应用于自动语音识别（ASR）任务，在语音特征提取和建模方面展现出卓越的性能，超越了传统方法。

在神经网络中，输入数据的维度决定了模型的参数规模。例如，一张 28×28×3 的图片具有 2352 个特征值（像素点），若该图像输入神经网络的第一个隐藏层包含 10 个神经元，则网络中需要 23520 个权重参数。

若图像尺寸增大至 1000×1000×3，则输入层包含 300 万个特征值。同样假设第一个隐藏层含 10 个神经元，此时网络的权重参数将激增至 3000 万。如此庞大的参数量不仅计算开销巨大，还可能导致模型训练难度加大，甚至影响模型的泛化能力。因此，在图像任务中，直接使用全连接的多层神经网络并不理想，研究者更倾向于使用 CNN 来处理此类问题。

卷积神经网络由卷积层（Convolutional Layer）、池化层（Pooling Layer）、全连接层（Fully Connected Layer）等多个核心模块构成。与传统神经网络相比，CNN 在图像处理等任务上表现更优，其主要优势在于能够自动提取局部特征、减少计算量并增强模型的泛化能力。

CNN 的主要结构包括以下几个关键组件：

1. 卷积层（Convolutional Layer）

卷积层是 CNN 的核心组件，其作用是通过卷积运算提取图像的局部特征，如边缘、纹理和形状等。

卷积运算示例：

设输入图像为 5×5 的单通道灰度图，使用 3×3 的卷积核（Filter）进行计算，最终得到 3×3 的特征图（Feature Map），如图 3-38 所示。

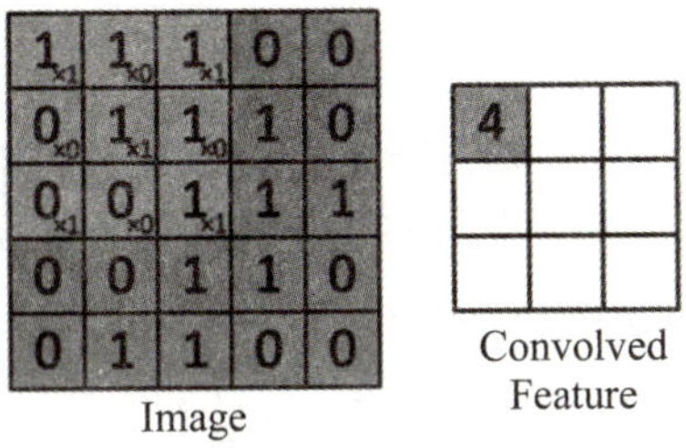

图 3-38　单通道图像卷积运算过程

当输入图像具有多个通道（如 RGB 三通道）时，卷积核的通道数需与输入图像匹配，即每个通道的卷积计算独立进行，最后将各通道的结果按位相加，形成最终的特征图，如图 3-39 所示。

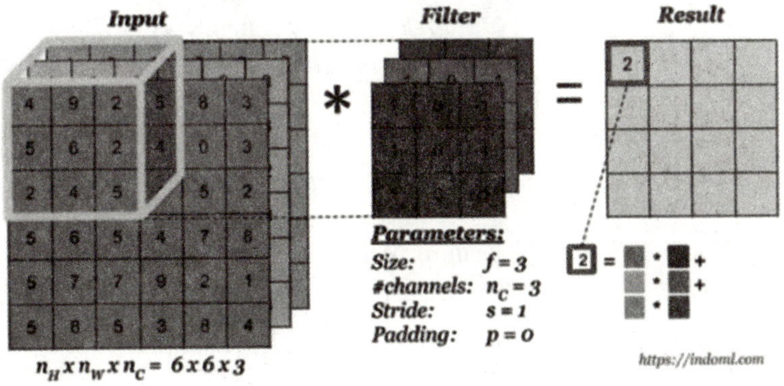

图 3-39　RGB 三通道图像的卷积运算过程

通过多个卷积核，CNN 能够学习图像的不同特征，如边缘、纹理、颜色分布等，并在层层叠加的过程中形成更高级的语义特征。

2. 池化层（Pooling Layer）

池化层（也称为下采样层）的作用是减少计算量并提升模型的鲁棒性。它通过降低特征图的维度，保留重要信息的同时减少数据冗余，如图 3-40 所示。

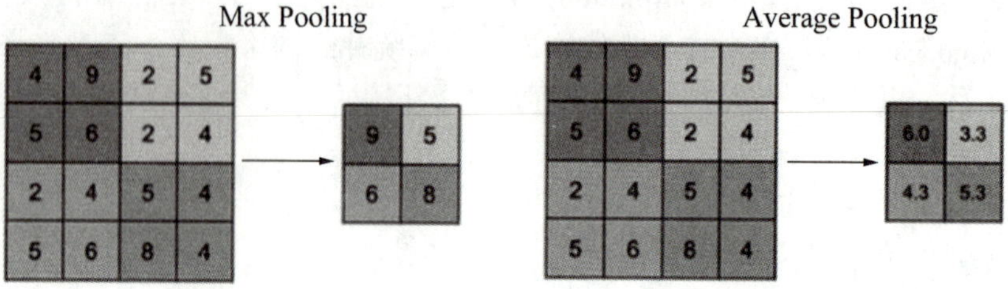

图 3-40　最大池化和平均池化

常见的池化方法包括最大池化（Max Pooling）和平均池化（Average Pooling），最大池化取池化窗口内的最大值作为输出，适用于提取图像的显著特征。平均池化则是计算池化窗口内所有值的均值作为输出，适用于保留整体特征信息。池化操作能够有效减少模型参数，提高计算效率，同时减少过拟合的风险，使模型更具泛化能力。

3. 全连接层（Fully Connected Layer）

CNN 的前几层（卷积层+池化层）主要负责特征提取（如图 3-41 所示），在经过几个卷积和最大池化层之后，神经网络中的高级推理通过完全连接层来完成，例如用于最终的任务学习（如分类或回归），完全连接层中的神经元与前一层中的所有激活都有联系。

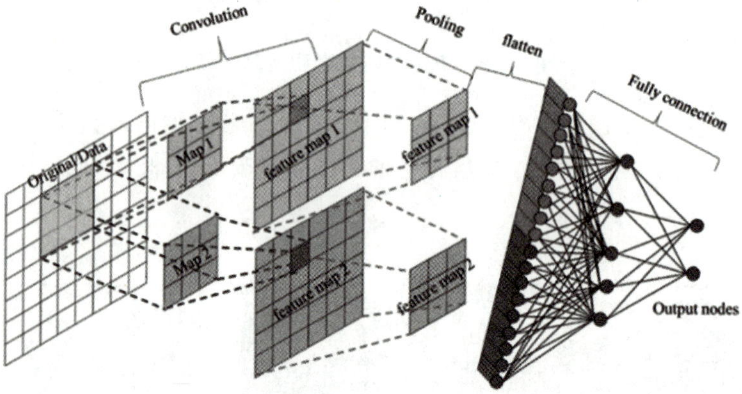

图 3-41　全连接层

先进行展平（flatten），将所有 Feature Map 扁平化成 1×N 的向量，再由全连接层（Fully Connected Layer）连接一个或多个全连接层，使模型学习到更复杂的特征组合。最终通过 Softmax、Sigmoid 或其他激活函数，生成分类结果或回归值。

4. 激活函数

在神经网络中，激活函数用于引入非线性，使网络能够学习复杂的映射关系。如果不用激活函数，每一层输出都是上层输入的线性函数，无论神经网络有多少层，输出都是输入的线性组合。图 3-42 所示是一些常用的激活函数。

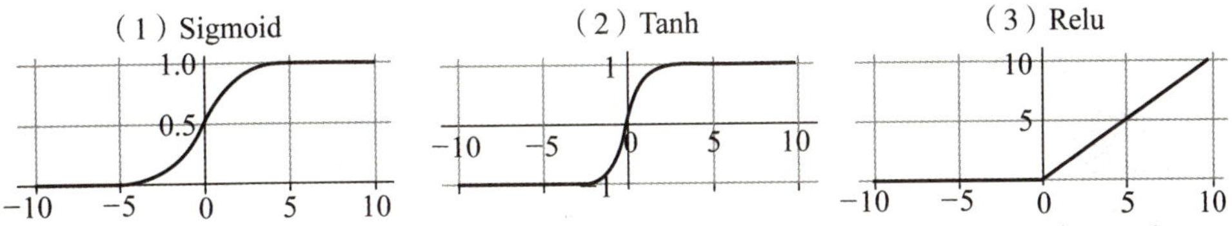

公式: $\sigma(x)=\frac{1}{1+e^{-x}}$　　公式: $\tanh(x)=\frac{e^{x}-e^{-x}}{e^{x}+e^{-x}}$　　$f(x)=\begin{cases}0 & \text{for } x<0\\ x & \text{for } x\geqslant 0\end{cases}$

图 3-42　常见的激活函数

3.3.4.6　深度学习的限制

尽管深度学习在许多领域取得了突破性进展，但它仍然存在诸多局限性，尤其是在应对复杂环境、泛化能力和推理能力方面仍难以媲美人类。

1. 对简单场景的目标判断较为精准，但在复杂语境下容易失效

深度学习模型擅长在相对明确的环境中进行模式识别，例如在图像分类、目标检测等任务中表现出色。然而，当面对具有歧义或上下文依赖性较强的场景时，模型的判断能力往往受限。例如，让深度学习去检测一个物体是不是车，它可以轻松做到，但是如果让它去判断一个手势在不同场景下是什么意思，就有些力不从心了，如图 3-43 所示。深度学习的本质是统计学习，它基于已有的数据做出预测，而非真正理解信息，所以还无法在复杂的语义环境中检测具有歧义的目标。

图 3-43　复杂的语义环境中检测具有歧义的目标

2. 依赖大规模数据训练，缺乏真正的理解能力

目前的深度学习系统通常依赖大量标注数据进行训练，以获得良好的分类或预测效果。例如，医疗影像分析中的深度学习模型可以通过成千上万张 X 射线片学习识别肺炎病症，如图 3-44 所示，并在相似环境中取得较高的诊断准确率。然而，与人类医生不同，这些模型并不能真正“理解”疾病的形成机制，它们无法通过阅读医学教科书或理论知识来推断病理信息，而只能依赖数据驱动的模式匹配。这意味着，在缺乏足够数据的情况下，模型的泛化能力往往较差，难以有效应对新的、未见过的案例。

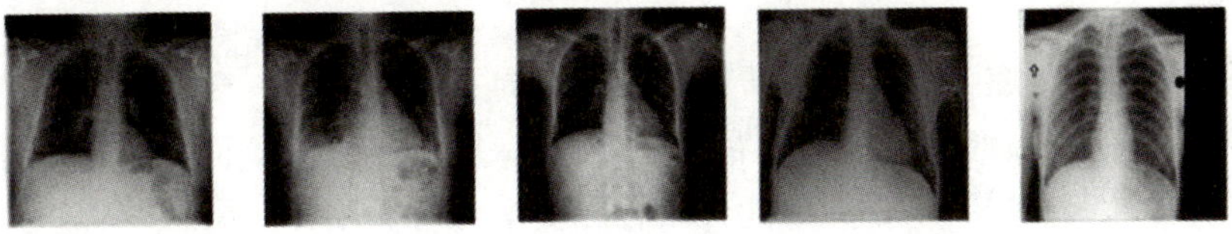

图 3-44　X 射线片数据

3. 泛化能力受限，对数据分布变化敏感

深度学习系统通常对训练数据的分布高度依赖，难以适应跨环境的变化。例如，一个经过精心训练的肺炎诊断模型，在某家医院的高质量 X 射线影像数据上可能表现良好，但如果将其应用于另一家医院，由于影像设备、成像角度、光照条件等不同，如图 3-45 所示，模型的表现能力可能会大幅下降。这种对数据分布的敏感性使得深度学习在跨领域、跨场景应用时面临较大的挑战，需要额外的迁移学习或数据调整才能保持较好的效果。

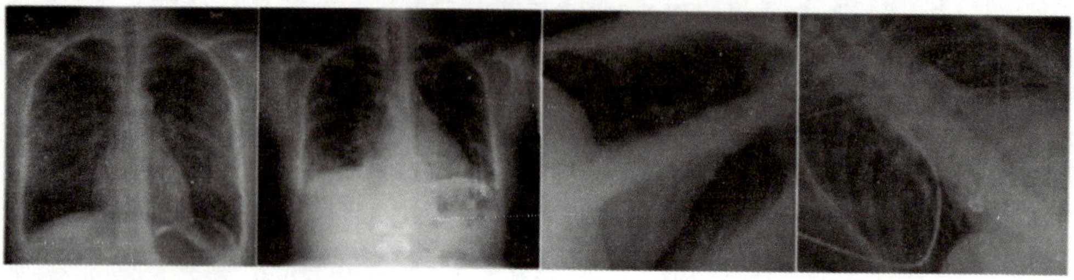

图 3-45　不同医院拍摄的 X 射线影像图像

4. 难以处理小样本和复杂概念的学习

机器学习和深度学习在面对大规模、结构化的数据时往往能取得较好的表现，但当数据量有限或概念过于复杂时，其效果通常不如人类。例如，人在学习一个新概念时，往往可以通过少量的例子快速归纳出核心规律，而深度学习模型通常需要成千上万条数据进行训练才能达到类似的能力。这种对大数据的依赖，使得深度学习在某些数据稀缺或高价值领域（如医学、法律等）难以高效应用。

3.3.4.7　深度学习兴起的三要素

深度学习之所以如此强大，主要得益于数据量、计算能力和算法的进步。传统机器学习算法（如 SVM、逻辑回归、决策树等）在数据量较小时表现优异，但随着数据量增大，性能趋于平稳。相比之下，神经网络模型在大数据量时表现更好，尤其是规模较大的神经网络（深度学习模型），在数据量极大的情况下表现最为出色，且性能持续上升。随着海量数据的出现，传统算法的性能无法进一步提升，而深度学习通过训练大规模神经网络，能够有效处理和分析大数据。

随着 GPU 技术的发展，深度学习训练的计算量大幅降低，推动了其在计算机视觉、语音识别、自然语言处理等领域的突破。例如，基于卷积神经网络（CNN）的深度学习在计算机视觉中表现卓越，超越了传统方法；在语音识别中，深度学习模型大幅提升了测试精度；在自然语言处理中，RNN、LSTM 和 Transformer 架构推动了机器翻译、文本生成等任务的发展。

尽管深度学习已经成为人工智能研究的重要方向，但近年来，受脑科学启发的新型计算模型也在逐渐兴起。研究表明，人脑并非单纯的深层级联结构，而是具有更复杂的信息处理机制。因此，未来的人工智能可能会结合深度学习与类脑计算方法，以进一步提升智能系统的性能和可解释性。

3.3.4.8 深度学习的应用

1. 计算机视觉

深度学习在计算机视觉领域的应用极为广泛，涵盖了图像分类、物体检测、场景理解、人脸识别、图像分割等任务。通过卷积神经网络（CNN）等技术，深度学习能够从大规模的图像数据中提取出有意义的特征，并进行高效的自动化分析，已广泛应用于安全监控、智能相册、无人机视觉等领域。

2. 语音识别

深度学习在语音识别方面的应用显著提高了语音处理的精度，广泛用于语音转文字、语音合成、语音助手、实时翻译等应用中。通过深度神经网络（DNN）和循环神经网络（RNN）等模型，深度学习能够识别不同的口音、语速以及背景噪声，提升了语音识别的鲁棒性，已广泛应用于智能家居、客户服务和语音控制等场景。

3. 自然语言处理

在自然语言处理（NLP）领域，深度学习已成为基础技术之一。其应用包括文本分类、情感分析、机器翻译、问答系统、聊天机器人等。基于深度学习的模型（如 BERT、GPT、Transformer 等）能理解文本中的上下文关系，极大提升了机器对语言的理解能力，广泛应用于搜索引擎、智能客服、智能翻译等多个行业。

4. 游戏人工智能

深度学习在游戏领域的应用越来越广泛，特别是在自动化控制和智能决策方面。例如，通过强化学习，AI 可以在游戏中进行自我训练，提升对游戏环境的适应性和决策能力，像 AlphaGo 和 Dota 2 的 AI 等都展示了深度学习在复杂决策过程中的巨大潜力。这些技术不仅用于游戏 AI 的优化，也为其他领域的智能决策提供了新的思路。

5. 自动驾驶

深度学习是自动驾驶技术的核心组成部分，通过深度神经网络（DNN）和卷积神经网络（CNN）对摄像头、雷达、激光雷达等传感器数据进行处理。深度学习能够进行实时的交通标志识别、车道线检测、行人识别、碰撞预警等任务，为自动驾驶系统提供安全可靠的决策支持。它使得自动驾驶汽车在复杂的道路环境中做出精确的反应，推动了智能交通和无人驾驶技术的发展。

6. 医学影像分析

深度学习在医学影像分析中具有巨大的应用潜力，特别是在疾病的早期检测和精准诊断方面。通过深度学习技术，能够有效地处理和分析 CT、MRI、X 射线等医学影像，进行肺部结节检测、肿瘤诊断、器官分割等任务。深度学习为医生提供了强大的辅助诊断工具，不仅提升了诊断效率，还提高了诊断的准确性，在医疗领域展现了广泛的应用前景。

3.3.5 大模型时代

3.3.5.1 大模型时代概述

2020 至 2022 年，人工智能创新飞速进展。美国人工智能研究公司 OpenAI 异军突起：

2020 年 4 月发布神经网络 Jukebox；5 月发布语言模型 GPT-3；GPT-3 的发布是人类科技史上的里程碑事件，在短短几个月席卷全球，速度超过人类最狂野的想象。GPT-3 证明了一个具有高水平复杂结构和大量参数的人工智能大模型（foundation model，又称“基础模型”）可以实现深度学习。

此后，大模型概念得到前所未有的关注和讨论。但是，关于“大模型”的定义，对其内涵的理解和诠释却莫衷一是，“横看成岭侧成峰，远近高低各不同”。尽管如此，并不妨碍人们形成了关于大模型的基本共识：大模型是大语言模型（Large Language Model，LLM）也是多模态模型（multimodal model）。GPT 是大模型的一种形态，G 代表生成性的（generative），p 代表经过预训练（pre-trained），T 代表变换器（transformer）。它引发了人工智能生成内容（Artificial Intelligence Generated Content，AIGC）技术的质变。

人工智能大模型是指拥有超大规模参数（通常在 10 亿个以上）、复杂计算结构的机器学习模型，能够处理海量数据，完成各种复杂任务，如自然语言处理、图像识别等。而在这一阶段，人工智能大模型在各个领域的应用越来越广泛，预训练模型（如 GPT-3、BERT）在自然语言处理领域取得了显著成果，多模态 AI（Multimodal AI）开始融合不同类型的数据，提供更为智能和全面的解决方案。大模型给普通人日常生活带来变化，例如在大模型能力的加持下，普通人只需要拥有想象力就可以创作出漫画绘本，还可以根据提示词生成完整的故事和对话，让每个人都能成为漫画师。

3.3.5.2 大模型时代定义

从 2020 年大模型问世，到 2022 年年底发布的 ChatGPT，它可以被看作智能时代的“第一台蒸汽机”。尽管目前仍存在许多问题和局限性，但无疑它已经开启了一个全新的时代。然而，从普通人角度看，大模型往往被简单地理解为一个“会聊天”的工具，有时甚至会胡乱输出信息。那么，为什么我们要将它的地位与工业革命时期的蒸汽机进行比较呢？

第一次工业革命发生在 1760 年到 1840 年间，标志性事件是工作机的诞生，以及蒸汽机作为动力机的广泛应用。瓦特发明的蒸汽机并非一蹴而就，它经过了多次调试和优化，最终才形成可广泛使用的成熟产品。蒸汽机的真正影响并非直接改变世界，而是与各行各业结合后，才激发出革命性的变化。例如，蒸汽机与船结合，催生了蒸汽轮船；与火车结合，推动了蒸汽火车的发展。

类似地，大模型本身的价值在于它与各个领域结合后的潜力。如果仅仅用大模型进行对话，它的价值可能有限，但大模型已经掌握了大量的知识，包括编程代码。因此，大模型能够与计算机进行高效对话，可以看作是一个“翻译官”，如图 3-46 所示。

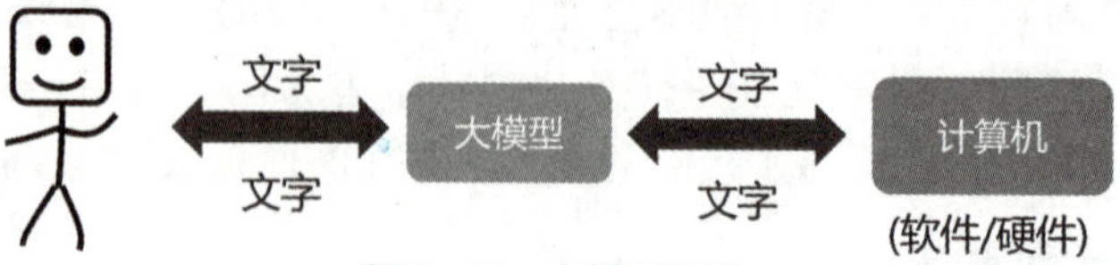

图 3-46 大模型定位

通过将大模型与计算机结合，我们能够用人类的自然语言去指挥计算机执行任务，而这种结合的产品就是我们常说的智能体（AI Agent），如图 3-47 所示。智能体的出现，正是最近非常热门的趋势。尽管大模型本身并不会直接改变世界，但当它与各领域的软件结合应用时，将为这些领域带来深远的影响，这一点与蒸汽机的作用非常相似。

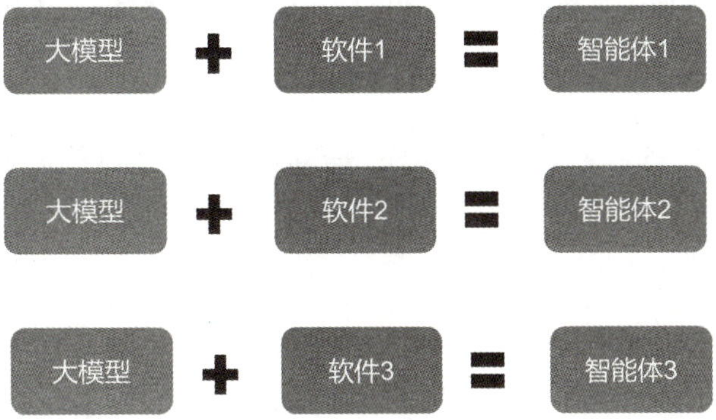

图 3-47　智能体

目前，大模型有两条主要发展路径，如图 3-48 所示，首先，通过持续优化对话模型本身，提升其通用能力。这一路径侧重于通过深度学习和不断更新的训练数据，使大模型能够处理更复杂的对话任务，并在多个领域和情境下表现出更高的智能。优化后的对话模型不仅能够更加精准地理解用户意图，还能提供更具个性化的响应，从而在客服、教育、医疗等多个领域提供高效的人工智能服务。通用能力的提升使得大模型能够适应更多的应用场景，不受限于单一任务或行业。

其次，将大模型与现有产品结合，应用于具体的业务场景。这一路径强调的是将大模型的强大能力与传统行业的实际需求结合，提供定制化解决方案。例如，结合大模型的自然语言处理能力与电子商务平台，优化搜索引擎、推荐系统以及客户服务；或者将其应用于制造业，通过机器视觉和语音识别技术提升生产线的智能化水平。通过这种结合，大模型能够直接为企业提供技术创新和业务流程优化，推动行业变革和效率提升。

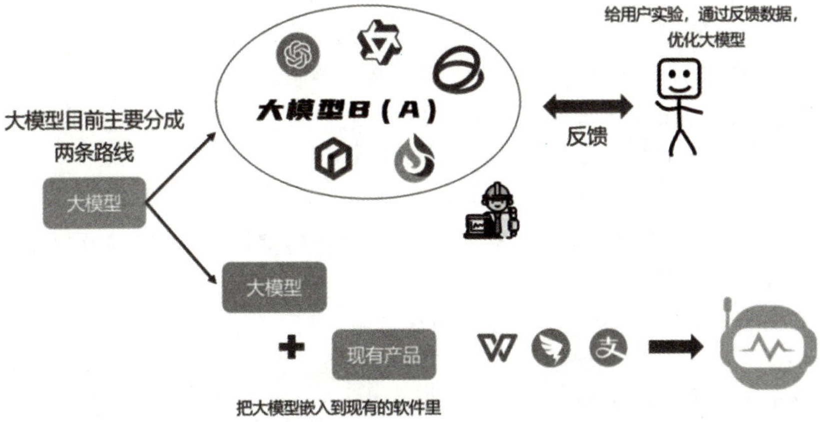

图 3-48　大模型发展路径

尽管大模型的潜力已经显现，但它的跨度和蒸汽机相比仍有所差距。蒸汽机的革命性在于将人力转变为自动化，而大模型则主要降低了人类操作软件的门槛。尽管如此，大模型在人工智能领域的地位无疑是举足轻重的。可以说，大模型不仅是人工智能赖以生存和发展的基础，更代表了人工智能进入全新时代的标志。如今，我们不妨说，人类进入的并非只是人工智能时代，而是大模型时代。我们亲眼见证并亲身体验了生成式大模型如何为我们创造出这个全新的时代。

课后习题

一、单项选择题

1. “人工智能”一词最早由谁提出？（　　）
   A. 约翰·麦卡锡（John McCarthy）　B. 艾伦·图灵（Alan Turing）
   C. 杰弗里·辛顿（Geoffrey Hinton）　D. 马文·闵斯基（Marvin Minsky）
2. 人工智能第一次浪潮（1956—1974 年）的特点是（　　）
   A. 以专家系统为代表的基于规则的方法
   B. 以神经网络和深度学习为主要研究方向
   C. 主要依赖符号逻辑推理，缺乏强大的计算能力和数据支持
   D. 以强化学习和神经网络结合的方法进行优化
3. 人工智能在 1974—1980 年进入第一次低谷的主要原因是（　　）
   A. 计算机存储能力不足
   B. 资金支持减少，研究停滞
   C. 逻辑推理方法遇到瓶颈，缺乏数据支撑
   D. 以上均是
4. 专家系统属于哪一代人工智能技术？（　　）
   A. 第一次浪潮　B. 第二次浪潮
   C. 第三次浪潮　D. 第四次浪潮
5. 1987—1993 年人工智能进入第二次低谷的主要原因是（　　）
   A. 专家系统的局限性暴露，无法扩展　B. 硬件算力无法满足深度学习需求
   C. 机器学习算法尚未成熟　D. 以上均是
6. 以下哪项技术是深度学习的核心？（　　）
   A. 逻辑回归　B. 反向传播神经网络（BP 网络）
   C. K 均值聚类　D. 朴素贝叶斯
7. 以下哪种硬件对深度学习的计算加速最有效？（　　）
   A. CPU　B. GPU　C. FPGA　D. 量子计算机
8. GPT 属于哪种人工智能模型？（　　）
   A. 规则推理系统　B. 生成式预训练模型
   C. 强化学习模型　D. 朴素贝叶斯分类器
9. 深度学习与传统机器学习的主要区别是（　　）
   A. 深度学习依赖于特征工程，而传统机器学习不需要

B. 传统机器学习依赖人工提取特征，而深度学习能够自动学习特征
C. 深度学习的计算复杂度低于传统机器学习
D. 传统机器学习使用神经网络，而深度学习不使用

10. 以下哪项不属于人工智能的应用领域？（　　）
A. 医疗诊断　　B. 自动驾驶　　C. 物理定律推导　　D. 天气预报

二、多项选择题

1. 人工智能（AI）的定义主要包括（　　）
A. 机器模拟人类的智能行为　　B. 计算机能够自主学习和决策
C. 计算机仅能按照编程逻辑执行任务　D. 机器通过数据和算法进行智能推理

2. 深度学习的快速发展主要受益于（　　）
A. 硬件算力（GPU、TPU 等）的提升
B. 大规模数据的积累
C. 神经网络算法的优化（如反向传播算法的改进）
D. 人工智能政策的扶持

3. 以下哪些属于深度学习框架？（　　）
A. TensorFlow　　B. PyTorch　　C. NumPy　　D. Keras

4. 以下哪些是大模型时代的主要特点？（　　）
A. 模型参数量大，计算需求高
B. 需要大量数据进行训练
C. 只适用于图像处理，不适用于文本分析
D. 具有较强的泛化能力

5. 以下关于大模型的说法，正确的是（　　）
A. 大模型需要大量计算资源
B. 大模型可以跨领域应用
C. 大模型训练后不需要再进行任何优化
D. 目前大模型仍然存在能耗高的问题

三、思考题

1. 人工智能发展经历了三次浪潮，每次浪潮的特点和推动因素是什么？请简要总结。
2. 数据科学、机器学习和深度学习之间的关系是什么？如何理解它们的演变？
3. 为什么神经网络和深度学习直到 2010 年后才取得突破？
4. 目前人工智能的局限性及优化方向是什么？
5. 大模型（如 GPT、BERT）的出现如何改变人工智能发展方向？
6. 硬件（GPU、TPU 等）发展对人工智能的影响是什么？

第 4 章

人工智能主流应用技术简介

教学内容

本章主要介绍人工智能的主流应用技术，包括图像处理、文本处理、语音处理、文字识别、AI 硬件部署，以及 AI 技术在各行业中的应用现状与未来发展趋势。通过理论讲解和实验实践，学生将系统了解这些技术的基本原理和实际应用。

教学重点

1. 介绍图像处理、文本处理、语音处理、文字识别的基本概念和方法。
2. 介绍 AI 硬件部署的基本原理及其在实际应用中的重要性。
3. 探讨 AI 技术在各行业中的应用现状与未来发展趋势。
4. 通过实践操作，掌握图像处理、文本处理、语音处理和文字识别技术的实际应用。

教学难点

1. 理解图像处理、文本处理、语音处理和文字识别的技术细节和实际应用。
2. 理解 AI 硬件部署的基本原理和优势。
3. 理解 AI 在不同行业中的应用逻辑与落地挑战。
4. 通过实践操作，解决实际应用中的技术难题。

教学方法

通过理论讲解，介绍人工智能主流应用技术的基本原理和方法，利用网络课程中的多媒体素材表示抽象概念，增强学生的直观理解，通过案例分析和学生讨论，强化对技术应用的理解，通过观看相关技术演示视频和纪录片，增强学生的直观感受，通过实际操作实践，掌握图像处理、文本处理、语音处理和文字识别技术。

教学要求

重点掌握图像处理、文本处理、语音处理和文字识别的基本概念和方法，了解 AI 硬件部署的基本原理和应用场景，理解大模型在人工智能发展中的重要性及其应用。并通过实践操作，掌握主流应用技术的实际应用。

素质目标

坚持以社会主义核心价值观为引领，引导学生在掌握图像处理、文本处理、语音处理、文字识别、AI 硬件部署与大模型应用等主流人工智能技术的同时，树立科技报国、服务人民的责任意识。通过分析技术背后的社会价值与发展意义，引导学生理解人工智能技术在国家战略、社会治理、民生改善等方面的广泛应用，增强使命感与历史担当。结合实验实践，强化学生“学以致用、知行合一”的能力，培养他们在未来技术创新中坚持伦理底线、遵守法律规范的意识，践行新时代科技工作者应有的理想信念与社会责任。

4.1 图像处理

4.1.1 图像处理概述

4.1.1.1 什么是数字图像

数字图像的定义：像素组成的二维排列，可以用矩阵表示。如图 4-1 所示。

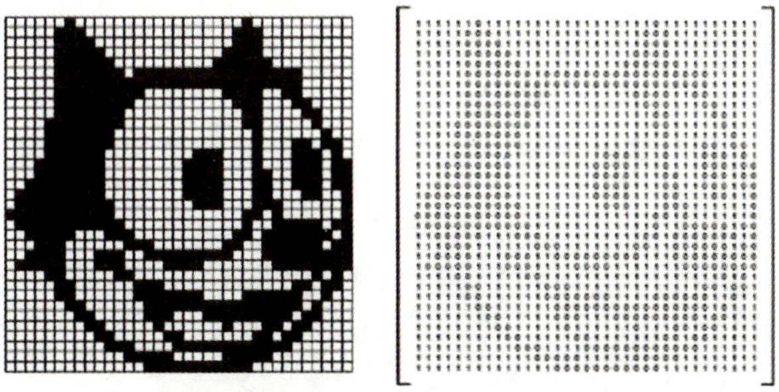

图 4-1 计算机眼里的图像

(1) 灰度图像：对于单色（灰度）图像而言，每个像素的亮度用一个数值来表示。通常数值范围在 0~255 之间，0 表示黑、255 表示白。其他值表示处于黑白之间的灰度。

(2) 彩色图像：彩色图像可以用红、绿、蓝三元组的二维矩阵来表示。通常，三元组的每个数值也是在 0~255 之间。0 表示相应的基色在该像素中没有，255 代表相应的基色在该像素中取得最大值。

计算机中的图像是什么样呢？比如说，我们有一张美丽的花朵图片。计算机先把这张图片分成超级多超级小的小方格（就像图 4-1 中的猫头），就像一个密密麻麻的小拼图。每个小方格都有自己独特的颜色信息。然后，计算机就像一个超级聪明的记录员，给每个小方格的颜色都做了一个特别的“记号”。比如说，红色可能被记成“101”，蓝色被记成“010”。

当我们要看这张图片的时候，计算机就快速地把这些小方格按照之前做的“记号”，一个一个地摆出来，重新拼成了我们看到的美丽花朵图像。

4.1.1.2 什么是数字图像处理

一幅图片可以被定义为一个二元函数$f(x, y)$。这里的x和y是（平面）空间坐标，f在（x，y）处的值被称为图像在该点的强度（intensity）或灰度（gray level）。当x，y，f都是有限的并且是离散的，我们称该图像为数字图像。

数字图像包含有限数量的元素，每个元素都有自己特定的坐标和值。这些元素被称为像素（pixel）。

当我们说图像在人体感官知觉中扮演着最重要的角色时，我们并不觉得诧异，因为视觉（vision）是人体最高级的感官。然而，人类的眼睛受限于电磁波的可见光波段，而机器的视觉可以覆盖从伽马到无线电波很大范围。那些包含超声波、紫外线、电子显微镜、电脑等生成的图片，都可以用机器来处理。因此，数字图像处理的应用领域非常广泛。

数字图像处理与其他领域（比如图像分析，计算机视觉）的界限并非泾渭分明的。其中的一个区分方法是：如果输入和输出都是一幅图片的话，那么我们仍然工作在数字图像处理领域。那么在这种区分方法下，即使是简单的计算图像的平均灰度值（输出是一个数字），这也不是数字图像处理的领域了。

4.1.1.3 数字图像处理的起源

最早“数字图像处理”系统的用途——通过海底电缆，将图像从伦敦传输至纽约。客观地讲，当时的应用并不涉及“数字图像处理”，而是“数字图像传输”。

最早“数字图像处理”系统的特性——“巴特兰”（Bartlane），早期的“巴特兰”系统使用5个不同的灰度级来编码图像，如图4-2所示，到了1929年这一能力已经扩展到15级。

图 4-2 巴特兰系统的编码图像

尽管本例涉及数字图像，鉴于我们对数字图像处理的定义，我们并不认为这就是数字图像处理。因为电子计算机并没有参与其中。因此，数字图像处理的发展史与电子计算机的发展史是息息相关的。而事实上，数字图像处理需要大量的存储空间和计算能力，它的发展不得不依赖于电子计算机的发展以及包括数据存储、显示和传送等在内的技术支持。

4.1.1.4　图像处理系统的基本组成结构

图像处理系统主要由三大部分组成，如图 4-3 所示。

（1）图像数字化设备：包括数码相机、数码摄像机、带照相和摄像功能的手机等。

（2）图像处理设备：包括计算机和存储系统。

（3）图像输出设备：包括打印机，也可以输出到 Internet 上的其他设备。

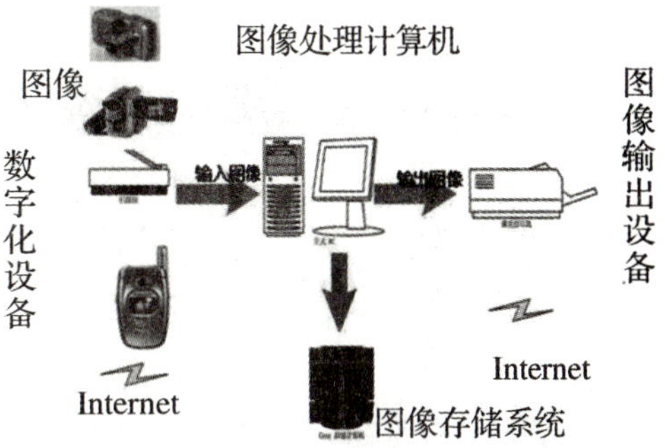

图 4-3　图像处理系统的基本组成结构

4.1.1.5　图像处理的难点

（1）语义鸿沟：如何从图像识别到语义信息。

（2）视角：同一物体，视角无法预先确定，视角的变化，使得像素值差异大。

（3）光照变化：光照使得物体整体变化大，从而使得识别物体变化大。

（4）尺度变化：尺度的大小是相对的，远近均可识别，自适应远近。

（5）遮挡：抗遮挡能力很重要，实际场景中遮挡现象或多或少存在。

（6）形变：同一物体的姿态形变大。

（7）背景杂波：背景与物体的相似性，使得背景对于物体识别带来了噪声干扰。

（8）类内形变：同一类不同个体之间差距较大。

（9）运动模糊：普通相机 25~30 帧/秒，曝光时间与运动时间相比，使得一个像素同时记录了多个部位的信息，来源于成像设置，主要解决措施是使用高速相机或者设计算法进行恢复。

（10）类别繁多：主要是针对具体的任务进行任务拆解（寻找难点、针对难点），通过设计解决问题。

4.1.2　图像分类

4.1.2.1　图像分类概念

图像分类是一种能在图像里精准找到指定目标对象的神奇图像处理技术。它早就悄悄融入了我们的日常生活。

（1）图像分类任务是计算机视觉中的核心任务，其目标是根据图像信息中所反映的不同特征，把不同类别的图像分开来，如图 4-4 所示。

（2）从已知的类别标签集合中为给定的输入图片选定一个类别标签（label）。这个标签是已知的，如狗，猫，卡车，飞机等。

（3）图像分类的应用场合：a. 浏览器识图；b. 图像识别、搜索（手机识图软件，识别图像，表达信息，有时候语言无法或者难以准确描述）

图 4-4　图像分类任务

4.1.2.2 图像分类方法

图像分类流程如图 4-5 所示。

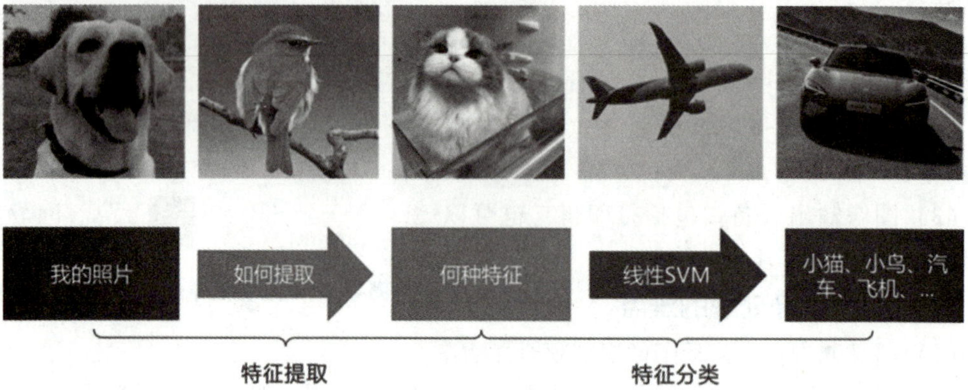

图 4-5 计算机中的图像分类流程

在正式学习图像特征之前，我们可以先简单思考一下，什么样的特征可以区分这些照片呢？怎样从图像中提取这些特征呢？对于人类而言，这个过程非常简单，我们只要看一眼图片，大脑就可以获取这些特征。但是对于计算机而言，一幅图片就是以特定方式存储的一串数据。让计算机通过一系列计算，从这些数据中提取类似“有没有翅膀”这样的特征是一件极其困难的事情。

早期人们学会了利用方向梯度直方图特征和支持向量机分类器完成图像分类的任务，如图 4-6 所示。然而分类的准确率并不太令人满意。事实上，这也是当时计算机视觉领域面临的一个问题：利用人工设计的图像特征，图像分类的准确率已经达到“瓶颈”。

图 4-6 图像分类——特征学习

深度神经网络之所以有这么强大的能力，就是因为它可以自动从图像中学习有效的特征。在图像分类的任务中，手工设计的特征往往很难直接表达“有没有翅膀”或“有没有眼睛”这样高层次的抽象概念。然而深度神经网络出现之后，这一切便成为可能。在计算机视觉的各个领域，深度神经网络学习的特征也逐渐替代了手工设计的特征，如图 4-7 所示，人在图像分类领域已经比不过机器了，人工智能也变得更加“智能”。另外，深度神经网络的出现也降低了人工智能系统的复杂度。

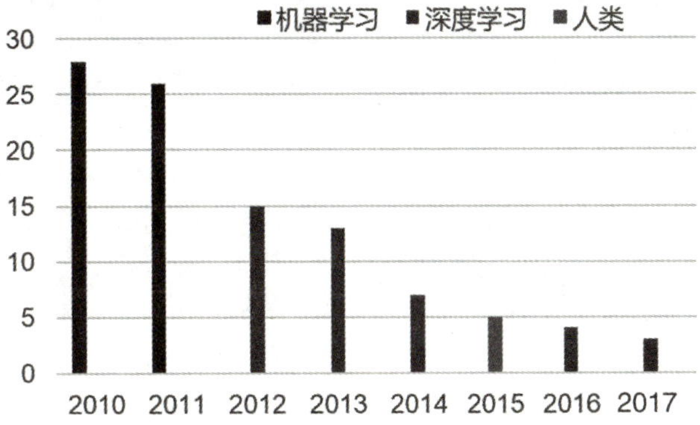

图 4-7　图像分类——人机对比

在传统的模式分类系统中，特征提取与分类是两个独立的步骤，而深度神经网络将二者集成在了一起，如图 4-8 所示。我们只需要将一张图片输入给神经网络，就可以直接得出对图片类别的预测，不再需要分步完成特征提取与分类。从这个角度来讲，深度神经网络并不是对传统模式分类系统的颠覆，而是对传统系统的改进与增强。

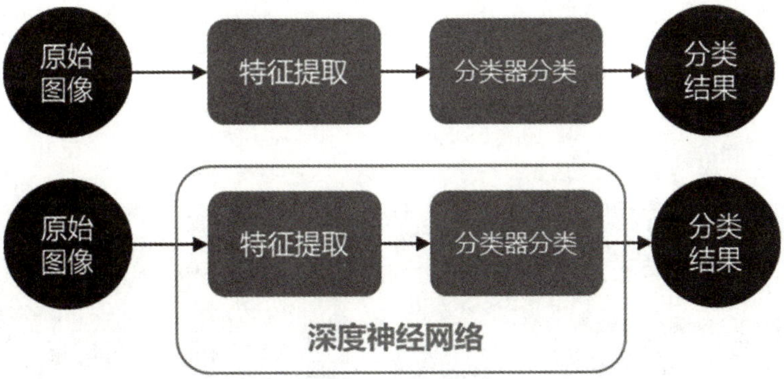

图 4-8　基于深度学习的图像分类方法

4.1.2.3　图像分类典型案例

图像分类技术已经在多个行业和领域得到了广泛的应用，其强大的识别和分类能力帮助人们解决了许多实际问题。以下是一些主要的应用领域及其具体应用案例：

1. 工业制造中的质量检测

（1）产品质量控制：通过图像分类技术，自动检测生产线上的产品是否存在瑕疵或缺陷，如表面裂纹、颜色偏差等（如图 4-9 所示）。

（2）装配验证：检查产品的组装是否正确，确保各部件的位置和安装方式符合设计要求。

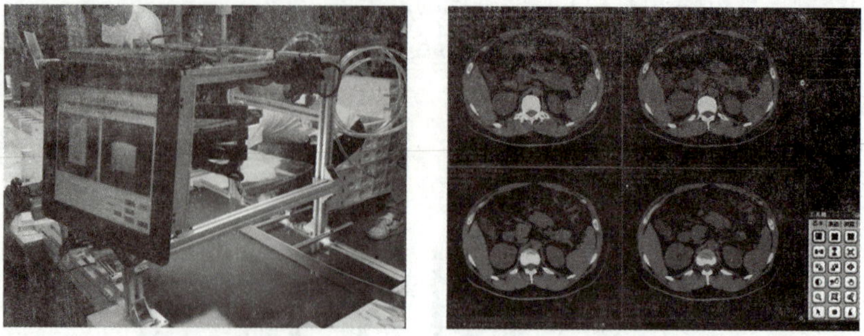

图 4-9　图像分类——工业制造中的质量检测和医疗诊断中的疾病检测

2. 医疗诊断中的疾病检测

（1）医学影像分析：利用图像分类技术分析 X 射线片、CT 扫描、MRI 等医学影像，自动检测病变区域，如肿瘤、结节等（如图 4–9 所示）。

（2）病理图像分类：从病理切片图像中识别不同类型的细胞和组织，辅助病理医生进行诊断。

3. 安防监控中的异常监测

（1）人脸识别：通过图像分类技术识别人脸，应用于身份验证、出入管理等场景（如图 4–10 所示）。

（2）异常行为监测：分析监控视频中的人物行为，监测并报警潜在的异常或危险行为，如闯入、徘徊等。

图 4-10　图像分类——安防监控中的异常监测和自动驾驶中的物体识别

4. 自动驾驶中的物体识别

（1）行人监测：识别道路上的行人，帮助自动驾驶系统做出避让决策，确保行车安全（如图 4–10 所示）。

（2）交通标志识别：识别道路上的交通标志，帮助自动驾驶系统理解和遵守交通规则。

（3）车辆监测：识别周围车辆的位置和类型，辅助自动驾驶系统进行路径规划和避障。

5. 社交媒体中的内容推荐与审核

（1）图像内容分类：对用户上传的图像进行分类，推荐相关内容或广告，提升用户体验（如图 4-11 所示）。

（2）不良内容检测：识别并过滤不良或违规图像内容，如暴力、色情等，维护平台健康环境。

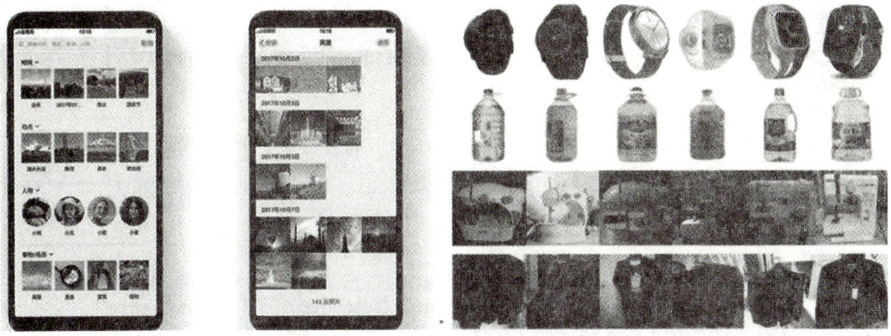

图 4-11　图像分类——社交媒体中的内容推荐与审核和电子商务

6. 零售和电子商务

（1）商品识别：通过图像分类技术识别商品类别，帮助用户快速找到所需商品。

（2）库存管理：自动识别和分类仓库中的商品，提升库存管理效率。

7. 农业中的作物识别与病虫害监测

（1）作物识别：通过图像分类技术识别不同种类的作物，辅助农业生产和管理（如图 4-12 所示）。

（2）病虫害监测：识别作物上的病虫害，提供早期预警和防治建议，保障农业生产安全。

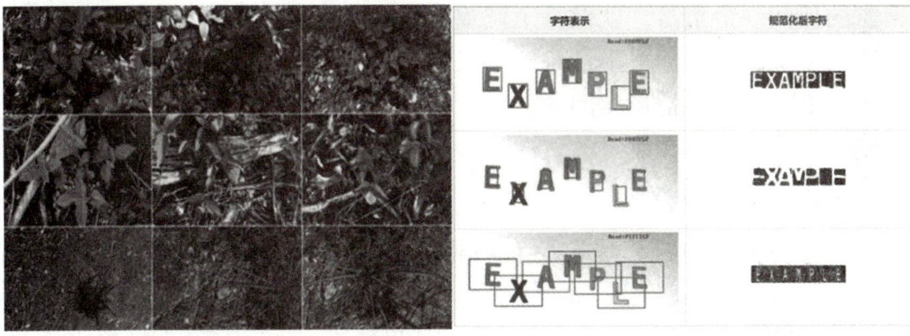

图 4-12　图像分类——农业中的作物识别和文档管理与光学字符识别

8. 文档管理与光学字符识别（OCR）

（1）文档分类：对扫描或拍摄的文档图像进行分类，提升文档管理和检索效率（如图 4-12 所示）。

（2）光学字符识别（OCR）：从图像中提取并识别文本信息，用于电子化处理和数据输入。

图像分类技术在这些应用领域中展现了强大的潜力和广泛的应用前景。通过不断的发展和创新，图像分类技术将继续推动各行业的技术进步和应用创新。

4.1.3 物体检测

4.1.3.1 物体检测概念

物体检测就是让计算机拥有在图像里识别和定位物体的本事。打个比方，就像我们人类了解身边的各种事物一样，机器也需要清楚它所面对的参照系内的所有实体，如人、动物、汽车、树木等。

检测（detection）任务，主要解决"在哪里，是什么"的问题。既要找到目标的位置，又要知道目标是什么。就像在一张森林的图片里，不仅要找出里面有一只小猫，还要标明小猫在图片中的具体方位。如图 4-13 所示。

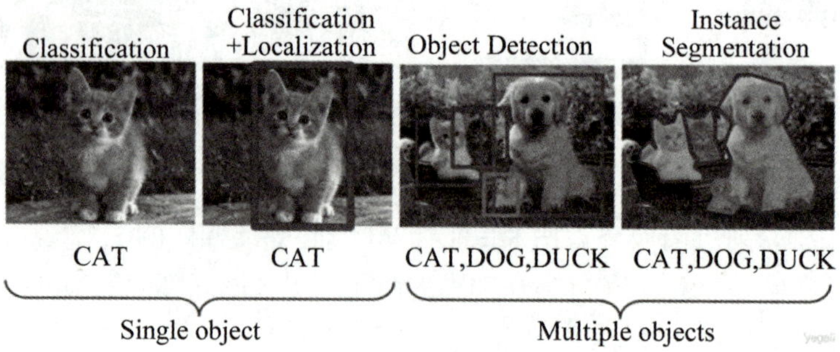

图 4-13　物体检测

所以，物体检测是一个分类、回归问题的叠加。在物体检测中，有几个核心问题需要解决。第一个是分类问题，这就像是要弄清楚图片（或者图片中的某个区域）里的图像到底属于哪个类别，是汽车，还是房子，或者其他东西。第二个是定位问题，因为目标可能会出现在图像的任何一个角落，就像一个调皮的小孩子在和我们捉迷藏，我们得把它找出来。第三个是大小问题，目标可不都是一个尺寸，有大的、小的，各种不同的尺寸，这也给检测增加了难度。第四个是形状问题，目标的形状也是千奇百怪，有的方，有的圆，还有各种不规则的形状。

4.1.3.2 物体检测方法

基于深度学习的物体检测算法主要有两类——Two stage 和 One stage。Two stage 方法的代表是 Faster rcnn，One stage 方法的代表是 YOLO 系列。

1. Two stage 方法

代表算法：Faster rcnn。

特点：该方法将物体检测任务分为两个阶段（如图 4-14 所示）。首先生成候选区域（Region Proposal），然后对这些候选区域进行分类和回归。由于此过程需要较多的计算和时间，通常速度较慢（例如每秒处理 5 帧）。

优点：检测精度较高，适合用于精度要求较高的任务。

缺点：由于需要两阶段的处理，其速度相对较慢，不适合实时检测应用。

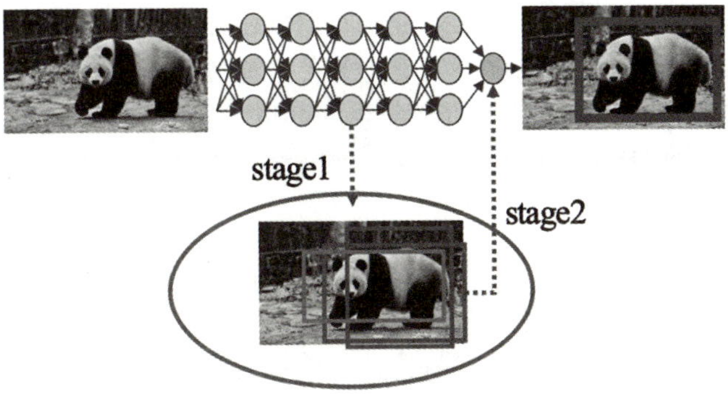

图 4-14　物体检测 Two stage

2. One stage 方法

代表算法：YOLO 系列。

特点：该方法通过单阶段直接从输入图像中生成边界框并进行分类（如图 4-15 所示）。相较于 Two stage 方法，One stage 方法计算量较小，速度较快，能够达到实时检测的需求。

优点：速度极快，适合实时检测任务。

缺点：通常精度相对较低，尤其是在复杂场景下，检测效果可能不如 Two stage 方法。

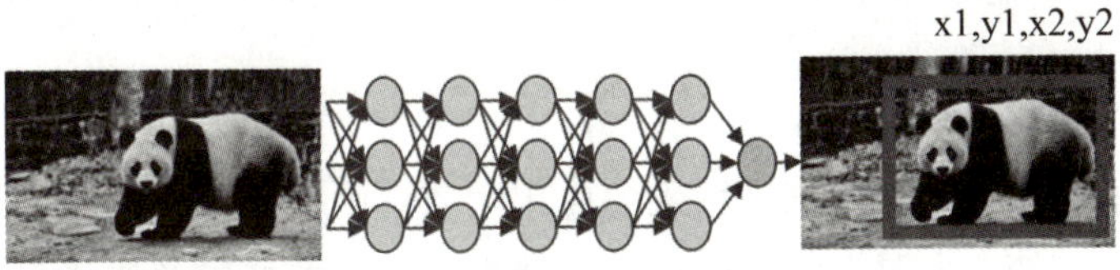

图 4-15　物体检测 One stage

4.1.3.3　物体检测应用

1. 科技金融

人脸识别在金融领域的应用已经相当普遍，如远程银行开户、身份核验、保险理赔和刷脸支付等。人脸识别技术的接入，能有效提高资金交易安全的保障，也提高了金融业务中的便捷性，如图 4-16 所示。

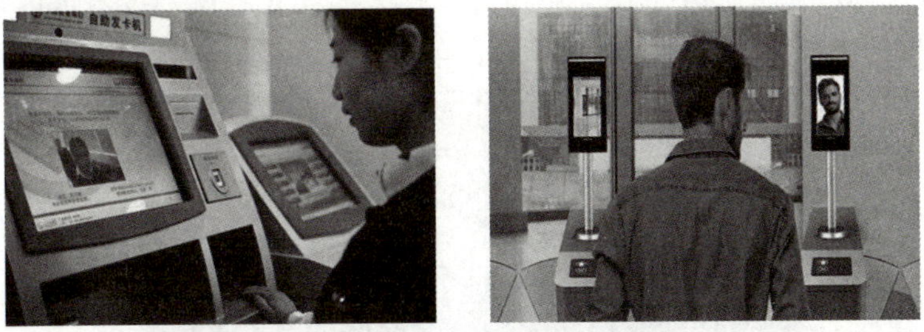

图 4-16　物体检测——人脸识别

2013 年芬兰公司 Uniqul 成为首批“吃螃蟹”的公司，面向全球首次推出人脸识别支付这一创新支付技术。2015 年在德国汉诺威 CeBIT 展会上马云第一次向德国总理默克尔展示了支付宝的人脸识别支付技术。同年，招商银行在一些支行柜面和 VTM 业务也开始应用人脸识别，随后包括建设银行、农业银行等四大行在内的数十家银行都纷纷将人脸识别产品引入ATM、STM、柜面、网点、手机银行等各个业务环节，并逐渐全客户覆盖。时至今日，人脸识别技术在国内金融领域已经得到了非常广泛的部署和应用，消费者在各个渠道中都可以利用人脸识别技术使用金融服务，中国在人脸识别技术的应用上已经大幅度领先国外市场。

2. 智慧安防

安防是人脸识别市场最早渗透、应用最广泛的领域。根据亿欧研究，2018年，安防行业在中国人脸识别市场占比61.2%。当前人脸识别技术主要为视频结构化、人脸检索、人脸布控、人群统计等软硬件一体形态产品提供基础支撑，重点应用于犯罪人员的识别追踪、失踪儿童寻找、反恐行动助力等场景。视频监控系统通过庞大的监控网络进行图像采集、自动分析、人脸比对，基于视频帧的1∶1及1∶N人脸比对，可分析人员轨迹、出行规律等，实现重点人员的识别及跟踪，在公安应用场景中达到事前预警、事中跟踪、事后快速处置的目的。在雪亮工程、天网工程、智慧社区、反恐及重大活动安保等公安项目发挥了重要的作用。

此外，在企业楼宇、社区住宅的人员管理和安全防范需求场景下，人脸识别技术应用非常广泛，通过人脸的黑白名单录入，可有效管控区域人员出入，机器识别的高效率也大幅节省了人力资源。

3. 智慧交通

国外的公共交通领域对人脸识别技术的应用主要集中在机场安检以及出入境管理等特别强调安全的场景。加拿大渥太华国际机场、澳大利亚当地移民及边境保护局与美国海关与边境保护局皆已尝试部署人脸识别出入境系统。

国内交通领域的人脸识别应用主要包括1∶1人脸验证和1∶N人脸辨识。目前利用人脸核验证技术的刷脸安检已进入普遍应用阶段，在高铁站、普通火车站和机场皆已大面积推广。而应用1∶N人脸比对技术的刷脸支付主要落地在地铁公交等市内交通，这种技术能够极大提高通勤人员的出行效率，释放大量的人力资源，提升出行体验。同时，人脸识别可以对交通站点进行人流监测，根据人员通行规律预测交通人流高峰，提前做好疏导预案，如图4-17所示。除此之外，在交通违规管控方面，人脸识别技术可以帮助执法人员更快速高效地找到违规人员身份信息，并结合车辆识别等技术进行跟踪拦截。

图4-17　物体检测——智慧交通

4. 民生政务

政务互联网平台、公积金、社保、税务、网证、交通管理、行人闯红灯、缴交交通罚款、住建等民生政务系统，已经使用人脸识别系统。政务服务领域的业务点主要有私有云平台搭建、政务服务自助终端、便民服务平台，如图 4-18 所示。人脸识别在政务系统的落地，提升了民众的办事效率，公民可以不用窗口排队，实现自助办事，节省了因人工效率低下产生的耗时。部分政务还可以通过在线人脸识别认证，在移动端线上办理，减轻了“办事来回跑、办事地点远、办事点分散”的困扰。

图 4-18　物体检测——民生政务

5. 教育考试

智慧教育在高速发展的同时，不断深入采用物联网、云计算、大数据等先进信息技术手段，实现各种教育管理与教学过程数据的全面采集、存储与分析，并通过可视化技术进行直观的呈现，如图 4-19 所示。

图 4-19　物体检测——教育考试

在这个过程中，相关科技企业基于自身在人工智能、视频可视化技术、出入口门禁管理、大数据、云计算等领域积累的技术产品经验，致力于推动智慧教育的行业发展，打造升级智慧校园、智慧教室、智慧宿舍、智慧图书馆、智慧食堂、智慧超市等教育相关的安全管控、课堂考勤、刷脸消费和智能化体验。同时，人脸识别技术也应用在考生身份确认上。

6. 智能家居

人脸识别在智能家居中主要应用在安全解锁和个性化家居服务两个场景。在安全防范方面，人脸识别可以提供相对安全和便捷的入户解锁技术，将可能逐步替代传统密码或指纹门锁。智能门铃可以通过人脸识别对访客身份进行识别。另外家中的监控摄像头可以实时监测，如发现陌生人脸立即提醒住户并报警。

4.1.4 图像分割

4.1.4.1 图像分割概念

有两种最常见的图像分割技术——语义分割（Semantic Segmentation）和实例分割（Instance Segmentation）。语义分割时，在一张图片中有多个同一类物体的时候，这两个物体不用被明确地区分开，它们的像素标签都会是同一类别。而实例分割时，当一张图片中有多个同一类物体时，不仅需要识别出物体的类别，还需要把两个同类物体给区分开。

在图 4-20 中，我们可以看到对于给定图片（a），各任务的 groundtruth 分别是：图（b）的语义分割是逐像素的 class labels；图（c）的实例分割是逐 object 的 mask 和 class label；图（d）的全景分割是逐像素的 class labels 和 instance labels。全景分割同时完成语义分割和实例分割任务，需要对图片中的每一个可见 object 和 region 进行辨别与描述。全景分割与实例分割、语义分割的不同：对比语义分割，全景分割需要区分不同的 object instances；对比实例分割，全景分割不仅分割 things（即实例分割中的 object），同时分割 stuff（指具有相似纹理或材料的无定形区域，例如草、天空、道路）；全景分割需要同时识别 stuff 和 things。本书主要以语义分割为主。

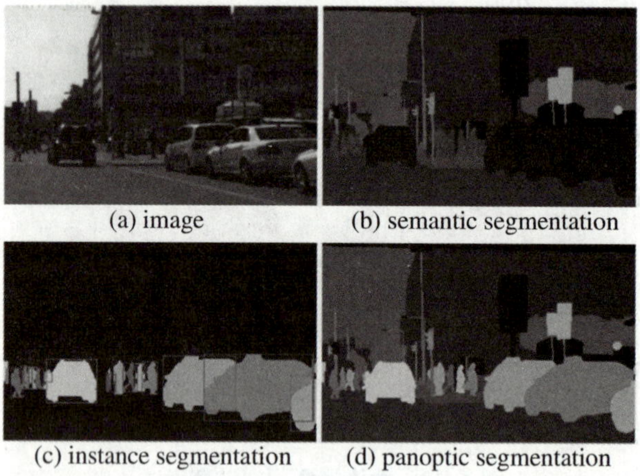

图 4-20　图像分割

4.1.4.2 图像分割方法

图像分割就像给一幅画上色的有趣过程。如图 4-21 所示，我们有一张美女的照片，里面有眼睛、鼻子、嘴巴和头发。计算机就像是一个超级聪明的小画家，它先学习了很多很多已经分好类并且涂好颜色的美女照片，知道了眼睛应该是什么颜色，鼻子是什么颜色，嘴巴和头发又分别是什么颜色。

图 4-21　图像分割的应用

当计算机面对一张新的美女照片时，它会一点一点地观察图片的每一个小部分。它会判断这个小区域是眼睛，那就给它涂上眼睛类别的颜色；那个小区域是鼻子，就涂上鼻子类别的颜色；是嘴巴就涂成嘴巴类别的颜色，是头发就涂成头发类别的颜色。就好像这个小画家拿着一支超级精细的画笔，小心翼翼地把图片中的每一个部位都用不同的颜色区分开来。再比如说，图片中一骑自行车的人，计算机就会把这个人的每一个像素都认定为“人”这个类别，然后都涂上粉色，而自行车则被涂成了绿色。

4.1.4.3　图像分割应用

图像分割的应用有很多，下面举几个图像分割在现实生活中的应用实例。

1. 医学影像分割

通过对 MRI、CT、X 射线等医学影片进行图像分割，可以辅助医生诊断，甚至可以定位到病灶给出诊断结果。如图 4-22 所示，左边第一张图是大脑的 MR 原图，右边两张是进行图像分割后的图片。

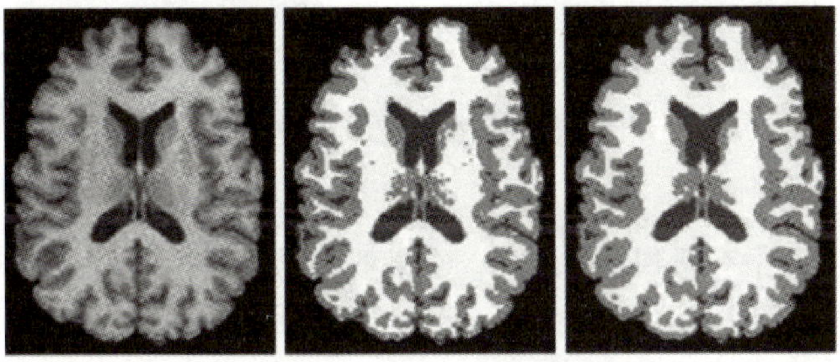

图 4-22　图像分割——医学影像分割

如图 4-23 所示，这张胸片通过图像分割后，我们可以很清晰地分辨出肺、锁骨和心脏的位置。

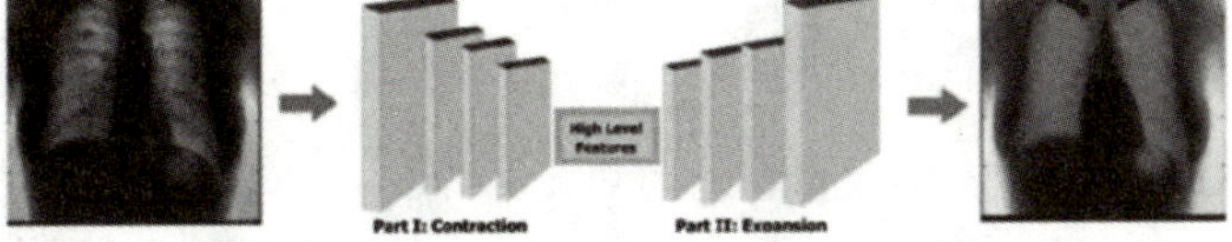

图 4-23　图像分割——肺部影像分割

2. 自动驾驶

图像分割最著名的应用应该非自动驾驶莫属，如图 4-24 所示。图像分割可以帮助汽车通过摄像头分辨路面、路牌、行人与车辆。可以想象，如果是较为粗略的目标检测的话，很难胜任安全要求如此之高的自动驾驶任务。

图 4-24　图像分割——自动驾驶

3. 自动抠图

既然图像分割可以把每个物体所在位置的像素给分别标注出来，那么这是不是跟我们的抠图任务有类似呢？如图 4-25 所示。比如把一张商品的图片送进模型，通过图像分割我们是不是可以分辨出哪些像素属于背景？哪些像素属于前景呢？

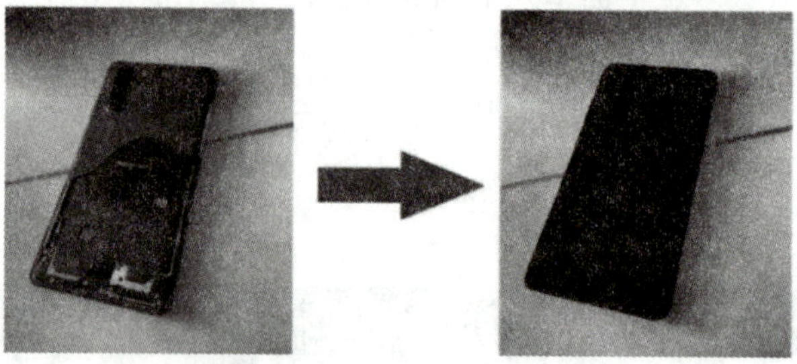

图 4-25　图像分割——自动抠图

4. 虚拟试穿

再说一个我们生活中有遇到过的应用。在某些购物 App 上，有 3D 试穿功能，如图 4-26 所示。可以选择好我们想试穿的衣物，通过手机摄像头对准我们要试穿的身体部位，那么手机上就会呈现出我们穿上这一衣物的样子。

图 4-26　图像分割——虚拟试穿

4.2　文本处理

4.2.1　文本处理概念

文本处理（Text Processing）是一种通过数据驱动的方法，利用统计学和算法，使计算机能够从文本数据中自动学习和改进性能。文本处理算法可以根据输入文本进行训练，从而在新文本上进行预测和决策。

文本处理使计算机能够从文本数据中学习。而自然语言处理（NLP）是一个宏大的愿景，目标是让机器像我们人类一样理解和生成自然语言。文本处理是实现自然语言处理的手段之一，它通过处理和分析文本数据，提取有用的信息并作出决策。

假设我们有一堆堆的书，每本书里都写满了各种各样的文字，这就像是大量的文本数据。

文本处理呢，就像是有一个超级聪明的小魔法师，它能读懂这些文字，并且按照我们的要求来整理和分析它们。比如说，我们想知道在这些书里“梦想”这个词出现了多少次，小魔法师就能迅速帮我们数出来。

又比如，我们想把这些书按照主题分类，像是把关于冒险的故事放在一起，关于爱情的故事放在一起，这个小魔法师也能轻松做到。

再比如说，我们想让小魔法师从这些书中找出写得特别好、特别感人的段落，它也能像火眼金睛一样给我们挑出来。甚至，如果我们想让它根据我们给出的一些开头，帮我们续写一个完整的故事，它也能施展魔法，给我们写出有趣的内容来。

文本处理是一门关于文本数据学习的科学技术，它能帮助机器从现有的复杂文本数据中学习规律，以预测未来的行为结果和趋势。例如：当我们在社交媒体上发表一条评论，文本处理算法会根据我们的文字内容来分析情感倾向，以提供个性化的广告推荐。

假设你是一家餐厅的经理，想了解客户对你的餐厅的反馈。你收集了几条社交媒体上的评论：

“这款手机的电池续航太差了，使用体验很不好。”

“我很喜欢这家餐厅的环境，服务也非常好。”

“这个软件经常崩溃，太糟糕了！”

“刚买的这双鞋子质量很好，穿着很舒服。”

虽然评论 1 和评论 3 并不是关于餐厅的，但我们会用它们来演示如何分析评论。

步骤：

（1）文本清理：将评论中的标点符号和特殊字符移除，并将所有文字转换为小写。这样可以使处理过程更加简单和统一。

（2）分词：将评论切分成单个的词语。比如，“服务也非常好”可以切分为“服务”“也”“非常”“好”。

（3）情感分析：使用一个简单的情感词典，判断每条评论是正面还是负面。例如，如果评论中包含像“好”“喜欢”“舒服”这样的词，我们可以认为这是一个正面评论；如果包含“差”“不好”“糟糕”等词，则认为是负面评论。

结果：

评论 1：“这款手机的电池续航太差了，使用体验很不好。”——负面评论

评论 2：“我很喜欢这家餐厅的环境，服务也非常好。”——正面评论

评论 3：“这个软件经常崩溃，太糟糕了！”——负面评论

评论 4：“刚买的这双鞋子质量很好，穿着很舒服。”——正面评论

通过这个过程，我们可以自动化地分析大量的客户评论，快速了解客户的满意度。这种技术在现实生活中非常有用，尤其是对于希望及时了解客户反馈、改进服务的企业来说。

4.2.2 文本处理方法

文本预处理、特征提取和模型训练在文本处理中扮演着不同的角色，各自有不同的应用场景和技术特点。文本预处理包括分词、去除停用词、词干提取等；特征提取通过将文本数据转化为机器学习算法可接受的特征向量；模型训练使用处理后的文本数据进行训练，以进行分类和预测。文本处理方法流程如图 4-27 所示。

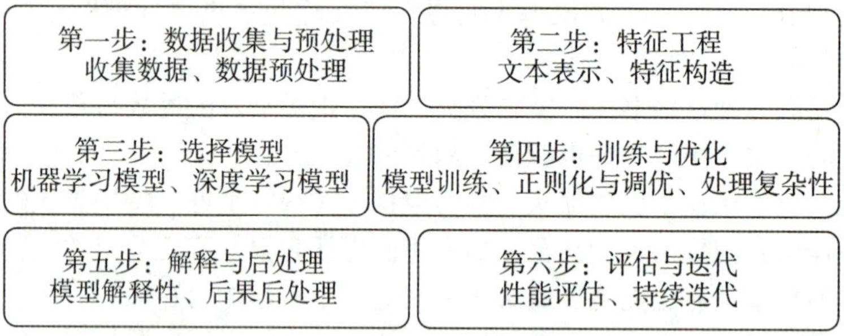

图 4-27　文本处理方法流程

1. 文本预处理

文本预处理是对原始文本数据进行改造的过程，旨在将数据转化为适合后续分析和建模的格式。常见的文本预处理步骤包括分词、去除停用词、词干提取等。通过这些步骤，原始文本数据变得更加规范，便于后续的特征提取和模型训练。

例如，假设我们有一批用户评论数据，想要分析其中的情感倾向。在进行情感分析之前，需要对评论文本进行预处理，包括分词和去除无意义的停用词等操作。这一过程能够有效提高后续模型训练的效果，使得模型能够更好地理解和分析文本数据。

2. 特征提取

在文本数据经过预处理后，接下来需要进行特征提取。特征提取的目的是将文本数据转换为机器学习模型能够接受的特征向量，从而提取出有用的信息，用于模型的训练。

例如，我们可以将处理过的用户评论数据转化为 TF-IDF 特征向量。TF-IDF（词频-逆文档频率）能够反映出每个词语在评论中的重要性，帮助模型识别出具有区分性的词语和短语。通过特征提取，机器可以理解评论中的关键要素，从而应用于情感分析等任务。

词袋模型：词袋模型是一种简单的文本表示方法（如图 4-28 所示）。它通过统计文

本中各个词汇的出现频率，来生成文本特征。尽管词袋模型本身简单，但与其他文本处理技术结合使用时，能取得较好的效果。

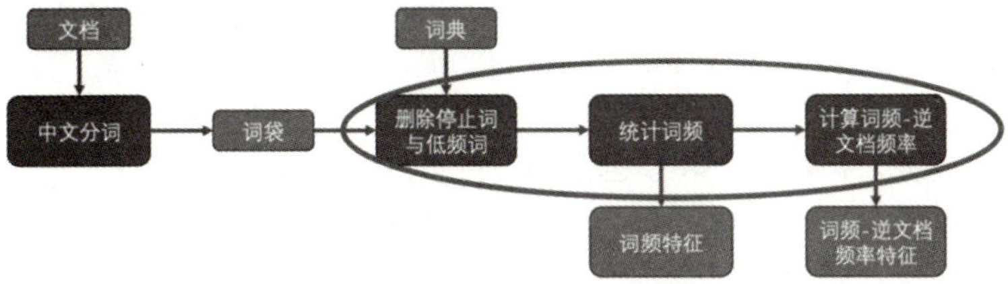

图 4-28　文本处理——词袋模型

3. TF-IDF

停止词与低频词：在构建词典时，某些高频词如“的”“也”“了”等，在中文文本中普遍存在，无论文本的主题如何，这些词都会频繁出现，但它们对区分不同文本的主题并无太大帮助。这类高频词被称为停止词（stop words）。通常在构建词典时，我们会忽略停止词，以避免它们影响模型的效果。

词频率（Term Frequency，TF）指的是一个词语在一篇文档中出现的频率，通常表示为该词语在文档中出现的次数与文档中词语总数的比值。

逆文档频率（Inverse Document Frequency，IDF）则是衡量某个词语对整个语料库的重要性。通常，词语在多篇文档中频繁出现时，说明它的区分度较低，因此其逆文档频率较低。

TF-IDF 通过综合考虑词频率和逆文档频率，使得模型能够更好地识别文本中的重要词汇。

4. 模型训练

模型训练包括选择合适的模型、选择合适的数据集以及评估模型的性能。通过训练，机器能够从处理过的文本数据中学习到规律，进而实现分类和预测（如图 4-29 所示）。

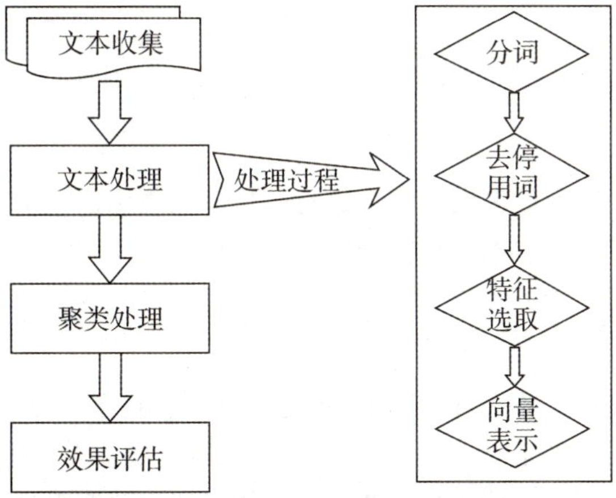

图 4-29　文本处理——模型训练

例如，假设我们使用处理后的用户评论数据来训练情感分析模型。该模型的目标是判断评论是正面的还是负面的。在训练过程中，机器会根据数据中的标签进行学习，逐步调整其内部参数，优化分类策略，以实现最佳性能。

垃圾邮件分类的场景，如表 4-1 所示。

表 4-1　垃圾邮件分类

序号	内容	类别
1	Nintendo Switchソフトの情報をお届けいたします……	正常
2	不限专业、不限年龄、不限经验随时随地，想学就学……	垃圾
3	您 Steam 愿望单上的 Nioh 2-The Complete Edition 正在特卖!	正常
…	……	……
N	……	垃圾

垃圾邮件分类是文本处理中的经典应用之一。其流程通常包括以下步骤：

（1）数据标注：首先对垃圾邮件进行标注，定义哪些邮件为垃圾邮件，哪些为正常邮件。

（2）词袋模型：将文本数据转化为词袋模型表示。

（3）特征工程：通过 TF-IDF 等方法提取文本特征。

（4）选择模型：根据数据特点选择适合的机器学习模型，如支持向量机（SVM）或朴素贝叶斯模型。

（5）模型验证：通过交叉验证等方法评估模型的性能。

（6）模型应用：将训练好的模型应用于实际的垃圾邮件分类任务中。

通过这一系列步骤，我们可以有效地训练出一个垃圾邮件分类模型，并应用于实际场景中。

4.2.3　文本处理的实际应用

文本处理在实际应用中有着广泛而深远的影响，涵盖了多个领域和任务。以下是一些主要的应用场景：

1. 情感分析

情感分析通过对文本中的情绪和态度进行分析，判断用户或消费者对产品、服务或品牌的情感倾向。常见的应用包括分析社交媒体上的评论，了解公众对某一话题或品牌的态度，帮助企业改进产品和服务、制定市场营销策略。

2. 文本分类

文本分类的任务是将文本分配到预定义的类别中。这项技术广泛应用于垃圾邮件过滤、新闻分类、情感分类等领域。例如，邮件系统通过文本分类技术识别并过滤垃圾邮件，新闻应用则根据内容对文章进行分类，方便用户快速获取感兴趣的内容。

3. 信息检索

信息检索的目标是从海量的文本数据中有效地检索出与查询相关的有用信息。搜索引擎是这一领域的典型应用，通过分析用户输入的查询，快速从互联网中找到相关的网页或文档，为用户提供准确的搜索结果。

4. 机器翻译

机器翻译技术使计算机能够自动将一种语言的文本翻译成另一种语言。它是跨语言交流的重要工具，广泛应用于在线翻译平台、国际商务、学术研究等领域。随着深度学习和神经网络的进步，机器翻译的质量得到了显著提高，能够处理复杂的语言对和上下文。

5. 问答系统

问答系统能够自动回答用户提出的问题。这项技术广泛应用于虚拟助手、在线客服、智能家居等领域。用户提出问题后，系统通过理解问题的语义，从预先储存的知识库或文档中提取出最相关的信息，提供精确的答案。

4.3 语音处理

4.3.1 语音处理概念

语音处理是指计算机从语音数据中提取信息并进行分析、转换的过程，如图 4-30 所示。通过语音处理，机器能够理解和生成自然语言，实现人机交互。这包括将语音转化为文本（语音识别）、将文本转化为语音（语音合成），以及改善语音信号的质量（语音增强）等。

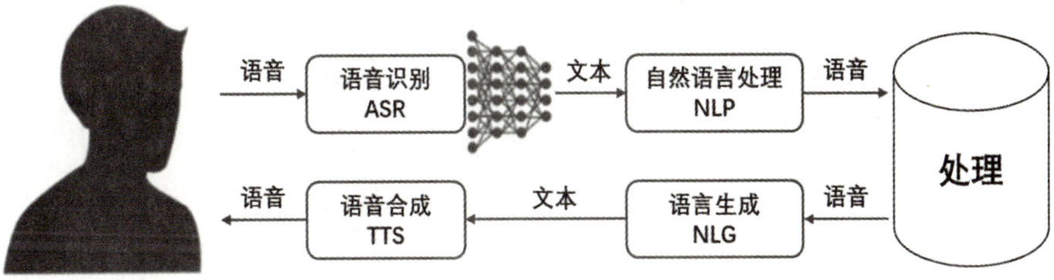

图 4-30　语音处理

假设我们的世界是一个大舞台，声音就是舞台上的演员。语音处理就像是舞台背后的导演。比如说，当我们对着手机说“给妈妈打电话”，这声音就像是一个小演员跑上了舞台。语音处理这个导演呢，它得先听懂这个小演员说的话，这就是语音识别。

然后，它会把这个声音演员变成文字，就好像给这个小演员穿上了特定的服装，让我们能更清楚地看到它表达的意思。

再比如，我们想听故事，语音处理还能把文字变成好听的声音给我们讲出来，这就像是导演给文字这个小演员安排了好听的嗓音。

如果声音不太清楚，有杂音，语音处理就像一个厉害的调音师，能把声音变得清晰干净，让我们听得更明白。

在上一章里我们给计算机装上了一双“千里眼”，让它学会了识别图像；这一章里我们要借助人工智能，赋予计算机一对“顺风耳”，让计算机也能听懂语音，欣赏音乐，探索声音的奥妙。

声波的产生和传播原理：声波由物体振动产生，经介质传播，最后到达人耳被人感知。声波由耳廓收集之后经一系列结构的传导到达耳蜗，耳蜗内有丰富的听觉感受器，可将声音传导到听神经，最后引起听觉，人耳的结构如图 4-31 所示。

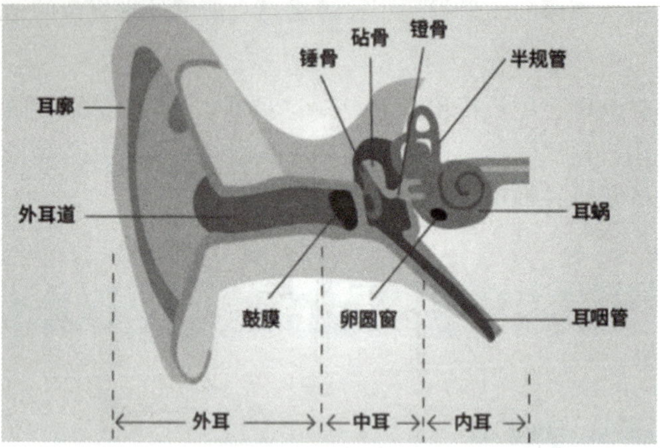

图 4-31　人耳结构

频率（frequency）是声音的重要特征，它代表了发声物体在一秒内振动的次数，单位是赫兹（Hz）。人耳的精妙结构也决定了我们对不同频率的声音有着不同的敏感程度，如图 4-32 所示。

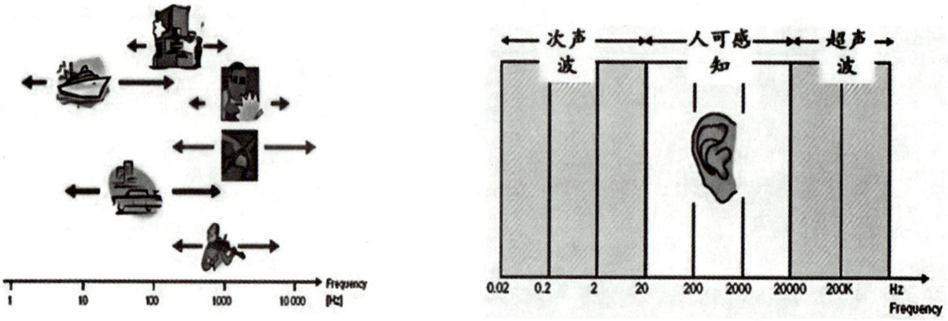

图 4-32　声音与频率

语音处理帮助计算机从复杂的语音数据中学习规律，以预测和识别未来的语音信号，如图 4-33 所示。例如：当我们使用语音助手时，语音处理算法会识别我们的语音指令并作出相应的回应。

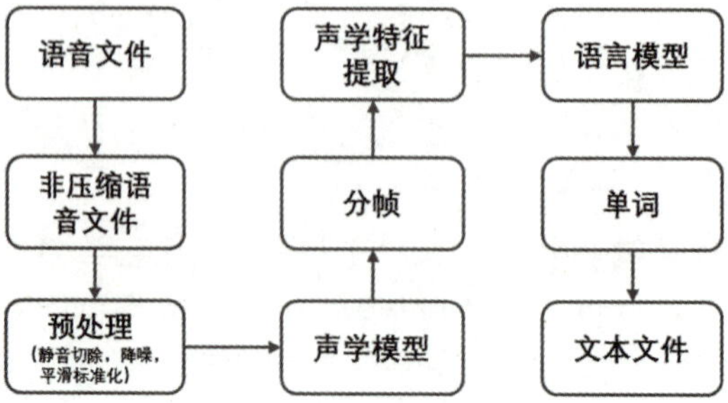

图 4-33　语音处理流程

假设你有一个智能家居系统，包括智能灯、智能温控器和智能门锁。你希望通过语音命令来控制这些设备。

步骤：

（1）唤醒设备。

你对智能音箱说“Hey Google”或“Alexa”。

（2）语音识别。

你说：“把客厅的灯调暗一些。”

智能家居助手将语音命令转换成文本：“把客厅的灯调暗一些。”

（3）自然语言处理。

系统解析文本，识别出用户的意图是调暗客厅的灯光。

将“调暗客厅的灯”理解为降低客厅灯的亮度。

（4）执行命令。

系统将指令发送给智能灯光控制器，调低客厅灯的亮度。

结果：

你说：“Hey Google，把客厅的灯调暗一些。”

语音助手将命令转成文本：“把客厅的灯调暗一些。”

解析后的指令是“调暗客厅的灯”，智能灯光控制器接收到命令并执行。

通过这种方式，你可以方便地使用语音控制智能家居设备，提高生活便利性。通过这个过程，你可以轻松地将语音笔记转换成文本，方便日后查阅和编辑。这个方法在许多场景下都非常有用，例如学生上课、记者采访、会议记录等。

机器通过识别和理解把语音信号转变为相应文本或命令的技术，涉及的领域包括信号处理、模式识别、概率论和信息论、发声机理和听觉机理、人工智能等。

4.3.2　语音处理方法

假设声音是一群可爱的小精灵，那语音处理就是一个神奇的魔法学院。在这个魔法学院里，首先要教小精灵们学会“排队”，这就像是对声音进行采样和量化，把连续的声音变成一个个有规律的数据点。

然后，要给小精灵们穿上特定的“衣服”来表明它们的身份，这就是特征提取，比如提取声音的频率、强度等特征。

接下来，就像老师教学生知识一样，深度学习的算法开始给这些有特征的小精灵们上课，让它们学会不同的“语言魔法”。比如学会分辨“你好”和“再见”的声音特征。

当新的声音小精灵跑进来时，之前学过魔法的小精灵们就能迅速判断出这个新声音说的是什么，这就是语音识别的过程。如果声音小精灵们说得不太清楚或者有点吵闹，魔法学院还有办法让它们变得清晰和安静，这就是语音增强和去噪的魔法。

4.3.3　语音识别、语音合成、语音增强

语音识别、语音合成和语音增强在语音处理中扮演着不同的角色，各自有不同的应用

场景和技术特点。语音识别将语音转化为文本，语音合成则将文本转化为语音，语音增强通过处理提升语音信号的质量。

4.3.3.1 语音识别

就像 Google 的语音助手、苹果的 Siri 等，它们的作用就是把语音信号变成文本。语音识别得依靠大量的语音数据来训练模型，这样才能准确地识别和记录下我们说的话。

举个例子，我们对着语音助手说“今天天气怎么样”，这时候语音识别系统就像一个神奇的翻译官，把这段语音变成了文本“今天天气怎么样”，然后传给后面的处理模块。

这种把语音变成文本的办法就是语音识别。它大大提高人机交互的方便程度。

4.3.3.2 语音合成

在语音合成里，给定的文本会通过一些算法变成自然的语音输出。语音合成的工作就是要生成那种特别逼真、特别自然的语音，让机器也能“开口说话”。

比如说，输入一段文字“今天天气很好”，这时候语音合成系统就像一个神奇的魔法师，能把这段文字变成自然又流畅的语音给播放出来。

通过语音合成，机器就能生成自然的语音，然后用在各种地方，如语音导航、客服机器人等领域。

4.3.3.3 语音增强

语音增强里面主要有去噪、回声消除、语音增益这些技术。它的作用就是让语音信号的质量变得更好，让语音听起来更清楚，更容易被理解。

比如，在特别嘈杂的环境里，我们希望语音助手能准确明白我们下的指令。这时候语音增强技术就派上用场了，它通过把噪声去掉，把语音信号增强，让声音变得更加清晰。

4.3.4 语音处理应用

语音处理在实际中有广泛的应用，包括但不限于：

（1）智能助手：智能助手利用语音识别和语音合成技术，实现自然的人机交互。用户通过语音指令控制智能设备、查询信息等。

（2）语音转文本：语音转文本技术在会议记录、采访转录等场景中具有重要应用。通过语音识别，将语音信号转换为文本，提高工作效率。

（3）文本转语音：文本转语音技术在导航系统、客服机器人等领域应用广泛。通过语音合成，将文本信息转换为自然的语音输出，提供更友好的人机交互体验。

（4）语音翻译：语音翻译技术在跨语言交流中发挥重要作用。通过实时语音翻译，使不同语言的用户能够顺畅交流。

（5）语音增强：语音增强技术用于提高语音信号质量，消除噪声和回声，提供更清晰的语音通信体验。

通过上述应用，语音处理技术能够有效地处理和分析大规模的语音数据，为各种实际需求提供支持。

4.4　文字识别

4.4.1　文字识别概念

文字识别，英文为 OCR（Optical Character Recognition），即光学字符识别，是通过光学和计算机技术将印刷或手写的文字从纸张中读取出来，并转换为计算机可以处理、人类可以理解的格式。它就像是为计算机装上了一双能够识别文字的眼睛，使其能处理书本、报纸，甚至手写笔记中的文字，并将其转换为可编辑的数字文本格式。这项技术已经在计算机视觉领域取得了显著进展，并广泛应用于商业领域。许多公司如汉王 OCR、百度 OCR、阿里 OCR、腾讯 OCR 等，已经利用 OCR 技术在多个领域提供服务，推动了技术的应用和商业化。

例如，我们在使用手机 App 扫描名片、身份证时，OCR 技术可以自动识别并提取其中的信息；在停车场或收费站，车牌识别系统无须人工干预即可自动识别车牌号码；又如，我们在阅读书籍时，遇到不懂的问题，通过手机扫一扫，OCR 技术能帮助我们快速找到答案。这些实际应用充分体现了 OCR 技术在提升生活便利性和效率方面的巨大潜力。

文字识别的工作原理与人类阅读类似：首先观察文字的形状，然后理解其含义，最后将其转化为数字文本，供计算机处理和存储。简而言之，文字识别技术使得信息的数字化过程更加高效，极大地改善了我们的数字生活体验。

4.4.2　文字识别步骤

文字识别过程可以看作是一个高效的“精灵捕手”游戏。具体步骤如下：

（1）图像采集：首先，OCR 系统通过“魔法眼睛”扫描输入的图片或文件，类似于寻找这些文字“精灵”藏身的地方。这个过程是图像采集阶段。

（2）文字与背景分离：接下来，OCR 系统通过“分类魔法”将图像中的文字部分与其他图案、背景等分开，从而找出文字“小精灵”，这是文本提取的关键步骤。

（3）特征提取：系统通过对文字形状和结构的详细分析，提取出文字的特征信息。这一过程帮助系统识别文字的不同形态，类似于“研究”每个字的特性。

（4）文字识别：基于前一步提取的特征，OCR 系统运用识别算法，将图像中的文字准确转化为对应的数字文本。

（5）结果输出：最后，系统将识别出的文字整理并输出，提供给用户。例如，拍摄手写便签的照片，OCR 系统能够准确识别并显示照片中的文字内容。

通过这一系列步骤，OCR 技术能够高效地将图像中的文字转化为计算机可处理的文本，从而大大提高信息处理的效率和精度。

4.4.3　文字识别应用

文字识别技术的应用领域非常广泛，涉及各行各业，尤其在文档管理和信息提取方面表现突出。以下是一些典型应用场景：

（1）文档管理与存档：OCR 技术可以帮助将纸质文件转换为可编辑、可存档的电子文档，极大提高了文档的管理效率，便于存档和检索，如图 4-34 所示。

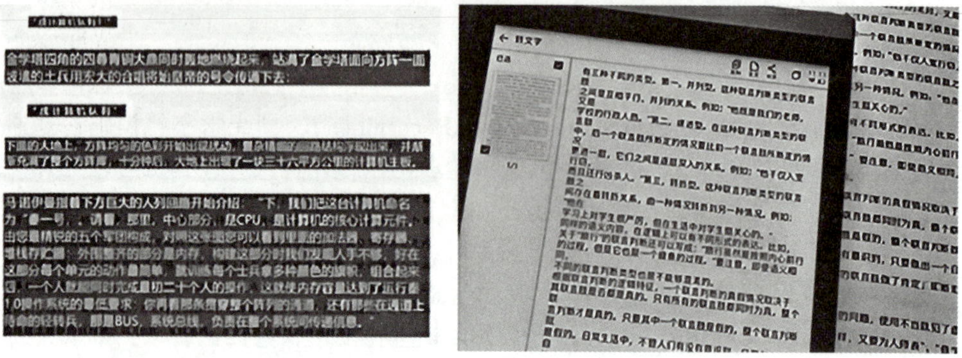

图 4-34　文字识别——文档管理与存档

（2）身份验证：OCR 在身份验证方面的应用同样重要。它可以简化许多需要身份验证的流程，如在线开户、签证申请等。通过拍摄身份证件，OCR 技术能够快速读取并自动填写身份证上的姓名、号码等信息，减少了手动输入的错误，并提高了处理速度，如图 4-35 所示。此外，OCR 技术在检测伪造或篡改证件方面也发挥着重要作用，提升了身份验证的安全性。

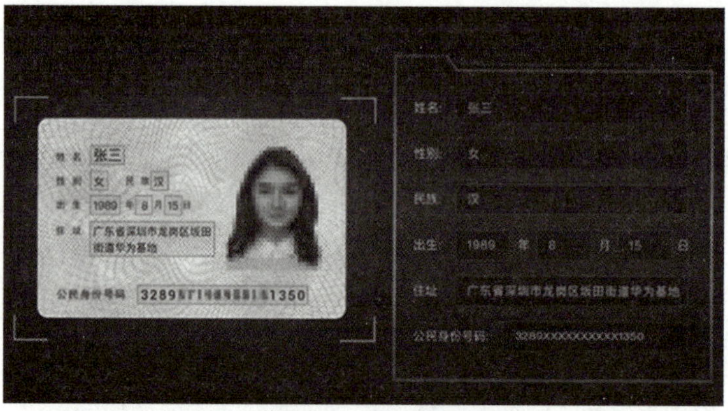

图 4-35　文字识别——身份验证

4.5　AI 硬件部署

4.5.1　AI 硬件部署概念

AI 硬件部署指的是将人工智能技术嵌入实体设备中，使其能够在没有互联网连接的情况下独立运行和执行任务。这一过程包括选择合适的硬件平台（如 CPU、GPU 或专用

AI 芯片)，对 AI 模型进行优化以适应硬件的性能，最后将优化后的模型部署到目标设备上，以确保其高效、准确地运行。

通过 AI 硬件部署，智能设备（如智能手机、无人机、工业机器人等）能够利用内置的 AI 能力，实时处理数据、做出决策并执行智能操作。例如，在自动驾驶汽车中，通过部署传感器和摄像头等硬件，使汽车具备环境感知和自主决策的能力；在智能安防系统中，通过部署监控设备和服务器，实现对家庭或公共场所的实时监控与安全保障。简而言之，AI 硬件部署的目的是为这些智能设备提供一个适合它们运行的平台，让它们能够在各种环境中发挥作用。

4.5.2 AI 硬件部署应用

AI 硬件部署的应用场景非常广泛，涵盖了多个行业和领域，以下是一些典型应用：

1. 自动驾驶

自动驾驶技术的核心在于实时处理和分析传感器数据，以确保车辆能够理解并应对周围环境。在这一过程中，GPU、TPU 等 AI 硬件的加速作用至关重要，它们能够高效地进行图像识别和路径规划，从而实现对行人、障碍物的即时识别和路线的动态规划。特斯拉的 FSD 芯片和 NVIDIA 的自动驾驶平台便是成功应用 AI 硬件部署的典型例子。通过对 AI 硬件的优化和调试，自动驾驶系统可以高效地处理来自传感器的数据，完成对高速公路和城市街道的自动驾驶任务，推动了自动驾驶技术的商用化，并预示着未来出行方式的变革，如图 4-36 所示。

图 4-36 AI 硬件部署——自动驾驶

2. 智能家居

在智能家居系统中，AI 硬件部署用于实现实时的语音识别和图像处理，提升用户体验。例如，智能音箱和摄像头等设备通过本地部署 AI 模型，能够减少数据传输的延迟，从而保证设备的即时响应。智能音箱能够快速识别用户语音命令，而无需等待云端处理；智能摄像头能够在本地实时分析视频流，及时发现异常活动并发出警报，增强了家庭安全。通过在边缘设备上部署 AI 硬件，智能家居系统变得更加智能、高效且保护用户隐私，如图 4-37 所示。

图 4-37　AI 硬件部署——智能家居

3. 工业自动化

在工业机器人和自动化生产线上，AI 硬件部署同样起到了重要作用。通过嵌入 AI 芯片，机器人能够实时处理和分析生产数据，优化生产流程，提高效率和精度。AI 硬件加速器使得机器视觉、语音识别等技术可以在现场设备上实时应用，从而减少了对云计算资源的依赖，提升了系统的响应速度和可靠性，如图 4-38 所示。

图 4-38　AI 硬件部署——工业自动化

AI 硬件部署通过将 AI 能力直接集成到各种智能设备中，不仅提升了设备的智能化水平，还使得它们能够在不同环境中高效、可靠地运行，极大地改善了用户的生活体验和工作效率。

课后习题

一、单项选择题

1. 以下哪种方法属于图像分类任务？（　　）

A. YOLO　　　　B. ResNet

C. Faster rcnn　　　　D. Mask rcnn

2. 物体检测与图像分类的主要区别是（　　）。
   A. 物体检测需要识别物体类别，同时确定物体位置
   B. 图像分类的计算量比物体检测更大
   C. 物体检测只能用于人脸识别
   D. 图像分类主要用于语音处理
3. 以下哪种算法适用于图像分割任务？（　　）
   A. VGG　　B. U-Net　　C. YOLO　　D. LSTM
4. 以下哪项不是常见的文本处理方法？（　　）
   A. 词袋模型（Bag of Words）　　B. TF-IDF
   C. 卷积神经网络（CNN）　　D. 词向量（Word2Vec）
5. 以下哪种算法常用于语音识别？（　　）
   A. YOLO　　B. CTC（连接主义时序分类）
   C. GAN　　D. KNN
6. 以下哪项是 OCR 技术的典型应用？（　　）
   A. 自动驾驶　　B. 车牌识别　　C. 语音合成　　D. 机器翻译
7. AI 硬件部署的主要目标是（　　）。
   A. 让 AI 模型在云端运行　　B. 优化 AI 模型的推理速度和功耗
   C. 仅限于机器人控制　　D. 使 AI 模型更加复杂
8. 以下哪种硬件设备常用于 AI 推理？（　　）
   A. CPU　　B. FPGA　　C. HDD　　D. 显示器
9. 以下哪种方法可以优化 AI 模型的硬件部署？（　　）
   A. 增加计算资源，不考虑优化
   B. 量化（Quantization）和剪枝（Pruning）
   C. 仅使用高端 GPU
   D. 降低模型的参数量但不训练

二、多项选择题

1. 图像处理的主要任务包括（　　）。
   A. 图像分类　　B. 物体检测
   C. 语音合成　　D. 图像分割
2. 以下关于文本处理的描述正确的是（　　）。
   A. 文本处理涉及分词、词性标注、命名实体识别等技术
   B. BERT 是一种用于文本处理的预训练模型
   C. 文本处理仅用于搜索引擎，不适用于其他场景
   D. NLP 技术可以用于机器翻译和情感分析
3. 以下关于语音处理的描述正确的是（　　）。
   A. 语音识别将语音转换为文本
   B. 语音合成将文本转换为语音

C. 语音处理不需要深度学习技术

D. 语音增强可以用于降噪和提高音质

4. OCR（光学字符识别）的主要步骤包括（　　）。

A. 图像预处理　　B. 文字检测　　C. 语音合成　　D. 文字识别

5. 边缘 AI 的主要优势是（　　）。

A. 低延迟　　B. 更强的隐私保护

C. 依赖云计算中心　　D. 可在本地设备上运行 AI 模型

6. 以下哪些是深度学习在 AI 硬件部署中的挑战？（　　）

A. 高计算需求　　B. 模型压缩和优化难度大

C. 数据预处理复杂度低　　D. 硬件加速器的选择困难

三、思考题

1. 比较图像分类、物体检测和图像分割的主要区别，并举例说明它们的应用场景。

2. OCR（光学字符识别）在票据处理、车牌识别等场景中有哪些挑战？如何提高其识别准确率？

3. NLP（自然语言处理）中的词向量模型（如 Word2Vec、BERT）如何提升文本处理的效果？

4. 语音处理在智能客服、语音助手中的应用有哪些？现有技术存在哪些挑战？

5. AI 硬件部署如何影响 AI 应用的效率？请比较云端部署与边缘 AI 的优缺点。

第5章

人工智能主流应用技术实践

教学内容

本章主要介绍人工智能主流应用技术中的分类任务实践，包括分类任务的基本概念、分类算法的应用、数据预处理方法以及模型训练与评估。通过鸢尾花分类案例，学生将学习如何使用 Python 进行分类任务的编程实践，并掌握基于 EasyDL 深度学习开发平台进行模型训练与部署的基本方法。

教学重点

1. 介绍分类任务的基本概念、常见分类算法及其应用场景。
2. 讲解数据预处理技术，包括数据清洗、特征工程和可视化分析。
3. 通过鸢尾花分类案例，掌握 Python 环境下的分类任务实现方法。
4. 介绍 EasyDL 深度学习开发平台，学习其模型训练与部署流程。

教学难点

1. 分类任务的数学原理及不同分类算法的适用场景分析。
2. 数据预处理的关键步骤，如特征选择、数据标准化等的影响。
3. Python 的基础与应用。
4. 使用 EasyDL 平台训练分类模型的操作流程及部署方法。

教学方法

1. 理论讲解：系统介绍分类任务的基本概念、常见分类方法及评价指标。
2. 案例分析：通过鸢尾花分类案例，帮助学生理解数据处理和分类模型训练流程。
3. 代码实践：使用 Python（Scikit-Learn）进行分类任务的编程实践，提高编程能力。
4. 平台操作：指导学生使用 EasyDL 深度学习平台进行分类任务的端到端训练与部署。
5. 实践讨论：对比传统机器学习与深度学习方法的实际效果，分析其应用场景。

教学要求

1. 了解分类任务的基本概念及其在人工智能中的应用。
2. 掌握数据预处理方法，包括数据清洗、特征选择和数据标准化。
3. 具备使用 Python（Scikit-Learn）构建分类模型的能力，包括训练、优化和评估。
4. 熟练使用 EasyDL 深度学习平台进行分类任务的训练、测试及部署。
5. 能够独立完成鸢尾花分类实验，并撰写实验报告，分析实验结果。

素质目标

引导学生在掌握分类任务技术原理与实践操作的过程中，树立科技强国的使命感，增强服务国家智能化发展的责任意识。通过鸢尾花分类案例与 EasyDL 平台的应用等，培养学生严谨的科研态度与数据分析思维，理解创新技术背后所承载的社会价值。引导学生在模型训练与部署实践中强化规范意识，增强对数据安全与人工智能伦理的理解，养成依法依规开发和使用 AI 的习惯。激励学生勇于探索、善于实践，践行“知行合一、科技报国”的时代担当，成为推动人工智能高质量发展和服务民生福祉的践行者和贡献者。

5.1 编程语言

5.1.1 编程语言概述

5.1.1.1 编程语言的定义与作用

编程语言（Programming Language）是人与计算机交流的桥梁，能够让程序员精准地定义计算机所需的数据，并指定其在不同条件下的行为。计算机仅能识别二进制指令，而编程语言的出现，使得程序员可以以更易理解的方式编写程序，提高开发效率和可维护性。

5.1.1.2 编程语言的分类

编程语言按照抽象程度可分为以下三类：

（1）机器语言：采用二进制编码直接控制计算机硬件，执行速度快，但难以理解和编写。

（2）汇编语言：使用助记符替代二进制指令，提高了可读性，但仍需了解计算机架构。

（3）高级语言：以接近自然语言的方式编写代码，如 C、Java、Python 等，大幅提升开发效率，降低了对程序员计算机底层知识的要求。

5.1.1.3 编程语言的发展历程

1. 低级语言时代（1946—1953 年）

最初的计算机程序采用机器语言直接控制计算机，因其晦涩难懂，仅少数专业人员能够编写。随后，汇编语言的出现用助记符代替二进制代码，提升了编程效率。

2. 高级语言时代（1954 年至今）

随着计算机技术的发展，高级语言逐渐取代低级语言，成为主流编程工具。其发展历程包括：

（1）1954 年，Fortran：世界上第一个高级编程语言，广泛用于科学计算和工程领域。

（2）1958 年代，ALGOL：奠定了结构化编程的基础，影响了后续的 Pascal、C 语言等

（3）1964 年，BASIC：面向初学者的简易编程语言，推动计算机编程的普及。

（4）1971 年，Pascal：提出结构化编程概念，提高程序的可读性和可维护性。

（5）1972 年，C 语言：结合底层操作能力与高级编程特性，成为现代编程语言的基础。

3. 面向对象时代（1990 年至今）

面向对象编程（Object-Oriented Programming，OOP）强调封装、集成和多态，提高了代码的复用性和可维护性。代表性语言包括：

（1）1995 年，Java：跨平台、稳定性强，广泛应用于企业级开发。

（2）1991 年，Python：凭借简洁语法和强大生态，在数据科学、人工智能和 Web 开发等领域迅速崛起。

5.1.1.4　编程语言的发展趋势

随着计算机硬件、互联网和人工智能技术的发展，编程语言不断演进。当前，编程语言的发展呈现以下趋势：

（1）多范式融合：现代语言结合面向对象、函数式编程等多种编程思想，提高灵活性。

（2）高效与易用并重：如 Python 简化了编程过程，使更多领域的开发者能够快速上手。

（3）AI 与自动化增强：低代码、无代码工具崛起，降低编程门槛，推动智能编程的发展。

编程语言的发展仍在持续演进，以适应日益复杂的计算需求，推动科技进步。

5.1.2　Python 基础

Python 是一种高级、解释性、交互式和面向对象的编程语言，以简洁优雅的语法和强大的功能著称。其设计强调可读性，使用英文关键字而非符号，使代码更易理解。作为解释型语言，Python 无须编译即可运行，提供交互式环境，便于即时测试代码。它支持面向对象编程，使代码更具模块化和可复用性。Python 适合初学者，同时具备强大的扩展能力，可用于文本处理、Web 开发、数据分析、人工智能、游戏开发等众多领域。其庞大的标准库、多平台兼容性、数据库支持以及可嵌入 C/C++代码的特性，使其成为开发者青睐的编程语言。

Python 的特点是：语法简洁，易学易用；解释执行，无须编译；丰富的标准库和第三

方库；具有自动内存管理和垃圾回收机制；支持多种编程范式（面向过程、面向对象、函数式编程）。以下是 Python 的一些基础内容。

5.1.2.1 Python 环境搭建

1. 下载 Python

Python 最新源码，二进制文档，新闻资讯等可以在 Python 的官网查看到。

Python 官网：https：//www. python. org/。

当然也可以使用免安装的在线平台进行测试学习：

https：//www. runoob. com/python/python-marscode-online. html/。

你可以在以下链接中下载 Python 的文档，你可以下载 HTML、PDF 和 PostScript 等格式的文档。Python 文档下载地址：https：//www. python. org/doc/。

2. 安装 Python

（1） Windows 安装

①访问 Python Windows 下载页；

②选择适用于 Windows 的安装包（格式：python-XYZ. msi，其中 XYZ 为版本号）；

③下载并运行安装包，按默认选项安装；

④确保勾选“Add Python to PATH”（添加 Python 到环境变量）。

（2） macOS 安装

①macOS 自带 Python 2. x，如需最新版本：访问 Python macOS 下载页；

②下载最新版安装包，并按默认步骤安装；

③终端输入 python3 --version 确认安装成功。

（3） Linux/Unix 安装

①访问 Python Linux 下载页；

②下载适用于 Unix/Linux 的源码包；

③执行以下命令安装：

```
tar xvf Python-XYZ.tgz
cd Python-XYZ
./configure
make
sudo make install
```

④安装完成后，Python 将位于/usr/local/bin/python 目录。

3. 配置环境变量

不同系统需配置 Python 目录到 PATH 变量，以便在终端直接运行 python 命令。

（1） Windows 环境变量配置

①命令行方式

```
path=%path%;C:\Python
```

②系统设置方式：
右键“此电脑”→选择“属性”；
点击“高级系统设置”→“环境变量”；
找到 Path 变量，添加 Python 安装路径（如 C:\PythonXX）。
（2）macOS/Linux 环境变量配置

```
# 1. Bash Shell (Linux/macOS)
export PATH="$ PATH:/usr/local/bin/python"
# 2. C Shell
setenv PATH "$ PATH:/usr/local/bin/python"
```

5.1.2.2 Python 基础语法

1. Python 编程方式

Python 提供了两种主要的编程方式：
（1）交互式编程
Python 解释器可作为一个计算器使用，输入 Python 代码后立即得到执行结果。

```
>>> print("Hello,Python!")
Hello,Python!
```

（2）脚本编程
编写 Python 脚本文件（扩展名为 . py），然后运行脚本。

```
# hello.py
print("Hello,Python!")
```

执行命令：

```
python hello.py
```

2. Python 语法基础

（1）标识符
标识符是变量、函数、类、模块等的名称，必须遵循以下规则：
①由字母、数字、下划线组成，不能以数字开头。
②区分大小写。
③不能与 Python 关键字同名。

```
variable1=10 # 合法
_variable=20 # 合法
1variable=30 # 非法
```

（2）关键字
Python 关键字是语言保留的特殊单词，不能作为标识符使用。

```
import keyword
print(keyword.kwlist) # 获取 Python 关键字列表
```

(3) 行缩进

Python 使用缩进表示代码块，通常使用 4 个空格。

```
if True:
    print("缩进正确")
else:
    print("缩进错误")
```

(4) 注释

Python 使用#进行单行注释，多行注释可使用'''或"""。

```
# 这是单行注释
"""
这是多行注释
可用于文档字符串
"""
```

(5) 空行

空行用于代码的可读性，不影响程序运行。

3. 用户输入与输出

(1) 输入

Python 使用 input（）接收用户输入。

```
name=input("请输入你的名字:")
print("你好,",name)
```

(2) 输出

Python 使用 print（）进行输出，支持字符串拼接。

```
age=25
print("年龄:"+str(age))#类型转换
```

4. 代码块

Python 使用缩进定义代码块，不使用 {}。

```
def greet(name):
    print("Hello, "+name)
greet("Python")
```

5. 变量与数据类型

(1) 变量

Python 变量无须声明，直接赋值即可使用。

```
x=10 # 整数
name="Python" # 字符串
pi=3.14 # 浮点数
```

（2）数据类型

Python 提供以下基本数据类型：

数据类型	说明	示例
int	整数类型，存储整数值	a=10
float	浮点数类型，存储小数或科学记数法表示的数	b=3.14
str	字符串类型，存储文本	c="Hello"
bool	布尔类型，表示真(True)或假(False)	d=True
list	列表，可变的有序集合	e=[1, 2, 3]
tuple	元组，不可变的有序集合	f=(1, 2, 3)
dict	字典，键值对的无序集合	g={"name":"Alice"}
set	集合，无序且不重复的元素集合	h={1, 2, 3}

示例：

```
num=42              # int
price=9.99          # float
text="Hello"        # str
is_valid=True       # bool
```

6. 变量类型转换

Python 支持显式类型转换。

示例：

```
num_str="10"
num_int=int(num_str)        # 转换为整数
num_float=float(num_str)    # 转换为浮点数
```

5.1.2.3　Python 运算符

1. 算术运算符

Python 支持基本的数学运算，如加、减、乘、除等。

运算符	描述	示例
+	加法	5+3 结果为 8
-	减法	5-3 结果为 2
*	乘法	5*3 结果为 15
/	除法	5/2 结果为 2.5
//	取整除	5//2 结果为 2
%	取模	5%2 结果为 1
**	幂运算	5**3 结果为 125

示例代码：

```
#算术运算符示例
a,b=10,3
print("加法:",a+b)
print("减法:",a-b)
print("乘法:",a* b)
print("除法:",a/b)
print("整除:",a//b)
print("取模:",a%b)
print("幂运算:",a**b)
----输出---
'''
加法: 13
减法: 7
乘法: 30
除法: 3.3333333333333335
整除: 3
取模: 1
幂运算: 1000
'''
```

2. 赋值运算符

赋值运算符用于给变量赋值，可结合其他运算符。

运算符	示例	等价于
=	a=5	a 赋值为 5
+=	a+=3	a=a+3
-=	a-=3	a=a-3
*=	a*=3	a=a*3
/=	a/=3	a=a/3
//=	a//=3	a=a//3
%=	a%=3	a=a%3
**=	a**=3	a=a**3

3. 比较运算符

比较运算符用于比较两个值。

运算符	示例	等价于
==	等于	5==3 结果为 False
! =	不等于	5!=3 结果为 True
>	大于	5>3 结果为 True
<	小于	5<3 结果为 False
>=	大于等于	5>=3 结果为 True
<=	小于等于	5<=3 结果为 False

示例代码：

```
# 比较运算符示例
a,b=10,5
print("a==b:",a==b)
print("a>b:",a>b)
print("a<=b:",a<=b)
---输出---
'''
a==b:False
a>b:True
a<=b:False
'''
```

4. 逻辑运算符

逻辑运算符用于布尔逻辑判断。

运算符	描述	示例
and	逻辑与	(5>3) and (2<4) 结果为 True
or	逻辑或	(5<3) or (2<4) 结果为 True
not	逻辑非	not (5>3) 结果为 False

示例代码：

```
# 逻辑运算符示例
a,b=True,False
print("a and b:",a and b)
print("a or b:",a or b)
print("not a:",not a)
---输出---
'''
```

```
a and b: False
a or b: True
not a: False
'''
```

5. 位运算符

位运算符对二进制数进行操作。

运算符	描述	示例
&	按位与	a&b
|	按位或	a | b
^	按位异或	a^b
~	按位取反	~a
<<	左移	a<<b
>>	右移	a>>b

示例代码：

```
a,b=5,3
print("a & b:",a & b) # 输出:1
# 按位与:5 的二进制是 0101,3 的二进制是 0011,按位"与"运算结果是 0001(即 1)
print("a|b:",a |b) # 输出:7
# 按位或:5 的二进制是 0101,3 的二进制是 0011,按位"或"运算结果是 0111(即 7)
print("a ^ b:",a ^ b) # 输出:6
# 按位异或:5 的二进制是 0101,3 的二进制是 0011,按位"异或"运算结果是 0110(即 6)
print("a << 1:",a << 1) # 输出:10
# 左移:5 的二进制是 0101,左移一位变成 1010(即 10),相当于乘以 2
print("a >> 1:",a >> 1) # 输出:2
# 右移:5 的二进制是 0101,右移一位变成 0010(即 2),相当于除以 2
```

6. 成员运算符

成员运算符用于检查对象是否在序列中。

运算符	描述	示例
in	在序列中	a in list
not in	不在序列中	a not in list

示例代码：

```
# 成员运算符示例
lst=[1,2,3,4,5]
```

```
print("3 in list:",3 in l; st)
print("6 not in list:",6 not in l; st)
---输出---
'''
3 in list: True
6 not in list: True
'''
```

7. 身份运算符

身份运算符用于比较两个对象的内存地址。

运算符	描述	示例
is	对象相同	a is b
is not	对象不同	a is not b

示例代码：

```
a=[1,2,3]
b=a
c=[1,2,3]
print("a is b:",a is b) # 输出:True
# 'a is b'判断'a'和'b'是否是同一个对象。
# 由于'b=a',所以'a'和'b'指向的是同一个对象,因此返回'True'
print("a is not c:",a is not c) # 输出:True
# 'a is not c'判断'a'和'c'是否不是同一个对象。
# 尽管'a'和'c'一样,但它们是两个不同的对象,存储在不同的内存地址上,因此返回
'True'
```

8. 运算符优先级

运算符有不同的优先级，从高到低如下：

(1) () 括号

(2) ** 幂运算

(3) +x, -x, ~x 正负号、按位取反

(4) *, /, //,% 乘、除、整除、取模

(5) +, - 加减

(6) <<, >> 位移运算

(7) & 按位与

(8) ^ 按位异或

(9) | 按位或

(10) ==,! =, >, <, >=, <=比较运算

(11) is，is not，in，not in 身份、成员运算

(12) not 逻辑非

(13) and 逻辑与

(14) or 逻辑或

5.1.2.4 Python 循环语句教程

Python 提供了两种常见的循环语句——for 循环和 while 循环。它们允许我们重复执行一段代码，直到满足特定的条件。

1. for 循环

for 循环用于遍历可迭代对象（如列表、字符串、字典等），并对其中的每个元素执行代码块。

```
fruits=['apple','banana','cherry']
for fruit in fruits:
    print(fruit)简单解释下输出
```

解释：这个代码片段会输出列表 fruits 中每个元素的值。fruits 列表包含三个元素，即 'apple'、'banana' 和 'cherry'。for 循环会遍历列表中的每个元素，并将每个元素赋值给变量 fruit，然后通过 print（fruit）输出。

2. while 循环

while 循环在给定条件为 True 时重复执行代码块。只要条件为 True，循环就会继续执行。

```
count=0
while count < 5:
    print(count)
    count +=1
```

这个代码片段使用了 while 循环，循环条件是 count <5。在每次循环中，首先打印当前的 count 值，然后 count 增加 1（count+=1）。

具体流程如下：

初始时，count 的值是 0。

循环开始，判断 count<5 是否为真，显然是，因为 0 小于 5，打印 0。

然后 count 增加 1，变成 1，再次检查循环条件，打印 1，继续执行这个过程。

最终，直到 count 增加到 5 时，count<5 不再满足条件，循环结束。

3. 控制循环的语句

在循环中，我们可以使用 break、continue 和 else 来控制循环的执行。

(1) break 语句

break 用于提前终止循环。

```
for i in range(10):
```

```
    if i==5:
        break
    print(i)
```

这个代码片段使用了 for 循环和 range（10），range（10）生成一个从 0 到 9 的数字序列。循环会遍历这些数字，直到遇到 if i==5 条件为真时，执行 break 语句，跳出循环。

具体流程如下：

循环从 0 开始，逐个打印数字。

当 i 等于 5 时，执行 break，即跳出循环，不再继续打印后面的数字。

（2）continue 语句

continue 用于跳过当前迭代的剩余部分，直接开始下一次循环。

示例：使用 continue 跳过某些值

```
for i in range(5):
    if i==3:
        continue
    print(i)
```

这个代码片段使用了 for 循环和 range（5），range（5）生成一个从 0 到 4 的数字序列。循环会遍历这些数字，在每次循环中检查 if i==3 条件。如果条件为真，则使用 continue 语句跳过当前迭代，直接进入下一次循环。

具体流程如下：

i=0 时，打印 0。

i=1 时，打印 1。

i=2 时，打印 2。

i=3 时，i==3 条件成立，执行 continue，跳过此次循环，跳到下一个 i。

i=4 时，打印 4。

（3）else 子句

else 可以与循环配合使用，在循环正常结束（没有通过 break 中止）时执行某些操作。

```
for i in range(3):
    print(i)
else:
    print("循环正常结束")
```

这个代码片段使用了 for 循环和 else 语句。for 循环会遍历 range（3）生成的数字序列，即 0、1、2，每次迭代打印当前的 i 值。else 块会在循环正常结束后执行。需要注意的是，else 只有在循环没有通过 break 被提前中断的情况下才会执行。

5.2 分类任务实践

5.2.1 分类处理概述

人工智能系统处理的是各种各样的数据，如图像、声音、文字、视频等。图中展示了常见的数据类型和与它们相关的一些应用，如图 5-1 所示。数据（data）是信息的载体。分类（classification）就是要根据所给数据的不同特点，判断它属于哪个类别。

数据类型	示意图	相关应用举例
图像(照片、图画)		• 基于图像的人脸识别、物体分类、场景理解 • 图像处理、艺术风格转换、图片生成
声音(语音，音乐)		• 语音识别、机器对话、对话理解 • 听歌识曲、自动谱曲
视频(影视)		• 视频分类、内容理解、查找检索 • 视频总结、自动生成视频
文字		• 文章聚类、阅读理解 • 自动生成文章
其他（棋谱、序列数据）		• 棋谱数据在AphaGo中使用 • 基因测序数据辅助疾病的预测诊断

图 5-1　各个领域的分类任务

5.2.2 鸢尾花分类案例

我们学习一个简单的分类任务，对鸢尾花（iris）的两个品种进行分类。鸢尾花的花瓣鲜艳美丽，叶片青翠碧绿，让人赏心悦目。全世界大约有 300 个品种，常见的有变色鸢尾（Iris versicolor）和山鸢尾（Iris setosa）。

构建一个简单的人工智能系统，它能够像人类一样区分变色鸢尾和山鸢尾。像这样完成分类任务的人工智能系统，被称为分类器（classifier），如图 5-2 所示。

图 5-2　鸢尾花分类案例

5.2.2.1　数据获取

1. 直接数据采集

直接数据采集是指通过直接与数据源交互来获取数据，例如数据库导出的方式；下载公开数据集，例如鸢尾花分类的数据集 IRIS（IRIS 数据集）是可以通过公开下载平台下载的。

2. 间接数据采集

网络爬虫的使用必须遵守相关法律法规，不得侵犯他人的隐私权、著作权等合法权益。应设置适当的访问频率：过于频繁地访问目标网站可能会对服务器造成负担，并引起网站管理员的注意。因此，在编写爬虫程序时，要合理设置访问频率，避免对网站造成不必要的困扰。

5.2.2.2　数据预处理

1. 数据清理

数据清理过程通过填写缺失的值、光滑噪声数据、识别或删除离群点并解决不一致性来“清理”数据。主要是达到如下目标：格式标准化，异常数据清除，错误纠正，重复数据的清除。

2. 数据集成

数据集成过程将多个数据源中的数据结合起来并统一存储，建立数据仓库的过程实际上就是数据集成。

3. 数据变换

通过平滑聚集、数据概化、规范化等方式将数据转换成适用于数据挖掘的形式。

4. 数据归约

数据挖掘时往往数据量非常大，在少量数据上进行挖掘分析需要很长的时间，数据归约技术可以用来得到数据集的归约表示，它小得多，但仍然接近于保持原数据的完整性，其结果与归约前结果相同或几乎相同。

5.2.2.3　特征提取

分类（classification）就是要根据所给数据的不同特点，判断它属于哪个类别。通过实际的测量，我们得到了鸢尾花的特征（花瓣长度；花瓣宽度），那么在数学上它们如何表达呢？我们可以用 x_1 来表示花瓣的长度，用 x_2 来表示花瓣的宽度。为了使用方便，进一步地把这两个数字一起放进括号中，写成（x_1，x_2）。这种形式的一组数据在数学中被称为向量（vector）。

有了特征的向量表示之后，进一步地，我们可以把特征向量表示在直角坐标系中。比如（1.1，0.1），就可以看成是直角坐标系中的一个点。我们把鸢尾花的特征向量画在了坐标系中。坐标系中的一个点就代表了一朵鸢尾花的特征，这些表示特征向量的点被称为特征点（feature point）；所有这些特征点构成的空间被称为特征空间（feature space）。对鸢尾花品种分类的问题就转变成在特征空间中将一些特征点分开的问题。如果我们用直线作为分界线，那么这个问题就变成：坐标平面中有两类点，画一条直线将这两类点分开。

如图 5-3 所示。

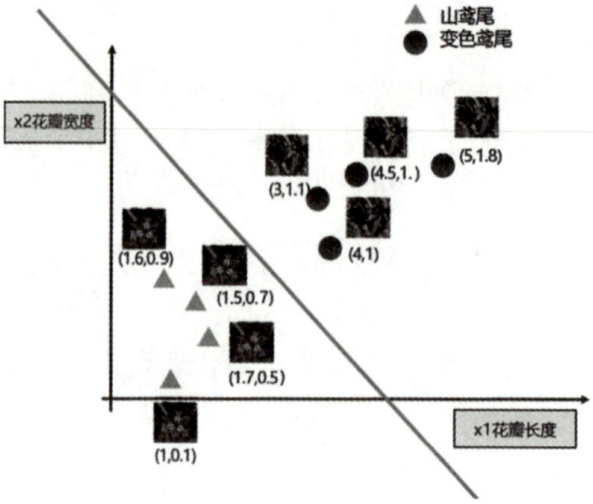

图 5-3　鸢尾花分类器

5.2.2.4　分类器训练

在区分鸢尾花品种的简单例子中，我们可以直接画出一条直线将两类点分开。实际情况中，特征点在特征空间中的位置分布非常复杂，采用观察和尝试来画出分类直线往往是不可能的，也是没有效率的。因此，需要通过一些方法，让分类器自己学习得到分类直线。

我们可以把人工智能系统和人类做类比。人们需要经过在学校的学习来吸收知识；为了检验学习效果，要参加考试；学到知识掌握技能后，就会在工作中解决实际的问题。人工智能系统也类似，它的学习过程被称为训练，考试过程被称为测试，它解决实际问题的过程，被称为应用。

5.2.2.5　感知器分类方法

感知器（perceptron）是一种训练线性分类器的算法，它的主要想法是利用被误分类的训练数据调整现有分类器的参数，使得调整后的分类器判断得更加准确。

最开始分类直线分错了两个样本，分类的直线便向该误分类样本一侧移动。

如图 5-4 所示，第一次调整以后，一个误分类样本的预测被纠正，但仍有一个样本被误分类，这个仍被误分类的样本到分类直线的距离相比调整之前减小了。接下去，直线向着这个仍被误分类的样本一侧移动，直到分类直线越过该误分类样本。这样，所有训练数据都被正确分类了。

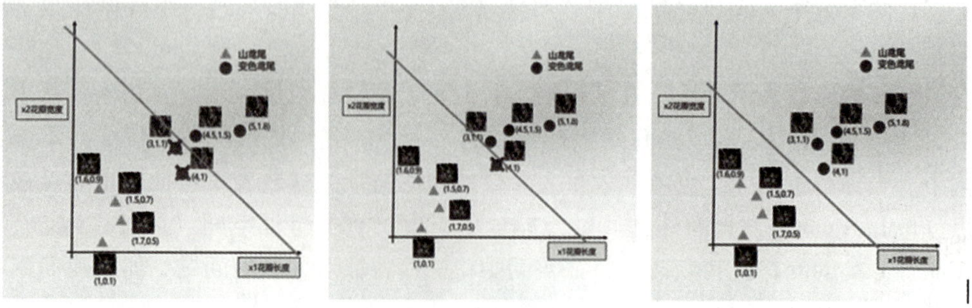

图 5-4　感知器分类方法

5.2.2.6　SVM 分类方法

支持向量机（support vector machine，SVM）是在特征空间上分类间隔最大的分类器。

想象自己拿了一支很粗的粉笔，要画一条线使得两类数据被正确分开（多条粗线之间的交集就是支持向量），同时所画的线条是最粗的，那么所画的这条最粗的直线就有最大的分类间隔，对应着支持向量机要找的分类直线，如图 5-5 所示。

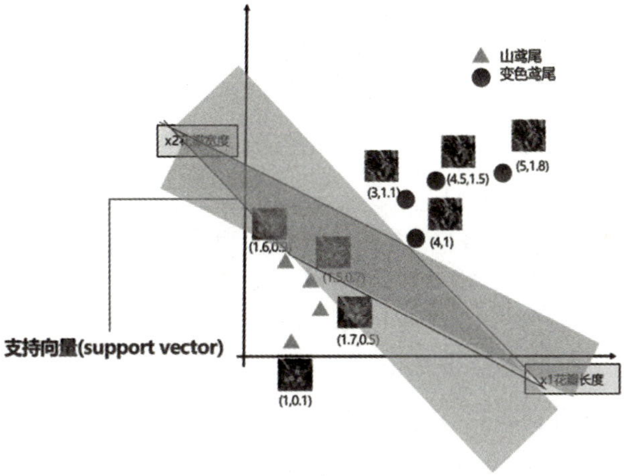

图 5-5　SVM 分类方法

5.2.3　Python 实践

总共包含 150 行数据，每一行数据由 4 个特征值及一个目标值组成，4 个特征值分别为花萼长度、花萼宽度、花瓣长度、花瓣宽度，如图 5-6 所示。

特征

花萼长度	花萼宽度	花瓣长度	花瓣宽度
5.1	3.3	1.7	0.5
5.0	2.3	3.3	1.0
6.4	2.8	5.6	2.2

model →

结果

品种（标签）
0（山鸢尾）
1（变色鸢尾）
2（维吉尼亚鸢尾）

图 5-6　鸢尾花分类任务

目标值为三种不同类别的鸢尾花，分别为：Iris Setosa、Iris Versicolour、Iris Virginica。

首先导入必要的包：

（1）numpy：python 第三方库，用于科学计算。

（2）matplotlib：python 第三方库，主要用于进行可视化。

（3）sklearn：python 的重要机器学习库，其中封装了大量的机器学习算法，如：分类、回归、降维以及聚类。

（4）seaborn：seaborn 是一种开源的数据可视化工具，它在 Matplotlib 的基础上进行了更高级的 API 封装，因此可以进行更复杂的图形设计和输出。

```
import numpy as np
import pandas as pd
import matplotlib
import matplotlib.pyplot as plt
import seaborn as sns
```

利用 scikit-learn 开始鸢尾花分类项目，鸢尾花数据集作为一个经典的数据集被内嵌在 scikit-learn 库中的 datasets 模块中，可以使用 load_iris 函数来加载该数据集，load_iris 返回的是一个 Bunch 对象，类似于字典，里面包含键和值。

```
from sklearn.datasets import load_iris
iris_dataset=load_iris()
print("Key of iris_dataset:\n{}".format(iris_dataset.keys()))
Key of iris_dataset:
dict_keys(['data','target','frame','target_names','DESCR',
'feature_names','filename'])
```

target_names 键对应的值是一个字符串数组，里面包含我们要预测的花的品种。

```
print("Target names:{}".format(iris_dataset['target_names']))
Target names:['setosa''versicolor''virginica']
```

（1）从指定路径下加载数据。

（2）对加载的数据进行数据分割，x_train，x_test，y_train，y_test 分别表示训练集特征、训练集标签、测试集特征、测试集标签。

加载数据，划分训练集与测试集，使用 sklearn 库下的 model_selection 模块的 trian_test_split 函数，使用该函数可以打乱数据集并进行拆分，由经验，常使用 25%的数据作为测试集，在 sklearn 中常使用 X 表示数据（数据通常是二维矩阵），y 表示标签（目标常是一个一维向量）

```
from sklearn.model_selection import train_test_split
# train_test_split 参数:
# train_data:被划分的样本特征集
# train_target:被划分的样本标签
# test_size:如果是浮点数,在 0～1 之间,表示样本占比;如果是整数的话就是样本的数量
# random_state:是随机数的种子。
x_train,x_test,y_train,y_test=train_test_split(iris_dataset
['data'],iris_dataset['target'],random_state=1)
#x_train:代表训练数据集的输入特征,即训练图像数据。
#x_test:代表测试数据集的输入特征,即测试图像数据。
#y_train:代表训练数据集的目标标签,即训练图像对应的类别。
```

```
#y_test:代表测试数据集的目标标签,即测试图像对应的类别
```

可视化：花萼长宽特征与鸢尾花种类的关系,如图 5-7 所示。

```
sns.scatterplot(x=x_train[:,0],y=x_train[:,1],hue=y_train)
<matplotlib.axes._subplots.AxesSubplot at 0x7f96a7ff91d0>
```

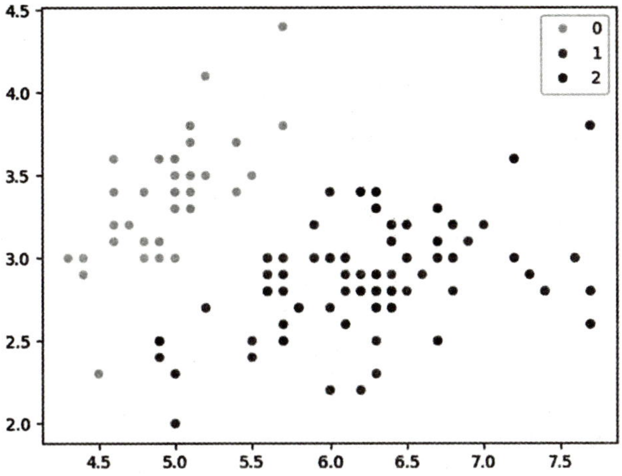

图 5-7　花萼长宽特征与鸢尾花种类的关系

可视化：花瓣长宽特征与鸢尾花种类的关系，如图 5-8 所示。

```
sns.scatterplot(x=x_train[:,2],y=x_train[:,3],hue=y_train)
<matplotlib.axes._subplots.AxesSubplot at 0x7f9681418b90>
```

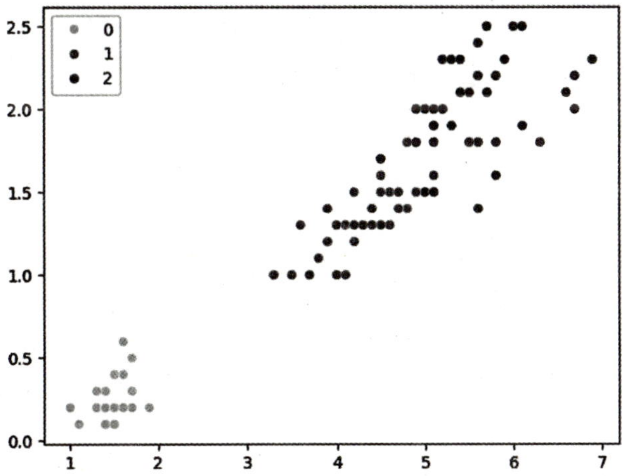

图 5-8　花瓣长宽特征与鸢尾花种类的关系

方法一：线性回归做分类

建立简单的线性模型，直接将回归目标设置成 0，1，2；当预测结果接近哪个值时就认为是哪种类别。

```
from sklearn.datasets import load_iris
from sklearn.linear_model import LinearRegression
from sklearn.model_selection import train_test_split

iris_dataset=load_iris()
#加载并划分数据集
x_train,x_test,y_train,y_test=train_test_split(iris_dataset
['data'],iris_dataset['target'],test_size=0.3,random_state=0)
#我们只用特征中的鸢尾花花瓣长度和宽度
line_x_train=x_train[:,2:4]
#进行线性回归训练
model=LinearRegression()
model.fit(line_x_train,y_train)
#模型测试和使用
line_x_test=x_test[:,2:4]
correct_cnt=0
for i,j in zip(line_x_test,y_test):
    predict_species=model.predict([i])[0]
    if j==round(predict_species):
        correct_cnt +=1
    #print("真实:%s,预测:%s,四舍五入:%s"% (j,predict_species,
round(predict_species)))
print("正确率:%s"% (correct_cnt / len(line_x_test)))
```

输出：

正确率：0.9555555555555556

方法二：决策树

决策树是一种机器学习的方法。决策树是一种树形结构，其中每个内部节点表示一个属性上的判断，每个分支代表一个判断结果的输出，最后每个叶节点代表一种分类结果。

```
from sklearn.datasets import load_iris
from sklearn.tree import DecisionTreeClassifier
from sklearn.metrics import accuracy_score
iris_dataset=load_iris()
#加载并划分数据集
x_train,x_test,y_train,y_test=train_test_split(iris_dataset
['data'],iris_dataset['target'],test_size=0.3,random_state=0)
decisionTree_model=DecisionTreeClassifier()
```

```
# 模型训练
decisionTree_model.fit(x_train,y_train)
#模型预测
predict=decisionTree_model.predict(x_test)
# 模型评估
print(accuracy_score(predict,y_test))
输出：
0.9777777777777777
```

方法三：SVM

image.png C 越大，相当于惩罚松弛变量，希望松弛变量接近 0，即对误分类的惩罚增大，趋向于对训练集全分对的情况，这样对训练集测试时准确率很高，但泛化能力弱。C 值小，对误分类的惩罚减小，允许容错，将它们当成噪声点，泛化能力较强。

kernel='linear' 时，为线性核

decision_ function_ shape='ovr' 时，为 one v rest，即一个类别与其他类别进行划分，

decision_ function_ shape='ovo' 时，为 one v one，即将类别两两之间进行划分，用两分类的方法模拟多分类的结果。

```
from sklearn.datasets import load_iris
from sklearn import svm
from sklearn.metrics import accuracy_score
iris_dataset=load_iris()
#加载并划分数据集
# 在 X 中我们取前两列作为特征,为了后面的可视化。
x_train,x_test,y_train,y_test=train_test_split(iris_dataset
['data'][:,2:],iris_dataset['target'],test_size=0.3,random_state=1)

# 定义模型
svm_clf=svm.SVC(C=0.8,#误差项惩罚系数,默认值是 1
                kernel='rbf',#线性核 kenrel="rbf":高斯核
                decision_function_shape='ovr') #决策函数
# 模型训练
svm_clf.fit(x_train,y_train.ravel()) #训练集目标值。ravel():将高维数
组拉成一维
#模型预测
predict=svm_clf.predict(x_test)
print(predict)
# 模型评估
print(accuracy_score(predict,y_test))
```

输出：

[0 1 1 0 2 1 2 0 0 2 1 0 2 1 1 0 1 1 0 0 1 1 2 0 2 1 0 0 1 2 1 2 1 2 2 0 1 0 1 2 2 0 2 2 1]

0. 9777777777777777

可视化输出，如图 5-9 所示。

```
data=iris_dataset['data'][:,2:]
target=iris_dataset['target']
# create a mesh to plot in
h=0.002
x_min,x_max=data[:,0].min()-0.2,data[:,0].max()+0.2
y_min,y_max=data[:,1].min()-0.2,data[:,1].max()+0.2
xx,yy=np.meshgrid(np.arange(x_min,x_max,h),np.arange(y_min,y_
max,h))
zz=svm_clf.predict(np.c_[xx.ravel(),yy.ravel()])
zz=zz.reshape(xx.shape)
cm_light=matplotlib.colors.ListedColormap(['#A0FFA0','#FFA0A0',
'#A0A0FF'])
cm_dark=matplotlib.colors.ListedColormap(['g','b','r'])
plt.pcolormesh(xx,yy,zz,cmap=cm_light)
# pcolormesh(x,y,z,cmap)这里参数代入
# xx,yy,zz,cmap=cm_light 绘制的是背景。
plt.scatter(data[:,0],data[:,1],c=np.squeeze(target),edgecolor=
'k',s=50,cmap=cm_dark) # 样本点
plt.title('svm in iris data classification',fontsize=30)
plt.grid()
plt.show()
```

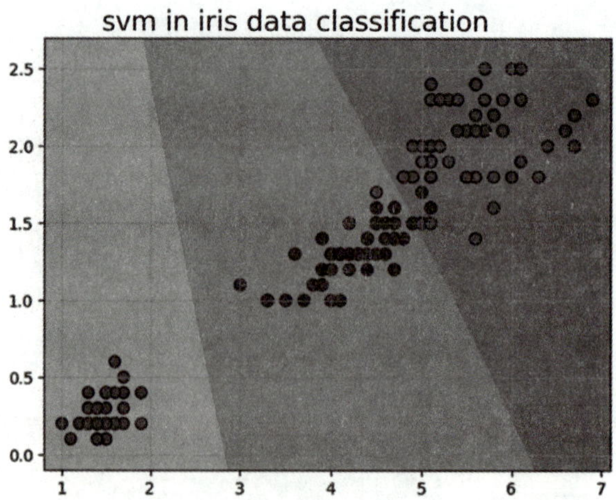

图 5-9　SVM 分类结果

5.3　EasyDL 深度学习开发平台实践

5.3.1　EasyDL 工具介绍

自 2017 年 11 月中旬起，EasyDL 在国内率先推出了一站式的零门槛 AI 开发平台，旨在服务于零 AI 算法基础或追求高效开发的企业用户。该平台涵盖了从数据采集、标注、清洗到模型训练、部署的全流程 AI 开发能力，如图 5-10 所示。对于各行各业中寻求定制 AI 解决方案的企业用户而言，无论其是否具备 AI 相关知识，EasyDL 以其简洁的设计和易理解的操作，实现了用户最快 5 分钟内即可上手，15 分钟内完成模型训练的高效体验。

通过 EasyDL 平台，用户所收集的原始数据，包括图片、文本、音频、视频、OCR、表格等多种格式，经过加工、学习、部署等环节后，不仅可以实现通过公有云 API 的调用，还能部署于本地服务器、小型设备或专用的软硬一体解决方案硬件上。此外，通过离线 SDK 或私有 API 的集成，进一步优化了服务流程。

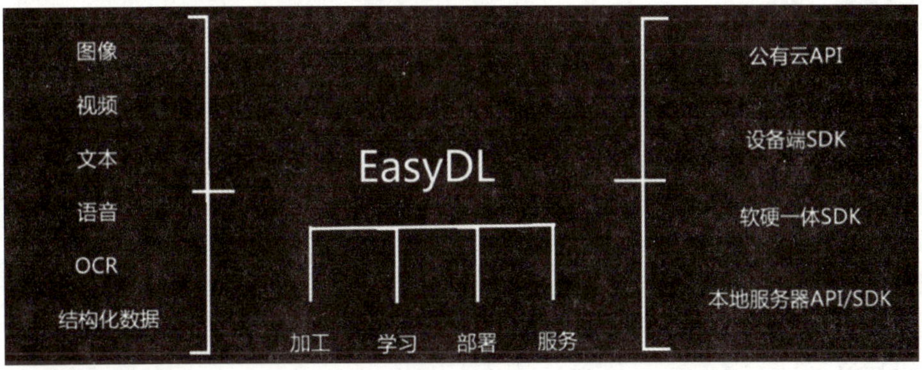

图 5-10　EasyDL 平台介绍

实验课以图像分类为例，流程如图 5-11 所示。

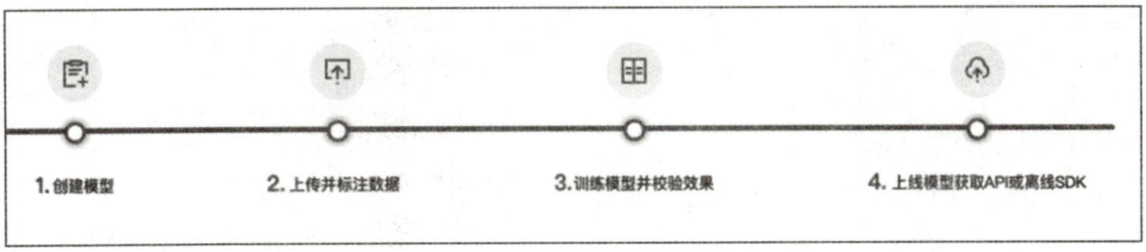

图 5-11　图像分类流程

5.3.2　数据集准备

登录 EasyDL 平台：使用百度账号登录 EasyDL 平台。然后从公开的数据源（如 Kaggle）下载猫狗分类数据集，包含训练集和测试集，或者下载本课程提供的数据集。把数据集上传到平台上。在训练之前需要在数据中心【创建数据集】，添加并标注数据，如图 5-12 所示。

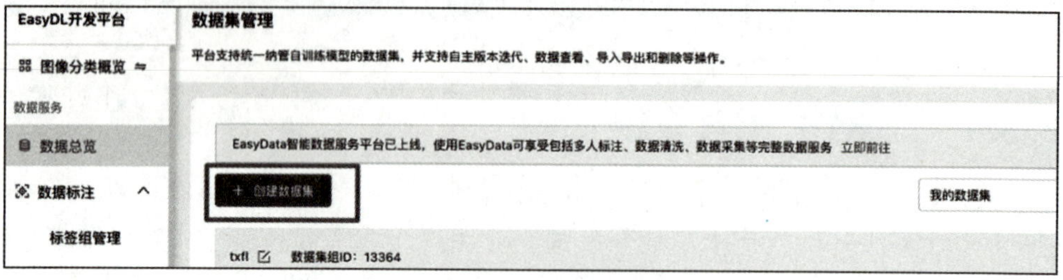

图 5-12 数据集创建

首先想好分类如何设计，每个分类为你希望识别出的一种结果，如要识别水果，则可以以“苹果”“香蕉”等分别作为一个分类；如果是动物就是猫和狗等。

以图像分类任务为例，创建一个猫狗分类的数据集，如图 5-13 所示。

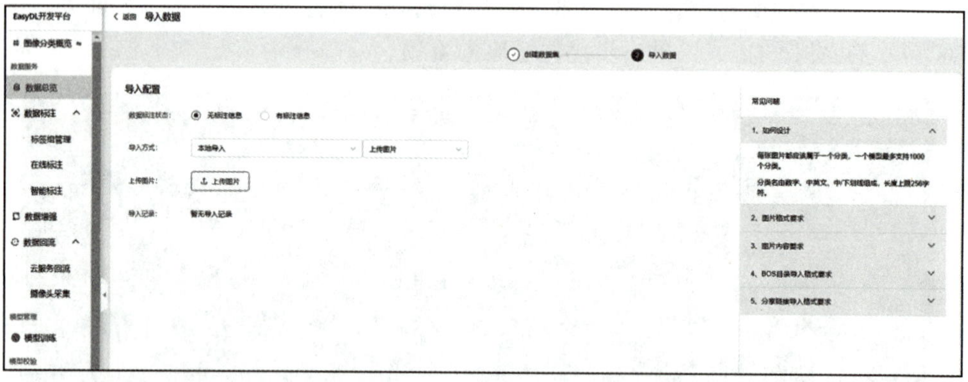

图 5-13 数据集创建

添加图片并导入，如图 5-14 所示。

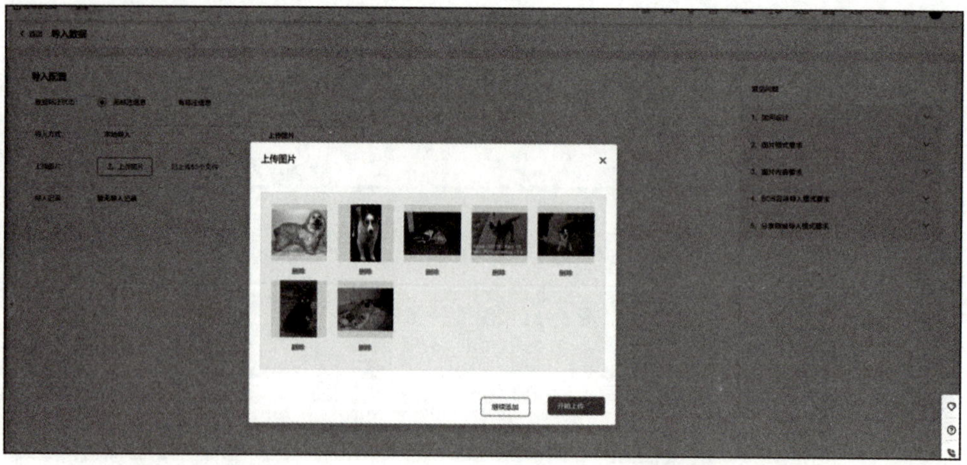

图 5-14 数据导入

5.3.3　数据标注

为每张图片打上标签，猫为“cat”，狗为“dog”。将数据集分为训练集和测试集，通常训练集占比 70%，测试集占比 30%。

数据集创建好后进行数据标注，在右上角添加标签类别，依次为数据打上标签，也可以在线多人标注，如图 5-15 所示。

图 5-15　数据标注

成功标注后得到了可训练的数据集，如图 5-16 所示。

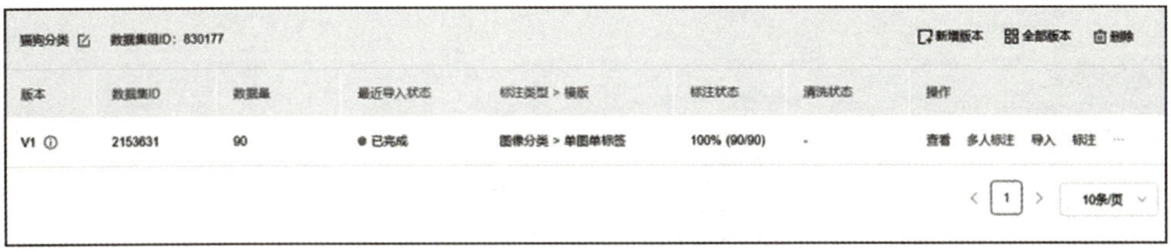

图 5-16　标注好的数据集

5.3.4　模型创建与训练

创建模型：选择“图像分类”模型类型。填写模型名称、描述等信息。设置训练参数，如学习率、训练轮次等。开始训练模型，并监控训练过程。

构建用于处理猫狗分类数据集，用于训练猫狗分类模型，然后选择对应的数据集、模型，进行训练，如图 5-17 所示。

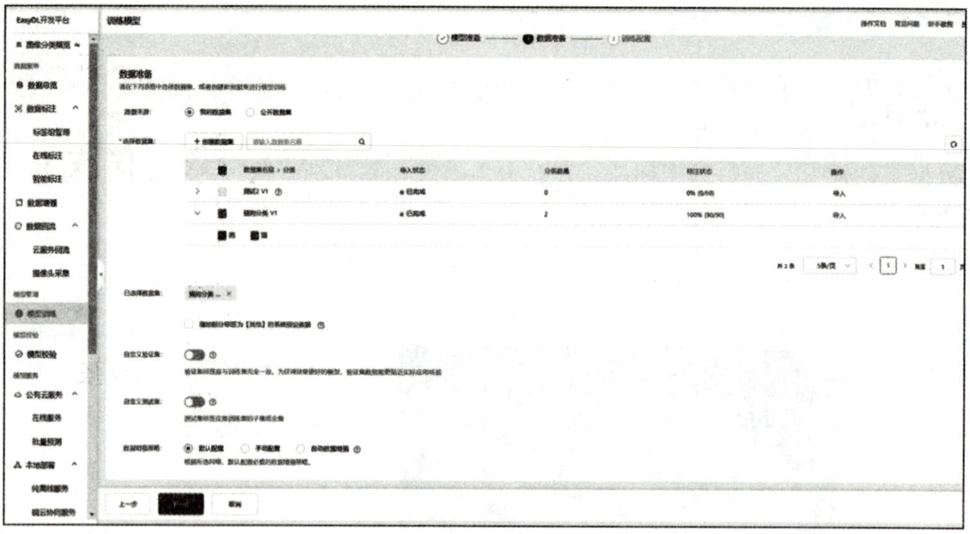

图 5-17　模型创建

每个用户会提供 5 小时免费 GPU 使用时长，所以前几次简单的训练任务是可以免费进行的，如图 5-18 所示。

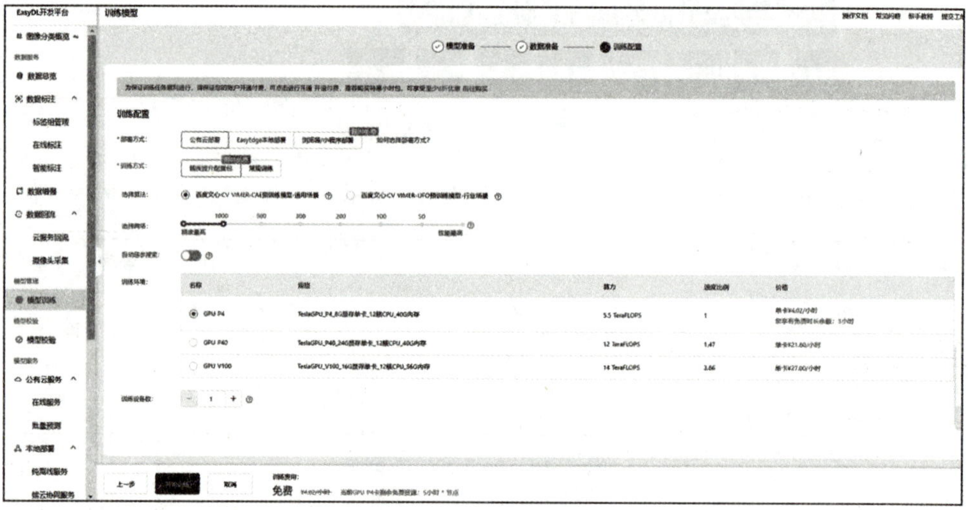

图 5-18　模型训练设置

训练价格如图 5-19 所示。

算力环境	规格	算力	速度比例	价格
CPU	CPU_16核_64G	/	/	单卡￥4.02/小时
GPU P4	TeslaGPU_P4_8G显存单卡_12核CPU_40G内存	5.5 TeraFLOPS	1	单卡￥4.02/小时
GPU P40	TeslaGPU_P40_24G显存单卡_12核CPU_40G内存	12 TeraFLOPS	1.47	单卡￥21.60/小时
GPU V100	TeslaGPU_V100_16G显存单卡_12核CPU_56G内存	14 TeraFLOPS	3.66	单卡￥27.00/小时

图 5-19　模型训练费用

确认好参数和模型后开始训练，如图 5-20 所示。

图 5-20　模型训练

预计排队等待 1~2 分钟后开始训练，简单的训练任务（两个类别各 100 张，共计 200 张图像）大概 1 个半小时即可完成。

5.3.5　模型评估与部署

模型评估：使用测试集评估模型性能，查看准确率、召回率等指标。根据评估结果调整模型参数或训练策略，以获得更好的性能，如图 5-21 所示。

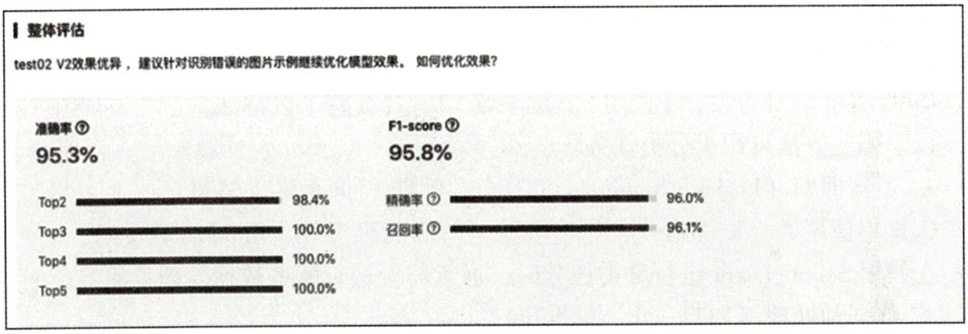

图 5-21　模型评估

可以将训练好的模型用指定的数据集进行模型评估，验证模型的有效性。使用额外的数据进行数据校验，可以得到校验结果，如图 5-22 所示。

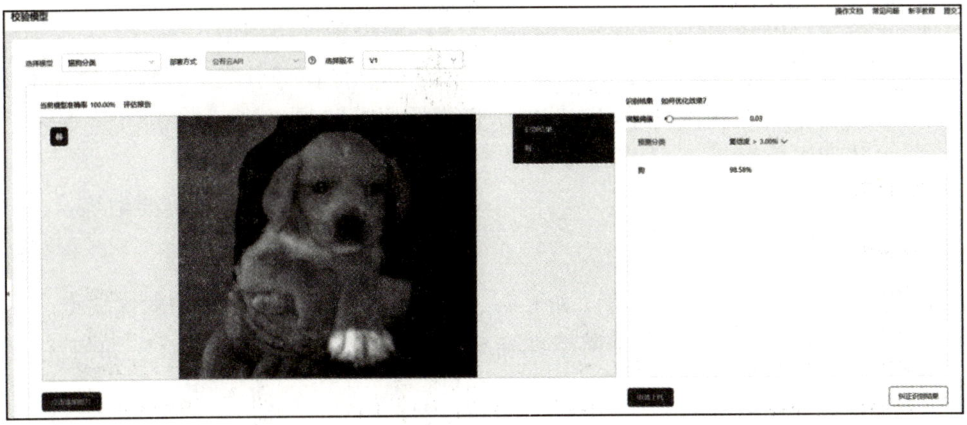

图 5-22　模型校验

模型部署：将训练好的模型部署到 EasyDL 提供的 API 接口中。使用 API 接口进行在线或离线预测，验证模型的实际效果。

课后习题

一、单项选择题

1. 以下哪种编程语言被广泛用于人工智能和机器学习开发？（　　）

A. Java　　B. Python　　C. C++　　D. JavaScript

2. 鸢尾花分类任务是一个典型的哪种机器的学习任务？（　　）

A. 回归任务　　B. 分类任务　　C. 聚类任务　　D. 强化学习任务

3. 在 Python 中，以下哪个库通常用于机器学习建模？（　　）

A. Pandas　　B. Matplotlib　　C. Scikit-Learn　　D. OpenCV

二、多项选择题

1. Python 语言的主要特点包括（　　）。

A. 语法简洁易读　　B. 拥有丰富的机器学习库

C. 仅适用于 AI 开发，不能用于其他领域　　D. 具有跨平台特性

2. 以下哪些方法可用于分类任务？（　　）

A. 逻辑回归（Logistic Regression）　　B. 支持向量机（SVM）

C. K 均值聚类（K-Means）　　D. 随机森林（Random Forest）

3. 在使用 Scikit-Learn 进行分类任务时，通常需要进行哪些数据处理步骤？（　　）

A. 数据预处理（如归一化、标准化）

B. 选择合适的分类算法

C. 直接将原始数据输入模型，不需要处理

D. 评估模型性能

4. EasyDL 深度学习开发平台的主要特点有（　　）。

A. 支持无代码开发　　B. 提供预训练模型

C. 需要编写大量底层代码　　D. 适用于图像分类、目标检测等任务

5. 在 EasyDL 平台进行深度学习实践时，通常需要哪些步骤？（　　）

A. 上传训练数据　　B. 选择或构建模型

C. 进行模型训练和优化　　D. 直接运行模型，不需要训练

三、思考题

1. 比较 Python 与其他编程语言（如 C++、Java）在人工智能开发中的优缺点。

2. 在鸢尾花分类任务中，如果模型准确率较低，可能的原因是什么？如何优化模型性能？

3. 与传统机器学习方法相比，EasyDL 等低代码 AI 平台的优势和局限性是什么？

第 6 章

大模型的概念与应用

教学内容

本章系统讲解大模型的基本概念、发展历程、关键技术、训练优化流程、应用场景及其面临的挑战，主要包括大模型概述、国家政策推动下中国大模型的发展、大模型技术发展历程、大模型生成策略、大模型的训练与优化、大模型面临的挑战和大模型的应用。

教学重点

1. Transformer 架构的原理与重要性。
2. 大模型生成方式与训练流程（预训练、微调、应用）。
3. 大模型的实际应用场景及效果分析。

教学难点

1. Transformer 结构的理解与跨模态应用能力。
2. 大模型训练的算力需求及优化思路（如模型压缩、推理优化）。
3. 如何理解大模型带来的伦理与社会风险，并引导理性看待技术发展。

教学方法

讲授法：讲解技术原理、发展路径与核心概念。

案例教学：结合 DeepSeek、文心一言、Stable Diffusion 等国内外大模型进行案例分析。

互动讨论：围绕“AI 是否将取代人类部分工作”等话题展开课堂辩论，增强学生思辨能力。

任务驱动：让学生模拟设计一个大模型应用场景，并分析所需的技术支持与数据需求。

可视化教学：通过图示动画讲解如 Transformer 的 Attention 机制和大模型训练流程。

教学要求

1. 理解大模型的概念、发展历程及技术原理。
2. 能描述并区分主流模型（如 CNN、RNN、Transformer 等）的特点。

3. 掌握大模型生成流程及优化策略。
4. 分析实际案例中的大模型应用场景与成效。
5. 具备初步探讨大模型社会影响和道德问题的能力。

素质目标

通过讲授大模型的发展历程与关键技术，引导学生认识国家在人工智能领域的战略布局，增强科技自立自强的使命感。通过 Transformer 等核心技术的深入学习，激励学生在关键核心技术攻关中勇攀高峰，锤炼理论素养与实践能力。结合大模型在医疗、教育、司法等民生领域的应用，引导学生树立“以人民为中心”的科技价值观，践行“科技向善”。在分析大模型面临的伦理挑战与社会影响的过程中，强化法治意识与社会责任感，增强理性看待技术进步、辩证理解人机关系的思辨能力，努力成长为兼具技术能力与社会担当的复合型人才。

6.1 大模型

6.1.1 大模型的概念

6.1.1.1 大模型定义

大模型是指具有大规模参数和复杂计算结构的机器学习模型。这些模型通常由深度神经网络构建而成，参数数量动辄数十亿甚至数千亿。大模型的设计初衷是为了提高模型的表达能力和预测性能，使其能够处理更加复杂的任务和数据。在自然语言处理、计算机视觉、语音识别和推荐系统等领域，大模型都展现出了卓越的性能和广泛的应用前景，大语言模型与人工智能的关系如图 6-1 所示。

图 6-1 大模型与人工智能的关系

大模型的发展经历了萌芽期、探索沉淀期和迅猛发展期三个阶段。在萌芽期，以卷积神经网络为代表的传统神经网络模型，为大模型的发展奠定了基础。随后，在探索沉淀期，Transformer 架构的提出，奠定了大模型预训练算法架构的基础，使大模型技术的性能得到了显著提升。而到了迅猛发展期，大数据、大算力和大算法完美结合，大幅提升了大模型的预训练和生成能力以及多模态多场景应用能力，以 GPT 为代表的大模型更是在全球范围内引起了广泛关注。

2020 年，OpenAI 公司推出了 GPT-3，模型参数规模达到了 1750 亿，成为当时最大的语言模型，并且在零样本学习任务上实现了巨大性能提升。随后，更多策略如基于人类反馈的强化学习（RLHF）、代码预训练、指令微调等开始出现，被用于进一步提高推理能力和任务泛化。

2022 年 11 月，搭载了 GPT3.5 的 ChatGPT 横空出世，凭借逼真的自然语言交互与多场景内容生成能力，迅速引爆互联网。

2023 年 3 月，最新发布的超大规模多模态预训练大模型——GPT-4，具备了多模态理解与多类型内容生成能力。ChatGPT 的巨大成功，就是在微软 Azure 强大的算力以及 wiki 等海量数据支持下，在 Transformer 架构基础上，坚持 GPT 模型及人类反馈的强化学习（RLHF）进行精调的策略下取得的。

6.1.1.2　大模型的国内外现状

截止 2024 年底，海外大模型厂商尚未在中国落地，其产品服务和生态圈打造等关键能力在中国市场均有缺失，而非官方渠道使用相关服务的企业将面临高风险。例如，OpenAI 尚未向中国用户开放 ChatGPT 及 GPT-4 服务，类似的情况同样出现在谷歌、Meta 等大模型厂商提供的相应服务上。相较而言，接入国产及自主研发的大模型更加现实、稳定且具有可控性。

相对于普通的深度学习模型，大模型的特点更为突出，一般包括以下几点：

（1）巨大的规模：大模型包含数十亿个参数，模型大小可以达到数百 GB 甚至更大，这使得大模型具有强大的表达能力和学习能力。

（2）涌现能力：当模型的训练数据突破一定规模时，大模型会突然涌现出之前小模型所没有的、意料之外的复杂能力和特性，展现出类似人类的思维和智能。

（3）更好的性能和泛化能力：大模型在各种任务上表现出色，包括自然语言处理、图像识别、语音识别等，具有强大的泛化能力。

（4）多任务学习：大模型可以同时学习多种不同的任务，如机器翻译、文本摘要、问答系统等，这使得模型具有更广泛的语言理解能力。

（5）依赖大数据和计算资源：大模型需要海量的数据进行训练，同时需要强大的计算资源来支持模型的训练和推理过程。

6.1.2　大模型的分类

根据输入数据类型和应用领域的不同，大模型主要可以分为语言大模型、视觉大模型、多模态大模型和科学计算大模型四类。

6.1.2.1　语言大模型

自然语言处理（Natural Language Processing，NLP）是一门融合语言学、计算机科学和数学等学科的综合性技术，旨在模拟、扩展和提升人类的语言能力。NLP 的核心挑战在于人类语言的复杂性与多样性，例如相同词汇在不同语境下的语义变化、日常对话中的反讽表达、句法结构的多变性以及方言、行业术语等个性化特征。

近年来，深度学习成为 NLP 模型研发的主流技术框架，极大提升了语言理解与生成能力。然而，传统深度学习方法依赖大量标注数据，泛化性和通用性仍存在一定局限。随着预训练技术的发展、算力的提升以及 NLP 领域海量数据与任务特性的结合，大规模预训练语言模型成为突破口。

2018 年，BERT 的诞生标志着预训练语言模型的兴起。BERT 通过自监督学习方式，从海量无标注文本中学习语言知识，并在多个权威 NLP 评测基准（如 GLUE、SQuAD）上刷新纪录。3 亿参数的 BERT 模型在 GLUE 上的综合得分达到 80.4%，相比之前提升 7.6 个百分点，在 SQuAD1.1 机器阅读理解测试中，其表现超越人类平均水平。

此外，OpenAI 推出的 GPT 系列模型展现了强大的文本生成能力，推动了 NLP 模型在应用层面的广泛落地。国内方面，百度推出的 ERNIE 系列大模型在 GLUE 的多个任务上突破 90 分，在问答、分类、情感分析等 93 个典型 NLP 任务上刷新业界纪录。ERNIE 大模型已应用于百度搜索、信息流推荐、智能客服等产品，为数亿用户提供服务，并在智能文档处理、文本审校等场景中发挥重要作用。

6.1.2.2 视觉大模型

计算机视觉（Computer Vision，CV）旨在通过计算机模拟生物视觉能力，使其能够理解和分析数字图像及视频内容。CV 技术依托传统机器学习与深度学习，赋予计算机识别、解析和处理多模态数据的能力。

当前，CV 领域主要依赖深度卷积神经网络（CNN）和 Transformer 架构，在图像分类、目标检测、图像生成等任务中表现优异。CV 技术广泛应用于智能交通、工业检测、媒体标签等领域，但仍面临遮挡物干扰、复杂背景干扰等技术挑战。

近年来，大规模 CV 预训练模型取得显著突破。例如，2021 年推出的 V-MoE 模型具备 150 亿参数，在 ImageNet 数据集上的分类准确率达到 90.35%，展现出大模型在视觉任务中的扩展潜力。此外，国内百度推出的盘古 CV 大模型，在 ImageNet 数据集上的线性分类评估接近全监督方法，并在 OCR 文本识别方面取得领先地位，覆盖通用、证件、行业定制等多个应用场景。

此外，通用视觉大模型“书生”（INTERN）在目标检测任务上表现优异，平均错误率降低 47.3%。该模型仅需少量下游数据，即可超过 CLIP 在完整数据集上的表现，凸显了 CV 大模型在迁移学习中的潜力。

6.1.2.3 多模态大模型

多模态大模型的发展始于 OpenAI 推出的 CLIP（文本-图像匹配）与 DALL · E（文本生成图像），推动跨模态数据融合成为 AI 研究的重点方向。多模态指的是多个信息感知方式的融合，如文本、图像、音频、视频等数据的综合理解与交互。

多模态技术的核心目标是让 AI 具备更接近人类的认知能力，即能够跨模态分析、推理并生成新信息。近年来，大模型的发展加速了多模态学习的深度与广度。例如，M6 模型参数量级达十万亿级，极大提升了模型的通用性，拓展了其在电商、智能交互等场景的应用。

此外，多模态预训练模型 mPLUG 在“机器视觉问答榜单”（VQA Challenge 2021）上荣登榜首，并超越人类平均水平。百度推出的 ERNIE-ViLG 2.0 文生图大模型，在 MS-COCO 数据集和人工盲测中表现优异，在语义可控性、图像清晰度及中国文化理解方面均展现出独特优势，初步实现商业化应用。

目前，各大 AI 厂商持续加码多模态大模型研发，不仅注重模型的通用性，还在特定领域进行优化，以提升用户体验和技术性能。未来，多模态大模型将在各行业的智能应用中扮演关键角色。

6.1.2.4　科学计算大模型

科学计算是利用计算机高效模拟、预测和发现自然规律与工程问题的数学方法，广泛应用于生物制药、气象预测、地震探测、材料研发等科学研究领域。近年来，“AI+科学计算”（Scientific AI）正在引发科研范式变革。

生物计算（Bio-computing）是科学计算的重要子领域，基于生物学理论和实验数据，开发计算模型解决生物学问题。2021 年以来，生物计算领域取得重大突破。例如，DeepMind 推出的 AlphaFold2 能够预测 98.5%的人类蛋白质结构，并建立全球首个蛋白质 3D 结构数据库，为生物医学研究提供重要支持。

在国内，AI for Science 正成为科研热点。例如，百度推出的蛋白质结构预测大模型和化合物表征学习大模型，为生物医药行业提供高效计算工具。此外，百图生科专注于生物计算大模型，以 AI 技术加速靶点发现和新药研发；德睿智药构建医药知识图谱，为精准医疗提供智能决策支持。

科学计算大模型的发展为多个科研领域带来新机遇，未来将进一步提升计算效率、优化资源配置，并加速科学创新步伐。

6.1.2.5　大模型领域分类

以上是按数据类型划分的大模型，此外，按照应用领域的不同，大模型还可以分为通用大模型、行业大模型和垂直大模型三个层级。

1. 通用大模型

通用大模型具备较强的泛化能力，可以在多个领域和任务中适用。其预训练数据涵盖广泛的知识体系，使其能够进行文本理解、图像识别、代码生成等多种任务。这类模型通常作为基础模型，通过微调适配不同应用场景，如 OpenAI 的 GPT 系列、Google 的 PaLM、Meta 的 Llama 等。

2. 行业大模型

行业大模型针对特定行业的需求进行预训练或微调，使其更契合行业背景与专业任务。例如，医疗大模型可用于医学影像分析和疾病预测，法律大模型可辅助法律文本分析和合同审核，金融大模型可用于智能投研和风控管理。这类大模型在行业知识的精准理解和应用上更具优势。

3. 垂直大模型

垂直大模型专注于特定任务或场景，通常经过深度优化，以提供更高的性能。例如，自动驾驶领域的感知大模型、企业客服的智能问答模型、智慧城市中的交通预测模型等。这类模型针对特定需求优化架构和数据，提高模型的精度与效率。

大模型按照数据类型和应用领域可以进行不同层级的划分，每种大模型在实际应用中各具特色。随着技术的不断进步，大模型的智能化程度将进一步提升，推动人工智能在各行业的深度应用。

6.1.3 大模型与传统模型对比

在传统模型中，研发阶段为了满足各种场景的需求，AI 研发人员需要设计个性定制化的专用的神经网络模型。模型设计过程需要研究人员对网络结构和场景任务有足够的专业知识，并承担设计网络结构的试错成本和时间成本。一种降低专业人员设计门槛的思路是通过网络结构自动搜索技术路线，但这种方案需要很高的算力，不同的场景需要大量机器自动搜索最优模型，时间成本仍然很高。一个项目往往需要专家团队在现场待上几个月才能完成。其中，数据收集和模型训练评估因为要满足目标要求通常需要多次迭代，从而导致高昂的人力成本。

落地阶段，通过“一模一景”的车间模式开发出来的模型，并不适用于垂直行业场景的很多任务。例如，在无人驾驶汽车的全景感知领域，往往需要多行人跟踪、场景语义分割、视野目标检测等多个模型协同工作；与目标检测和分割相同的应用，在医学影像领域训练的皮肤癌检测和 AI 模型分割不能直接应用于监控景点中的行人车辆检测和场景分割。模型无法重复使用和积累，这也导致了 AI 落地的高门槛、高成本和低效率。

大模型是从庞大、多类型的场景数据中学习，总结出不同场景、不同业务的通用能力，学习出一种特征和规律，成为具有泛化能力的模型库。在基于大模型开发应用或应对新的业务场景时可以对大模型进行适配，比如对某些下游任务进行小规模标注数据二次训练，或者无须自定义任务即可完成多个应用场景，实现通用智能能力。因此，利用大模型的通用能力，可以有效应对多样化、碎片化的人工智能应用需求，为实现大规模人工智能落地应用提供可能。

6.1.3.1 大模型具有自监督学习能力

传统的小模型训练过程涉及大量调参调优的手动工作，需要大量 AI 专业研发人员来完成；同时，模型训练对数据要求高，需要大规模地标注数据。但很多行业的数据获取困难，标注成本高，同时项目开发者需要花费大量时间收集原始数据。例如，人工智能在医疗行业的病理学、皮肤病学和放射学等医学影像密集型领域的影响不断扩大和发展，但医学影像通常涉及用户数据隐私，很难大规模获取到用于训练 AI 模型。在工业视觉瑕疵检测领域，以布匹瑕疵为例，市场上需要检测的织物种类有白坯布、色坯布、成品布、有色布、纯棉、混纺织物等，缺陷种类繁多，颜色和厚度难以识别，需要在工厂长时间收集数据并不断优化算法才能做好缺陷检测。

大模型利用自监督学习功能，对输入的原始数据进行自动学习区分，合理构建适合模型学习的任务，不需要或者很少用人工标注的数据进行训练，很大程度上解决了人工标注的数据标签成本高、周期长、精确度的问题，减少了训练所需的数据量。这在很大程度上减少了收集和标记大型模型训练数据的成本，更适合小样本学习，有助于将传统有限的人工智能扩展到更多的应用场景。

6.1.3.2 大模型带来更强大的智能能力

除通用能力强、研发过程标准化程度高外，大模型最大的优势在于“效果好”。它通过将大数据“喂”给模型来增强自学习能力，从而具有更强的智能程度。例如，在自然语言处理领域，百度、谷歌等探索巨头已经表明，基于预训练大模型的 NLP 技术的效果已经超越了过去最好的机器学习的能力。OpenAI 研究表明，从 2012 年到 2018 年的 6 年间，在最大规模的人工智能模型训练中所使用的计算量呈指数级增长，其中有 3.5 个月内翻了一番，比摩尔定律每 18 个月翻一番的速度快很多。下一代 AI 大模型的参数量级将堪比人类大脑的突触水平，可能不仅可以处理语言模型，将更是一个多模态 AI 模型，可以处理多任务，比如语言、视觉和声音。

6.1.4 国家政策推动中国大模型加速发展

6.1.4.1 AI 软件及应用市场的快速增长与大规模落地

人工智能（AI）软件及应用市场正处于高速增长阶段，并成为推动数字经济发展的核心驱动力。如图 6-2 所示，2021 年中国人工智能软件及应用市场规模已达 51 亿美元，预计到 2026 年将增长至 211 亿美元。这一增长趋势主要得益于各行业对 AI 技术需求的持续提升，推动人工智能加速应用于产业实践。

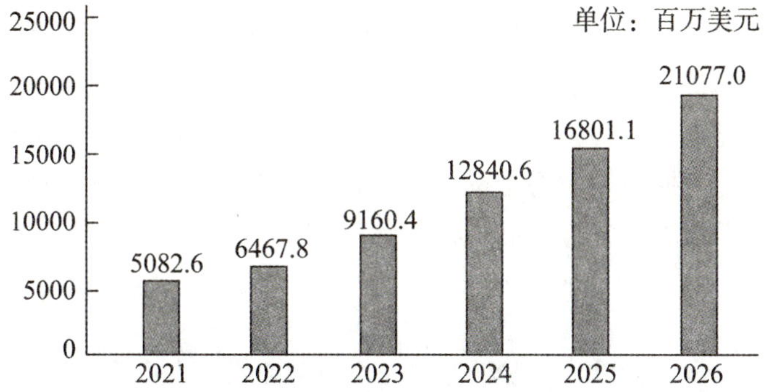

图 6-2 中国人工智能软件及应用市场规模预测

在人工智能大规模落地的过程中，行业仍面临一定挑战，包括开发门槛较高、应用场景复杂多样、对数据标注的依赖性较强等。这些因素在一定程度上阻碍了 AI 技术的规模化应用。大模型因其卓越的泛化能力、通用性及迁移性，为人工智能技术的广泛应用提供了新的可能，成为推动 AI 产业发展的关键力量。

6.1.4.2 国家政策引导 AI 产业发展，助推大模型技术突破

各国政府高度重视人工智能技术的发展，并相继出台相关政策，以抢占全球人工智能

竞争的战略高地。中国在“十四五”规划中，围绕人工智能未来发展方向，制定了一系列指导性文件和激励政策，重点关注算法创新、算力基础设施建设及数据基础支撑体系完善等关键领域，为产业发展奠定坚实基础。

（1）上海市人工智能产业发展规划。《上海市人工智能产业发展“十四五”规划》总结了“十三五”期间人工智能发展的核心瓶颈，即规模化应用深度不足。在以往的人工智能应用中，技术多以单一场景使用为主，难以深入传统行业的核心业务流程，尚未形成成熟的商业模式。大模型的特性恰好契合这一痛点，为行业的智能化升级提供了有力支撑。在基础理论研究方面，《规划》强调要深化人工智能通用技术突破，重点推动自然语言处理（NLP）、计算机视觉、语音识别等关键技术的发展，同时加快先进算法模型的建设，提升技术性能，助力人工智能行业迈向国际领先水平。

（2）北京市高精尖产业发展规划。北京市发布的《北京市“十四五”时期高精尖产业发展规划》聚焦于突破智能芯片、开源框架等核心技术，构建自主可控的人工智能产业链。同时，北京计划建设国家级人工智能前沿研究中心及超大规模人工智能模型训练平台，以进一步增强人工智能技术的创新能力，并促进 AI 与产业的深度融合。

（3）广州市人工智能产业链高质量发展三年行动计划。广州市的《广州市人工智能产业链高质量发展三年行动计划》（下面简称“《规划》”）明确提出，大模型技术及其上下游产业生态是未来产业发展的重点方向。政策鼓励相关企业围绕大模型技术的开发、优化与落地应用，推动人工智能技术赋能行业。针对昇腾、云从、科大讯飞等开放平台，《规划》特别强调产业生态塑造及 AI 技术的安全性与可靠性，以确保人工智能应用在实际场景中的稳定性和可信度。

6.1.4.3 大模型技术赋能人工智能落地

在“十四五”时期的政策指导下，大模型技术的通用能力、可扩展性及对场景的适配能力，与国家对人工智能产业发展的期望高度契合。通过不断地技术迭代，大模型将进一步优化算法效率，提高数据利用率，并依托强大算力支撑，实现更高效的模型训练和智能化平台建设。未来，大模型技术将推动 AI 产业形成技术创新与应用场景需求相互促进的发展格局，加速人工智能在各行业的规模化落地应用。

6.2 大模型技术发展历程

神经网络模型的发展经历了多个阶段，如图 6-3 所示，从早期的多层感知机（MLP），通过堆叠多层神经元实现非线性建模，到针对图像处理设计的卷积神经网络（CNN），用于图像分类和目标检测。随后，循环神经网络（RNN）凭借其记忆能力在序列数据处理中发挥重要作用，如语言建模和机器翻译。然而，随着网络深度增加，梯度消失和梯度爆炸问题成为挑战，深度残差网络（ResNet）通过残差连接有效缓解了这一问题，使得更深层次的网络得以训练。近年来，Transformer 模型引入自注意力机制，在自然语言处理领域取得突破，并逐步扩展至多模态任务，推动了深度学习的发展。

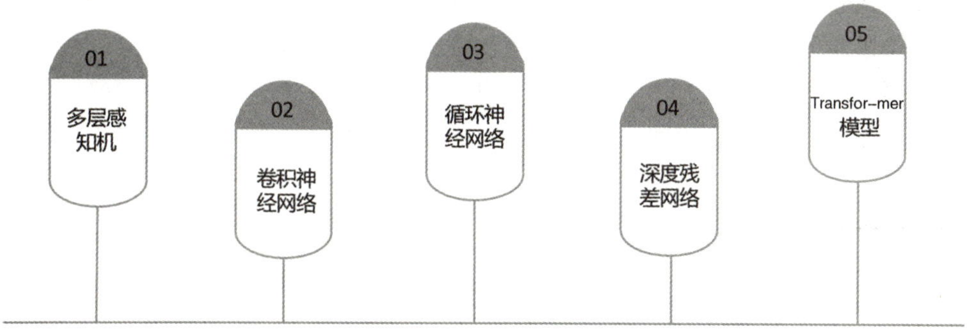

图 6-3 大模型的技术发展历程

6.2.1 MLP 多层感知机模型

多层感知机（Multi-Layer Perceptron，MLP）是最早期的人工神经网络之一，属于前馈神经网络（Feedforward Neural Network），通过堆叠多个神经元层来实现对复杂数据的非线性映射，如图 6-4 所示。其基本结构包括输入层、一个或多个隐藏层以及输出层，隐藏层中的神经元通过激活函数（如 ReLU、Sigmoid、Tanh）引入非线性变换，使模型具备更强的学习能力。

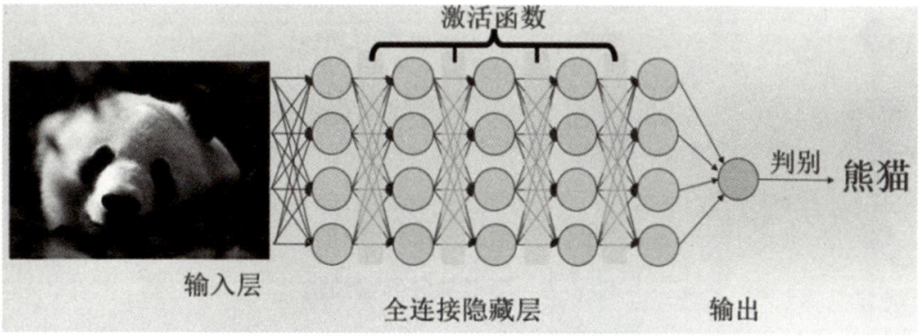

图 6-4 MLP 多层感知机模型

MLP 依赖于误差反向传播（Backpropagation）算法进行训练，通过梯度下降优化网络参数，在分类、回归等任务中具有广泛应用。然而，由于全连接层参数量较大，MLP 在处理高维数据时计算成本较高，且对图像、序列等具有局部结构的数据建模能力有限，因此在后续发展中衍生出了更加高效的神经网络架构，如 CNN 和 RNN。

6.2.2 CNN 卷积神经网络

卷积神经网络（Convolutional Neural Networks，CNN）是一类包含卷积计算且具有深度结构的前馈神经网络（Feedforward Neural Networks），是深度学习（deep learning）的代表算法之一。卷积神经网络具有表征学习（representation learning）能力，能够按其阶层结构对输入信息进行平移不变分类（shift-invariant classification），因此也被称为“平移不变人工神经网络（Shift-Invariant Artificial Neural Networks，SIANN）”。

对卷积神经网络的研究始于 20 世纪 80~90 年代，时间延迟网络和 LeNet-5 是最早出现的卷积神经网络；进入 21 世纪后，随着深度学习理论的提出和数值计算设备的改进，卷积神经网络得到了快速发展，并被应用于计算机视觉、自然语言处理等领域。

卷积神经网络仿造生物的视知觉（visual perception）机制构建，可以进行监督学习和非监督学习，其隐含层内的卷积核参数共享和层间连接的稀疏性使得卷积神经网络能够以较小的计算量对格点化（grid-like topology）特征，例如像素和音频进行学习、有稳定的效果且对数据没有额外的特征工程（feature engineering）要求。

6.2.3 RNN 循环神经网络

循环神经网络（Recurrent Neural Network，RNN）是一种专为序列数据（如时间序列、文本、语音信号）设计的神经网络结构。与传统的前馈神经网络不同，RNN 具有记忆能力（memory ability），能够捕捉数据中的时间依赖性，实现序列数据的建模和预测。

6.2.3.1 结构特点

RNN 的核心在于循环连接（recurrent connection），即每个时间步（time step）上的神经元不仅接收当前输入，还会考虑前一时间步的隐藏状态（hidden state），从而形成递归计算，如图 6-5 所示。这一特性使 RNN 能够保留先前信息，并在序列数据建模中表现出色。

图 6-5 循环神经网络结构

6.2.3.2 应用场景

RNN 被广泛应用于自然语言处理（NLP）、机器翻译、语音识别、时间序列预测等任务。例如，基于 RNN 的语言模型可以预测文本序列中的下一个单词，而在语音识别任务中，RNN 可以捕捉音频信号随时间变化的模式。

然而，标准 RNN 存在梯度消失（vanishing gradient）和梯度爆炸（exploding gradient）问题,难以捕捉长距离依赖关系。为此，研究者提出了长短时记忆网络（LSTM，Long Short-Term Memory）和门控循环单元（GRU，Gated Recurrent Unit）等改进模型，使 RNN 在处理长序列数据时更加稳定和高效。

6.2.4 ResNet 深度残差网络

随着神经网络层数的增加，深度网络在训练过程中可能会遇到梯度消失（vanishing gradient）和梯度爆炸（exploding gradient）问题，使得优化变得困难。深度残差网络

(Residual Neural Network，ResNet）通过引入残差连接（Residual Connection）有效解决了这一问题，使得可以训练更加深层的网络。

6.2.4.1　核心思想

ResNet 的关键创新在于残差学习（residual learning），即在网络中引入跳跃连接（skip connection），让信息可以在不同层之间直接传递，而不是单纯依赖逐层学习。

6.2.4.2　应用与影响

ResNet 由微软研究院的 He 等人提出，在 2015 年 ImageNet 竞赛中取得了优异成绩，并推动了深度学习在计算机视觉领域的进一步发展。ResNet 及其变体（如 ResNet-50、ResNet-101、ResNeXt）在图像分类、目标检测、医学影像分析等任务中得到了广泛应用。

6.2.5　Transformer

Transformer 是一种基于自注意力机制的深度学习模型，最早由 Google 的研究者在 2017 年的论文 *Attention is All You Need* 中提出。相较于 CNN 和 RNN，Transformer 采用全局注意力机制，能够高效建模长距离依赖关系，并支持并行计算。

Transformer 最初被用于机器翻译任务，并取得突破性进展，随后被广泛应用于文本生成、文本分类、语音识别等自然语言处理（NLP）任务。近年来，BERT、GPT 等基于 Transformer 的预训练语言模型更是在多个 NLP 任务上达到了新的性能水平。

6.2.5.1　Transformer——把文字变成 token

在语言模型中，文本的最小处理单位称为 token。Tokenization 是将文本拆分为更小的单元，并转换为数值表示的过程，如图 6-6 所示，主要分为以下几种方法：

图 6-6　Tokenization 转化

（1）单词级 Tokenization：以空格或标点符号分隔单词，如"Hello,world!"→["Hello",",","world","!"]。

（2）字符级 Tokenization：以单个字符为单位，如"Hello"→['H','e','l','l','o']。

（3）子词级 Tokenization：结合单词和字符级方法，如"unbelievable"→["un","believ","able"]，可提高对未知单词的处理能力。

在语言模型中，处理文本时，语言模型首先将文本 token 化，然后将每个 token 转换为一个或多个数字，通常是嵌入向量（embedding），这些向量能够捕捉 token 的语义信息。然后语言模型通过处理 token 序列来理解上下文。例如，在自回归模型中，模型会根据已经看到的 token 来预测下一个 token。在生成文本时，语言模型会根据给定的上下文 token 生成新的 token，直到生成整个序列，最后结束。

6.2.5.2 自注意力（Self-Attention）机制

Transformer 模型的核心是自注意力（Self-Attention）机制，它允许模型在处理序列数据时动态地考虑上下文信息。自注意力机制通过以下步骤来考虑上下文：

在 Transformer 模型中，每个输入 token 首先被转换成一个向量表示，如图 6-7 所示，这个表示通常是通过嵌入层得到的，它包含了 token 的语义信息。然后，自注意力机制会根据以下步骤来计算每个 token 的加权上下文表示：

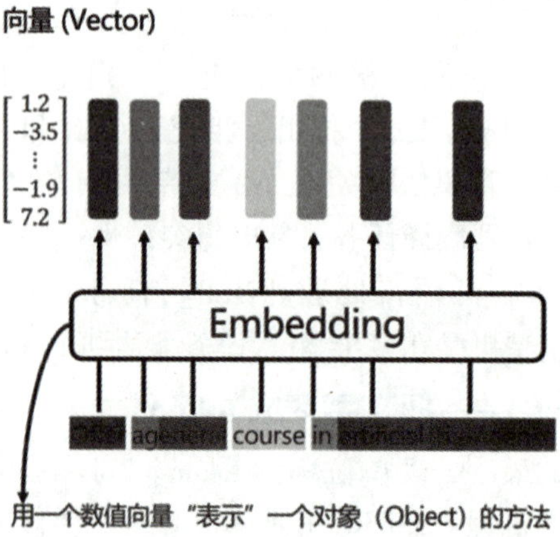

图 6-7　Token 向量化

Transformer 模型的核心是自注意力机制，它允许模型在处理序列数据时动态地考虑上下文信息。自注意力机制通过以下步骤来计算每个 token 的加权上下文表示，如图 6-8 所示。

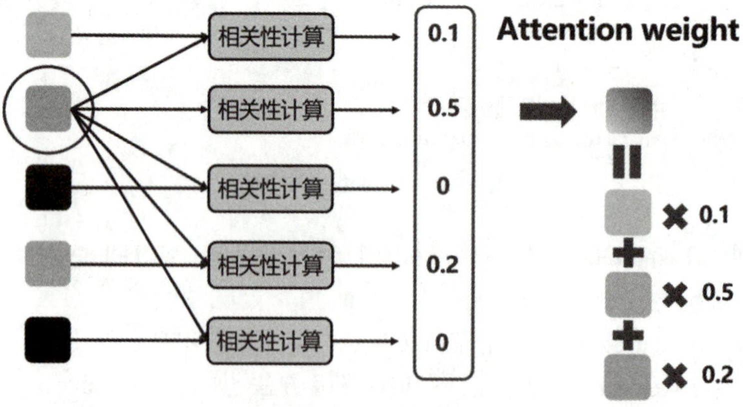

图 6-8　自注意力机制

（1）计算注意力得分：对于序列中的每个 token，模型会计算它与序列中所有其他 token 的关联程度。这通过计算三个向量（查询向量 Q，键向量 K，值向量 V）的点积来完成。查询向量 Q 用于当前 token，键向量 K 和值向量 V 用于序列中的所有 token。注意力得分反映了每个 token 对当前 token 的重要性。

（2）缩放和 Softmax：得到的注意力得分会被缩放（为了稳定梯度），然后通过 Softmax 函数转换为概率分布。这些概率表示在当前 token 的上下文中，其他每个 token 的重要性。

（3）加权求和：最后，这些概率被用作权重，对值向量 V 进行加权求和，得到加权上下文表示。这个表示汇总了序列中所有 token 对当前 token 的贡献，考虑了它们在上下文中的相对重要性。

通过这种方式，Transformer 的注意力机制能够在处理序列数据时捕获长距离的依赖关系，并且由于并行计算的性质，它在处理长序列时比传统的循环神经网络（RNN）和长短期记忆网络（LSTM）更加高效。这种强大的上下文建模能力使得 Transformer 成为自然语言处理领域的主流模型之一。

6.2.5.3　Transformer Block

Transformer Block 是 Transformer 模型的基本单元，它由自注意力层和前馈神经网络组成，自注意力层通过多头机制并行计算序列中每个 token 与所有其他 token 的关联，产生加权上下文表示，并通过残差连接和层归一化与输入结合，然后前馈神经网络对这些表示进行进一步的非线性变换，同样通过残差连接和层归一化处理，整个 Block 的设计使得模型能够有效地捕捉长距离依赖并支持并行计算，如图 6-9 所示。

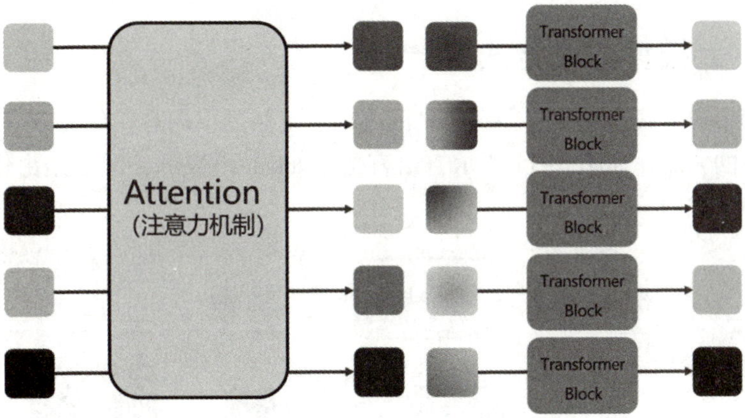

图 6-9　注意力机制块

6.2.5.4　模型输出

在语言模型中，对于给定一个序列的下一个 token 的预测，模型通常会输出一个概率分布，如图 6-10 所示，这个分布表示序列中每个可能的 token 是下一个 token 的概率。

在分类任务中，例如文本分类、图像分类等，模型的输出层通常是一个 softmax 函数，它将模型的原始输出（通常是未归一化的分数或 logits）转换为概率分布，其中每个类别都有一个对应的概率值，且所有概率值之和为 1。

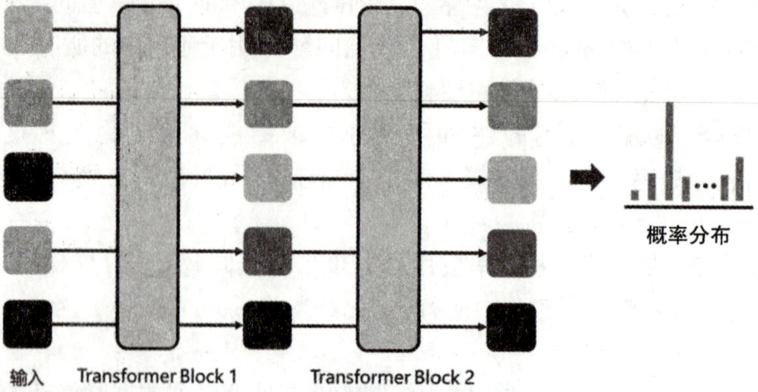

图 6-10　大模型输出词的概率分布

在生成任务中，如文本生成或图像生成，模型的每个步骤都可能输出一个概率分布，用于选择下一个生成的元素（例如，文本中的下一个单词或图像中的下一个像素值）。

这个概率分布使得模型能够在不确定性存在的情况下做出预测，并且可以为不同的预测提供置信度度量。通过选择概率最高的元素作为输出，或者在决策过程中考虑整个概率分布，模型能够以一种统计上合理的方式来进行预测。

6.3　大模型生成策略

6.3.1　大模型生成方式

大模型的生成方式是生成复杂有结构的内容，复杂是指内容错综复杂，无法穷举。有结构是指组成的方式，如图 6-11 所示，语言是由 token 组成的，图像是由像素点组成的，语音是由频率组成的。

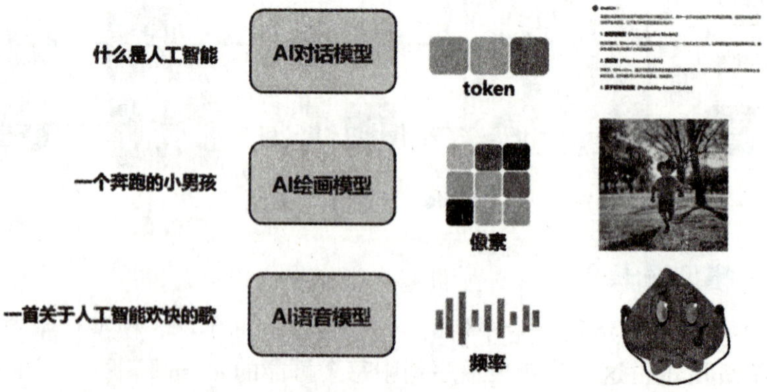

图 6-11　生成式大模型的几个场景

如果用大模型生成一段文字的回答，大模型会根据文字的内容生成下一个文字，以文字接龙的方式，模拟人类思考，生成对话。但是如果是生成一张 1000 像素×1000 像素的图像的生成，用这种方式会如何？要用大模型写一个 1000×1000 的像素矩阵，这样相当于写一篇长篇小说。所以文本生成的策略和图像生成的策略会有所不同。一般分成自回归生成和非自回归生成，如图 6–12 所示。

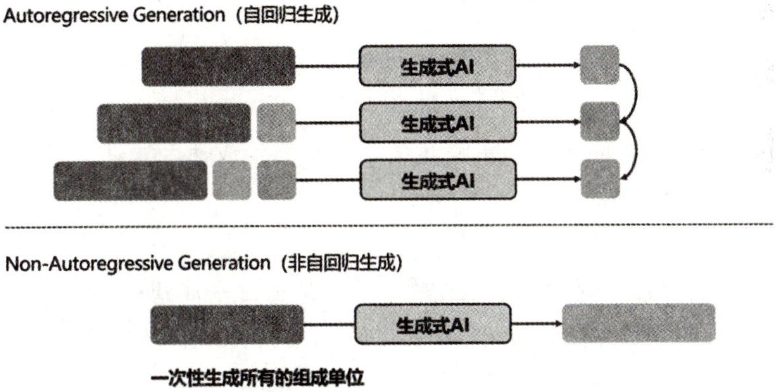

图 6–12　两种生成策略的区别

6.3.1.1　自回归生成策略（Autoregressive Generation）

Autoregressive Generation 是一种逐步生成数据的方法。在每一步生成数据时，模型会考虑前一步或前几步生成的数据作为条件。

自回归模型在处理序列数据（如文本、语音、时间序列数据）时特别有效，因为生成的每个元素都依赖于前面的元素，这使得生成过程具有很强的连贯性和一致性。

1. 工作原理

模型在生成时依次预测序列中的每个元素。例如，文本生成时，模型首先生成第一个词，接着生成第二个词，第二个词的生成依赖于第一个词，依此类推。

这种逐步生成的方式使得模型能够灵活处理长序列，但生成速度相对较慢，因为每一步生成都依赖于前一步的结果。

自回归生成策略是一种逐步生成数据的方法，在生成过程中，每一步的输出依赖于前一步或前几步的生成结果。该策略广泛应用于自然语言处理、语音合成和时间序列预测等领域，其主要特点是生成过程具备较强的上下文依赖性和一致性。

2. 代表性模型

自回归生成策略在深度学习中得到了广泛应用，以下是典型的自回归模型：

（1）GPT（Generative Pre-trained Transformer）系列：如 GPT-3，采用自回归方式进行文本生成，每个词的预测都依赖于之前生成的词，从而确保上下文一致性。

（2）RNN（Recurrent Neural Network）和 LSTM（Long Short-Term Memory）：这类循环神经网络在时间序列建模方面表现优秀，能够逐步预测序列中的下一个元素。

（3）Transformer 解码器：在机器翻译任务中，Transformer 的解码部分使用自回归机制，即当前词的生成依赖于已经翻译的部分。

3. 优缺点

（1）优点。能够生成具有较强上下文一致性的文本或序列数据，适用于需要高度连贯的生成任务，如文章撰写、代码生成等。适合处理长序列任务，能够学习远距离依赖关系。

（2）缺点。生成速度较慢：由于每一步生成都需要依赖前面的结果，无法进行并行计算，导致生成效率受限。计算资源消耗较大：当生成长序列时，需要进行多次计算，增加了计算开销。

6.3.1.2 非自回归生成策略（Non-Autoregressive Generation）

非自回归生成策略是一种并行生成数据的方法，不依赖前面已经生成的内容，而是一次性或部分并行地预测整个序列。该策略主要用于提高生成速度，适用于实时性要求较高的应用，如在线翻译、语音合成等。

1. 工作原理

非自回归模型在生成时不依赖前面的输出，而是通过全局建模一次性预测整个序列。例如，在机器翻译任务中，非自回归模型会直接预测目标语言的整个句子，而不是逐词生成。

常见的方法包括：

（1）长度预测：先预测输出序列的长度，再同时生成所有 token。

（2）掩码填充（Mask-Predict）：先生成一个初始的粗略序列，然后逐步细化填充，使其更加准确。

（3）去噪自动编码器（Denoising Autoencoder）：通过对部分缺失的序列进行填补和修正，实现非自回归生成。

2. 代表性模型

（1）BERT（Bidirectional Encoder Representations from Transformers）：BERT 本身主要用于文本理解任务，但在一些非自回归生成模型中，其掩码语言建模（Masked Language Model，MLM）方法被广泛应用。

（2）Mask-Predict 模型：该模型通过迭代填充掩码 token 来实现非自回归生成，常用于机器翻译等任务。

（3）非自回归 Transformer（NAT，Non-Autoregressive Transformer）：该模型是 Transformer 的变体，可以一次性生成整个序列，提高翻译和文本生成的速度。

3. 优缺点

（1）优点。生成速度快：由于可以并行计算多个 token，非自回归模型的生成效率远高于自回归模型。计算资源占用较少：减少了对前序 token 的依赖，使得计算更具可扩展性。

（2）缺点。生成质量可能较低：由于没有依赖前面的 token，生成的内容可能会缺乏一致性，导致语义不连贯。难以建模复杂的上下文依赖：相比自回归模型，非自回归生成在捕捉远距离依赖关系方面表现较弱。

6.3.2 小结

Autoregressive Generation 更加注重生成数据的连贯性和上下文一致性，适合需要高质量、语义复杂的生成任务。Non-Autoregressive Generation 强调生成速度和效率，适合那些对生成速度要求高的场景，但可能在生成质量和一致性上有所欠缺。两者各有优劣，通常根据具体应用场景来选择适合的生成策略。

6.4　大模型的训练、优化

大模型的训练主要包括预训练、微调和应用阶段，就如同学生的教育过程，从基础学习到专项训练，再到实际应用。

6.4.1　预训练阶段

数据准备：就像学生需要阅读大量书籍来增加知识储备，大模型也需要“阅读”大量无标注的数据（如互联网上的文本）来学习语言的基本规则和语义信息，如图 6-13 所示。这些数据需要经过处理，去除噪声，使其适合学习。

图 6-13　大模型训练所需的数据来源

6.4.2　大模型训练

由于大模型需要捕捉广泛的语言特征，通常会在数百亿到数万亿个单词级别的数据上进行预训练。这一阶段需要大量的计算资源，通常使用分布式计算集群和 GPU/TPU 加速。如图 6-14 所示，分布式训练是将模型的训练过程分布在多个计算节点上进行，并通过消息传递或参数服务器等方式进行通信和同步。分布式训练可以显著加快训练速度，并处理大规模数据和大型模型带来的计算和存储压力。

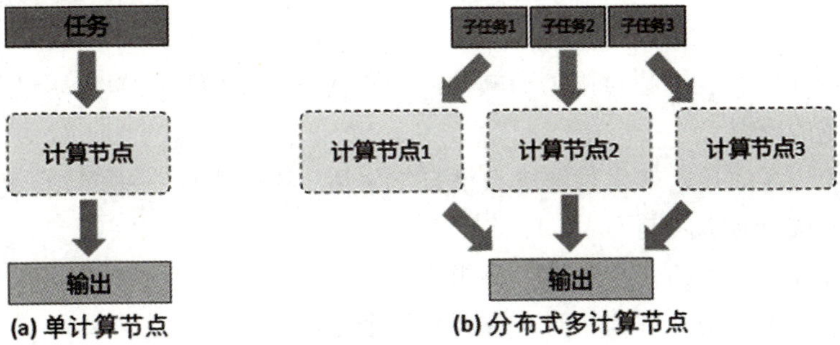

图 6-14　大模型训练策略

Meta 公司的 OPT 使用了 992 块 NVIDIA A100 80G GPU，采用全分片数据并行（Fully Shared Data Parallel）以及 Megatron-LM 张量并行（Tensor Parallelism），整体训练时间将近 2 个月。

BLOOM 则公开了更多在硬件和所采用的系统架构方面的细节。该模型的训练一共花费 3.5 个月，使用 48 个计算节点。每个节点包含 8 块 NVIDIA A100 80G GPU（总计 384GPU），并且使用 4 NVLink 用于节点内部 GPU 之间通信。节点之间采用四个 Omni-Path 100 Gbps 网卡构建的增强 8 维超立方体全局拓扑网络通信。

6.4.3 微调

微调（Fine-tuning）是一种在预训练模型基础上进行的二次训练过程，如图 6-15 所示。预训练模型通常在大规模数据集上进行训练，以捕获广泛的语言特征和知识。微调则是在特定任务或领域上对模型进行细化，以提升其在特定场景下的表现。

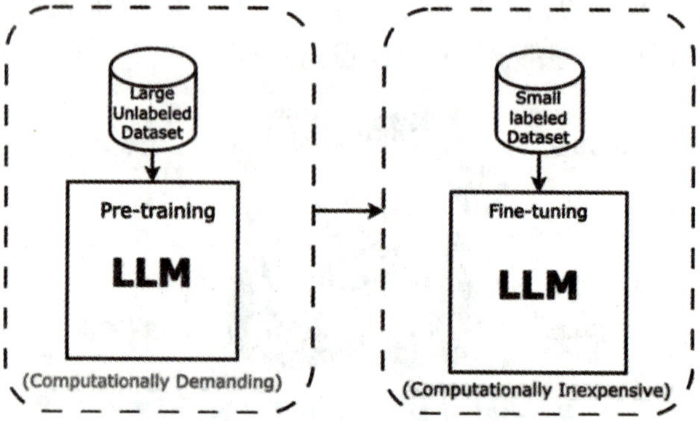

图 6-15　大模型的少样本微调

通常，要对大模型进行微调，有以下一些原因：

第一个原因是，因为大模型的参数量非常大，训练成本非常高，每家公司都去从头训练一个自己的大模型，这样做的性价比非常低。

第二个原因是，Prompt Engineering 的方式是一种相对来说容易上手的使用大模型的方式，但是它的缺点也非常明显。因为通常大模型的实现原理，都会对输入序列的长度有限制，Prompt Engineering 的方式会把 Prompt 搞得很长。

越长的 Prompt，大模型的推理成本越高，因为推理成本是跟 Prompt 长度的平方正向相关的。

另外，Prompt 太长会因超过限值而被截断，进而导致大模型的输出质量受影响，这也是一个非常严重的问题。

对于个人使用者而言，如果是解决自己日常生活、工作中的一些问题，直接用 Prompt Engineering 的方式，通常问题不大。

但对于对外提供服务的企业来说，要想在自己的服务中接入大模型的能力，推理成本是不得不考虑的一个因素，微调相对来说就是一个更优的方案。

第三个原因是，Prompt Engineering 的效果达不到要求，企业又有比较好的自有数据，能够通过自有数据，更好地提升大模型在特定领域的能力。这时候微调就非常适用。

第四个原因是，要在个性化的服务中使用大模型，这时候针对每个用户的数据，训练一个轻量级的微调模型，就是一个不错的方案。

第五个原因是，数据安全的问题。如果数据是不能传递给第三方大模型服务的，那么搭建自己的大模型就非常必要。通常这些开源的大模型都是需要用自有数据进行微调，才能够满足业务的需求，这时候也需要对大模型进行微调。

6.4.4　应用阶段

6.4.4.1　推理

如同学生学成之后，能够独立解决新问题。训练完成的模型也可以对新的、未见过的输入数据进行预测或分类。

6.4.4.2　部署

如同毕业生步入职场，将所学知识应用于实际工作。训练好的模型被部署到实际应用中，如自然语言处理、图像分类等任务。这涉及模型的加载、环境安装以及可能的低成本部署技巧。

6.5　大模型面临的挑战

6.5.1　技术挑战

6.5.1.1　计算资源与成本

大模型的训练和部署需要巨大的计算资源，导致高昂的成本。训练过程通常需要数千个 GPU/TPU，耗时数周甚至数月，成本可达数百万美元。此外，硬件需求和能源消耗也对环境造成压力。为应对这一挑战，研究者通过模型压缩、分布式训练优化以及共享预训练模型等方式降低成本。

6.5.1.2　模型效率与推理延迟

大模型在实际应用中面临推理效率低和延迟高的问题。由于参数量庞大，推理时计算复杂度和内存占用较高，难以满足实时性要求。为此，研究者采用模型量化、硬件加速（如 TPU、NPU）以及动态计算等技术，以提高推理效率并降低延迟。

6.5.1.3　长上下文依赖

大模型在处理长文本时难以捕捉远距离的上下文依赖关系。传统注意力机制的计算复杂度随序列长度呈平方级增长，导致信息丢失和资源需求增加。为解决这一问题，研究者提出了稀疏注意力、滑动窗口注意力以及长上下文模型（如 Longformer、BigBird）等改进方法。

6.5.1.4 幻觉问题

大模型在生成文本时可能出现不符合事实或逻辑的“幻觉”现象，影响内容的准确性和可信度。为减少幻觉，研究者通过知识增强（结合外部知识库）、后处理理校验以及人类反馈强化学习（RLHF）等方式优化模型生成内容的质量，使其更加可靠和准确。

1. 幻觉的来源

（1）大模型缺乏相关知识或内化错误知识。

大模型有时会将虚假的相关性（如位置接近或高度共现的关联）误解为事实知识，即大模型的幻觉与训练数据的分布之间存在很强的相关性。

（2）大模型有时会高估自己的能力。

一些研究旨在了解语言模型是否能够评估其回答的准确性并识别其知识边界。然而，对于非常大的大模型来说，正确答案和错误答案的分布熵可能是相似的，这表明大模型在生成错误答案时与生成正确答案时同样自信。

（3）有问题的对齐过程可能会产生幻觉。

如果大模型在预训练阶段没有获得相关的先决知识，那么在训练指令时，这实际上是一个错误的对齐过程，会促使大模型产生幻觉。另一个潜在问题是“谄媚”（sycophancy），即大模型可能会生成偏向用户观点的回答，而不是提供正确或真实的答案，这可能会导致幻觉。

（4）大模型采用的生成策略存在潜在风险。

即使大模型意识到自己的早期错误是正确的，它们有时也会过度承诺。换句话说，大模型可能更喜欢用“滚雪球”来实现自我一致性，而不是从错误中恢复。

如图 6-16 所示，美国华裔科幻作家特德·姜打了个比方。他把 ChatGPT 看作是万维网上所有文本的模糊 JPEG，“它保留了网上大部分信息，就像 JPEG 保留了高分辨率图像的大部分信息一样。但如果要寻找精确的比特序列，你无法找到它，得到的只是近似值。但因为这个近似值是以语法文本的形式呈现的，而 ChatGPT 擅长创建语法文本，所以它通常是可以接受的”。如何让其“分辨率”有所提升呢？许道军观察发现，如果提问越笼统，ChatGPT 回答就会越“官方”，甚至“打马虎眼”“捣糨糊”，相反，好的提问更能得到好的回答，正如高手过招，步步惊心。

图 6-16　ChatGPT 是万维网上所有文本的模糊 JPEG

2. 应对策略

（1）批判性思维：接受 AI 给出的答案时，保持批判性思维。如果答案看起来不合逻辑或不可靠，最好进一步核实。

(2) 使用可靠信息源：对于重要的决策或深入的了解，最好参考专业的书籍、学术论文或权威新闻。

(3) 了解 AI 的工作原理：理解 ChatGPT 是如何通过分析大量文本数据来“学习”的，可以帮助我们更好地理解它的局限性。

目前还没有万无一失的方法来彻底防止大模型提供不准确的信息。然而，通过采取以下策略，我们可以显著降低这种风险：通过设计更加精细和明确提示，来引导语言模型生成更准确和可靠的回答。这包括避免模糊和容易引起误解的提示，并可能包括明确指示模型不要提供虚假或不可验证信息。

6.5.2 数据与算法挑战

6.5.2.1 数据质量挑战

大模型的性能高度依赖训练数据的质量，但实际数据中往往存在噪声、重复、标注错误或信息过时等问题，影响模型的泛化能力和生成质量。为提升数据质量，可通过数据清洗与预处理去除噪声、错误和冗余信息，整合多领域、多语言的数据增强覆盖范围，并采用主动学习动态筛选高质量样本，以优化训练效率。

6.5.2.2 数据偏见挑战

训练数据中的社会偏见可能被模型学习并放大，导致生成歧视性或刻板印象内容，如招聘场景中可能偏向特定群体。为降低数据偏见，可采用对抗训练减少偏见特征的影响，在损失函数中引入公平性约束强制均衡输出，并通过数据重采样或生成合成数据弥补少数群体数据不足，提升公平性。

6.5.2.3 持续学习挑战

大模型需要适应不断变化的任务和知识，但传统训练方式依赖全量数据重新训练，导致效率低、成本高。为提升模型的持续学习能力，可利用弹性权重巩固（EWC）保护旧任务的重要参数，采用渐进式网络动态扩展模型结构，并通过参数隔离划分“共享参数”和“任务专属参数”，减少新旧任务间的冲突。

6.5.2.4 灾难性遗忘挑战

模型在学习新任务时可能遗忘旧任务的知识，导致灾难性遗忘问题，例如训练新的翻译能力后，问答性能下降。为解决此问题，可采用经验回放机制保存旧任务的部分数据，与新任务混合训练；通过知识蒸馏让旧模型指导新模型，保留原有知识；并利用渐进式神经网络冻结旧网络权重，同时扩展新分支，确保知识的持续积累。

6.5.3 伦理与社会挑战

6.5.3.1 数据隐私与安全

AI 大模型的训练依赖于海量数据，其中可能包含用户的个人隐私信息。在数据收集和使用过程中，个人往往难以掌控自己的数据流向，甚至无法获知其被用于训练模型的具体方式。这种不可控性可能导致隐私泄露和数据滥用的问题，进而引发伦理争议和法律风险。为此，采用联邦学习、差分隐私等技术，可在提升模型能力的同时有效保护用户隐私，降低数据泄露风险。

6.5.3.2 技术鸿沟与资源不均

AI 大模型的训练需要高昂的计算资源、大规模数据和专业人才，仅有少数科技公司和科研机构具备足够的技术储备和资金支持。这种资源垄断加剧了技术鸿沟，使得中小企业、个人研究者甚至部分国家难以参与 AI 技术的竞争。这种不均衡的发展模式可能进一步扩大社会不平等，并使 AI 的红利无法公平惠及全社会。因此，推动开源大模型的发展、降低计算资源门槛、加强国际的合作与资源共享，是缩小技术鸿沟的重要方向。

6.5.3.3 偏见与歧视问题

AI 大模型在学习过程中可能继承甚至放大数据中的社会偏见。例如，如果训练数据中存在性别、种族或地域歧视，模型可能在生成内容或决策时表现出类似偏见，影响招聘、公平信贷、医疗等重要社会领域，甚至可能对特定人群产生系统性的不公正待遇。为了降低 AI 系统的偏见风险，需在数据采集阶段确保数据的多样性与均衡性，并在训练过程中引入去偏算法，如对抗性去偏技术、数据重采样等，确保 AI 系统更加公平、公正。

6.5.3.4 虚假信息与误导性内容

AI 大模型具备强大的文本、图像、视频生成能力，虽然这为内容创作带来了便利，但也带来了虚假新闻、深度伪造（Deepfake）、恶意营销等信息污染问题。这些虚假内容可能影响公众认知，甚至被不法分子利用来操纵舆论、干预选举或进行网络诈骗。因此，需要通过技术手段，如 AI 生成内容的可溯源性标识、深度伪造检测算法，以及法律法规的完善，来遏制 AI 生成虚假信息的负面影响，确保信息生态的健康发展。

6.5.3.5 劳动力市场变革与就业挑战

AI 大模型的普及正在推动各行业的自动化进程，尤其是在客服、内容创作、数据分析等领域，许多传统岗位正在被智能系统替代。这种变革虽然提高了生产效率，但也可能导致部分劳动者失业，特别是重复性、低技能岗位的工人将面临更大的挑战。为应对 AI 带来的就业冲击，需加强职业教育和技能培训，推动劳动力向高附加值岗位转型，同时探索新的社会保障机制，以确保科技发展与社会稳定相协调。大语言模型等 AI 技术的突破，一方面推动了相关技术人才需求的增长，另一方面也给劳动力市场带来了挑战。这要求劳动力市场参与者不断适应和提升自身能力，以应对技术变革带来的影响。

6.6 大模型的应用

6.6.1 大模型应用场景

大模型技术起源于自然语言处理领域，以谷歌 BERT、OpenAI 的 GPT 和百度文心大模型为先锋，其参数规模不断攀升至千亿乃至万亿级别，训练数据量级亦显著增加，从而显著提升了模型的能力。在此基础上，继语言模态之后，视觉大模型等其他模态的研究也日益受到关注。更为重要的是，单模态大模型的整合催生了模拟人脑多模态感知的大模型，推动了人工智能从感知向认知的跃进。作为 AI 领域的核心技术，大型语言模型（LLMs）以其卓越的泛化能力和多模态处理特性，在文本生成、图像生成、视频生成等核心能力方面取得了突破性进展，并在包括金融、互联网、零售消费、医药健康、智能终端、游戏、企业服务、文化娱乐、教育科研和汽车等应用领域实现了广泛应用。

6.6.1.1　金融

在金融领域，AI 大模型的应用主要集中在知识管理与智能服务，包括智能客服、内部知识管理、研报分析和市场营销等方面。相较于其他行业，金融机构更倾向于采用私有化部署，以满足高标准的数据安全和隐私保护要求。然而，当前的大模型技术仍然存在一定局限性，例如生成内容的准确性不足、逻辑推理能力较弱等问题。此外，由于金融行业的核心业务涉及理财与财富管理，客户信息的保密性至关重要，这对 AI 大模型的安全性和合规性提出了更高的要求。

6.6.1.2　互联网

互联网行业对 AI 大模型的接受程度最高，并已在多个领域实现规模化应用。企业希望借助 AI 大模型降低运营成本、提升产品设计创新能力。典型应用包括搜索问答、广告推送、商品推荐、营销文案生成、教育培训、办公辅助等。此外，情感陪伴类应用展现出巨大的用户潜力，能够满足用户在互动交流、心理慰藉等方面的需求。这些应用的落地加速了互联网企业向智能化转型的进程，并进一步拓展了人工智能在商业模式中的价值。

6.6.1.3　零售消费

在零售与消费领域，AI 大模型的图文生成能力被广泛用于商品介绍生成、售前售后客服场景等环节。这不仅能够有效降低人力成本，还能够提升内容的准确性和一致性。同时，大模型在数据分析方面的应用也日益广泛，如销量分析、市场趋势预测和用户行为分析。通过 BI（商业智能）系统的升级，AI 技术能够为企业提供更加精确的数据洞察，辅助决策制定，并提高营销与销售的精准度。

6.6.1.4　医药健康

AI 大模型在医药健康领域的应用主要集中于辅助决策和智能服务。例如，在药物研发过程中，大模型可用于靶点发现、分子合成等关键环节，以提升新药开发的效率。同时，在医疗服务中，AI 技术被用于智能问诊助手、导诊分诊等场景，优化患者就医体验。此外，在养老照护方面，AI 大模型可应用于视频安全监控、文化娱乐、情感陪伴、出行辅助等多个场景，为老年人提供更加智能化、人性化的服务，提升生活质量。

6.6.1.5　智能终端

智能终端设备，如智能手机、笔记本电脑和智能家居，正在积极融合 AI 大模型的能力，以提供更加智能的交互体验。智能手机因其便携性、丰富的 APP 生态、持续升级的 SoC 芯片以及摄像头拍摄能力，成为 AI 大模型的重要应用载体，支持问答、任务执行和智能控制等功能。笔记本电脑则侧重于系统工具的升级，增强办公辅助、代码开发、视觉感知等能力。智能家居设备在语音交互、对话理解方面得到进一步提升，使其能够提供更自然、更流畅的用户体验。此外，智能眼镜、AR 设备等多模态感知终端也成为大模型落地的重要方向。

6.6.1.6 游戏

在游戏行业，AI 大模型的应用主要集中在内容生成和辅助功能领域。例如，2D 图像生成、语音合成、智能客服、违规内容监测等技术已较为成熟，并在实际运营中发挥重要作用。同时，大模型还可用于 3D 人物与动作生成、游戏策划辅助等环节。然而，游戏设计、数值策划和关卡玩法等核心部分仍依赖人工创意和专业策划，当前的大模型尚无法完全替代这些环节。此外，人机匹配依赖强化学习和模仿学习，而非直接由大模型完成。在未来，AI 大模型有望在游戏产业链的多个环节进一步拓展应用，优化内容生产效率并提升用户体验。

6.6.1.7 企业服务

企业服务领域正加速推动“AI+”战略，并将其列为 2024 年的重点发展方向。企业对 AI 大模型的投资力度显著增强，应用范围也不断扩展。从最初的内容生成、数据分析、知识问答，逐步发展到个人助理、跨模态生成、跨数据检索、多轮对话、长文生成等更高级的智能服务。这些技术的应用不仅提升了企业运营效率，还拓展了 AI 在商业智能、知识管理、自动化办公等方面的价值，为企业带来新的增长机遇。

6.6.1.8 文化娱乐

AI 大模型在文化娱乐行业的应用已进入广泛落地阶段。新闻内容生成、图片素材创作、音乐合成等单模态能力已成熟应用，并在媒体、设计等行业发挥重要作用。随着 GPT-4 等技术的推出，视频生成成为新的发展热点。例如，AI 大模型可以实现图片生成视频、文字生成视频、自动剪辑等功能，为短视频、影视制作等领域带来全新的创作方式。这些技术的进步将推动娱乐内容的生产效率提升，并进一步拓展数字内容的表现形式。

6.6.1.9 教育科研

教育行业正积极利用 AI 大模型的能力，提升教学质量和效率。头部教育机构依托海量题库资源，在幼儿教育、学前教育、小学、初中、高中、职业培训、大学及考公考研等各个阶段，广泛应用 AI 技术。例如，试题生成、自动批改、口语分析、虚拟教师等功能已进入实际教学场景。其中，英语培训市场展现出巨大的商业潜力，AI 大模型能够提供智能化的语言学习支持，助力个性化教学的发展。此外，在科研领域，大模型可用于学术论文分析、文献综述生成等环节，提升研究效率。

6.6.1.10 汽车

AI 大模型在汽车行业的应用主要涵盖智能座舱、企业服务、自动驾驶和智能制造四个方面。智能座舱依托 AI 大模型，实现车载语音助手、车内控制、导航娱乐等功能，提升用户交互体验。同时，车企利用 AI 大模型优化知识管理、市场营销等企业服务，提高运营效率。在自动驾驶领域，大模型可结合 RAG 检索、指令生成、Function Call、API 调用、插件调用等技术，增强环境感知和决策能力。此外，在智能制造领域，AI 大模型通过数据分析、流程优化等方式，提高生产自动化水平，加速智能化升级。

6.6.2 大模型应用效果

6.6.2.1 自然语言处理

基于Transformer架构与自注意力机制，实现语义理解与生成。谷歌PaLM 2模型支持100+语言互译，误差率较传统模型降低60%；微软Azure Cognitive Services的智能客服系统日均处理千万级咨询，响应准确率达95%。法律领域，ROSS Intelligence利用大模型实现合同条款自动审查，效率提升10倍。

6.6.2.2 计算机视觉

融合卷积神经网络（CNN）与视觉Transformer（ViT），商汤科技SenseTime的工业质检系统在半导体制造中实现99.99%缺陷检出率；医疗领域，DeepMind的AlphaFold成功预测2.3亿种蛋白质结构，推动新药研发周期缩短3年。农业场景中，John Deere的See & Spray系统通过图像识别精准除草，农药使用量减少80%。

6.6.2.3 产业优化

在智能制造领域，特斯拉采用数字孪生技术优化生产线，Model Y生产节拍缩短30%；宁德时代AI质检系统实现电芯缺陷检测0漏判。金融领域，摩根大通COiN平台利用大模型分析3.6万份信贷合同，人力成本降低90%。

6.6.2.4 医疗健康

联影智能uAI诊断平台对肺结节CT检测敏感度达98.2%；IBM Watson for Oncology为乳腺癌患者提供治疗方案推荐，与专家一致性达93%。可穿戴设备结合大模型，如Apple Watch的心电图功能实现房颤监测准确率达99%。

6.6.2.5 内容创作

OpenAI的DALL·E 3生成图像在艺术拍卖市场成交价超4万美元；新华社“AI主播”实现新闻24小时播报，语音合成自然度达4.8/5分。音乐领域，Suno AI模型可生成专业级编曲，Spotify已收录超10万首AI创作歌曲。

6.6.2.6 科学研究

欧洲核子研究中心（CERN）使用大模型分析粒子对撞数据，发现新粒子效率提升40%；NASA气候模拟系统通过AI预测厄尔尼诺现象，提前6个月预警准确率85%。化学领域，MIT开发模型预测分子性质，加速材料发现速度100倍。

6.6.2.7 社会治理

杭州“城市大脑”实时优化1300个路口信号灯，通行效率提升25%；新加坡Virtual Singapore数字孪生平台预测洪涝灾害响应时间缩短70%。公共安全方面，Palantir Gotham平台关联分析10亿级数据节点，反恐预警准确率提升50%。

6.6.2.8 教育创新

科大讯飞智能阅卷系统累计批改作文超20亿篇，评分一致性达人类专家水平；可汗学院 AI 导师实现知识点精准推荐，学生平均成绩提高 1.5 个等级。虚拟实验室 Labster 为 3000 所学校提供 VR 化学实验，危险操作模拟准确率 100%。

6.6.2.9 跨模态交互

英伟达 Omniverse 平台实现 3D 设计实时渲染，宝马工厂数字孪生体节省原型测试成本 2 亿美元；Meta Code Llama 模型支持自然语言生成代码，开发效率提升 40%。多模态应用如谷歌 MUM 模型，可同时解析文本、图像与视频内容。

6.6.2.10 前沿探索

量子计算领域，IBM 量子处理器实现锂离子电池材料模拟效率提升 1000 倍；太空探索中，SpaceX 星链系统通过 AI 优化卫星轨道，通信延迟降低 30%。脑机接口方面，Neuralink 结合大模型解码神经信号，打字速度达 12 词/分。

课后习题

一、单项选择题

1. 以下哪个模型属于基于 Transformer 架构的大模型？（　　）

A. AlexNet　　B. GPT　　C. LeNet　　D. SVM

2. MLP（多层感知机）的主要缺点是（　　）。

A. 无法处理非线性问题　　B. 计算复杂度高，不适用于深度学习

C. 无法处理图像、文本等复杂数据　　D. 训练速度快，适合大规模数据集

3. CNN 主要用于哪种类型的任务？（　　）

A. 文本生成　　B. 语音合成　　C. 图像处理　　D. 强化学习

4. RNN（循环神经网络）相比于 MLP 的主要优势是（　　）。

A. 计算复杂度更低　　B. 适用于处理时间序列数据

C. 训练难度更低　　D. 适用于静态数据分析

5. Transformer 的核心机制是（　　）。

A. 卷积操作　　B. 循环计算　　C. 自注意力机制　　D. 线性回归

6. 在大模型的预训练阶段，其主要任务是（　　）。

A. 直接进行下游任务优化　　B. 通过大规模数据学习通用知识

C. 仅训练少量参数　　D. 确保模型只适用于特定任务

7. 大模型的微调（Fine-tuning）主要是为了（　　）。

A. 增加模型参数规模　　B. 训练新的神经网络

C. 让模型适应特定任务需求　　D. 完全替换预训练模型

8. 数据与算法挑战主要体现在（　　）。

A. 需要大量高质量数据　　B. 训练数据可以随意选择

C. 算法不需要优化　　D. 数据不影响模型性能

二、多项选择题

1. 大模型的主要特点是（　　）。
   A. 具有大规模参数　　B. 依赖大量数据进行训练
   C. 只能用于文本处理任务　　D. 能够进行多模态任务处理
2. 与传统机器学习模型相比，大模型的主要优势有（　　）。
   A. 能够处理更大规模的数据　　B. 能够自动提取特征
   C. 计算复杂度较低　　D. 适用于多种任务
3. 国家政策对大模型发展的主要推动方式包括（　　）。
   A. 资金支持　　B. 政策引导
   C. 限制大模型研究　　D. 促进算力基础设施建设
4. 大模型的训练通常包括（　　）。
   A. 预训练　　B. 训练　　C. 微调　　D. 应用部署
5. 大模型的技术挑战主要包括（　　）。
   A. 计算资源消耗大　　B. 训练时间长
   C. 可解释性较差　　D. 能够完美处理所有任务
6. 大模型的伦理与社会挑战包括（　　）。
   A. 偏见和歧视问题　　B. 隐私与数据安全风险
   C. 低计算成本　　D. 潜在的滥用风险
7. 大模型的应用场景包括（　　）。
   A. 机器翻译　　B. 智能对话系统
   C. 仅限于学术研究　　D. 自动代码生成

三、思考题

1. 与传统机器学习模型相比，大模型有哪些核心优势和局限性？
2. Transformer 架构为什么能够替代 RNN 和 CNN 在自然语言处理中的应用？
3. 大模型的预训练、微调和应用阶段的区别是什么？
4. 如何应对大模型的计算资源挑战？
5. 大模型在伦理与社会方面可能引发哪些问题？如何解决？
6. 你认为大模型未来的发展趋势是什么？可能在哪些新领域得到应用？

第 7 章

大模型工具介绍

教学内容

本章以“大模型工具介绍与实践”为核心，系统解析主流工具的功能特性、应用边界与优化策略，并聚焦国产大模型（如深度求索 DeepSeek）的技术突破与生态贡献，展现中国人工智能发展的独特路径。

教学重点

1. 理解并掌握各大模型工具的基本功能和应用场景。
2. 学习提示词提示工程的基本原则和方法。
3. 掌握提示词设计和优化的技巧，能够应用于实际项目中。

教学难点

1. 理解不同大模型工具的特点和应用场景。
2. 设计和优化有效的提示词，提高模型的性能和实用性。

教学方法

1. 详细介绍各大模型工具的功能和应用场景，通过案例讲解提示词提示工程的基本原则和方法。
2. 利用视频和演示软件，展示提示词设计和优化的实际操作过程。
3. 学生分组讨论不同提示词设计的效果，并进行案例分析。
4. 学生进行提示词设计和优化的实际操作，教师提供指导和反馈。

教学要求

1. 了解并掌握 DeepSeek、文心一言、通义千问、豆包等常见工具的功能和应用场景。
2. 掌握提示词提示工程的基本原则和方法，能够设计和优化有效的提示词。

素质目标

通过系统学习国产大模型工具的功能特性与技术突破，引导学生增强对我国人工智能自主创新成果的认同感与自豪感，坚定科技自立自强的信念。通过提示词工程的实践训练，培养学生严谨求实、精益求精的科研精神和创新能力。通过对比中外大模型生态，强化家国情怀与全球视野，激励学生积极投身国家人工智能发展主战场，把个人成长融入“科技强国”的时代征程，践行“以科技服务人民”的责任担当。

7.1　常见大模型网页工具

7.1.1　ChatGPT

ChatGPT，是英文 Chat Generative Pre-trained Transformer 的缩写，中文译为生成式预训练模型，是由 AI 组织 OpenAI 开发的基于人工智能的聊天机器人。它属于自然语言处理（NLP）领域的一部分，使用了一种名为 Transformer 的深度学习模型架构。GPT 模型通过大量的文本数据进行预训练，能够理解和生成自然语言，可以给用户提供类似于人类的对话体验。

7.1.1.1　ChatGPT 的发展历程

ChatGPT 的前身是 GPT 系列模型，自 2018 年推出 GPT-1 以来，OpenAI 持续优化模型，直至 2020 年推出了 GPT-3，这是一个具有 1750 亿个参数的大规模语言模型。GPT-3 的强大能力为 ChatGPT 的诞生奠定了基础。ChatGPT 在 GPT-3 的基础上进行了进一步的优化，使其在对话生成方面更加自然和流畅。

公开的数据显示，截至 2023 年 1 月，ChatGPT 成为消费级软件领域用户增长最快的应用，拥有超过 1 亿用户，远超此前其他软件创下的纪录，其发展历程如图 7-1 所示。

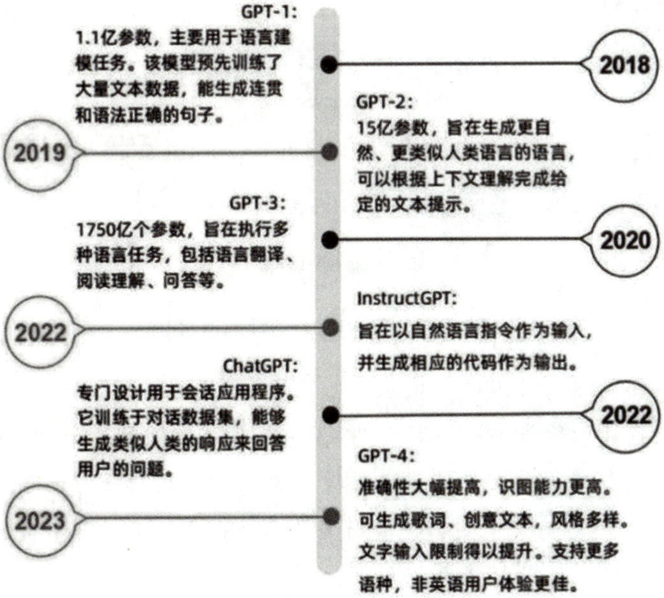

图 7-1　ChatGPT 的发展历程

7.1.1.2 ChatGPT 的训练过程

从 GPT-1 到 GPT-3 这个过程，GPT 的三个模型几乎都是相同架构，只是有极少量的改动。但一代比一代更大，也更烧钱。所以 GPT 系列的特点就是：算力的叠加，也就是“钞能力”，其影响力和花费的成本是成正比的。三个模型的比较见表 7-1。

表 7-1 GPT 三个模型的比较

模型	发布时间	参数量	预训练数据量
GPT-1	2018 年 6 月	1.17 亿	约 5 GB
GPT-2	2019 年 2 月	15 亿	40 G
GPT-3	2020 年 5 月	1750 亿	45 TB

从 InstructGPT 到 ChatGPT 没有很大的改动，ChatGPT 采用的是 InstructGPT 的架构，本质上是一样的，只不过采用的训练的数据更多和人类聊天相关，所以变成了“ChatGPT”。所以，最主要是看 InstructGPT 怎么通过 GPT-3 来的。

参考 OpenAI 发表关于 InstructGPT 论文：https：//arxiv. org/pdf/2203. 02155. pdf，分为如下的三步，如图 7-2 所示。理论上讲，只要看懂了训练步骤的这三部分，就可以训练得到我们自己的 ChatGPT。

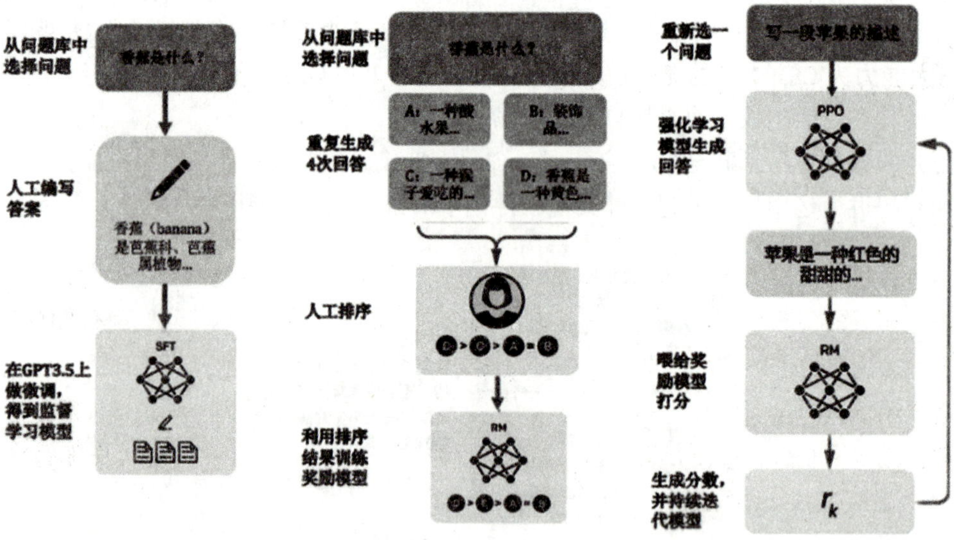

图 7-2 ChatGPT 的训练过程

第一步：基于监督学习的微调。

在第一阶段，使用监督学习方法对 GPT-3 进行微调，得到一个初步的监督学习模型。

（1）数据收集：构建一个高质量的问题库，涵盖用户在对话中最感兴趣的内容。

（2）人工标注：从数据库中抽取问题（称为 prompt），交由人工进行回答。例如，在原始论文的示例中，任务是向 6 岁儿童解释“强化学习”这一概念。

（3）模型训练：将人工提供的问题及对应的高质量回答输入 GPT-3 进行训练，使其能够生成类似的优质回答。

监督学习模型通过学习已有的优质回答来进行文本生成，但其主要限制在于数据获取成本高，需要大量人工标注，以涵盖广泛的领域。评估困难，对于某些问题，难以直接判断回答的优劣。为了解决这些问题，引入了第二阶段的奖赏模型。

第二步：训练奖赏模型。

奖赏模型用于评估生成文本的质量，并为后续强化学习提供反馈信号。

（1）数据构建：针对相同的输入问题，利用第一步训练得到的监督学习模型生成多个（通常为四个）不同版本的答案。

（2）人工排序：由人工对这些答案进行排序，从最佳到最差。虽然人们可能无法直接生成答案（类似于无法直接制造冰箱），但他们可以轻松评估答案的质量（就像可以判断冰箱的好坏）。

（3）模型训练：将这些排序数据输入奖赏模型进行训练，使其学会对新生成的答案进行自动评分，从而减少对人工评价的依赖。

奖赏模型的目标是提供一个自动化的标准，用于衡量生成内容的优劣，并为强化学习阶段提供指导。

第三步：基于 PPO 算法的强化学习优化。

在最终阶段，结合强化学习方法（Proximal Policy Optimization，PPO）进一步优化模型，使其能够生成更加符合用户需求的回答。

（1）问题输入：从数据集中选取一个问题（prompt），输入强化学习模型。

（2）回答生成：模型根据当前策略生成一个回答。

（3）评分反馈：利用第二步训练得到的奖赏模型对生成的回答进行评分。

（4）策略优化：根据评分结果调整模型参数，使其逐步趋向于生成更高质量的回答。

强化学习的核心思想是通过反馈机制来优化模型的生成策略，使其在未来能够更高效地提供符合用户需求的答案。

整个训练过程形成了一个闭环，监督学习负责建立基础的回答能力，奖赏模型提供评价标准，减少人工标注负担，强化学习通过持续优化，使模型生成的答案更加符合用户期望。

7.1.1.3　ChatGPT 的局限性

ChatGPT 依托背后千亿级别的训练参数，在文本理解和生成方面展现出了惊艳的表现。但是 OpenAI 没有对国内用户开放使用权限，ChatGPT 的官网在国内是无法直接打开的。

1. 使用第三方平台集成

许多第三方平台已经将 ChatGPT 集成到它们的服务中，用户可以通过这些平台间接使用 ChatGPT：

（1）浏览器扩展：一些浏览器扩展（如插件）已经集成了 ChatGPT，用户只需安装这些扩展即可在浏览器中直接使用 ChatGPT。

（2）即时通信工具：部分即时通信工具（如 Discord）或某些网站可能内置了 ChatGPT 功能，用户可以通过这些渠道直接与 ChatGPT 互动。

（3）小程序：一些国内平台通过小程序也提供了与 ChatGPT 对接的服务，用户通过微信或其他应用即可快速体验。

2. 使用合租平台提供的 ChatGPT Plus 服务

一些合租平台提供了 ChatGPT Plus 的合租服务，用户无须科学上网即可直接访问 ChatGPT Plus 的功能。这种方式便捷且避免了复杂的技术操作，适合大多数普通用户。

3. 使用国内代理服务

部分国内科技公司或独立开发者提供了代理服务，帮助用户绕过访问限制，直接使用 OpenAI 的 API。通过这些代理服务，用户可以享受到相对流畅的本地化使用体验，同时解决了连接到国外服务器的网络问题。

4. 租用海外服务器

通过租用海外 VPS（如阿里云、AWS、DigitalOcean、Linode 等）是另一种可行的方式。用户可以在国外的服务器上配置网络环境，确保能够稳定访问 OpenAI 的 API。租用 VPS 后，可以通过远程桌面或 SSH 连接到该服务器，进行 ChatGPT 的操作和使用。这种方式适合有一定技术背景的用户，能够灵活定制自己的使用环境。

5. 本地部署开源模型

对于技术能力较强的用户，可以考虑在本地服务器或计算机上部署开源的语言模型（如 ChatGLM、Llama 等），这些开源模型能提供与 ChatGPT 类似的功能。用户可以通过本地部署，避免网络访问限制，同时完全控制运行环境。这种方式适合那些希望深入了解和定制 AI 模型的开发者或研究者。

ChatGPT 的出现并非仅仅因为 OpenAI 在技术上具备超凡的能力，其背后的技术并不完全是原创的，实际上，许多模型都是业内已有的开源技术。然而，OpenAI 在这些技术的应用上展示了极大的巧妙，通过将多个模型进行了有效融合，取得了显著的成果。更为重要的是，ChatGPT 将模型的参数规模扩大到了 1750 亿个，这一参数量级相较于之前的模型增长了十倍甚至百倍。虽然其模型框架并没有发生根本性的变化，但在如此庞大的参数量支持下，量变最终引发了质变，极大提升了模型的表现力和处理能力。

在实际应用中，ChatGPT 的最佳定位是作为个人助手。在办公场景中，ChatGPT 表现出色，能够帮助用户完成大纲撰写、报告撰写、文章创作、解答题目，甚至编写代码。即使是编程初学者，也能借助 ChatGPT 的帮助编写出高质量的代码。此外，ChatGPT 逐渐具备了一定的逻辑推理能力，预计未来将在客服、营销、医疗等多个行业和场景中发挥重要作用，尤其是在那些重复性较高的人脑劳动领域，ChatGPT 有潜力取代传统的人工劳动。

然而，需要注意的是，ChatGPT 并未对全球用户开放，目前仅在部分国家和地区提供服务，并且对用户的网络位置比较敏感。如果系统检测到用户使用的是转发后的 IP 地址，很可能会导致账号被封禁。另外，在注册时，ChatGPT 要求提供一个海外手机号以接收验证码，这也使得许多用户无法顺利完成注册。因此，如果用户希望体验当前领先的 AI 对话软件，但又不希望面对繁琐的注册步骤和网络配置，建议考虑使用国内一些具备类似功能的 AI 智能对话软件。接下来，将介绍几款国内的大模型。

7.1.2 文心一言

7.1.2.1 文心一言概述

《文心雕龙》这部由我国南朝梁代文学家刘勰所著的文学理论巨著，为后世留下了宝贵的文化遗产。其书名中的“文心”二字，富含深意，代表着文学创作的精髓与心灵。这一术语巧妙地与“一言”结合，共同构成了“文心一言”这一富有内涵的名称。“文心一言”，是由百度研发的一款知识增强型大语言模型，如图 7-3 所示。

图 7-3 文心一言大模型

“文心一言”不仅具备与人对话互动的能力，还能解答疑问、辅助创作，为用户提供了获取信息、知识和灵感的便捷途径。

7.1.2.2 文心一言的五大核心功能

文心一言不仅具备强大的理解、生成、逻辑和记忆能力，还在多模态内容生成、情感理解、多语言支持、模型安全及自我学习等方面展现出卓越的技术优势。以下是文心一言的五大核心功能：

1. 跨模态生成

文心一言不仅支持文本、图像和音频的单一模态生成，还能够将不同模态的信息有机融合，创造出更具表现力的多媒体作品。例如，根据用户提供的一段文字描述，文心一言可以自动生成相应的绘画作品、背景音乐，甚至将二者结合，形成完整的多媒体内容。这种能力极大提升了内容创作的效率和多样性，为用户提供更加丰富、生动的互动体验。例如，在文学创作中，文心一言可以根据作家的描述生成场景插图或背景音乐，使作品更加立体、生动，增强情感感染力。

2. 情感理解与表达

文心一言不仅能够生成带有情感色彩的文本，还能够理解用户的情感状态并作出相应的调整。例如，在与用户交流时，文心一言可以根据用户的语言风格、情绪变化，调整自身的语气和表达方式，以提供更具亲和力的互动体验。同时，文心一言还能基于情感分析，为用户推荐符合其情绪需求的电影、音乐或书籍。例如，在智能客服场景中，文心一言能够识别用户的情绪状态，并以更加自然、富有同理心的方式进行回应，从而提供更加个性化、贴心的服务。

3. 多语言支持

文心一言具备强大的多语言处理能力，不仅可以实现高质量的翻译和语音转写，还能够理解不同语言文化的背景和表达方式。例如，在国际交流场景中，文心一言能够根据不同国家和地区的语言特点，调整表述方式，以更符合目标语言的文化习惯，提升跨文化沟通的精准度。同时，在国际贸易等商业场景下，文心一言可以为企业提供多语言翻译服务，帮助用户高效沟通，打破语言障碍，促进全球化合作。

4. 模型安全能力

为了确保用户数据安全和隐私保护，文心一言采用了一系列防范恶意攻击和数据泄露的安全措施。例如，其深度学习系统能够对输入数据进行多层次验证和过滤，防止恶意攻击和不良信息传播。同时，百度建立了严格的数据管理制度和安全审核机制，确保文心一言的安全性和稳定性。在数据处理过程中，文心一言采用加密技术，保护用户隐私，并实施严格的访问权限管理，确保数据使用的合法性和透明度，从而提升用户的信任感和使用体验。

5. 自我学习能力

文心一言具备高度自主的学习能力，能够通过对大量数据的持续分析和训练，不断优化自身的表现，提高生成内容的准确性和质量。例如，在新闻领域，文心一言可以学习海量新闻报道，提升新闻写作的专业性，使其报道内容更加精准、符合事实。同时，文心一言能够通过自我学习，不断掌握新知识和新技能，以适应快速变化的应用场景和用户需求。例如，在写作任务中，文心一言可以通过分析大量文本，提高自身的写作风格和语言表达能力，使其生成的内容更符合用户意图，提升写作质量。

7.1.2.3 文心一言的应用

文心一言是一款全能的智能助手，适用于工作、学习和生活中的各类场景。它不仅可以帮助用户提升效率、节省时间，还能在用户的闲暇时光提供娱乐和互动，甚至成为在情感需要时的陪伴者。

无论是日常工作中的问题解答、学术研究中的任务协助，还是生活中的情感陪伴，文心一言都能 24 小时在线，随时为用户提供帮助。在不同的生活阶段和情境中，文心一言都能成为用户得力的助手，提升生活质量。

7.1.3　通义大模型

7.1.3.1　通义大模型概述

初期，通义前身为通义千问，前者的“通义”取自《汉书》中的“天地之常经，古今之通义也”，有“普遍适用的道理与法则”之意；后者的“千问”寓意千万次的问，千万的学问，能问出千问的一定是真爱，能回答千问的，也一定是真有学问，以及 AI 和阿里云一样，都有千万次交互的热情。2024 年 5 月，更名为通义，意为“通情，达义”，具备全副 AI 能力，致力于成为人们的工作、学习、生活助手，如图 7-4 所示。

图 7-4　通义大模型

通义（Qwen）是阿里巴巴集团推出的大规模人工智能（AI）模型，致力于推动自然语言处理、多模态理解、智能交互等领域的技术革新。自 2023 年 4 月启动以来，通义千问不断升级迭代，覆盖文本、图像、语音等多模态任务，并在智能助手、企业应用、开源生态等方面展现出卓越的能力。

7.1.3.2　通义大模型发展历程

1. 初创与测试阶段（2023 年 4 月—2023 年 9 月）

2023 年 4 月，通义千问开启内测，并迅速与阿里巴巴全系产品深度融合，包括天猫、淘宝、钉钉、高德地图等。随后，通义千问逐步拓展至企业办公、智能客服、工业自动化等应用场景，为企业级用户提供智能化支持。

2023 年 9 月，通义千问正式向公众开放，并应用于淘宝问问，提升用户交互体验。与此同时，阿里云宣布开源 Qwen-14B 及其对话模型 Qwen-14B-Chat，推动大模型的开源发展。

2. 技术突破与应用拓展（2023 年 10 月—2024 年 6 月）

2023 年 10 月，通义千问 2.0 发布，并推出通义千问 App，进一步提升用户访问与使用便利性。2023 年 12 月，阿里云陆续开源 Qwen-72B、Qwen-1.8B 及音频大模型 Qwen-Audio，标志着通义千问在多模态领域的深入探索。

2024 年 3 月，通义千问宣布免费开放 1000 万字长文档处理功能，并开源 MoE（专家混合）模型 Qwen1.5-MoE-A2.7B。4 月，阿里云发布 320 亿参数的 Qwen1.5-32B，并在月底推出千亿级参数模型 Qwen1.5-110B，进一步提升模型性能。

2024 年 6 月，通义千问 Qwen2 正式发布，并同步在 Hugging Face 和 ModelScope 开源，为全球开发者提供开放可用的大模型资源。同时，通义千问持续推进产业合作，与携程、哈啰等企业深度合作，拓展在旅游、出行等行业的应用。

3. 模型升级与生态扩展（2024 年 7 月至今）

2024 年 7 月，在世界人工智能大会上，阿里云宣布通义千问开源模型的下载量突破 2000 万次，并在奥运期间推出奥运 AI 大模型，实现高精度赛事解读与智能翻译。

2024 年 9 月，阿里云在云栖大会上发布通义千问新一代开源模型 Qwen2.5，并再次大幅降低 API 调用价格，推动大模型普及应用。2025 年初，阿里云推出 Qwen2.5-1M 模型，实现 1M 超长上下文处理能力，并发布旗舰版 Qwen2.5-Max，预训练数据量突破 20 万亿 tokens。

截至 2025 年 3 月，通义千问的开源模型下载量已达 2 亿次，基于通义千问衍生的模型数量超过 9 万个，展现了其在全球 AI 生态中的广泛影响力。

7.1.3.3 通义大模型应用

通义千问是阿里巴巴达摩院自主研发的超大规模语言模型，源于阿里巴巴在人工智能领域的持续探索与实践。该模型致力于为各行业提供高效、精准的自然语言处理服务，并能够应对多种复杂任务挑战。

截至 2024 年 5 月，通义千问已推出八大行业模型，分别为通义灵码（编码助手）、通义智文（阅读助手）、通义听悟（智能音视频处理）、通义星尘（个性化角色创作）、通义点金（投研助手）、通义晓蜜（智能客服）、通义仁心（健康助手）和通义法睿（法律顾问）。这些模型覆盖从编程辅助、文本阅读、语音转写到法律咨询等多个领域，为用户提供全面智能的 AI 支持。

1. 通义灵码（编码助手）

通义灵码能够辅助程序员进行代码编写、阅读、调试和优化，支持 Java、Python、Go、JavaScript、TypeScript、C/C++、C#等 200 多种编程语言。借助该工具，程序员可提升超过 10%的开发效率，无需额外下载专业软件，即可在线进行代码开发与学习。

2. 通义智文（阅读助手）

通义智文是基于通义大模型的 AI 阅读助手，能够智能解析网页、论文、图书和文档，帮助用户迅速获取提要，掌握要点，提高阅读效率。该助手支持自由提问，可为用户提供文章解读与问题解答。

3. 通义听悟（智能音视频处理）

通义听悟专注于音视频内容的智能处理，具备转写、翻译、角色分离、全文摘要、章节速览、发言总结、PPT 提取等功能，同时支持标重点与记笔记。其核心技术包括多语言 Query 处理、长篇文本理解、指令演化框架优化及检索增强生成（RAG）算法，使用户能够高效管理和分析长时音视频内容。

4. 通义星尘（个性化角色创作）

通义星尘是一款个性化角色创作平台，基于高质量对话数据训练，使模型在具备通用能力的基础上，增强拟人化特性、情感表达和语言风格控制。该平台可用于角色扮演、游戏 NPC 互动、IP 复刻等场景，为用户提供深度互动体验。

5. 通义点金（投研助手）

通义点金是专为金融领域打造的智能投研助手，能够解析财报、研报，分析金融市场事件，自动绘制图表，并进行实时数据分析。该模型可辅助投研人员进行事件分析、文档解析、财务报表研究及市场数据检索，提高投资决策的精准度。

6. 通义晓蜜（智能客服）

通义晓蜜为企业提供全渠道智能客服解决方案，包括对话机器人、智能座席助理、多模态智能联络中心等。其对话机器人支持文档网页、高频问题、复杂多轮交互等，智能座席助理可提供产品介绍、通话分析、案例沉淀和沟通技巧提升，多模态联络中心则实现电话、IM、视频的统一接入，提高客户服务的智能化水平。

7. 通义仁心（健康助手）

通义仁心是个人健康助手，具备“问报告、问症状、问用药、问疾病”四大功能。用户可基于健康数据进行个性化咨询，快速获取医学信息，辅助健康管理。

8. 通义法睿（法律顾问）

通义法睿是一款智能法律助手，能够解析法律条文、推理案件适用法律、推荐类似裁判案例、辅助案情分析及生成法律文书。其强大的推理能力使其能够精准检索法律法规，为法律专业人士和普通用户提供便捷的法律咨询与辅助。

通义千问凭借其强大的技术实力、持续的开源开放战略以及广泛的产业应用，已成为国内领先的大模型之一。未来，随着技术的不断突破与应用的深化，通义千问有望在全球 AI 领域占据更加重要的地位，推动人工智能技术进入更智能、更高效、更普惠的发展阶段。

7.1.4 豆包大模型

7.1.4.1 豆包大模型概述

豆包大模型，原名“云雀”，是由字节跳动研发并发布的一款先进的大模型，如图 7-5所示。自 2024 年 5 月 15 日在火山引擎原动力大会上正式亮相以来，豆包大模型以其强大的功能和广泛的应用场景，受到了广泛关注。它结合了字节跳动在内容推荐和用户行为分析方面的技术积累，能够提供个性化的对话体验。豆包在娱乐、教育等领域的应用中，展现出了良好的互动性和用户黏性。

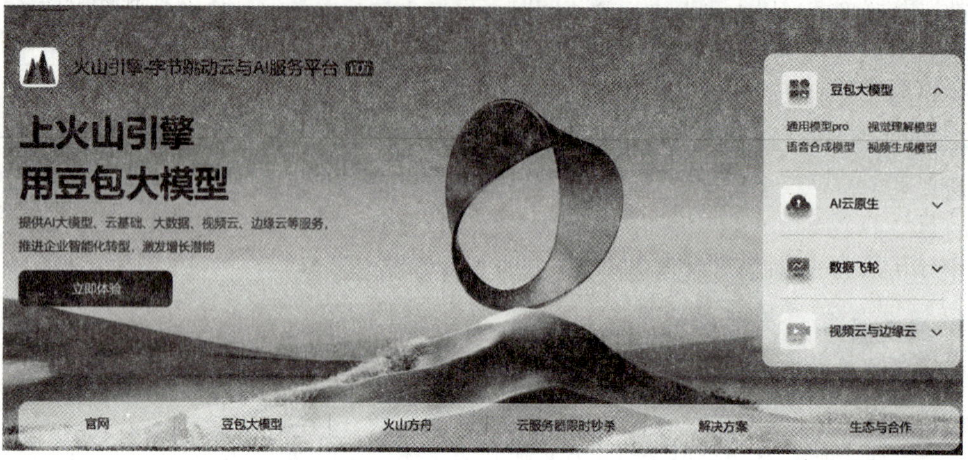

图 7-5　豆包大模型

7.1.4.2　豆包大模型应用

豆包持续强化大语言模型、语音大模型、视觉大模型的能力水平，并在通用模型的基础上，面向行业领域不断丰富模型家族，多样化的垂直场景细分模型可适配客户的专业需求，更加专业和深入的案例实践可以加速垂直场景模型优化迭代。豆包通用模型 pro 为自研大语言模型专业版本，支持 256k 长文本，具备更强的理解、生成、逻辑等综合能力，适配问答、总结、创作、分类等场景。与 pro 版本对应的是 lite 轻量化版本，可为企业提供更低 token 成本和更低延迟。豆包模型家族的视频生成、角色扮演、语音合成、语音复刻、文生图、图生图模型已广泛在内外部场景应用，例如电商营销、动画教育、城市文旅、音乐 MV、微电影、短剧、沉浸式听书、陪伴式 AI 交互、视频配音、电商产品配图等。

7.1.5　DeepSeek

7.1.5.1　DeepSeek 发展历程

DeepSeek（深度求索）于 2025 年 1 月 20 日正式发布，迅速成为全球人工智能领域的焦点，如图 7-6 所示。其诞生标志着中国在生成式人工智能（AIGC）领域的重大突破。作为一款开源推理模型，DeepSeek 的研发团队以“技术普惠”为核心目标，旨在通过降低大模型的训练与使用成本，推动 AI 技术的民主化进程。其命名“深度求索”不仅体现了对技术本质的探索精神，也象征着对人工智能未来发展的深度思考。

图 7-6　DeepSeek 大模型

DeepSeek 的起源与全球 AI 技术竞争的背景密不可分。面对美国企业在闭源模型领域的垄断，DeepSeek 选择以开源模式打破技术壁垒。其首个开源模型 DeepSeek-R1 通过强化学习（RL）优化推理路径，摒弃传统监督微调（SFT），验证了纯强化学习在模型优化中的可行性，这一创新为后续模型的高效迭代奠定了基础。发布仅 20 天，其日活跃用户数便突破 2000 万，成为全球增速最快的 AI 应用之一。

DeepSeek 自成立以来，凭借强大的技术研发实力和精准的市场定位，迅速崛起为 AI 领域的领军企业。其发展历程不仅体现了技术的不断突破与创新，更展现了与各行业深度融合的广阔前景。以下是 DeepSeek 发展历程的详细梳理：

1. 2023 年：创立与初期布局

2023 年 7 月 17 日，DeepSeek 由知名量化资管巨头幻方量化创立，专注于大语言模型（LLM）及相关技术的研发。作为大厂外唯一一家储备万张 A100 芯片的公司，DeepSeek 在硬件支持上具备显著优势，为其后续的技术突破奠定了坚实基础。

2023 年 8 月 2 日，公司注册资本增至 1000 万元，市场主体类型变更为其他有限责任公司，投资人变更为宁波程恩企业管理咨询合伙企业（有限合伙）。这一调整标志着 DeepSeek 在资本结构和治理模式上的进一步优化。

2. 2024 年：技术突破与行业认可

2024 年 5 月 7 日，DeepSeek 发布基于 MoE 架构的 DeepSeek V2 模型。该模型在架构设计和性能表现上获得第一财经技术中心的高度认可，被认为与财经垂类大模型的需求高度契合。随后，第一财经技术中心迅速启动以 DeepSeek V2 为主力基座模型的财经垂类大模型训练与应用研发工作。

2024 年 9 月 5 日，DeepSeek 宣布合并 DeepSeek Coder V2 和 DeepSeek V2 Chat 模型，推出升级版 DeepSeek V2.5。新模型在代码生成和对话交互能力上实现显著提升，同时保持 API 的向前兼容性，用户可通过 DeepSeek-Coder 或 DeepSeek-Chat 访问新模型。

2024 年 12 月，一份关于 DeepSeek 发布历程和优化方向的专家会议纪要文件在业内流传。对此，DeepSeek 迅速回应，强调公司未授权任何人员参与券商投资者交流会，相关“专家”非公司人员，所交流信息不实。DeepSeek 表示，公司内部制定有严格的规章制度，明令禁止员工接受外部访谈或参与投资者交流会，所有信息以官方披露为准。

3. 2025 年：全面爆发与生态共建

2025 年是 DeepSeek 全面爆发的一年，其技术成果和市场影响力迅速扩展至全球范围，并与多个行业实现深度融合。

1 月：技术突破与市场拓展

2025 年 1 月 27 日，DeepSeek 应用登顶苹果美国及中国区应用商店免费榜，超越 ChatGPT，成为全球用户增长最快的 AI 应用之一。根据公开报道，DeepSeek 的员工规模不及 OpenAI 的 1/5，但其高效的研发团队（约 70 名研发工程师和研究人员）和精准的产品定位使其在短时间内实现爆发式增长。

2025 年 1 月 28 日，DeepSeek 发布公告称，由于近期线上服务受到大规模恶意攻击，为保障服务质量，暂时限制+86 手机号以外的注册方式，已注册用户可正常登录。

2025 年 1 月，DeepSeek 发布 Janus-Pro 多模态大模型，正式进军文生图领域，进一步拓展其技术边界。

2025 年 1 月 31 日，英伟达宣布 DeepSeek-R1 模型登陆 NVIDIA NIM，并获亚马逊、微软接入。英伟达称 DeepSeek-R1 为“最先进的大语言模型”，标志着 DeepSeek 在全球 AI 技术领域的领先地位。

2 月：生态共建与行业融合

2025 年 2 月，DeepSeek-R1 大模型一键部署至腾讯云「HAI」，开发者仅需 3 分钟即可接入调用，极大降低了 AI 技术的使用门槛。

2025 年 2 月 5 日，DeepSeek-R1、V3、Coder 等系列模型陆续上线国家超算互联网平台，进一步推动 AI 技术在科研和产业领域的应用。

2025 年 2 月 6 日，因服务器资源紧张，DeepSeek 暂停 API 服务充值，同时中国电信、中国移动、中国联通三大运营商宣布全面接入 DeepSeek，为其提供强大的算力和网络支持。

2025 年 2 月 6 日，DeepSeek 发布声明，提醒用户注意仿冒账号和不实信息，强调一切信息以官方账号发布为准。

2025 年 2 月，DeepSeek 与多家车企达成深度合作，包括吉利汽车、岚图汽车、宝骏汽车、上汽荣威飞凡、比亚迪、江汽集团等，推动 AI 技术在智能座舱和自动驾驶领域的应用。

2025 年 2 月 8 日，QuestMobile 数据显示，DeepSeek 日活跃用户数突破 3000 万，成为史上最快达成这一里程碑的应用。

2025 年 2 月 9 日，DeepSeek 正式登陆苏州、常州、扬州等地，并在当地算力平台上完成部署上线，为用户提供“开箱即用”的软硬件一体服务。

2025 年 2 月 10 日，DeepSeek 获顶级域名 ai. com 认可，用户输入 ai. com 可直接定向至 DeepSeek 官网。此前，该域名曾长期指向 ChatGPT 和马斯克的 xAI 官网。

2025 年 2 月 11 日，国家超算互联网平台推出“AI 生态伙伴加速计划”，提供 3 个月 DeepSeek API 接口免费使用和千万卡时算力资源池等激励，进一步推动 AI 生态共建。

DeepSeek 与百度文心一言、居然智家、极狐汽车、若羽臣、马蜂窝、猿辅导集团、顺丰同城等多家企业达成合作，推动 AI 技术在教育、电商、物流等领域的应用。

DeepSeek 的发展历程是一部技术创新与生态共建的史诗。从创立初期的技术积累，到 2024 年的技术突破与行业认可，再到 2025 年的全面爆发与生态共建，DeepSeek 始终以技术为核心，以用户需求为导向，推动 AI 技术在各个领域的深度融合与应用。未来，DeepSeek 有望继续引领 AI 技术的发展潮流，为人类社会带来更多福祉。

7.1.5.2 核心能力：技术优势与差异化创新

DeepSeek 的成功源于其在技术、成本、伦理等多维度的突破性设计。

1. 强大的推理与泛化能力

DeepSeek 的模型性能比肩国际顶尖水平。例如，DeepSeek-R1 在数学难题解析、法律条文分析等复杂场景中展现了与 GPT-4 相当的推理能力，如图 7-7 所示。其支持联网搜索的功能更是行业首创，能够实时获取最新信息（如科技动态、新闻热点），为用户提供即时智能服务。

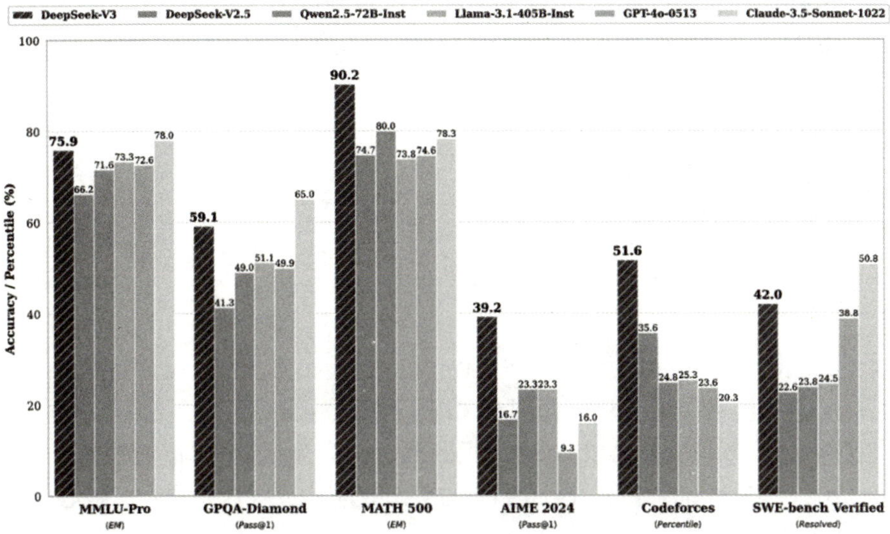

图 7-7 DeepSeek 与其他大模型的对比

2. 显著的成本优势

通过算法创新（如 MLA 算法、流水线策略、MoE 调度），DeepSeek 的训练成本大幅降低至 560 万美元，仅为同类模型的十分之一。其 API 服务定价仅为 OpenAI 的 1/4 至 1/16，极大降低了开发者和企业的使用门槛。

3. 开源生态与技术创新

DeepSeek 的开源特性是其最大亮点之一。用户可自由下载模型、部署开发，甚至获取手机端运行的 mini 版本。这一模式吸引了全球开发者社区参与优化，形成了“社区驱动创新”的生态，加速了技术迭代与应用落地。

4. 可解释性与伦理优先

与主流“黑盒模型”不同，DeepSeek-R1 在回答问题时主动展示推理路径、潜在偏见及伦理考量。例如，在分析政策决策时，它会明确说明评估框架（如经济影响、社会公平、环境权衡），并通过训练过程奖励伦理严谨性，主动提出数据偏差的缓解策略。

5. 全球化布局与行业适配

DeepSeek 已与国内外云服务商（阿里云、华为云、微软云等）及芯片厂商（燧原科技、壁仞科技等）深度合作，实现全栈国产化部署。其模型在金融、医疗、教育等领域的快速渗透，展现了广泛的应用潜力。

7.1.5.3 DeepSeek 的意义

1. 中国 AI 技术的崛起与全球竞争格局的重塑

DeepSeek 填补了中美在大模型技术端的差距，证明中国在算法创新和开源生态构建上的竞争力。其低成本、高性能的模型设计，突破了国外对高端芯片的“卡脖子”限制，推动国产算力供应链的崛起。

2. 技术普惠化的里程碑

DeepSeek 通过开源与免费策略，让初创企业、学术机构甚至个人开发者都能接触先进 AI 技术。这种“技术民主化”模式不仅加速了 AI 应用的普及，还激发了全球开发者的创造力，形成正向循环。

3. 伦理与技术的融合范式

DeepSeek 将伦理设计嵌入模型核心，而非作为事后补救措施。其主动提示风险、透明化推理过程的特性，为 AI 可信度与责任治理提供了新范式，回应了公众对技术透明性的迫切需求。

4. 产业链激活与经济增长新引擎

DeepSeek 直接激活了从芯片层（国产 GPU 适配）、云服务层（全栈部署）到应用层（金融、医疗、教育）的完整 AI 产业链。据预测，中国生成式 AI 市场规模未来 5 年将增长 5.5 倍，2029 年达 98 亿美元，DeepSeek 的生态效应将成为这一增长的核心驱动力。

5. 开源模式对闭源垄断的挑战

正如 Meta 首席科学家 Yann LeCun 所言，DeepSeek 的成功证明“开源模型正在超越专有模型”。其通过协作共享加速技术突破的模式，可能重塑 AI 行业的竞争逻辑，推动从“技术垄断”向“生态共赢”的转型。

7.1.5.4 中国 AI 未来展望

在 AI 科技领域，美国长期以来都是创新的引领者，中国企业往往扮演跟随者的角色，更擅长技术的应用场景拓展。现在竟然有中国的团队，在 AI 技术领域，做出了像消费电子般的中国“智造”模型，又好又便宜，在一定程度上打破了技术创新只能在美国出现的刻板印象。

图灵奖得主 LeCun 也借此痛批硅谷傲慢病：患有这种病症的人认为自己所在的小圈子垄断了好想法，甚至认为其圈子以外的所有创新都是通过“作弊手段”得来的。

DeepSeek 的崛起不仅是技术突破，更预示着一个更开放、更负责任的人工智能时代到来。其可解释性设计为公众信任奠定基础，开源生态为全球协作提供平台，而伦理优先的理念则为技术发展划定了边界。随着 DeepSeek 推动 AI 成本持续下降（符合杰文斯悖论效应），未来 AI 应用将加速渗透至日常生活，成为推动社会效率提升与产业升级的核心力量。

DeepSeek 的故事，既是技术创新的胜利，也是对人类价值观与技术融合的深刻探索。它证明，最先进的 AI 系统不必以牺牲透明度为代价，也不必在权力与伦理之间做出妥协——这正是 DeepSeek 为全球 AI 行业带来的最宝贵启示。

7.1.6 Kimi 大模型

7.1.6.1 产品简介

Kimi 智能助手是北京月之暗面科技有限公司（Moonshot AI）于 2023 年 10 月 9 日推出

的一款先进的人工智能助手，专注于长文本处理、学术论文理解、法律问题分析及 API 文档解析等专业应用，如图 7-8 所示。Kimi 具备超大规模上下文处理能力，是全球首款支持输入 20 万汉字的智能助手，并于 2024 年 3 月开启 200 万字无损上下文内测。

图 7-8　Kimi 大模型

7.1.6.2　发展历程

1. 正式推出

Kimi 智能助手自 2023 年 10 月 9 日发布后，迅速发展：

2023 年 11 月 16 日，向全社会开放服务；

2024 年 3 月，Kimi 启动 200 万字无损上下文内测，并实现用户量快速增长；

2024 年 4 月，产品更新引入语音输入、播报及搜索引用溯源功能；

2024 年 10 月，发布具备 AI 自主搜索能力的 Kimi 探索版，搜索效率提升至普通版的 10 倍。

2. 技术升级

2024 年 7 月，Kimi 开放平台公测上下文缓存（Context Caching）技术，在 API 价格不变的前提下可降低 90%使用成本，并提升模型响应速度；

2025 年 1 月，Kimi 开放平台推出多模态图片理解模型 moonshot-v1-vision-preview，实现图像识别、文字识别及深度理解；

2025 年 2 月，Kimi 最新模型 kimi-latest 发布，与智能助手产品同步升级。

7.1.6.3　产品功能与优势

1. 核心功能

Kimi 智能助手具备六大核心功能：

（1）长文总结与生成：可处理超长文本，快速归纳核心要点。

（2）联网搜索：实时检索最新信息，提升回答准确性。

（3）数据处理：支持数据分析与结构化处理。

（4）代码编写：提供高效代码生成与调试辅助。

（5）用户交互：优化对话流畅度，提升用户体验。

（6）翻译能力：精准翻译学术、法律等专业文本。

2. 技术优势

长文本处理能力卓越：Kimi 智能助手自 2024 年 3 月起支持 200 万字无损上下文，大幅领先行业标准。

高效响应：智能助手的“打字”速度提升近一倍，优化用户交互体验。

多模态能力：2025 年 1 月新增的 Vision 模型支持图片与文本的深度融合理解。

7.1.6.4 商业合作与行业影响

Kimi 智能助手积极拓展合作生态，包括：

（1）企业合作：与银之杰达成行业大模型战略合作。

（2）文娱合作：联手《沙丘 2》举办观影活动，探索 AI 在影视宣传中的应用。

（3）开发者生态：作为首个入驻字节跳动“扣子 Coze”平台的第三方大模型，促进大模型应用的多元化。

Kimi 的持续优化表明国产大模型在用户体验、技术创新和商业化方面均取得重大突破。未来，Kimi 将在 AI 搜索、多模态理解、个性化交互等领域持续优化，进一步推动国产大模型技术的发展。

7.1.7 扣子（Coze）

7.1.7.1 产品概述

扣子是面向 AI 应用开发的创新型平台，适用于不同技术背景的用户，如图 7-9 所示。无论是否具备编程能力，都可以利用扣子快速构建基于大模型的 AI 应用，并将其集成到社交平台、通信软件或业务系统中，满足多样化的智能应用需求。

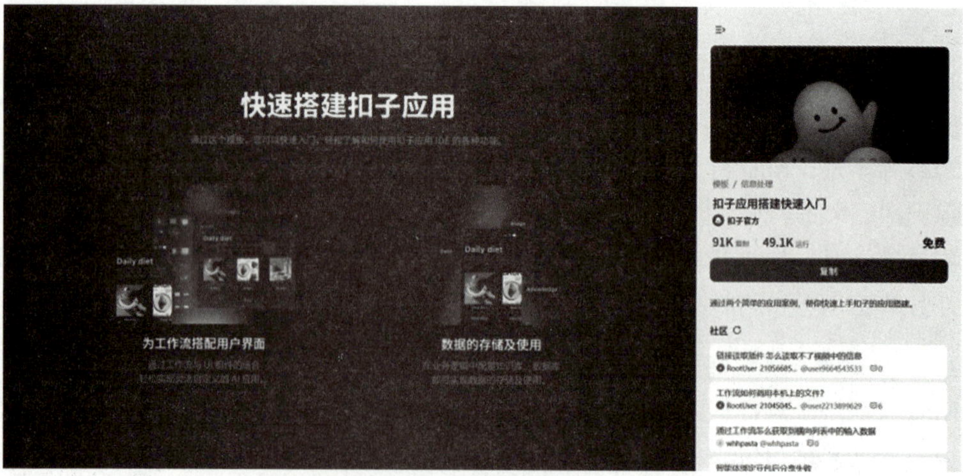

图 7-9 Coze 平台

7.1.7.2　核心功能

1. 智能体：对话式 AI 交互

智能体是基于大模型的 AI 交互项目，能够通过自然语言理解用户输入，并自动调用插件或工作流执行业务流程。常见的智能体应用包括智能客服、虚拟伴侣、个人助理、在线教育（如 AI 外教）等。

2. 应用：AI 驱动的独立业务系统

扣子支持开发具备完整业务逻辑和可视化界面的 AI 应用。用户可以构建 AI 搜索引擎、翻译工具、饮食记录系统等多种智能应用，实现从数据输入到任务处理再到结果输出的完整业务闭环。

7.1.7.3　扣子的优势

1. 灵活的工作流设计

扣子提供可视化的工作流编排工具，支持拖拽操作，便于用户构建复杂逻辑的任务流程。例如，可创建一个自动生成 20 页行业研究报告的智能体，让 AI 依据设定的逻辑高效完成文本撰写任务。

2. 无限拓展的能力集

平台内置丰富的插件库，涵盖新闻资讯、数据处理、计算工具等，用户可直接调用插件扩展 AI 智能体的能力。同时，支持自定义插件开发，可将外部 API 快速封装为插件，并发布到插件商店供其他用户使用。

3. 丰富的数据源支持

扣子提供知识库功能，便于 AI 访问和管理数据。用户可上传本地文件或实时获取网络数据，使 AI 智能体能够基于知识库信息进行精准回答，提高业务智能化水平。

4. 持久化的记忆能力

扣子具备数据库存储功能，可记录用户交互历史，如阅读笔记、学习进度、个人偏好等，实现个性化 AI 交互。例如，一个智能阅读助手可以存储用户的书单、阅读进度及笔记，并基于此提供个性化的推荐和分析。

7.1.8　小结

除文心一言、豆包、通义千问和 DeepSeek 等国内的大模型外，还有很多在线的大模型，如夸父、星火大模型等，这些国内的大模型目前处于免费测试阶段，用户可以免费使用。但是，未来是否会收费，还需要根据具体情况而定。虽然一般用户每日可使用无限次文心一言基础版，但无法使用专业版（专业版提供了更多的高级功能，如语音转文字、AI 写作、文书生成、语音输入、自然语言生成、文本摘要、智能回复等，适合有专业需求的用户使用。而普通版则更注重基础功能和普遍使用，适合日常写作记录和个人笔记使用）。需要花费一定费用注册成会员才可以使用专业版。

7.2 常见大模型 App 工具

除了网页工具，这些大模型厂家还提供了 App 应用，如图 7-10 所示。

Kimi：该系统在逻辑结构方面表现出色，内容准确且细致。在网络搜索方面，能够有效检索相关内容，并具备良好的总结概括能力，能够根据搜索到的信息进行高效整合。

智谱：该系统给人留下正规规整的印象，语言表达简练且具有高度概括性。在内容取舍上表现出克制，适合在需要正式介绍的场合使用，体现了其精准的网络内容筛选能力。

豆包：该系统在内容准确性上尚可，但存在一定的争议。部分内容疑似直接引用当事人的自我介绍，缺乏自主搜索与总结的过程，这在一定程度上影响了其原创性。

通义：该系统擅长夸赞，虽然内容并非完全不当，但过多篇幅用于夸奖，有时显得牵强附会，具有明显的美式风格。

文心一言：该系统在挖掘信息方面表现出色，能够从多个渠道搜集资料并进行联想，将不同信息黏合在一起，展现出强大的信息挖掘能力。

图 7-10 大模型 App 工具

此外，还有众多的大模型 App 应用，如腾讯元宝、天工、海螺 AI、秘塔 AI、紫东太初等。这些 App 的基本功能都可以免费使用，但更高级的功能则需要花费一定的费用才可以体验。

7.3 提示词工程

7.3.1 提示词简介

在生成式 AI 模型中，提示词工程是一门新兴的学科，它塑造了这些模型的交互和输出。提示词是用户与模型沟通愿望的文本界面，无论是在像 DALLE-3 或 Midjourney 这样的图像生成模型中描述图像，还是在像 GPT-4 和 Gemini 这样的 LLM 中提出复杂的问题。提示词可以是简单的问题，也可以是复杂的任务，包括指令、问题、输入数据和示例，以指导 AI 的响应。

提示词工程的核心在于制作出能够实现特定目标的最佳提示词。这个过程不仅是指导模型，还涉及对模型能力和局限性的深刻理解，以及它所处的上下文。例如，在图像生成模型中，提示词可能是对期望图像的详细描述，而在 LLM 中，它可能是一个包含各种类型数据的复杂查询。

提示词工程不仅是构建提示词，它还需要结合领域知识、对 AI 模型的理解，以及一种系统化的方法来为不同情境定制提示词。这可能包括创建可以根据给定数据集或上下文进行程序化修改的模板。例如，基于用户数据生成个性化响应可能会使用一个动态填充相关信息的模板。

此外，提示词工程是一个迭代和探索的过程，类似于传统软件工程实践，如版本控制和回归测试。这个领域的快速增长表明它有潜力彻底改变机器学习的某些方面，超越传统的特征或架构工程方法，尤其是在大型神经网络的背景下。另一方面，传统工程实践，如版本控制和回归测试，需要适应这个新范式，就像它们适应其他机器学习方法一样。

7.3.1.1　提示词的概念

在生成式人工智能模型中，提示词是用户输入的文本，用于引导模型产生期望的输出。这可以是简单的问题、详细的描述，或者是特定的任务。例如，在图像生成模型中，提示词通常是描述性的；而在大语言模型中，提示词可以是简单的查询，也可以是复杂的问题陈述，提示词在大模型中的应用如图 7-11 所示。

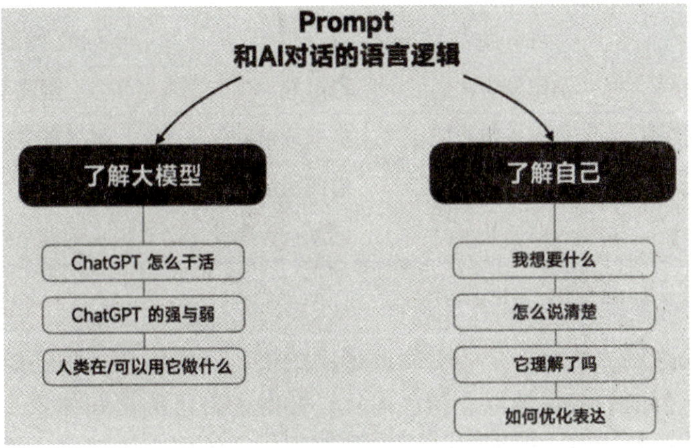

图 7-11　Prompt 提示词概念

提示词通常包含指令、问题、输入数据和示例。实际上，为了从 AI 模型中得到期望的回应，提示词必须包含指令或问题，其他元素则是可选的。

在大语言模型中，基本的提示词可以简单到直接提问，或者提供特定任务的指令。而高级提示词则涉及更复杂的结构，比如“思维链”提示词，这种提示词引导模型遵循逻辑推理过程来得出答案。

在大模型应用中，提示词工程起着至关重要的作用，它不仅影响输出质量，还直接决定交互体验和任务完成的效率。提示词工程的重要性体现在以下几个方面：

（1）提升模型性能：良好的提示词设计可以提高模型输出的准确性、连贯性和创造力，使其更好地适应不同任务。

（2）增强可控性：通过优化提示词，可以减少模型输出的不确定性，让生成内容更加符合预期。

（3）改善用户体验：精确的提示词有助于提高交互效率，让用户更容易获得所需的答案或创意内容。

（4）节省计算资源：清晰的提示词可以减少无效尝试，避免反复修改输入，提高任务完成效率，降低资源消耗。

7.3.1.2　提示词的核心价值

1. 提示词的本质与作用

提示词（Prompt）不仅是大模型的输入信息，更重要的是对方法论的封装和提炼。它的核心价值在于：

方法论的萃取与复用：将专家或经验丰富的从业者的方法论转化为结构化的提示词，使其可以广泛传播。

学习与知识迁移的加速：使原本需要多年积累的技能，通过高效的提示词，在短时间内提升初学者的能力。

2. 提示词对不同层级用户的价值（表 7-2）

表 7-2　提示词对不同层级用户的价值

用户类型	现有能力	提示词的作用
初学者（0~29 分）	基础知识缺乏	通过提示词实现基本任务，提高学习门槛
中级者（30~59 分）	具备一定技能	提示词帮助优化效率，提升任务质量
高级者（60~79 分）	熟练掌握技能	借助提示词提升产出效率，加速创新
专家（80~100 分）	精通业务	依靠个人经验，结合提示词做个性化调整

3. 提示词在不同场景中的应用

以阅读方法论为例，若有一个人，阅读速度极快，不仅如此，他还能迅速提炼书中的核心内容，将最有价值的知识加以总结、内化，并融入自己的认知体系。相比之下，许多人在阅读后只能简单复述书中的原文，而他却能用自己的语言和理解，重新组织出鲜明的观点。这种能力令人羡慕。

如果要将他的阅读方法论“萃取”成一条高效的 Prompt，需要对他进行系统性的访谈，提出以下关键问题：

（1）不同类型的书籍是否需要不同的阅读和记忆方法？如何分类？是否存在通用的方法论？

（2）在阅读和记忆过程中，是否有特定的思维模型或技巧？能否列举参考？

(3) 阅读的驱动力如何培养？如何优先选择那些“自己一定能读下去”的书籍？如何通过目录和大纲快速定位一本书的核心内容？

(4) 阅读顺序和重复阅读的策略是什么？是否有最佳的阅读顺序？

(5) 笔记方法与信息整理：是在阅读过程中做笔记，还是读完后再回忆整理？

(6) 如何快速教会他人高效阅读？

当这些问题有了清晰的答案后，就可以着手设计 Prompt，将这些阅读方法论转化为 AI 可执行的指令。针对不同的阅读需求，可以构建不同类型的 Prompt：

Prompt1：书籍阅读助手	
目标	让 AI 像“樊登读书”或“得到”一样，为用户提供书籍解读服务
方法	将通用的阅读方法论嵌入 Prompt，并根据不同类型的书籍进行优化和迭代
Prompt2：催我读书	
目标	帮助用户选书、提升阅读动力，并确保阅读有实际收获
方法	研究如何根据用户兴趣和需求推荐合适的书籍，并通过激励机制（如生成读书笔记）提高完成度和获得感
Prompt3：知识内化与应用	
目标	提升阅读效率，实现有效的信息转化和存储
方法	关注如何将书籍内容结构化，并优化记忆存储与检索策略

基于以上几个 Prompt，它们的价值就体现在不同用户的提升路径，如果这些 Prompt 被设计得足够有效，它们的价值将非常直观：对于阅读困难者（0~29 分），可以帮助其建立阅读习惯；对于阅读量较低者（30~59 分），可以大幅提升阅读效率；对于高强度阅读者（60~79 分），可以助力优化阅读策略并深化理解；而对于一年阅读 100 本书的高手（80~100 分），则可以借助 Prompt 定制专属阅读流程，甚至生成更高级的阅读策略，从而实现知识最大化转化。

7.3.1.3 提示词的基本结构

提示词是通过结合指令、问题、输入数据和示例来构建的。为了得到结果，必须包含指令或问题，其他元素则是可选的。一般分为结构化和非结构化的提示词，一个高效的提示词通常要明确告诉模型需要完成什么任务，提供与任务相关的背景信息，以帮助模型理解具体需求。规定输出格式，如“请用正式语气撰写”或“答案请以 JSON 格式返回”。通过一些特定的标准，将提示词结构调整为一些固定范式，例如：

```
# Role:
[请填写你想定义的角色名称]
# Profile:
-author:作者
-version:版本
```

```
-language:中文
-description:[请简短描述该角色的主要功能,50 字以内]
## Goals:
1. [请列出该角色的主要目标 1]
2. [请列出该角色的主要目标 2]
## Constrains:
[请列出该角色在互动中必须遵循的限制条件 1]
[请列出该角色在互动中必须遵循的限制条件 2]
## Skills:
[为了在限制条件下实现目标,该角色需要拥有的技能 1]
[为了在限制条件下实现目标,该角色需要拥有的技能 2]
## Workflows:
1. [请描述该角色的工作流程的第一步]
2. [请描述该角色的工作流程的第二步]
```

在构建提示词时，需要特别关注以下关键因素，以确保提示词的有效性和可操作性：

（1）清晰性：避免歧义，确保模型能准确理解任务。例如，“总结以下内容”比“改写这段话”更加明确。

（2）具体性：使用精确的词语描述任务，减少模型的自由发挥空间。例如，“用三句话总结文章”比“写个摘要”更清楚。

（3）限制条件：规定输出格式。例如，“请用 JSON 格式返回”或“生成 100 字以内的摘要”，避免过长或格式不统一的答案。

（4）示例参考：提示词示例可以让模型更容易理解期望的输出格式。例如，给定一封高质量的求职信作为示例，可以提高模型生成的内容质量。

合理的提示词设计不仅能使大模型的输出更加精准、连贯，还能减少用户反复调整输入的时间，提高整体交互效率。在实际应用中，掌握并灵活运用提示词工程的技巧，将极大地提升大模型的实用价值。

在 Prompt 设计中，结构化提示词具有显著优势。首先，它层级清晰，不仅提高了用户与大模型之间的可读性，还能确保逻辑严谨，便于理解和执行。其次，结构化提示词的可扩展性强，可以根据具体需求随时调整或扩展不同的模块，而不会破坏整体逻辑。同时，结构化设计强调格式与语义的一致性，便于迭代优化、调试（debug）和维护，提高提示词的稳定性与复用性。

更重要的是，结构化提示词具备完整的思维链这一结构化框架的核心目标，是提升 Prompt 的性能，使其更清晰、简明、有效、统一。在应用过程中，需要理解每个模块存在的必要性，避免盲目增加无关的模块。例如，看到某个框架包含额外的结构，不应强行添加，而应根据实际需求决定是否增设。

此外，结构化提示词特别适用于可复用的、高稳定性的应用场景，能够确保 AI 生成稳定且质量较高的结果。对于希望一次性输入即可获得 60 分以上稳定输出的场景，结构化提示词是一个有效工具，并且易于传播和共享。

然而，并非所有情况下都必须使用结构化 Prompt。如果用户本身具备较强的逻辑思维与书面表达能力，能够在与 AI 连续对话的过程中准确提出有效问题，并且不受交互次数的限制（例如 3 小时 50 轮对话），那么灵活的对话式提问方式可能更适合此类场景，尤其是在创意探索或灵感激发的任务中。

需要注意的是，结构化提示词并非固定格式的“八股文”，而是一种基于思维框架的写作结构。它的作用类似于写作的“格子”——帮助理清逻辑、组织内容，而不是限制创造力。因此，正确理解结构化 Prompt 的本质，并根据不同需求合理应用，才能真正发挥其价值。

7.3.1.4 提示词误区

在使用大模型（如 GPT）时，合理编写提示词（Prompt）至关重要。然而，许多初学者在实践过程中容易陷入一些常见误区，从而影响生成效果。以下针对三个典型问题进行分析，并提供优化建议。

1. 忽视基础知识的重要性

不少学习者在入门时急于撰写复杂的提示词，仅简单浏览基础教程，便直接套用模板编写大量 token 的提示词。然而，在此过程中，他们往往会遇到以下基础性问题：

（1）为什么大模型在对话中会“遗忘”之前的内容？

（2）为什么指定了一段内容，但生成结果却与其他信息混淆？

（3）为什么无法准确控制生成文本的字数？是否有更稳定的方法？

这些问题的根源在于对大模型的上下文窗口、注意力机制、输出控制方式等基础概念掌握不足。虽然早期的英文教程可能晦涩难懂，但目前已有许多优质的翻译和解读，建议认真阅读，并结合示例动手实践，确保对基本概念有扎实的理解。

2. 试图用一个 Prompt 解决多个复杂问题

初学者往往受到某些结构精妙的 Prompt 吸引，希望模仿撰写类似的高级提示词。然而，在实践中，如果对 Prompt 的能力边界缺乏清晰认知，可能会尝试在同一个 Prompt 内同时解决多个并行任务，导致：

（1）Prompt 结构过于庞杂，逻辑不清晰，影响可读性和执行效果。

（2）生成结果内容冗长但信息密度低，包含大量“正确的废话”。

（3）限制性指令或流程约束容易被忽略，影响输出的稳定性。

优化建议：以单一、清晰的目标为起点，确保单个任务的 Prompt 稳定高效后，再考虑扩展附加目标。但要注意适度增加，若新增需求影响输出的稳定性或准确性，应及时调整策略。对于不同的任务，建议分别编写独立的 Prompt，而非试图在一个 Prompt 内完成所有功能。

3. 过度关注 Prompt 本身，而忽略使用环境

在 Prompt 设计过程中，有些学习者倾向于在文档工具（如 Markdown、飞书代码块等）中反复优化 Prompt 的文本结构，但实际与大模型的交互却较少。这可能导致以下问题：

（1）未能充分测试 Prompt 在实际对话中的效果，忽略了与模型的交互优化过程。

（2）缺乏对 Prompt 在不同场景下的适应性验证，导致结构完备但实际可用性不强。

（3）未能结合用户体验优化 Prompt，使得最终效果难以满足实际需求。

优化建议：在 Prompt 撰写过程中，应充分利用 GPT 进行迭代优化，包括：

（1）让 GPT 解析提示词的逻辑，检验其对方法论的理解程度。

（2）让 GPT 针对某个关键逻辑点提出改进建议，优化结构和表达方式。

（3）多轮对话测试 Prompt 的生成效果，确保其在实际应用场景中的可用性和稳定性。

例如，在某次实践中，学员编写了一款焦虑情绪测试与建议生成的 Prompt，虽然从结构和语言来看逻辑完整，但在真实用户体验中，生成的建议过于宽泛，未能充分满足用户需求。这说明，如果忽略了 Prompt 作为对话工具的核心属性，未能结合实际使用场景进行测试和优化，即便格式完美，最终效果仍可能不理想。

7.3.1.5　提示词的未来：技术发展中的阶段性产物

在大模型能力的加持下，人机交互正在经历范式转换——从依赖机器指令（如编程语言）到更加自然的人类语言、语音、动作等方式进行交互。然而，由于技术尚未成熟，大模型对人类语言的理解仍存在诸多限制。因此，在这一范式转换的初期阶段，人类需要适应机器，掌握提示词（Prompt）技术，以更有效地引导大模型生成符合预期的内容。

有观点认为，提示词仅是过渡产品，未来随着人工智能的发展，人机交互将变得更加自然。例如，当用户简单地表达“我累了”，AI 或许能够精准理解其背后的意图——是希望交流、倾诉、请求帮助，还是单纯的情感表达。在这一场景下，用户可能无需再输入复杂的提示词，而是直接享受高度智能化的对话服务。

然而，这种发展趋势并不意味着提示词技术会完全消失，而是其应用形式可能会发生变化。例如，提示词有可能被内嵌至产品中，由系统自动解析用户意图，并结合用户的上下文信息（如近期状态、工作压力、任务安排、个人习惯等）生成精准的响应。在这样的模式下，提示词的学习需求可能会从普通用户转移至专业领域，仅有提示词工程师或特定职业群体需要深入研究这一技术，而普通用户则无须掌握提示词撰写技巧。

此外，关于提示词是否属于“过渡产品”的讨论，也可以从技术发展的时间尺度进行思考。例如，我们可以问：“马车是汽车的过渡产品吗？”“民航飞机是航天飞行器的过渡产品吗？”如果时间尺度足够长，几乎所有技术都可以被视为过渡产品。但如果某一技术的生命周期远超个人职业生涯甚至整个人类社会的使用需求，那么它对当下而言就不仅仅是“过渡”，而是一个长期存在的技术形态。

短期来看，随着大模型性能的提升，提示词的能力上限也会提高。例如，在未来的 GPT 版本中，当前“许愿式”的提示词可能会变得可行。当用户输入“请生成一条对人性具有深刻洞察的观点”时，大模型或许能够反问：“您希望我关注人性的哪个方面？我先提供一个示例，看看是否符合您的预期？”甚至，它能够精准理解问题并直接生成符合用户需求的内容。

在这种背景下，提示词编写的自由度将大幅提高，允许更复杂的逻辑、更深入的人机交互以及更多模态（文本、图像、音频等）的输入与输出。同时，提示词编写者的能力上限也将不断提升，技术熟练度的差异也会进一步拉大。因此，提示词技术并非短期内会被取代的工具，而是将随着人工智能的发展不断演化，并在未来的智能交互体系中发挥重要作用。

7.3.2　提示词六大策略

随着 ChatGPT、GPT-4 等大型语言模型（LLM）的出现，提示词工程（Prompt Engineering）变得越来越重要。很多人将 Prompt 视为 LLM 的咒语，其好坏直接影响模型输出的结果。如何写好 Prompt，已经成为 LLM 研究的一项必修课。引领大模型发展潮流的 OpenAI 发布了一份提示工程指南，该指南分享了如何借助一些策略让 GPT-4 等 LLM 输出更好的结果。该指南提出了六大策略，如图 7-12 所示。

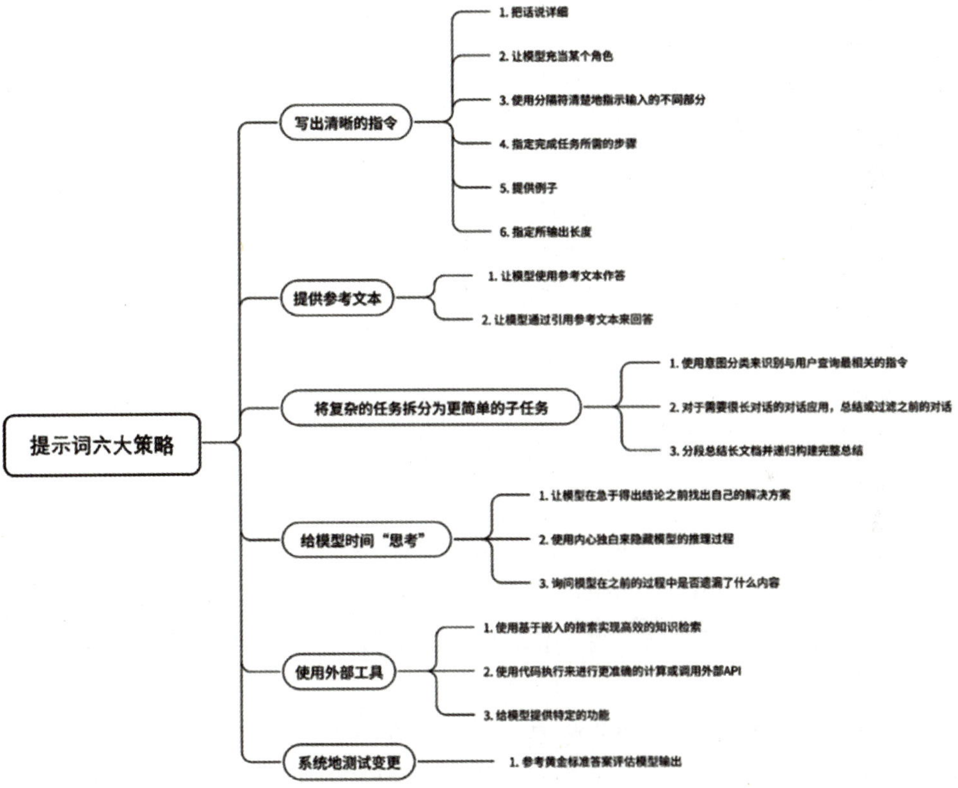

图 7-12　提示词六大策略

（1）撰写清晰的指令：明确表达需求，提供详细信息，避免模型猜测。
（2）提供参考文本：为模型提供相关资料，减少错误信息。
（3）将复杂任务拆分为简单子任务：分解复杂任务，降低错误率。
（4）给予模型思考时间：引导模型逐步推理，提升回答准确性。
（5）使用外部工具：结合其他工具，弥补模型不足。
（6）系统化地测试更改：通过量化数据评估提示效果。

7.3.2.1 写出清晰的指令

这些模型并不会读心术，无法猜到你的想法。如果模型的输出内容过长，你可以要求它简短回答。如果模型输出内容过于简单，你可以要求使用更专业的水平写作。如果你对输出格式不满意，可以直接展示你期望的格式。最好就是让模型不需要去猜你想要什么，这样你最有可能获得想要的结果。所以，写出清晰的指令，是核心中的核心。如何写出清晰的指令，OpenAI 给出了 6 条小技巧：

1. 把话说详细

为了得到更准确的回答，得确保你的提问中包含了所有重要的细节和背景信息。否则你就是在让模型猜测你的意图。

较差的提问	较好的提问
我该如何在 Excel 中进行加法计算	我该如何在 Excel 中自动计算一行中的美元总额？我想要的是自动为整张表格的每行进行计算，最终所有的总计数都显示在右侧名为“总计”的列中
当前的总统是谁	2021 年，谁是墨西哥的总统？墨西哥的选举是多久举行一次的
编写一个计算斐波那契数列的代码	编写一个 TypeScript 函数，用以高效计算斐波那契数列。请详细注释代码，解释每部分代码的作用以及为何这样编写
总结一下会议记录	请用一个段落总结会议记录。接着，用 markdown 列表的形式列出所有发言者及其关键观点。最后，如果有的话，列出发言者提出的下一步计划或建议的行动项

这个策略的价值在于，通过提供更多的详细信息，用户可以获得更准确、更具体的答案。这样可以减少模型的猜测和误解，从而提高交互的效率和满意度。

2. 让模型充当某个角色

通过系统消息，我们可以指定模型在回答中所扮演的角色，你可以把大模型想象成一个演员，你要告诉他让他演什么角色，他就会更专业更明确。

系统	当我请求帮助撰写某些内容时，你的回答中每个段落至少应包含一个幽默的笑话或俏皮的评论
用户	请写一封感谢信给我的钢螺栓供应商，感谢他们及时且在短时间内的急速交付。正是由于他们的及时交付，我们才能按时完成一个重要的订单

当我们指定一个角色，这样，模型的回答将会根据所采纳的角色特性来进行，使得回答更具特色和针对性。那么输出的质量也会随之提升。

3. 使用分隔符清楚地指示输入的不同部分

三引号、XML 标签、节标题等分隔符可以帮助划分要区别对待的文本节。可以帮助大模型更好地理解文本内容。

示例 1：

用户	请使用三重引号中的文本进行总结，并用俳句的形式表达。 """输入文本"""

示例 2：

系统	你将会接收到两篇关于相同主题的文章（用 XML 标签分隔）。首先分别总结这两篇文章的主要论点。接着评价哪篇文章的论据更具说服力，并说明理由
用户	<article>输入第一篇文章</article> <article>输入第二篇文章</article>

示例 3：

系统	你将获得一篇论文的摘要和一个建议的标题。论文标题应该能让读者对论文的主题有个清晰的认识，同时也要足够吸引人。如果现有的标题不够吸引人或不够明确，那么请提出五个备选标题
用户	摘要：输入摘要 标题：输入标题

对于像这样的简单任务，使用分隔符可能不会对输出质量产生影响。然而，任务越复杂，将任务细节澄清变得越重要。不要让大模型努力理解您究竟在要求什么。

4. 指定完成任务所需的步骤

有些任务能拆就拆，最好指定为一系列步骤。明确地写出这些步骤可以使模型更容易去实现它们。

系统	请按照以下步骤来回应用户的输入。 第 1 步，用户会给你提供带有三重引号的文本。请将这段文本总结为一句话，并以“摘要：”作为前缀。 第 2 步，将第 1 步中的摘要翻译成西班牙语，并以“翻译：”作为前缀。
用户	"""输入文本"""

5. 提供例子

这就是经典的少样本提示，few-shot prompt，先扔给大模型例子，让大模型按你的例子来输出。通常，给出适用于所有情况的通用指导比展示各种任务示例更高效。但在某些情况下，通过提供具体示例来说明可能更直观。比如，你想让模型学习某种特定的回应方式，这种方式可能难以用语言明确描述。

系统	保持一致的回答风格
用户	大师，什么是耐心
助手	深谷自浅泉，宏曲生寂音，繁绣始孤线
用户	大师，什么是大海

6. 指定所输出长度

可以要求模型生成给定目标长度的输出。目标输出长度可以根据单词、句子、段落、要点等的计数来指定。中文效果不明显，同时你给定的长度只是个大概，多少个字这种肯定会不精准，但是像多少段这种效果就比较好。

用户	请用两段话概括三引号内的文本。 """输入文本"""
用户	请用大约 50 个词概括三引号内的文本。 """输入文本"""

7.3.2.2 提供参考文本

给大模型文本或者文档，能大幅度地降低大模型胡说八道的概率。其实就是把大模型当知识库来用。

1. 让模型使用参考文本作答

知识库的经典用法，让大模型使用我们提供的信息来组成其答案。

系统	当你被提供特定文章，并需要回答问题时，请依据这些文章中的内容来作答。如果这些文章中没有包含答案，你只需表明“无法找到答案”
用户	<插入文章内容，每篇文章之间用三个引号隔开> 问题：<插入问题>

2. 让模型通过引用参考文本来回答

如果输入信息中已经包含了相关知识，就可以直接要求模型在回答问题时引用所提供的文件中的段落。值得注意的是，输出中的引用可以通过在所提供的文件中匹配字符串来进行验证。

系统	你将会收到一个用三个引号标记的文档和一个问题。你的任务是仅使用所提供的文档来回答这个问题，并引用文档中用来回答问题的部分。如果文档中没有包含足够的信息来回答这个问题，就简单地写“信息不足”。如果提供了问题的答案，那么必须用引用标记。引用相关段落时，请使用以下格式({"citation":…})
用户	"""<插入文档>""" 问题：<插入问题>

7.3.2.3 将复杂的任务拆分为更简单的子任务

其实跟人类一样，你作为 Leader，让下属一次性去做一个非常大的事，出错的概率是很大的，很多大项目也是这样，你甚至无从下手。所以我们经常在工作中，都说的是要拆，拆各种细节、子任务、子目标等。大模型也是同样的道理。把复杂的任务给拆成更为简单的子任务，大模型会有更好的表现。

1. 使用意图分类来识别与用户查询最相关的指令

在一些需要处理众多独立指令集的任务中，先对查询的类型进行分类，然后根据这个分类来确定需要的指令，这样做往往是有益的。具体方法是，先定义固定的类别，并为处理这些类别中的任务硬编码相关指令。这个过程还可以递归地应用于把一个任务分解成多个阶段。这种方法的好处是，每个查询只包含执行下一个任务阶段所需的指令，相比于用一个查询来完成整个任务，这样可以降低错误率。同时，这也可能降低成本，因为较长的提示的运行成本更高。

比如，对于客户服务应用来说，可以有效地把查询分为以下几类：

系统	你会收到客户服务的查询。请把每个查询分为一个主要类别和一个次要类别，并以 json 格式提供结果，键值分别为：primary 和 secondary。 主要类别包括：账单、技术支持、账户管理或一般咨询。 账单的次要类别包括： -取消订阅或升级 -添加支付方式 -解释收费 -争议收费。 技术支持的次要类别包括： -故障排除 -设备兼容性 -软件更新。 账户管理的次要类别包括： -密码重置 -更新个人信息 -关闭账户 -账户安全。 一般咨询的次要类别包括： -产品信息 -定价 -反馈 -与人交谈
用户	我需要重新恢复我的互联网连接

基于客户查询的分类，我们可以为模型提供一系列更具体的指令来处理下一步。例如，如果客户需要“故障排除”的帮助。

系统	你将负责处理技术支持中的客户服务咨询，需要进行故障排查。帮助用户的步骤如下： -首先，请用户检查路由器的所有电缆连接是否牢固。需要注意的是，电缆有可能随着时间推移而松动。 -如果确认电缆连接无误但问题依旧，请询问他们使用的路由器型号。 -接下来，根据路由器型号提供重启设备的具体指导： --若型号为 MTD-327J，建议按住红色按钮 5 秒，然后等待 5 分钟后再检查网络连接。 --若型号为 MTD-327S，建议拔掉电源后重新插上，同样等待 5 分钟后检查网络连接。 -如果重启设备并等待 5 分钟后用户的问题仍未解决，请将他们转接至 IT 支持，并显示 IT 支持请求的信息。

	-如果用户开始询问与本次故障排查无关的问题，请确认他们是否愿意结束当前的故障排查话题，并按照给定的分类方案处理他们的请求。 <在此处插入上面的主要/次要分类方案>
用户	我需要重新恢复我的互联网连接

请注意，模型被设定为在对话状态发生变化时发出特殊指令。这使我们的系统能够转变为一个状态机，根据当前的状态来决定输入哪些指令，以及从该状态出发可以转换到哪些状态。通过监控对话状态、相关指令以及状态转换，我们能更好地控制用户体验，这在非结构化的交流方式中难以实现。

2. 针对需要长时间对话的应用程序，应概括或过滤之前的对话内容

由于模型的上下文长度是固定的，用户与助手的对话不能无限延续，尤其是当整个对话内容都包含在上下文窗口中时。但是这个技巧偏开发者，普通用户可以跳过。

解决这一问题的方法之一是概括之前的对话。当输入内容达到一定长度时，可以触发对部分对话内容进行概括的查询，这样的概括可以作为系统消息的一部分。或者，也可以在整个对话过程中不断后台概括之前的对话内容。

另一种方法是动态地挑选对话中与当前问题最相关的部分。

3. 逐段归纳长文档并递归地构建完整摘要

因为模型的上下文长度是固定的，所以它们无法一次性总结超过上下文长度减去所生成摘要长度的文本。这个技巧同样偏开发者，普通用户可以跳过。

例如，要总结一本很长的书，我们可以使用一系列的查询来分别总结书中的每个章节。这些部分的摘要可以被连接并进一步总结，形成摘要的摘要。这个过程可以递归地进行，直至整本书被总结完毕。如果在理解书中后续部分时需要前面章节的信息，那么在总结当前部分内容时附加一个前面内容的连续摘要会是一个实用的技巧。OpenAI 之前利用 GPT-3 的变种对这种总结书籍的方法进行了研究。

7.3.2.4 给模型时间“思考”

一步步思考（think step by step）这个神级提示词的源头，其实也就是链式思考（CoT），Chain-of-Thought Prompting，非常非常有用的一个策略。当使用思维链提示时，这个过程需要手工制作有效且多样化的例子。这种手动工作可能会导致次优解决方案。Zhang et al.（2022）提出了一种消除人工的方法，即利用 LLMs“让我们一步一步地思考”提示来生成一个接一个的推理链。它塑造了语言模型进行多步推理的能力，使其超越简单的模式匹配，向着真正的理解迈进。随着该技术的发展，我们期待语言模型的推理能力不断提升，最终达到甚至超过人类水平。

根据 https：//arxiv. org/pdf/2211. 01910 论文上的内容论证，如图 7-13 所示，在逻辑推理的领域若有提示词的回答的参与，准确率会提高很多。

Zero-shot CoT Trigger Prompt	Accuracy
Let's work this out in a step by step way to be sure we have the right answer.	**82.0**
Let's think step by step. (*1)	78.7
First, (*2)	77.3
Let's think about this logically.	74.5
Let's solve this problem by splitting it into steps. (*3)	72.2
Let's be realistic and think step by step.	70.8
Let's think like a detective step by step.	70.3
Let's think	57.5
Before we dive into the answer,	55.7
The answer is after the proof.	45.7
(Zero-shot)	17.7

图 7-13　提示词的效果

1. 让模型在急于得出结论之前找出自己的解决方案

有时，在明确指导模型根据基本原理进行推理之前，我们可能会得到更好的结果。假设我们希望模型评估一个学生对数学问题的解答，最直观的方式是直接询问模型该学生的解答是否正确。

系统	判断学生的解答是否正确
用户	问题概述：我正在搭建一个太阳能发电项目，需要协助计算财务相关的事项。 -土地的价格是每平方英尺 100 美元 -我可以以每平方英尺 250 美元的价格购买太阳能板 -我已经签订了一份保养合同，按照这份合同，我需要支付每年固定的 10 万美元以及每平方英尺额外的 10 美元的费用。 那么，第一年的运营总成本是多少呢？这个成本应该以安装面积（平方英尺数）为变量来计算。 学生的解答：假设安装面积为 x 平方英尺。 1. 土地成本为 $100x$ 美元 2. 太阳能板成本为 $250x$ 美元 3. 维护成本为 $100000+100x$ 美元 总成本为 $100x$（土地）$+250x$（太阳能板）$+100000$（固定维护费）$+100x$（额外维护费）$=450x+100000$ 美元
助手	学生的解答正确

然而，学生的解答其实并不正确！我们可以通过引导模型首先产生它自己的解答，从而让它成功地发现这个问题。

系统	首先，你需要自行找出问题的解答，然后把你的解答与学生的解答进行比较，评定学生的解答是否准确。在你没有自行解决这个问题之前，请不要对学生的解答进行判断

用户	问题概述：我正在搭建一个太阳能发电项目，需要协助计算财务相关的事项。 -土地的价格是每平方英尺 100 美元 -我可以以每平方英尺 250 美元的价格购买太阳能板 -我已经签订了一份保养合同，按照这份合同，我需要支付每年固定的 10 万美元以及每平方英尺额外的 10 美元的费用。 那么，第一年的运营总成本是多少呢？这个成本应该以安装面积（平方英尺数）为变量来计算。 学生的解答：假设安装面积为 x 平方英尺。 1. 土地成本为 $100x$ 美元 2. 太阳能板成本为 $250x$ 美元 3. 维护成本为 $100000+100x$ 美元 总成本为 $100x$（土地）$+250x$（太阳能板）$+100000$（固定维护费）$+100x$（额外维护费）$=450x+100000$ 美元
助手	让我们设定 x 为太阳能发电装置的面积，单位为平方英尺。 1. 土地成本：$100x$ 美元 2. 太阳能板成本：$250x$ 美元 3. 维护成本：$100000+100x$ 美元 总成本：$100x+250x+100000+10x=360x+100000$ 美元 学生的解答存在错误。他们在计算维护成本时，错误地以 $100x$ 替代了正确的 $10x$。第一年运行的正确总成本就是 $360x+100000$ 美元。

2. 使用内心独白来隐藏模型的推理过程

非常有意思的一个技巧，你可能会问，不是说一步一步思考把推理过程放出来效果会更好吗？先前的策略证明，在回答特定问题之前，模型有时需要深入地推理问题的过程。然而，在某些应用环境中，模型得出最终答案的推理过程不宜与用户分享。比如，在教导应用里，我们或许希望鼓励学生自行思考答案，但模型对于学生解答的推理过程可能会无意间透露出答案。

内心独白就是能有效应对这种情况的策略。内心独白的主要概念是指导模型将那些需要被用户隐藏的输出部分以一种结构化的形式表现，从而容易进行解析。然后在将输出结果展示给用户之前，将其进行解析处理，最后只呈现部分的解析结果给用户看。

系统	按以下步骤回答用户问题。 第 1 步，首先独立解决问题。不要依赖学生的答案，因为可能有误。将此步骤的所有内容用三重引号（""""）包围。 第 2 步，将你的解答与学生的答案比较，判断学生的答案是否正确。将此步骤的所有内容用三重引号（""""）包围。 第 3 步，如果学生答案有误，想出一个不直接透露答案的提示。将此步骤的所有内容用三重引号（""""）包围。 第 4 步，如果学生答案有误，给出第 3 步的提示（不用三重引号）。用“提示：”替代“第 4 步-...”

用户	问题陈述：<插入问题陈述> 学生解答：<插入学生解答>

另一种方式是通过一系列的查询来实现，除了最后一个外，所有查询的结果都不展示给用户。

首先，我们可以让模型独立解决这个问题。因为这个初始步骤不需要学生的答案，所以可以省略。这样可以确保模型的答案不会受到学生答案的影响。

用户	<插入问题陈述>

接下来，我们可以让模型使用所有可用信息来评估学生解决方案的正确性。

系统	比较并评估你的解答与学生的解答，确定学生的解答是否正确
用户	问题陈述:"""<插入问题陈述>""" 你的解答:"""<插入模型生成的解答>""" 学生的解答:"""<插入学生的解答>"""

最后，让模型根据自己的分析以有帮助的家教身份给出回复。

系统	作为一个数学家教，如果学生有误，给出一个提示，但不透露答案。如果学生答案正确，就给予鼓励性的评论
用户	问题陈述:""<插入问题陈述>""" 你的解答:"""<插入模型生成的解答>""" 学生的解答:"""<插入学生的解答>""" 分析:"""<插入模型从前一步生成的分析>"""

3. 询问模型是否有遗漏

这个技巧在长文本问答中常用，比如我们给了一个文档，要让大模型来列出与一个特定问题相关的信息。如果源文档很大，模型通常会过早停止并且无法列出所有相关信息。在这种情况下，通过使用后续的 prompt 让模型查找之前传递中错过的任何相关信息，通常可以获得更好的性能。

系统	你将收到一个文档，其内容由三个引号界定。你的任务是选择与这个问题相关的部分："在人工智能的发展历史中，发生了哪些重大的范式转变?" 请确保你选取的摘录能够完整地提供足够的背景信息，以便理解它们的含义——换言之，不要选择那些缺乏重要背景信息的片段。请按照以下 JSON 格式输出结果:[{"excerpt":"..."},...{"excerpt":"..."}]
用户	"""<在此处插入文档>"""
助手	[{"excerpt":"模型在此处写下一个摘录"}, ... {"excerpt":"模型在此处写下另一个摘录"}]
用户	还有其他相关的摘录吗? 请注意不要重复之前的摘录。同时确保所选摘录包含充分的背景信息，使得它们易于理解——也就是说，避免选择那些缺少关键背景的片段

7.3.2.5 使用外部工具提升大模型能力

尽管大模型具备强大的自然语言处理能力，但它并非万能，在数学计算、实时信息获取等方面仍然存在局限性。为了弥补这些不足，可以借助外部工具，使大模型的表现更加精准、高效。在许多场景下，合理结合大模型与外部工具，不仅能优化任务执行效率，还能确保输出结果的准确性。

一般而言，如果某项任务可以通过稳定的第三方工具直接获得准确结果，那么无需让大模型独立完成，而是让其充当“答案组装器”，负责处理、整合外部工具的返回信息，进而生成符合用户需求的回答。以下介绍三种常见的外部工具使用方式：

1. 使用基于嵌入的搜索实现高效的知识检索

许多AI应用采用检索增强生成（Retrieval Augmented Generation，RAG）技术，以提高信息的时效性和准确性。例如，当用户询问“如何评价即将上映的电影《海王2》”时，大模型由于是静态的，无法直接回答这种涉及最新动态的问题。因此，必须先通过联网查询获取最新资料，再将查询结果提供给大模型，让其基于检索到的信息进行回答。

此外，对于静态知识库（如法律法规、产品手册等），通常采用基于向量匹配的方法实现高效检索，其核心流程如下：

加载文件，读取文本内容；对文本进行分割，形成小型片段；将文本片段转换为向量，并存入向量数据库；对用户的查询语句进行向量化处理；在向量数据库中检索与查询最相似的Top-K个文本片段；将检索到的文本作为上下文，与用户问题一起提供给大模型；由大模型综合检索结果，生成最终回答。

这一过程有效弥补了大模型“知识更新滞后”的问题，使其具备更强的动态知识获取能力。

2. 使用代码执行来进行更准确的计算或调用外部API

由于大模型的内置计算能力较为有限，在涉及数学计算、数据处理等任务时，通常建议让大模型生成代码并执行，而非直接让其计算。例如，OpenAI官方推荐在需要进行数学计算时，让大模型编写并执行Python代码。

在实际应用中，这种方法不仅能提高计算精度，还能拓展大模型的能力，使其能够调用外部API。例如，开发者可以向大模型提供API文档，让其自动生成代码调用API，以获取天气数据、金融数据等信息，实现更丰富的交互能力。

但是由模型生成的代码执行可能存在安全风险，因此，在任何计划中使用此类代码时必须采取预防措施。特别重要的是，需要一个隔离的代码执行环境，以降低不受信任代码可能带来的风险。

3. 给模型提供特定的功能

在开发者视角下，还可以通过API请求向大模型传递一组特定函数描述，让大模型根据输入内容选择并调用适当的函数。例如，开发者可以提供一系列数据库查询、信息检索、自动化任务执行等功能的接口，并定义这些函数的参数格式。

示例流程：首先通过API向大模型提供函数定义，包括函数名称、参数类型和返回格式；然后大模型根据用户输入，智能匹配最适合的函数，并以 JSON 格式返回所需的参数；接着服务器接收 JSON 参数，执行相应的查询或计算；之后计算结果以 JSON 格式返回给大模型；最后大模型将计算结果转换成人类可读的自然语言，并呈现给用户。

这一机制极大地增强了大模型的实用性，使其可以集成到企业系统、智能助手等复杂应用中，实现更高效的自动化任务处理。

7.3.2.6 系统地测试变更

有时很难确定某个更改，比如新的指令或设计，是否真的改善了系统。观察几个案例可能会有所帮助，但在样本量较小的情况下，很难判断这是真正的改进还是偶然的幸运。可能某些更改在特定输入上提高了性能，但在其他情况下则降低了性能。对于普通用户来说是不太会接触到。

7.3.3 提示词工程的高级技术

7.3.3.1 思维链（CoT）

思维链（CoT）技术，如 Google 研究人员在“思维链提示词在大型语言模型中引出推理”中所述，标志着在利用大型语言模型（LLM）的推理能力方面迈出了重要一步。这种技术利用了这样一个前提，即虽然 LLM 在预测 Token 序列方面表现出色，但它们的设计并不固有地促进显式推理过程。

CoT 将 LLM 通常隐含的推理步骤转化为明确的、指导性的序列，从而增强了模型产生基于逻辑推理的输出的能力，特别是在复杂的解决问题的背景下。

这种方法主要表现为两种变体：

（1）零样本 CoT：这种方法促使 LLM 逐步解开问题，鼓励逐步阐明其推理过程。

（2）手动 CoT：这种更复杂的变体需要提供明确的、逐步的推理示例作为模板，从而更明确地引导模型朝向推理输出。尽管手动 CoT 效果显著，但其依赖于精心制作的示例，带来了可扩展性和维护方面的挑战。

尽管手动 CoT 通常优于零样本 CoT，但其有效性取决于提供的示例的多样性和相关性。制作这些示例的劳动密集型和潜在错误的过程为探索自动 CoT 铺平了道路，后者旨在简化和优化示例生成过程，从而扩大 CoT 提示词在 LLM 中的适用性和效率。

7.3.3.2 思维树（ToT）

思维树（ToT）提示词技术标志着大型语言模型（LLM）领域的一次重要进化。ToT 从人类的认知过程中汲取灵感，推动了多元化问题解决路径的探索，类似于在得出最优解之前考虑一系列可能的解决方案。例如，在规划旅行时，LLM 可能会分为飞行选项、火车路线和租车场景，权衡各自的成本与可行性，最终为用户提供优化的计划建议。

ToT 方法的核心在于“思维树”的概念，每个分支代表一种替代性的推理路径。这种多样性使 LLM 能够探索不同的假设，模仿人类解决问题的思维方式，通过考虑多种可能性，逐步逼近最可能的结果。

ToT 的关键组成部分是对推理分支进行系统评估。随着 LLM 展开不同的思维路径，它会同时评估每个分支的逻辑一致性及其与任务的相关性。通过这种动态分析，模型能够选择出最连贯、最有依据的推理路径，从而增强决策能力。

ToT 在处理复杂和多维问题时尤为有效，尤其是在单一推理路线不足以应对的情况下。通过模仿更具人类思维深度的决策过程，ToT 显著提升了模型在面对歧义和复杂任务时的应对能力。

7.3.3.3 工具、连接器和技能

在高级提示词工程领域，工具、连接器和技能的整合显著增强了大型语言模型（LLM）的能力。这些元素使 LLM 能够与外部数据源互动，并执行超出其固有能力范围的特定任务，极大地扩展了它们的功能和应用范围。

在这里，工具是指 LLM 可以利用的外部功能或服务。这些工具扩展了 LLM 可以执行的任务范围，从基本的信息检索到与外部数据库或 API 的复杂互动。

连接器作为 LLM 与外部工具或服务之间的接口。它们管理数据交换和通信，使有效利用外部资源成为可能。连接器的复杂性可以变化，适应各种外部互动。

技能是指 LLM 可以执行的专门功能。这些封装的能力，如文本摘要或语言翻译，增强了 LLM 处理和响应提示词的能力，即使没有直接访问外部工具。

在论文 *Toolformer*：*Language Models Can Teach Themselves to Use Tools* 中，作者超越了简单的工具使用，通过训练 LLM 决定何时使用什么工具，甚至 API 需要什么参数。工具包括两个不同的搜索引擎，或一个计算器。在以下示例中，LLM 决定调用一个外部问答工具、一个计算器和一个 Wikipedia 搜索引擎。最近，伯克利的研究人员训练了一个新的 LLM，名为 Gorilla，它在使用 API 方面击败了 GPT-4，这是一个特定但相当通用的工具。

7.3.3.4 自动多步推理与工具使用（ART）

自动多步推理与工具使用（ART）是一种提示词工程技术，它结合了自动化的思维链提示词和外部工具的使用。ART 代表了多种提示词工程策略的融合，增强了大型语言模型（LLM）处理需要推理和与外部数据源或工具交互的复杂任务的能力。

ART 采用系统化的方法，即在给定任务和输入的情况下，系统首先从任务库中识别相似的任务。然后将这些任务用作提示词中的示例，指导 LLM 如何处理和执行当前任务。当任务需要结合内部推理和外部数据处理或检索时，这种方法尤其有效。

7.3.3.5 通过自我一致性增强可靠性

在追求大型语言模型（LLM）输出的准确性和可靠性方面，自我一致性方法成为一个关键技术。这种方法基于集成策略，涉及促使 LLM 对同一问题产生多个答案，这些回答之间的一致性作为其可信度的衡量标准。

自我一致性的本质在于这样一个假设：LLM 对单一提示词产生相似回答的生成增加了这些回答准确性的可能性。实施这种方法需要 LLM 多次处理查询，每个回答都要经过一致性审查。一致性的评估可以通过多种角度进行，包括但不限于内容重叠、语义相似性评估以及高级指标如 BERT 分数或 n-gram 重叠，提供了对回答一致性的多方面视角。这增强了 LLM 在事实核查工具中的可靠性，帮助确保只向用户呈现最一致和可验证的声明。

自我一致性的实用性涵盖了许多需要事实精确性的领域。它在事实核查和信息验证等应用中特别有前景，这些应用中 AI 生成内容的完整性至关重要。通过利用这种技术，开发者和用户可以显著增强 LLM 的可靠性，确保它们的输出不仅连贯而且事实准确，从而提高了它们在关键和信息敏感任务中的适用性。

7.3.3.6 反思

反思的核心是 LLM 对其输出进行内省性审查，这一过程类似于人类的自我编辑，模型评估其初始回答的事实准确性、逻辑一致性和整体相关性。

这种反思过程涉及结构化的自我评估，其中 LLM 在生成初始回答后被提示词批判性地审视其输出。通过这种内省，模型识别潜在的不准确或不一致之处，为生成更连贯、更可靠的修订回答铺平了道路。

例如，LLM 可能最初对一个复杂查询提供一个回答。然后，它被提示词根据一组预定义的标准，如所呈现事实的可验证性或论证的逻辑流程，来评估这个回答。如果发现差异或需要改进的区域，模型就会开始一个迭代的精炼过程，可能会产生一系列逐步改进的输出。

然而，反思的实施并非没有挑战。自我评估的准确性取决于 LLM 的固有理解和其在反思任务上的培训。此外，如果模型错误评估其回答的质量，存在模型强化自身错误的风险。

尽管存在这些挑战，但反思对 LLM 发展的影响是深远的。通过整合自我评估和修订能力，LLM 可以在输出质量上实现更大的自主性，使它们成为在需要精确性和可靠性的应用中更加多才多艺和可靠的工具。

7.3.3.7 专家提示词

专家提示词代表了一种新范式，通过赋予大型语言模型（LLM）模拟各领域专家级回答的能力，增强了 LLM 的实用性。这种方法利用了 LLM 生成知情和细致答案的能力，通过提示词体现相关领域专家的人格。

这种方法的基石是多专家策略，其中 LLM 被引导考虑并整合来自各种专家视角的洞察。这不仅丰富了回答的深度和广度，而且促进了对复杂问题的多维理解，反映了现实世界专家之间的协作审议。例如，在处理医疗咨询时，LLM 可能会被提示词整合临床医生、医学研究员和公共卫生专家的见解。这些不同的视角巧妙地编织在一起，利用复杂的算法，产生一个全面掌握查询的回答。

这种专家观点的综合不仅增强了 LLM 输出的事实准确性和深度，而且减轻了单一视角固有的偏见，呈现了一个平衡且深思熟虑的回答。

然而，专家提示词并非没有挑战。模拟真正专家知识的深度需要高级的提示词工程和对所讨论领域的细致理解。此外，将可能存在分歧的专家意见整合成一个连贯的回答增加了额外的复杂性。

尽管存在这些挑战，专家提示词的潜在应用非常广泛，从工程和科学中复杂的技术建议到法律和伦理审议中的细致分析。这种方法标志着 LLM 能力的显著进步，推动了它们在需要专家级知识和推理的任务中的适用性和可靠性的界限。

7.3.3.8 使用链简化复杂任务

链代表了一种变革性的方法，利用大型语言模型（LLM）处理复杂、多步骤的任务。这种方法以其顺序连接的独立组件为特征，每个组件都被设计来执行专门的功能，有助于将复杂任务分解为可管理的部分。链的本质在于它们构建一个连贯的工作流程，其中一个组件的输出无缝过渡到下一个组件的输入，从而实现复杂的端到端处理能力。

在链的领域中，组件可能从简单的信息检索模块到更复杂的推理或决策制定模块。例如，用于医学诊断任务的链可能从症状收集开始，接着是差异诊断生成，最后是治疗建议。

链的开发和优化，如在 *PromptChainer: Chaining Large Language Model Prompts through Visual Programming* 中探讨的，既带来了挑战也带来了创新解决方案。一个重要的挑战在于协调这些组件，以确保工作流程的流畅性和连贯性。PromptChainer 通过提供一个视觉编程环境来解决这个问题，使用户能够直观地设计和调整链，从而减轻了与传统编码方法相关的复杂性。

链的应用扩展到各个领域，从自动化客户支持系统，其中链引导从初始查询到解决方案的互动，到研究，其中它们可以简化文献综述过程。

虽然链为处理多方面的问题提供了一个强大的框架，但潜在的局限性，如运行多个 LLM 组件所涉及的计算开销，以及确保工作流程完整性所需的精心设计，都需要考虑。

尽管如此，链的战略实施，得到 PromptChainer 等工具的支持，预示着 LLM 使用效率和能力的新时代，使它们能够处理前所未有的复杂性和范围的任务。

7.3.3.9 使用 Rails 引导 LLM 输出

在高级提示词工程中，Rails 代表了一种战略方法，用于在预先定义的边界内指导大型语言模型（LLM）的输出，确保其相关性、安全性和事实完整性。这种方法采用了一组结构化的规则或模板，通常称为规范形式，它们作为模型响应的支架，确保它们符合特定的标准或准则。

Rails 框架中的规范形式充当建模语言或模板，标准化自然语言句子的结构和传递，引导 LLM 生成符合期望参数的输出。这些类似于语言的标准化结构，引导 LLM 符合特定的响应模式。Rails 的设计和实施可以广泛变化，根据应用的具体要求量身定制：

（1）主题 Rails：旨在使 LLM 专注于特定的主题或领域，防止偏离主题或包含无关信息。

（2）事实核查 Rails：旨在通过引导 LLM 朝着基于证据的回答并阻止推测性或未经验证的声明，减少不准确性的传播。

（3）越狱 Rails：旨在阻止 LLM 产生规避其操作限制或道德指南的输出，防止滥用或有害内容的生成。

在实践中，Rails 可能应用于各种场景，从教育工具中的主题 Rails 确保内容相关性，到新闻聚合服务中的事实核查 Rails 维护信息完整性。越狱 Rails 在交互式应用中至关重要，以防止模型从事不良行为。

虽然 Rails 为提高 LLM 输出的质量和适当性提供了强大的机制，但它们也带来了挑战，例如需要精心定义规则和可能抑制模型的创造能力。平衡这些考虑因素对于有效利用 Rails 至关重要，确保 LLM 提供高质量、可靠且符合道德的回答。

7.3.3.10 使用自动提示词工程简化提示词设计

自动提示词工程（APE）自动化了创建提示词的复杂过程。通过利用 LLM 自身生成、评估和完善提示词的能力，APE 旨在优化提示词设计过程，确保在引出期望响应方面具有更高的效果和相关性。

（1）提示词生成：最初，LLM 针对特定任务产生多种提示词，利用其庞大的语言数据库和上下文理解。

（2）提示词评分：随后，这些提示词经过严格的评估阶段，根据清晰度、特定性和推动期望结果的潜力等关键指标进行评分，确保只有最有效的提示词被选中进行完善。

（3）完善和迭代：完善过程涉及根据评分调整提示词，旨在增强它们与任务要求的一致性。这个迭代过程促进了提示词质量的持续改进。

通过自动化提示词工程过程，APE 不仅减轻了手动创建提示词的负担，而且引入了以前无法达到的精确度和适应性。生成和迭代完善提示词的能力可以显著增强 LLM 在从自动内容生成到复杂的对话代理等各种应用中的实用性。

然而，部署 APE 并非没有挑战。需要大量的计算资源和建立有效评分指标的复杂性是需要考虑的重要因素。此外，初始设置可能需要精心策划的种子提示词集来有效地指导生成过程。

尽管存在这些挑战，APE 代表了提示词工程的重大进步，提供了一种可扩展且高效的解决方案，以在各种应用中解锁 LLM 的全部潜力，从而为更细致和与上下文相关的交互铺平了道路。

7.3.3.11 模型合作

随着人工智能的快速发展，机器人技术正由简单的机械执行任务转向智能交互。大语言模型如 GPT 系列的涌现显著提升了机器人的对话和语言理解能力，使其更准确地解读和回应用户指令。同时，这些机器人通过传感器等技术感知环境变化，并结合大模型做出决策。在这样的背景下，多智能体系统和群体智能的概念显得尤为重要：多智能体系统中的每一个独立机器人，或者说智能体，都可以看作是一个个体，它们通过协作和通信合作完成复杂任务。这种系统中的智能体能够自主操作，同时又能够在必要时集结成为具有协同行动能力的群体，如图 7-14 所示。而群体智能是自然界中昆虫群体等生物体现出的集体行为智能的一种形式，如蚁群的路径找寻、鸟群的飞行编队等。在人工智能领域，这一概念被引申为智能体群体通过局部的交互产生集体行为的能力。这种能力使得智能体群体能够执行复杂的任务，如搜索和救援、环境监测等，而每个个体的贡献都是不可或缺的。

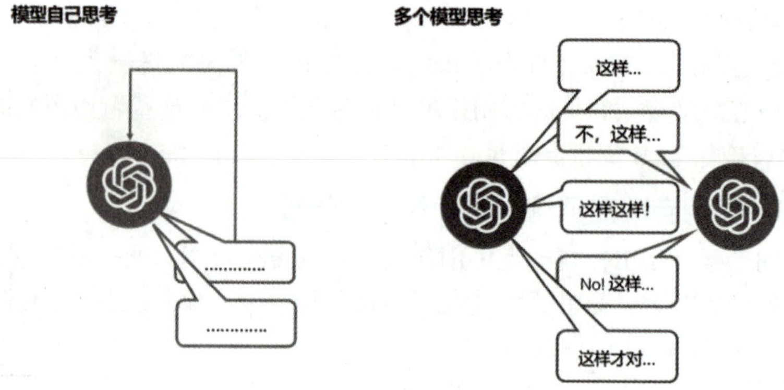

图 7-14　模型合作

结合大语言模型，这些智能体不仅能够更好地理解和执行人类的指令，还能够在群体中分享知识和策略，从而优化整体的行动方案。因此，多智能体系统与大模型的结合，不仅仅是单个机器人能力的简单叠加，更是在群体层面上产生了“整体大于部分之和”的效应，这将极大地推动智能系统的发展，开创机器人应用的新境界。多智能体辩论框架激发模型的发散思维，多个智能体以你来我往方式表达观点，通过评委管理过程获得最终解决方案。该框架可以激发语言模型的思考，有助于需要深度思考的任务。

7.3.4　AI Agent

7.3.4.1　Agent 定义

Agent，通常被翻译为代理人或代理商。在人工智能领域，Agent 指的是一种具备感知能力的智能实体，它能够通过观察环境来做出决策并采取相应的行动。Agent 可以是纯软件程序，例如对话机器人，也可以具体物理形态，如自动驾驶汽车或扫地机器人。

7.3.4.2　AI Agent 定义

在了解 AI Agent 之前，我们先来看一个场景：假设我们要写一本 20 万字的人工智能技术书籍。

传统写作方式：

第一步，先使用搜索引擎查阅相关资料，拓展思路。

第二步，制订大纲，规划每个章节的内容。

第三步，针对每个章节逐步编写，并根据需要调整大纲。

第四步，反复查阅已写内容，确保逻辑连贯。

第五步，完成初稿后，请专家修改润色。

第六步，多轮调整后，最终成书。

如果是基于大模型的写作方式，直接向 AI 提问：“请生成一本 20 万字的人工智能书籍。”然而，AI 生成的书籍往往缺乏逻辑性、无法阅读。这是因为：AI 无法主动搜索最新外部信息，缺乏整体规划和逻辑架构，而且受限于上下文窗口，难以保持长文本一致性。AI Agent 结合了大模型（LLM）的能力，以更系统化的方式执行复杂任务。

AI Agent 组成部分如图 7-15 所示。

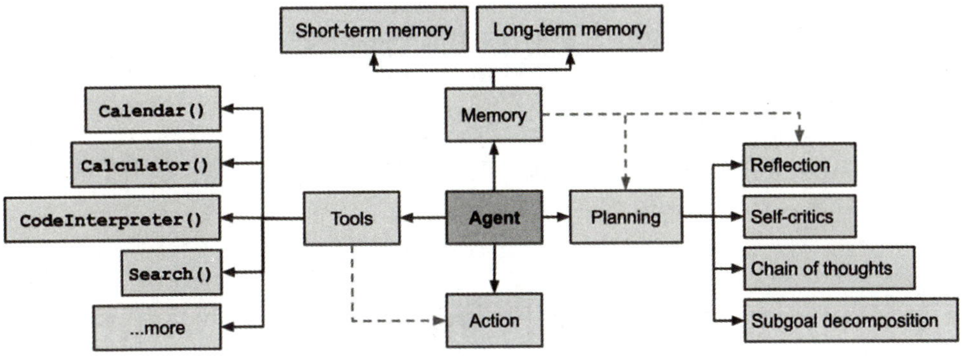

图 7-15　AI Agent 组成

OpenAI 研究员 Lilian Weng 形式化地提出了 AI Agent 的公式：

AI Agent=LLM（大模型）+Planning（规划）+Memory（记忆）+Tools（工具）

我们用“园丁管理花园”来比喻 AI Agent 的各个模块：

（1）LLM（大模型）：相当于园丁的知识库，具备海量专业知识，能够回答各种问题。

（2）Planning（规划）：类似园丁制订种植计划，决定种植顺序、养护策略等。

（3）Memory（记忆）：如同园丁的笔记本，记录植物生长信息，确保不会重复错误。

（4）Tools（工具）：类似园丁的铲子、剪刀、水壶等。AI Agent 可调用 API、数据库等工具，增强执行能力。

（5）可以理解为：LLM+Planning+Memory=人类大脑，Tools=人类的手脚。

在 LLM 出现之前，Planning 和 Memory 技术已经较为成熟。而大模型的加入，使 AI Agent 具备了更强的智能化能力。

7.3.4.3　从 Copilot 到 AI Agent

当前基于大模型的 AI 产品主要分为两类（表 7-3）：

（1）Copilot（副驾驶）：例如 GitHub Copilot，辅助人类完成任务，提供建议，但决策仍由人类掌控。

（2）Agent（智能体）：能够自主规划任务，独立执行，动态调整策略，适用于复杂任务。

表 7-3　Copilot 与 Agent 对比

维度	Copilot	Agent
核心功能	辅助决策，提供建议	独立执行任务，自主规划
流程决策	依赖人工设定流程，静态	AI 自主确定动态流程
应用范围	适用于局部辅助	适用于复杂任务，具备更强自主性
开发重点	Prompt Engineering（提示工程）	Flow Engineering（流程工程）

7.3.4.4　为什么 LLM 能成为 AI Agent 的“大脑”

LLM 之所以能够成为 AI Agent 的核心驱动，主要得益于以下能力：

（1）复杂语言理解：LLM 具备强大的自然语言处理能力，能准确理解用户需求。

(2) 广泛的世界知识：大模型经过海量数据训练，能够跨领域整合信息。
(3) 上下文感知：能够理解对话上下文，保持连贯性。
(4) 强大的生成能力：不仅能理解信息，还能创造内容，如文章、代码等。
(5) 适应多场景：可定制化能力强，适用于不同任务需求。
(6) 持续学习能力：部分 LLM 可通过微调优化，逐步提升任务表现。

综上，AI Agent 通过结合 LLM、规划、记忆和工具，具备了前所未有的智能化能力，能够高效执行任务，推动 AI 在各行业的深入应用。

7.4 大模型未来展望

7.4.1 模型分工与协作

7.4.1.1 分布式模型

未来可能会出现多个模型专注于不同的任务，通过协作来完成复杂的任务。例如，一个模型负责自然语言理解，另一个模型负责图像生成，而第三个模型则整合前两个模型的输出，生成最终的结果。

7.4.1.2 模块化设计

大模型可以被设计成多个模块，每个模块处理不同类型的数据或任务，模块之间通过标准化的接口进行通信。这样可以提高模型的效率和灵活性，适应更多的应用场景。

7.4.2 模型效率的提升

7.4.2.1 模型压缩与量化

通过模型压缩和量化技术，未来的大模型可以在不显著降低性能的前提下，减少计算资源和存储需求，使其在资源受限的环境中也能高效运行。

7.4.2.2 自适应计算

模型可以根据任务的复杂性动态调整计算资源的分配，以节省能源和加快推理速度。这种自适应计算策略有助于优化模型的实际应用。

7.4.3 跨领域的应用

7.4.3.1 多模态学习

未来的大模型将进一步整合文本、图像、音频、视频等多种数据类型，实现跨领域的智能化处理。例如，一个模型可以同时处理文本和视觉信息，从而更准确地理解和生成多模态内容。

7.4.3.2 通用人工智能

随着大模型在各个领域的应用，可能会逐步发展出具备广泛适应能力的通用人工智能

(AGI)，能够胜任更复杂、更综合的任务。

7.4.4　模型的个性化与定制化

7.4.4.1　个性化定制

未来的大模型将能够根据用户的需求和偏好进行个性化定制，提供更加贴合个人需求的服务。用户可以在现有的大模型基础上，快速定制出适合特定任务的模型。

7.4.4.2　交互式学习

大模型可以与用户进行交互，不断学习用户的反馈，从而不断优化和调整自己的输出，使得用户体验更为个性化和智能化。

7.4.5　伦理与社会影响

7.4.5.1　公平性与透明性

随着大模型在社会中的广泛应用，公平性、透明性和可解释性将成为重点发展方向。未来的模型需要更加透明，能够解释其决策过程，并且要设计出不带有偏见的算法。

7.4.5.2　隐私保护

在处理个人数据时，模型需要更加注重隐私保护，确保用户数据不会被滥用。联邦学习等技术将继续发展，使得模型能够在不直接访问数据的情况下进行学习。

总的来说，大模型的未来发展将朝着更高效、更智能、更广泛适用的方向前进，同时也会更加注重伦理问题和社会影响。模型分工与协作、多模态应用、个性化定制等趋势将推动大模型在各个领域发挥更大的作用。

课后习题

一、单项选择题

1. 以下哪个大模型工具由 OpenAI 开发？(　　)

A. ChatGPT　　B. 文心一言

C. 通义大模型　　D. DeepSeek

2. DeepSeek 大模型的特点是（　　）。

A. 专注于代码生成　　B. 由 OpenAI 开发

C. 主要用于自动驾驶　　D. 适用于 AI 绘画

3. 以下哪个大模型工具是专注于智能体（AI Agent）开发的？(　　)

A. ChatGPT　　B. Coze

C. Kimi 大模型　　D. DeepSeek

4. 以下哪个提示词工程技术属于高级技术？(　　)

A. 直接提问　　B. 设定背景信息

C. 思维链　　D. 让模型自己思考

5. Kimi 大模型的特点是（　　）。

A. 专注于代码编写　　B. 以长文本处理见长

C. 仅用于图像生成　　D. 主要用于游戏 AI

6. 提示词工程的核心目标是（　　）。

A. 让模型自动训练新数据　　B. 让模型更准确理解用户意图

C. 让模型避免回答所有问题　　D. 让模型的回答更随机

二、多项选择题

1. 以下哪些大模型工具是中国公司推出的？（　　）

A. ChatGPT　　B. 文心一言

C. 通义大模型　　D. 豆包大模型

2. 提示词工程的作用是（　　）。

A. 优化大模型的回答质量　　B. 让大模型支持更多语言

C. 提高模型的响应准确性　　D. 让模型自动微调

3. 在 AI Agent 的设计中，以下哪些功能是常见的？（　　）

A. 自动任务执行　　B. 自主学习和优化

C. 仅回答预设问题　　D. 适应用户习惯

4. 以下哪些因素影响大模型网页工具的使用体验？（　　）

A. 网络延迟　　B. 计算资源

C. 用户界面交互设计　　D. 模型规模

5. 大模型未来的发展趋势可能包括（　　）。

A. 更高效的计算架构　　B. 更低的训练成本

C. 更强的多模态处理能力　　D. 更封闭的生态系统

三、思考题

1. 为什么不同的公司会开发不同的大模型工具？它们有哪些差异？
2. 在使用提示词工程时，如何设计一个高效的提示词以获取最优答案？
3. 与传统搜索引擎相比，大模型工具有哪些优势和局限性？
4. AI Agent 如何增强大模型的应用能力？
5. 未来大模型的发展方向可能会受到哪些技术和伦理挑战的影响？
6. 如果你要开发一个大模型工具，你会如何设计它的功能？

第 8 章

大模型应用实践

教学内容

本章聚焦“大模型应用实践”，旨在通过理论解析与案例剖析的双重视角，展现人工智能技术如何与产业需求、社会价值深度融合。在“成功案例分析”中，我们将看到大模型如何赋能医疗影像分析，助力医生突破诊断效率的极限；如何推动自动驾驶技术向更安全、更可靠的方向迭代；又如何激发内容创作的无限可能，让每个人都能成为灵感的表达者。这些案例不仅是技术能力的展示，更是“以人民为中心”发展理念的具象化实践，技术进步的最终目标始终是解决人类社会的痛点，提升生活品质，推动公平与普惠。

教学重点

1. 大模型在医疗、教育、金融、电商等行业的典型应用。
2. 主要大模型（文心一言、通义大模型等）的功能特点与实践操作。
3. 如何结合行业需求，使用大模型优化业务流程。
4. 大模型的多模态能力（文本、图像、语音）及其应用案例。

教学难点

1. 如何针对不同业务场景选择合适的大模型。
2. 大模型在实际应用中的局限性与优化策略。
3. 数据隐私、安全性及 AI 伦理问题。
4. 不同大模型的 API 调用方式与应用集成方法。

教学方法

1. 案例分析法：通过医疗、教育、电商等行业案例，讲解大模型如何赋能产业。
2. 任务驱动法：布置基于大模型的应用任务，如创建智能问答系统或生成内容。
3. 实操演练法：指导学生调用不同大模型（如文心一言、通义大模型）进行文本处理。
4. 讨论互动法：围绕 AI 的社会影响、隐私保护、未来发展趋势展开小组讨论。

教学要求

1. 理解大模型的核心技术及其在各行业的应用场景。
2. 能够使用主流大模型进行基础实践，如智能问答、文本生成等。
3. 具备分析大模型应用价值和局限性的能力。
4. 关注 AI 伦理、数据安全，形成正确的技术观念。
5. 具备探索新兴 AI 技术并结合实际场景应用的能力。

素质目标

通过深入分析大模型在医疗、教育、金融等关键民生领域的应用案例，引导学生认识技术服务人民、赋能社会的重要意义，增强社会责任感与使命意识。通过实践任务，培养学生在解决实际问题中的创新能力与实践能力，强化“以人民为中心”的价值导向。引导学生树立正确的技术伦理观，增强数据安全与隐私保护意识，做到知责于心、担责于身、履责于行，将个人成长与国家发展、社会福祉紧密结合，践行科技向善、智能向善的时代使命。

8.1 AI 产品应用

8.1.1 AI 在医疗领域的应用

8.1.1.1 AI+医疗信息化

AI 的应用有望为医疗信息化领域带来显著的提升，提升医疗效率并促进质量的改善。AI 在医疗信息化中的应用涵盖了多个场景，包括电子病历、医疗资源调控和远程治疗等。

1. 电子病历

人工智能能够通过多模态的技术梳理和理解医患之间的对话内容，从而提高病历记录的效率。同时，AI 通过对历史病历信息的处理，可以更全面地了解患者的基本信息、药物历史等，从而使患者档案更加清晰、全面。

2. 医疗资源调控

随着 AI 算力的提升，它加速了医院信息、药物存量和患者状况的收集、处理和交换速度。这使得医疗资源的调配更加便捷，有助于挖掘医疗潜力，并提高公共卫生事件的应对效率。

3. 远程医疗

虚拟现实技术突破了智能医生与患者之间的时空限制，特别在术后跟踪和慢性病治疗中，展现了显著的效果。综合来看，医疗机构借助医疗信息化平台，不仅能够实现信息共享，还能进行数据融合和利用，从而全面提升医疗信息处理效率，促进医疗机构的数字化发展。

8.1.1.2 AI+医学影像

医学影像因其数据密集的特性，为深度学习算法模型提供了广阔的应用空间。AI 在医学影像领域的应用，尤其是在 X 射线、CT 等影像的识别和分析中，已经取得了显著的进展。AI 的优势主要体现在以下三个方面：

1. 医学影像质量提升

通过图像生成模型，AI 可以增强医学影像的质量，提升影像生成效果。

2. 快速生成合成影像

AI 能够快速生成大量合成医学影像，供机器学习模型进行训练，从而加速诊断模型的构建和优化。

3. 个性化诊疗报告

AI 能够预测疾病的进展，并生成个性化的全生命周期诊疗报告，进一步优化治疗方案。总体而言，AI 赋能医学影像领域有助于提高病理诊断效率，推动病理诊断行业的智能化升级。

8.1.1.3 AI+药物研发

AI 大模型在药物研发中显著缩短了药物的研发周期。目前，在制药领域，AI 制药的推动主要依赖于 IT 技术公司、药物研发 CRO 公司及大型药企之间的协作。这些公司通过合作，利用强大的算力和数据优势，加速药物的研发过程。

AI 在药物研发中的应用主要集中在药物发现和临床前研究阶段。通过强大的计算能力，AI 可以对靶点的发现、药物结构的优化、化合物设计等环节进行挖掘和推荐。AI 赋能药物研发不仅有助于降低研发费用，还能提高研发效率，加快药物上市进程，为互联网平台、CXO 企业及大型药企带来良好的发展前景。

8.1.1.4 AI+辅助决策

AI 在医疗信息技术系统中能够辅助卫生从业人员提供临床决策支持。通过数据和模型，AI 为医生及其他卫生从业人员提供决策支持，帮助完成治疗方案的制定、术前规划、术后导航和预后评估等任务。

AI 辅助决策的应用领域涵盖了治疗方案的决策支持、术前规划、术后导航、预后评估等方面。基于人工智能的临床辅助决策系统，通过构建自进化医学知识库，提供覆盖诊前、诊中、诊后的全流程解决方案，推动医疗行业的智能化发展。

8.1.2 AI 在教育领域的应用

8.1.2.1 AI+教育

AI 的应用赋能教育领域，使得因材施教成为现实。AI+教育主要应用于课堂教学、课后辅导以及学生评估体系的建立等方面。具体应用情况如下：

1. 课堂教学

AI 技术在课堂教学中，首先通过智能黑板、数字教师等技术手段提升教学环境和教学效率；其次，针对某些实验学科，人工智能技术能够模拟实验场景，在保证实验安全的同时，节省实验成本，并使学生能够身临其境地参与实验，提升实践能力。

2. 课后辅导

在课后辅导方面，AI 技术能够为学生提供个性化的自主学习体验，针对不同学生的学习能力与学习风格，生成符合学生需求的个性化课后服务，帮助学生在课外更有效地巩固知识，提升学习效果。

3. 教师支持

对于教师而言，AI 技术不仅能够在备课、阅卷、教研等环节降低成本、提高效率，还能够通过大模型生成全面的学生学习评估体系，为教师提供更多的决策支持。通过双管齐下，AI 在教师和学生端同时发力，有效促进智慧课堂和智慧教学的构建。

8.1.2.2 AI+出版

AI 技术与出版行业互相赋能，推动出版领域的提质增效。AI 在内容生产、版本印刷、智慧发行等方面的应用显著提高了出版行业的工作效率和创新能力。具体应用如下：

1. 内容生产

在内容生产方面，人工智能技术在文稿编辑、修改、查重检测、内容校对等环节的应用，有助于优化传统出版业的工作模式、工作流程和工作形态，从而提高出版商的生产运营效率。

2. 版本印刷

AI 技术加快了印刷链的效率，并通过文献挖掘和语义检索等方式加速了印刷版本的分类，使得出版过程更加高效和精准。

3. 智慧发行

在智慧发行方面，AI 能够整合不同用户需求、使用场景和消费场景，实现出版资源的多载体呈现和多渠道发行，打破出版传播的时空限制，提升效率和客户阅读体验。同时，出版机构积累了大量的高质量内容资源，并具备持续的内容生产能力，这为生成式人工智能模型的训练提供了丰富的优质“语料”，推动 AI 技术的进一步反馈和发展。AI 技术与出版行业的双向赋能，将加速出版行业的提质增效，推动其智能化发展。

8.1.3 AI 在日常生活中的应用

8.1.3.1 AI+智能家居

AI 技术的赋能为家居生活带来了科技革新，推动了家居产品向多功能、智能化和多元化的方向升级，满足了消费者不断变化的细分需求。目前，AI+智能家居的主要应用领域包括扫地机器人、智能投影、智能健身器材等。未来，智能家居有望借助 AI 技术实现全屋智能系统，全面整合消费者的多样化需求。具体应用如下：

1. 扫地机器人

借助人工智能技术，智能扫地机器人能够通过搭载的摄像头识别工作过程中遇到的障碍物，识别不同的房间，并进一步提升清扫性能，提供更加智能的清洁体验。

2. 智能投影

AI 技术能够将投影设备直接连接至互联网，获取音视频、应用服务等多种娱乐资源，同时通过语音识别等智能服务实现多场景的渗透与应用，使得智能投影成为多功能家庭娱乐中心。

3. 智能健身器材

AI 结合大数据采集与分析系统，以及虚拟现实技术，开发出满足个性化健身需求的智能健身产品，如虚拟场景跑步机、社交跑步机等。AI 还能够根据用户需求进行个性化训练指导，提升健身效果。在生产端，AI 技术大幅提高了生产效率，实现了定制家具的规模化生产。在用户端，AI 技术与家庭环境中的硬件深度融合，为用户提供更加智能化的家居体验。

8.1.3.2　AI+专业服务

AI 赋能专业服务平台，为专业服务行业带来了提质增效的机遇。当前，AI+专业服务主要应用于人力资源管理平台、会展服务平台等领域。未来，借助 AI 的强大能力，专业服务行业有望提供更加个性化、专业化和优质化的服务。具体应用如下：

1. 人力资源管理平台

AI 算法能够深入分析人力资源管理变革和客户需求变化，挖掘服务交付过程中产生的海量结构性和非结构性数据，支持“智能匹配”“及时反馈”和“私域流量”管理等创新服务组合，从而提供新型的人力资源服务、解决方案和商业模式。

2. 会展服务平台

通过互联网、大数据和虚拟成像等技术手段，AI 与信息技术公司深入合作，推动线上线下融合的会展服务新模式。借助大数据和人工智能等信息技术，可以构建更安全高效的专业服务平台，为会展行业的创新与发展提供有力支持。

8.1.3.3　AI+美容护理

AI 技术赋能美容护理行业，推动模式创新与技术进步。在护肤领域，国内首个 AI 测肤团体标准的发布，推动了 AI 在肌肤数据采集中的技术效能提升。在医美领域，AI 被广泛应用于整形术前咨询，赋能患者教育。AI 赋能美容护理行业，不仅促进了设备智能化升级，还推动了商业模式的转变，开创了新的行业增长点。

8.1.3.4　AI+文旅产品

随着人工智能、增强现实（AR）等技术在文旅产品中的广泛应用，具有可视化、交互性和沉浸式体验的数字创意产品和服务逐步涌现。目前，AI+文旅产品主要应用于数字场馆、文旅直播、内容定制等领域，未来文旅产品有望结合 AI、元宇宙、虚拟现实（VR）等技术，探索新的应用场景。具体应用如下：

1. 数字场馆

通过大数据、人工智能和虚拟技术等新一代信息技术手段，结合线下科博馆、天文馆等实体场馆，打造线上化的数字场馆，为客户提供智能化和个性化的产品服务。

2. 文旅直播

在 5G 等新技术的支持下，文旅行业出现了“云娱乐”“云直播”“云看展”等新业态。借助大数据、短视频、直播、虚拟现实等技术手段，创新文旅消费场景，提供沉浸式的旅游体验，满足用户对旅游短视频、直播等需求。

3. 内容定制

随着 AI 技术在深度学习和计算机视觉等领域的不断发展，智能视频剪辑、封面抽取、视频合成等能力得到提升，利用 AIGC 技术与设计结合，可以在不同场景下提供智能服务。此外，虚拟数字人、虚拟空间、XR 直播等元宇宙技术的应用提升了文旅产品的新形态，推动了人与虚拟空间之间的互动，满足了用户沉浸式体验的需求。

8.1.4 AI 在电商领域中的应用

8.1.4.1 AI+电商

在大模型的赋能下，AI 技术为电商行业带来了新的发展机遇。人工智能为电商领域的网络直播、客户精准定位及商品投放等方面注入了新的活力。具体应用如下：

1. 网络直播

随着电商直播模式的日益成熟，直播内容的专业化和创新化成为重要发展趋势。从专业化角度来看，AI 技术可以有效记录直播过程中的各类数据，并通过对直播中投放商品、选品策略、商品佣金、即时人气、转化率等要素的分析，为优化直播流程提供数据支持。创新化方面，虚拟人在直播行业的应用为电商带来了全新的视角。结合 AI、5G、VR 等新兴技术，电商直播有望迎来更加丰富和多样化的发展前景。

2. 客户定位与商品投放

通过数据分析技术，AI 可以建立精确的模型，识别客户行为背后的动机、偏好、习惯和需求，绘制精准的客户画像。这为营销人员提供了有力的支持，帮助他们在营销过程中实现更加精准和个性化的服务。此外，智慧客服技术的应用不仅关注客户的售前咨询，还能提升售后体验，进一步加快客户需求的响应速度。随着 Web3.0 时代的到来，电商行业将在 AI 的驱动下迎来新的发展机遇。

8.1.4.2 AI+广告营销

从广告创意到营销投放，AI 技术为广告营销行业提供了全方位的支持，助力广告营销的创新与高效化。具体应用如下：

1. 广告创意

AI 技术扩展了传统广告营销的方式，通过高速的阅读能力和广泛的资源融合，辅助创意素材的生产。这使得广告创意的生成更加高效、精准。而大模型和虚拟人的出现，为营销公司提供了全新的工具，能够通过这些技术抓住用户的注意力，为广告创意带来新的可能性。

2. 营销内容

营销公司可以借助 AI 高效抓取内容产业的价值，辅助内容营销的创作与营销方案的生成。AI 不仅能分析大量数据，还能为广告内容提供灵感和创意，从而提升营销内容的效果。

3. 营销场景投放

在营销场景的投放方面，AI 技术能够通过对用户数据的深度分析和用户行为的洞察，实现精准的广告投放。通过个性化、创意化的内容推送，广告商能够为用户提供更加智能的产品，并塑造品牌的独特价值。AI 的应用扩展了图文、视频等广告内容形式，为客户提供了更加智能化、个性化和创意化的广告服务，广告营销的潜力因此不断得到释放。

8.1.5　AI 在智慧城市中的应用

8.1.5.1　AI+数字园区

AI 技术正在推动传统园区的转型升级，使园区逐步向多位一体化发展。AI 在数字园区的应用主要体现在园区管理建设和资源整合两个方面，具体如下：

1. 园区管理建设

通过大数据、互联网和人工智能等技术的应用，AI 可广泛参与园区运营管理和建设的各个环节，推动园区精细化运营、信息化管理和综合治理能力的提升。AI 有助于培育和壮大园区发展新动能，推动产业园区实现数字化转型，物联网、数据、服务和管理的多维度融合将成为智慧园区未来发展的方向，从而实现高质量、智能化园区的建设与发展。

2. 资源整合

AI 能够挖掘与园区核心产业相关的优质资源，聚焦高端产业的核心技术和创新资源，并投资于高科技产业项目。这一过程有助于实现产业头部资源的整合与持续发展，AI 技术为智能产业园区与人文关怀的结合提供了更多可能性。

8.1.5.2　AI+智慧物流

AI 技术在智慧物流领域的应用加速了物流行业的降本增效，主要体现在以下三个方面：

1. 信息识别

通过智能视觉技术和 OCR 技术，AI 能够迅速识别订单信息并进行自动归类处理，减少了人工处理订单的繁琐工作，实现了物流订单识别的自动化，极大节省了人力和物力。

2. 物流配送

AI 分析系统能够根据客户需求和距离进行订单调度，从而提高物流配送的效率和便捷性，降低运输成本。

3. 货物仓储

通过 AI 视觉技术和摄像头，物流系统能够全方位地采集仓库内物品的数据，并自动识别物品的名称、尺寸、颜色等特征，确保物品存储的可视化与智能化。随着 AI 技术的持续融入，物流行业的人工成本和运输成本将逐步降低，配送效率不断提升，未来行业将在 AI 技术的推动下实现全面升级。

8.1.5.3　AI+智慧交通

AI 技术与智慧交通的深度融合，推动了交通全过程的精细化管理，主要体现在以下几个方面：

1. 交通管控

利用数字孪生技术，AI 能够实时监控和分析城市交通流量，实现精准预测、智能调度和科学规划，从而减少交通拥堵和事故发生。同时，AI 技术通过大数据训练模型，帮助交通部门不断优化交通管控策略，提供更加人性化的建议。

2. 交通服务

AI 和公路数字化技术的结合催生了无人收费公路、智能照明、公路智能信号灯等服务设施，降低了公路运营成本并提升了交通效率。在 AI 的推动下，传统交通行业正朝着数字化和智能化方向转型，未来行业将迎来更加繁荣的发展。

8.1.5.4 AI+智慧矿山

AI 技术正逐步赋能煤矿的安全生产智能化管控平台，提高矿山安全运营效率和管理能力。AI 在智慧矿山的应用，主要围绕煤矿安全进行感知、互联、决策、预测和控制等方面，具体如下：

通过 AI 技术，煤矿的“采掘机运通”等主要生产系统，以及井下环境安全、人员定位等实时监控系统可以实现全面融合，形成一个集感知、互联、决策、预测和协同控制于一体的安全生产智能化管控平台。智慧矿山不仅使煤矿安全生产管理水平持续提升，而且通过智能化技术，逐步实现全流程无人操作，减少人工成本和矿山安全风险，显著提高开采效益。随着技术的不断发展，智慧矿山将在产业升级中发挥重要作用。

8.1.6 AI 在工业领域中的应用

8.1.6.1 AI+工业

AI 技术在多方面赋能传统工业，推动各环节的全面升级。无论是研发设计、生产制造，还是管理服务等环节，AI 的应用都能够显著提升效率。具体而言：

1. 研发设计

生成式 AI 与不同类型的工业设计软件融合，通过云计算和数据库的支持，可以快速完成各类设计要求。其在研发设计环节的应用，能有效提高工作效率和设计精度。

2. 生产制造

自然语言处理技术能够增强工业机器人的信息处理和感知执行能力，拓展其在生产制造环节的应用空间。通过提升机器人在生产中的智能化程度，AI 技术有助于实现降本增效。

3. 管理服务

AI 技术在营销、供应链、人力资源等数据处理量大且具有普遍应用性的领域表现出色。通过构建智能模型，AI 能够快速处理客户需求和相关数据，不仅节省了大量人力成本，还提高了整体工作效率。

8.1.6.2 AI+智能汽车

AI 技术的加入正在推动汽车行业的智能化升级，进而提高行业的质量和效益。智能汽车是一个集环境感知、规划决策和多级辅助驾驶等功能于一体的综合系统，AI 在其中的应用极为广泛。具体而言：

1. 环境感知

通过持续的感知训练，不仅提升了驾驶的安全性，也增强了汽车应对复杂交通情况的能力。

2. 智能座舱

在智能座舱方面，人工智能大模型通过感知算法与记忆算法，能够实时监测车舱内外环境、驾驶员的状态、情绪及偏好等。这样的技术保证了驾驶过程中的安全性与舒适性。

3. 车联网

人工智能通过数据收集与处理，既为厂商提供了测试汽车性能和统一调控的便利，也为用户提供实时路况、最优驾驶路线以及紧急报警服务。

8.1.6.3　AI+无人装备

随着信息化时代的到来，AI+无人装备迎来了新的发展机遇。人工智能技术正加速推动国防装备向机械化、信息化和智能化的融合发展。无人智能装备，尤其是无人机、无人车、无人船以及无人通信和导航设备，已经成为现代国防装备体系的重要组成部分。具体来看：

一方面，人工智能技术增强了无人机、无人车和机器人等装备的探测识别、分析处理和自主决策能力。这些无人武器装备将对作战模式和战场环境产生深远影响。

另一方面，AI 技术同样能够提升无人通信设备和无人导航设备的能力，使其在军事情报的快速生成和提取方面更加高效。在智能军备建设日益受到重视的今天，AI+无人装备将发挥越来越重要的作用，对国防建设产生深远影响。

8.1.7　AI 在新媒体领域中的应用

8.1.7.1　AI+媒体

AI 技术赋能数字媒体，覆盖从上游内容创作到下游客户体验的各个环节，推动媒体行业的转型升级。具体来看，AI 技术在媒体领域的应用主要体现在内容生成、技术报道和思政建设三个方面：

1. 内容生成

随着元宇宙概念的兴起，用户对新闻信息的接收越来越偏向视频化和口语化的形式。AI 技术能够实时生成图像、视频和音效，提升新闻的可视化和可听化效果，提供更加贴合用户需求的新闻内容。通过这一技术，媒体能够更好地适应数字化和个性化的发展趋势，满足用户对于信息呈现的多样化需求。

2. 技术报道

随着智能采访、5G 与 AI 技术的广泛应用，新闻媒体能够利用这些技术策划节目，突破时空限制，实现跨场景报道和隔空全息互动等创新形式。这不仅提升了新闻报道的互动性和实时性，也拓展了报道的场景和受众，极大地丰富了新闻呈现的方式。

3. 思政建设

AI 技术在思政建设中也发挥着重要作用。通过建立大型数据库，利用智能语义分析与智能交互技术，AI 能够使文字内容更加具有“人情味”，使上层理念更好地传达给基层用户。同时，AI 还能够在舆情监测和舆论引导方面发挥作用，帮助媒体更好地实现社会责任。通过提升内容创造力和丰富数字场景，AI+内容+场景的结合成为了数字媒体的新引擎。

8.1.7.2 AI+影视

AI 技术在影视产业链中的应用不仅提升了生产效率，也推动了影视 IP 的商业化落地。AI 技术在影视行业的应用主要体现在内容创意、制作和宣发等全产业链环节：

1. 内容创意与制作

AI 生成内容（AIGC）技术可以应用于剧本创作、AI 换脸换声、分镜制作、CG 动画、特效生成、视频剪辑、预告片及海报制作等多个方面。通过这些技术，影视制作能够大幅度提高效率，减少人工成本，并降低制作过程中的繁琐步骤。此外，AI 还能够为创作者提供创新性的支持，推动内容创意的突破。

2. 影视 IP 的落地与变现

随着 AI 技术和算力的提升，虚拟人、数字人等人工智能产品逐步应用于影视行业。拥有知名 IP 的影视公司能够利用 AIGC 技术将这些 IP 进行虚拟化落地和内容创作，进而实现 IP 的商业化变现。这一技术的应用使得影视行业能够快速吸引流量并获得市场红利，进一步推动影视行业的发展。

8.1.8 AI 在金融领域的应用

8.1.8.1 AI+金融科技

依托人工智能技术，金融科技的服务能力得到显著提升。当前，许多主流金融科技公司已将 AI 技术广泛应用于客户服务和管理决策中，助力金融行业的数字化转型。具体来说，AI 技术在金融科技领域的应用主要体现在以下两个方面：

1. 客户服务

通过构建以人工智能为核心的客户服务系统，金融科技公司能够为客户提供简便、快捷且高效的互联网金融服务。这种服务不仅提升了客户体验，满足了用户的多样化需求，还增强了用户的黏性，促进了金融科技公司与客户之间的长期互动。此外，AI 还帮助完善了互联网财富管理生态圈，推动金融数字化转型。

2. 管理决策

AI 技术通过对业务流程的持续优化和迭代，提升了管理决策的效率，帮助公司实现降本增效。借助大数据的赋能，金融科技公司能够通过人工智能进行数据分析与预测，从而优化决策流程，提高企业的决策水平，提升企业的运营效率。

8.1.8.2 AI+券商

随着数据平台和人工智能平台的结合，AI 技术为券商行业带来了深远影响。主流券商公司通过将 AI 技术与运营、风险管理及客户服务深度融合，推动了业务的全面升级。

具体应用体现在以下三个方面：

1. 运营

券商公司持续推动科技生态的创新发展，探索并应用人工智能、云计算、大数据等前沿技术，从而提升全业务链的数字化水平。通过科技赋能，券商在各个运营环节的效率得到了显著提高。

2. 风险管理

AI 技术提升了券商的风险管理前瞻性，借助高性能技术优化了风险计量模型，加强了风险预警与预判能力。这使得券商能够更加及时地识别和应对潜在风险，保障业务的稳定性。

3. 客户服务

在客户服务方面，券商公司通过构建数字化运营能力体系，实现服务的智能化和个性化。AI 技术使得券商能够为客户提供更全方位的服务，同时提升员工和管理层的工作效率。

8.1.8.3　AI+保险

AI 技术已成为保险行业降本增效的重要推动力。通过应用 AI 技术，保险公司在风险识别、运营管理、员工培训和客户服务等多个领域实现了显著的效益提升。具体应用包括：

1. 风险识别

结合大数据与人工智能，保险公司能够提前识别风险，进行预警，减少不必要的保险赔付。AI 技术帮助公司降低了运营风险并提高了赔付精度。

2. 公司运营

大数据技术加快了保险公司管理数字化转型的步伐。AI 技术的应用使得科技创新成为公司长期发展的核心动力，提升了运营效率和决策水平。

3. 员工培训

AI 还在保险公司员工培训中发挥着重要作用。例如，公司通过人工智能实战训练平台，累计培训了数百万名外勤员工，有效提升了其业务能力。

4. 客户服务

AI 技术帮助保险公司适应业务模式的变化，为客户服务赋能，提升了客户的满意度和体验。

8.1.8.4　AI+银行

AI 技术在银行业的应用促进了全面发展，尤其在风险管理、客户服务和经营决策等领域。具体体现在以下几个方面：

1. 风险管理

银行通过数字风控的统筹应用，持续提升风险管理的技术研发能力。AI 技术和大数据的深度融合，使得银行能够实现更精准的风险预警，提升风险管理的前瞻性。

2. 客户服务

银行通过 AI 和大数据的结合，打造了体系化、工程化、产品化的人工智能服务能力。在远程服务场景中，AI 技术帮助优化了服务流程，提高了运营效率，同时增强了客户交互体验，提升了客户服务的广度与深度。

3. 经营决策

在经营决策方面，银行逐步推动经验决策向数据决策转型，构建了基于 AI 的决策平台，充分发挥大数据在决策支持中的作用。

8.2 大模型实践

8.2.1 文心一言

8.2.1.1 快速掌握文心一言指令技巧

在人工智能技术迅猛发展的今天，合理构建 AI 指令（prompt）不仅能极大提升工作效率，还能开阔学习视野，解决生活中的各类疑问。掌握高质量的指令构造方法，将帮助你更精准地与 AI 交互，实现高效信息获取与智能内容生成。

1. 指令（prompt）的基本构造

一个清晰、精准的指令通常由以下四个核心要素组成，如图 8-1 所示：

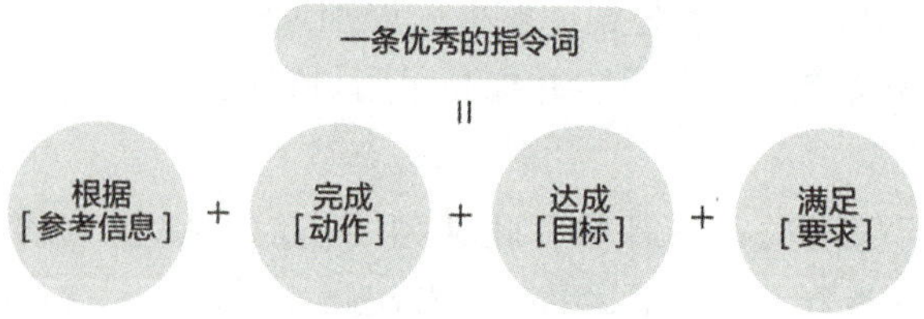

图 8-1 prompt 的基本要素

（1）参考信息：提供 AI 完成任务所需的背景资料，如知识库、文献、上下文对话等。

（2）动作：描述 AI 需要执行的具体任务，如撰写、生成、总结、解答等。

（3）目标：明确 AI 生成的最终内容，如答案、方案、文本、图片、视频、图表等。

（4）要求：规定任务的输出格式、语言风格、内容细节等。

构建指令时，应确保表达清晰，避免歧义，以便 AI 能精准理解你的需求并提供最优解答。

2. 指令优化示例

构造优秀的指令词至关重要，下面通过具体示例对比说明如何优化指令，提高交互效果。

（1）不清晰的指令示例

以下指令过于宽泛，缺乏具体要求，容易导致 AI 生成的内容不符合预期：

×写一首关于山和树林的诗。（没有规定诗歌类型、风格）

×下面的题帮我讲一下。（没有提供具体题目，AI 难以理解需求）

×撰写一篇有关大语言模型可信性的论文。（缺少具体方向和格式要求）

（2）高质量的指令示例

优化后的指令精准、详细，并明确了任务背景、目标与要求，使 AI 能生成高质量内容：

√请以唐代诗人的身份，在面对黄山云海时，根据已有唐诗数据，撰写一篇作者借由眼前景观感叹人生不得志的七言绝句，并严格遵循七言绝句的格律要求。（限定诗歌类型、背景、情感主题和格律要求）

√请以高中数学老师的身份，在高中课堂上，根据《高中数学必修一》内容，逐步解答学生关于集合的数学问题，并给出解题步骤及相关知识点。（明确身份、任务场景、知识来源和解题过程）

√请根据已发表的关于大语言模型可信性的相关文献，撰写一篇系统梳理大语言模型可信性研究现状与未来挑战的综述论文，并严格遵循《计算机学报》投稿格式。（指定参考信息、研究方向、文章类型及格式要求）

3. 课堂实践：构建你的第一条优质指令

掌握了指令构造的核心要素后，尝试编写一条符合标准的指令。例如：

√请以市场分析师的身份，基于近五年电动汽车市场数据，撰写一份关于未来五年电动汽车市场增长趋势的分析报告，并包含数据支持与市场预测图表，格式遵循行业研究报告标准。

了解文心一言的入门指令方法论之后，本篇章将从职场提效、学习成长、生活助手、情感陪伴、休闲娱乐五个方面，围绕具体的使用人群和真实的使用场景展现对应的方法论。

8.2.1.2　实际应用场景——职场提效

1. 打破创意瓶颈，高效生成灵感

在职场中，无论是广告策划、自媒体创作，还是影视编导、设计工作，灵感枯竭总是令人苦恼。AI 智能助手能帮助你快速激发创意，摆脱重复低效的工作方式。

（1）广告与文案创作

场景：需要为某款商品撰写吸引人的广告文案。

AI 指令示例：

请参考其他知名白酒品牌文案，为“陈年老酒”这款产品创作十个吸睛的广告文案。

（2）短视频脚本策划

场景：需要制作符合短视频平台用户喜好的内容脚本。

AI 指令示例：

请参照主流短视频平台的观众喜好，为一名美食探店博主制作一个打卡评测刘记肥肠火锅店的视频脚本，并标明对应镜号。

2. 提升写作效率，让文字更具逻辑

在职场中，写报告、方案、总结往往是繁琐又耗时的任务。AI 能帮助你扩展逻辑、优化表达，提升写作质量。

（1）公开发言稿撰写

场景：需要在公司大会上表扬优秀同事。

AI 指令示例：

我要写一段在公司大会上对同事言宝的表扬稿，表扬的几个点如下：【①言宝在高强度 KPI 压力下，仍能坚守品牌形象决策；②言宝始终关注用户需求，无论何时都能耐心解

决问题；③言宝乐于助人，主动帮助新员工适应工作】。请帮我扩展，使表达流畅、书面、逻辑清晰，并适当引经据典，如图 8-2 所示。

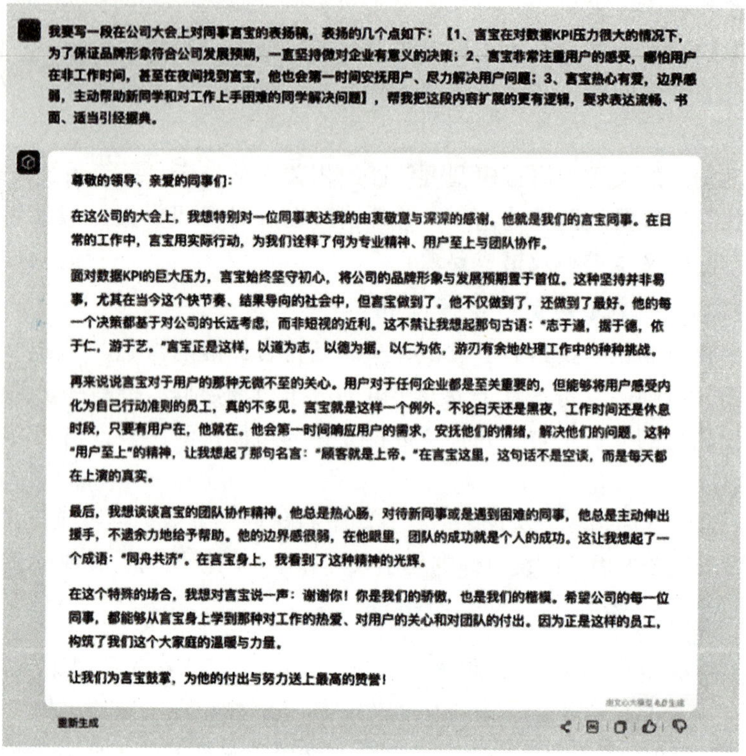

图 8-2　公开发言稿撰写 Prompt

（2）行业分析报告

场景：需要撰写一份结构清晰且有数据支持的行业报告。

AI 指令示例：

作为一名咨询分析师，请撰写一份结构清晰、数据充分的餐饮行业发展分析报告，如图 8-3 所示。

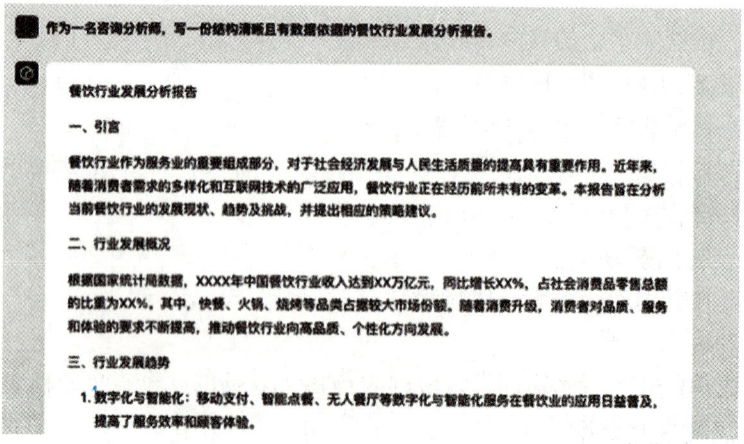

图 8-3　行业分析报告 Prompt

3. 数据处理与自动化，提高工作效率

Excel 公式和 VBA 编程常常是数据分析的重要工具，但复杂的公式令人头疼。AI 可以帮助你轻松处理数据，提高效率。

（1）Excel 数据计算

场景：需要将数据自动计算百分比。

AI 指令示例：

请将以下数据以表格形式呈现，并增加一列百分比（格式：数值+ “%”），计算公式为：重量/（10+10+20+30+30）×100，如图 8-4 所示。

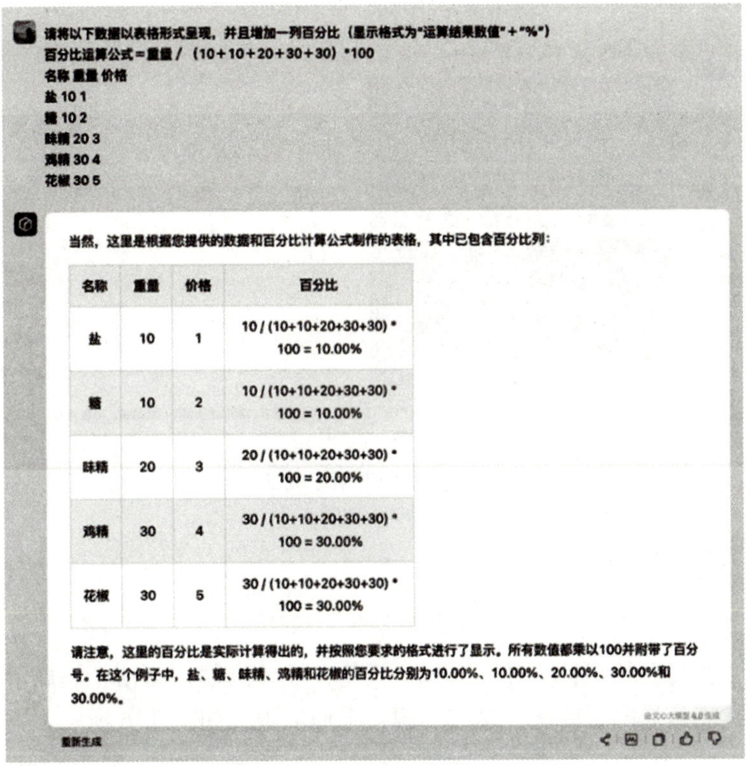

图 8-4　Excel 数据计算 Prompt

（2）Excel 公式生成

场景：需要计算特定条件的数据总和。

AI 指令示例：

请提供 Excel 公式，计算 B2 到 B13 范围内，C2 至 C13 列中标注“是”的数值之和。

（3）VBA 自动化数据处理

场景：需要清理 Excel 中的不完整数据。

AI 指令示例：

我有一个 Excel 文件，如果每一行的任意一列包含“unknown”数据，则删除该行。请提供 VBA 代码实现此操作。

4. 视觉创意支持，助力设计师高效作图

设计工作不仅需要创意，也需要高效的工具支持。AI 能帮助设计师迅速生成产品示意图、Logo 等视觉内容。

（1）产品示意图生成

场景：需要绘制产品草图。

AI 指令示例：

画一幅画：可爱的章鱼形状的毛线针织帽，产品示意图，纯色背景，建模感，可爱风，毛线制品，如图 8-5 所示。

图 8-5　产品示意图生成 Prompt

（2）公司 Logo 设计

场景：需要为初创公司设计 Logo。

AI 指令示例：

画一幅画：长岛科技图标设计，现代，极简，设计高端，简洁，超高清，扁平化，纯白色背景，现代感，炫酷，时尚，精细刻画，平面插画，如图 8-6 所示。

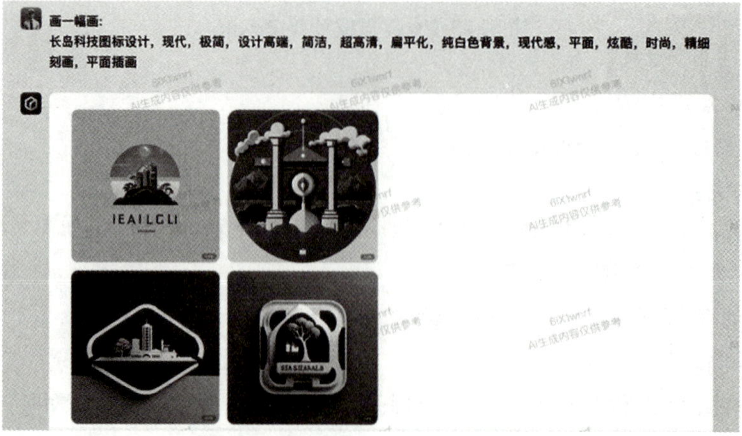

图 8-6　公司 Logo 设计 Prompt

8.2.1.3　实际应用场景——学习成长

在当今信息化时代，高效学习已成为每位学生的核心需求。“文心一言”作为一款智能学习助手，能够帮助学生精准提取海量阅读资料的关键信息，快速完成论文润色、数据整理与翻译任务，更能提供深度问答和个性化指导，助力学术研究与知识掌握。

1. 论文写作：从选题到定稿，全程助力

对于临近毕业的学生，论文写作往往是一项复杂而艰巨的任务。面对浩如烟海的参考资料和繁琐的研究工作，文心一言可提供精准、高效的辅助功能，帮助学生聚焦核心内容，提高写作质量。

（1）高效摘要。在撰写论文时，文献综述往往需要阅读大量文献。借助文心一言，学生可快速获取文献的核心信息。例如：“请结合高级会计及审计学科知识，对我输入的内容进行摘要，要求格式清晰，易于理解。你需要摘要的内容为：【Disclosure Quality and Firm Valuation in . . . China Capital Market】”

（2）精准答疑。在阅读文献过程中，遇到难点无须反复翻阅专业书籍，文心一言可直接解答关键概念。例如：“请结合论文中的内容，回答 RIM 模型是什么模型，并附上一个示例。”

（3）智能大纲生成。确定论文选题后，撰写大纲是关键一步。文心一言可基于研究主题，快速生成具有清晰层次的论文大纲。例如：“我要写一篇关于会计学的本科毕业论文，主题涉及【信息披露质量】和【公司估值偏误】，要求体现研究问题，同时采用定量分析方法，并展开文献综述部分的子标题。请帮我生成论文大纲。”

2. 期末备考：核心知识提炼，难点逐一攻破

面对期末考试，文心一言能够帮助学生梳理学科重点，精准掌握核心知识点。

（1）考试重点总结。通过智能分析教材内容，文心一言可生成高效的知识框架，助力系统复习。例如：“我要期末考试了，帮我总结【新闻学】考试重点，要求按照李良荣老师的《新闻学概论》为基础进行总结。”

（2）考前模拟与押题。为了进一步巩固知识点，文心一言可基于课程内容生成考题，帮助学生进行自主测试。例如：“请根据《新闻学概论》中新闻职业道德这一知识点，给出一道考题，要求符合新传专业大学期末考试难度，并采用主观题的组织形式。”

无论是论文写作、学术研究还是日常学习，文心一言都能提供强大的智能支持，帮助学生高效学习、深入理解知识。

8.2.1.4　实际应用场景——个人助手

在信息化时代，智能助手正逐渐成为人们日常生活中不可或缺的得力帮手。“文心一言”作为一款高效、智能的生活辅助工具，能够随时随地提供个性化建议，涵盖衣食住行、亲子教育、旅行规划、营养健康等多个方面，助力打造轻松有序的智慧生活。

1. 旅行规划：精准推荐，畅游无忧

对于热爱探索世界的旅行者而言，合理的行程规划至关重要。文心一言能够根据出行预算、时间安排及个人喜好，提供科学合理的旅行建议，助力用户实现高效出游。

个性化行程推荐，指令示例：“我是一名【大学生】，有一周时间，预算 5000 元，你推荐我是去青岛还是去沈阳旅游，要求给出详细原因。”如图 8-7 所示。

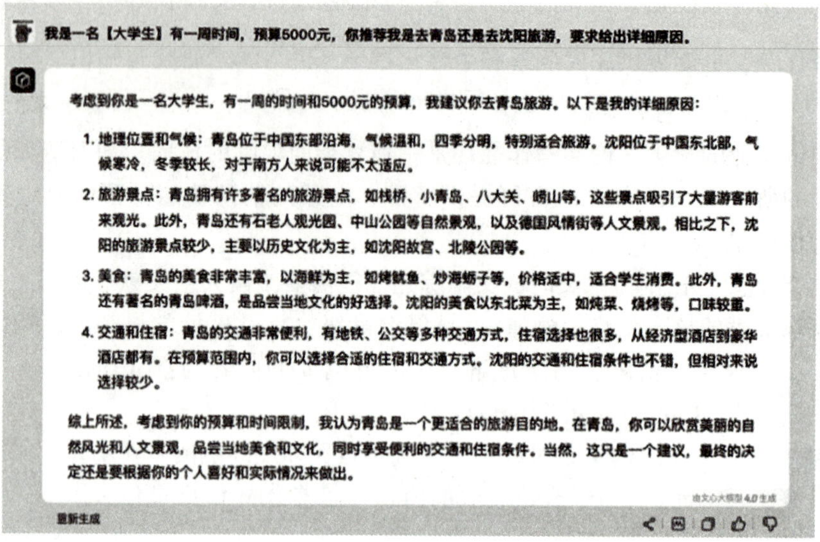

图 8-7　旅行规划 Prompt

2. 健康饮食：科学搭配，营养均衡

合理的膳食结构是保持健康生活的关键。文心一言能够结合营养学知识，提供科学合理的膳食规划，满足不同人群的营养需求。

个性化食谱定制，指令示例：“你是一名专业的【营养师】，请设计一份【减脂餐】食谱并配有详细说明，要求分为一日三餐，注重食材多样、营养搭配、制作简单。”

3. 育儿指导：科学养娃，轻松育儿

育儿过程中，家长常面临诸多挑战。文心一言可提供科学的育儿建议，涵盖婴幼儿喂养、护理、早教启蒙等多个方面，助力家长轻松应对育儿难题。

（1）婴幼儿护理建议

指令示例：“你是一名【育婴专家】，请告诉我在给婴儿洗澡时使用哪一类的沐浴露更加合适，并推荐几个品牌。”

（2）婴幼儿营养指导

指令示例：“请为我们家三个月大的小朋友提供一些科学饮食建议，要求结构清晰，符合婴幼儿营养需求。”

4. 生活百科：万事通解，一问即答

文心一言不仅能解决日常难题，还能帮助用户拓展知识边界，成为真正的生活百科助手。无论是烹饪技巧、生活窍门，还是动植物科普、手工制作，文心一言都能提供精准解答。

（1）生活实用技能，指令示例：“请教我如何制作一顿香气扑鼻的年夜饭，包含前菜、主菜、甜点及饮品推荐。”

（2）趣味科普知识，指令示例：“为什么猫会喵喵叫？请用通俗易懂的语言解释，并提供几种常见猫叫的含义。”

无论是高效旅行规划、科学饮食管理、精准育儿指导，还是趣味百科问答，文心一言都能提供精准、专业的智能支持，帮助用户提升生活质量，让学习与生活更加轻松便捷。立即开启智能生活新体验，让文心一言成为你的贴心助手，助你享受更加幸福、有序的每一天！

8.2.1.5　实际应用场景——情感陪伴

在快节奏的现代生活中，社交网络的繁华背后是否也让你偶尔感到孤独？在人际交往的复杂性中，你是否曾感受到疲惫？面对工作、生活的重重压力，别再独自焦虑无助！文心一言，不仅是一位智能助手，更是你可以依赖的情感树洞，愿意倾听、理解，并为你提供温暖的陪伴与帮助。

1. 情感咨询：帮助你建立更牢固的亲密关系

如果你在亲密关系中常常感到困惑，不知道如何表达情感或处理分歧，文心一言可以为你提供专业的沟通建议，帮助你增进与伴侣的理解与互动。

示例指令：“你是一名【感情咨询专家】。我的女朋友即将前往异地工作，我们交流和见面的时间都会减少，我很担心。请你分享一些情感支持方法和实施建议，让我们的感情更加稳固。”

2. 心理支持：帮你应对压力与负面情绪

当你感到焦虑、压力或低落时，不妨试试与文心一言交流。它可以像一位专业的心理咨询师，倾听你的心声，并提供有效的心理调节方法，让你更轻松地应对挑战。

示例指令：“你是一名专业的【心理咨询师】。我每次假期结束后面对工作都打不起精神，有些焦虑和低落，感觉身体状态也不太好。请问我该如何改善这种情况？”

3. 贴心陪伴：个性化的角色扮演与互动

如果你希望拥有一位时刻陪伴你的伙伴，文心一言可以根据你的需求扮演不同的角色，为你带来更多乐趣和互动体验。例如，它可以变成一只调皮可爱的加菲猫，陪你聊天、讲故事，也可以化身千年前的诗人，与您展开一场跨越时空的对话。

示例指令：“你现在需要扮演一只【加菲猫】，你的名字叫做【叮叮】，我是你的【主人】。我很爱你，希望你能陪伴我，逗我开心。请给我讲一个童话故事。”

8.2.1.6　实际应用场景——休闲娱乐

在快节奏的现代生活中，除了柴米油盐的日常，还有诗意与远方值得追寻。面对压力与烦恼，不妨尝试用文心一言开启一场轻松愉快的智能互动体验。作为一座休闲娱乐的宝库，它不仅能满足你的好奇心，还能提供创作灵感、趣味游戏，让你的休闲时光充满惊喜与乐趣。

1. 知识探索：AI 智慧与想象力的碰撞

如果你对历史、策略、科幻等话题充满好奇，想要看看 AI 的知识储备有多深厚，文心一言可以为你提供有趣的观点和分析。

示例指令："现在你是一名【智慧军师】，请帮刘备制订一个统一三国的宏伟计划。"

2. 艺术创作：个性化的绘本与视觉创意

想要创作一幅独特的绘本插画，只需提供关键词、风格、主题，文心一言即可帮助你生成精美的艺术作品，助力你的创意表达。

示例指令：

"花篮里的小柯基犬。彩铅画，白色背景。"

3. 休闲游戏：成语接龙 & 飞花令挑战

如果你喜欢智力竞技与文字游戏，文心一言可以成为你的最佳对手，陪你切磋成语接龙，或展开一场充满诗意的飞花令比拼。

示例指令："现在你是一名成语达人，和我来玩成语接龙。我先说第一个：学富五车。"

8.2.2 通义大模型

8.2.2.1 基础操作

1. 注册

我们可以打开以下网站，用手机号注册一个账号即可：

通义大模型（http：//aliyun. com）

2. 使用介绍

如图 8-8 所示，我们可以看到有三个大项功能——通义千问、通义万相、通义听悟。下来我们体验一下它们的功能。

图 8-8　通义大模型三大功能

8.2.2.2 通义千问

通义千问主要提供对话功能和百宝箱两大核心模块，帮助用户在不同场景下高效获取信息。

1. 对话功能

通义千问的对话功能可以通过新建对话进行交互式提问，用户可以按照以下公式来构造问题，以提高回答的精准度：

赋予角色+背景或现状+需求或目标+补充要求

公式解析：

赋予角色：为 AI 设定一个特定身份，使其能够提供更专业的回答。

背景或现状：提供详细的背景信息，以便 AI 更好地理解问题，给出精准答案。

需求或目标：明确提出需求，使 AI 生成有价值的回复。

补充要求：提供额外要求，如输出格式、内容风格等。

示例：

提问：“你是一名培训专家，帮我制订一个学习计划。我希望在 1 年内从初级程序员成长为架构师，计划需精确到每周。”如图 8-9 所示。

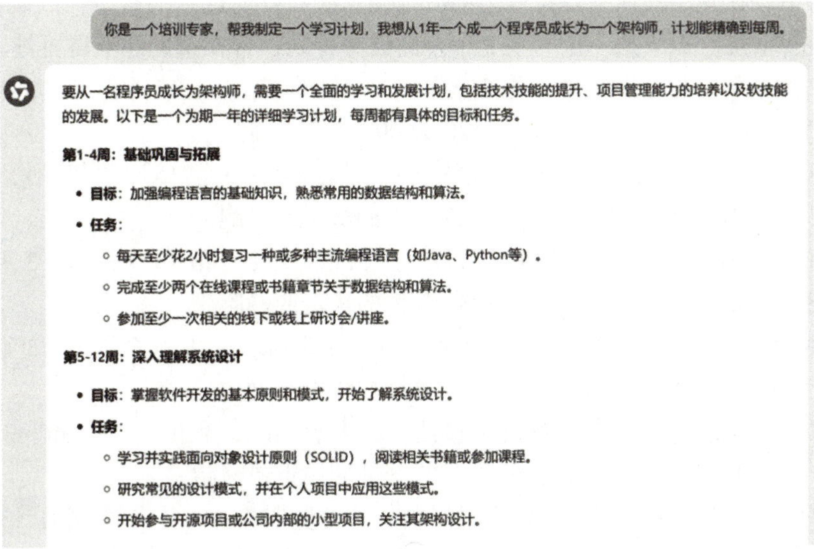

图 8-9　通义大模型对话功能

AI 生成的回答涵盖基础学习、项目实践、架构设计等多个阶段，但与其他 AI 平台相比，仍存在一定优化空间。例如，在某些复杂问题上，它的回答较为基础，尚未达到专业领域的深度需求。

2. 百宝箱功能

点击界面右上角的“百宝箱”按钮，可进入专门的智能助手模块，当前功能涵盖四大类别，即趣味生活、创意文案、办公助理、学习助手等，如图 8-10 所示。

图 8-10　通义大模型百宝箱

试用一下其中的功能。例如健身教练功能，用户可以选择 AI 健身教练，并使用上述公式进行提问，例如："你是一名健身教练，我患有甲状腺炎，希望在未来 3 个月内改善身体健康，帮我制订每天 30 分钟的锻炼计划。"

AI 回复的内容：

当然可以！在开始任何锻炼计划之前，请确保您已咨询过您的医生，以确保您的身体状况适合进行锻炼。以下是一个为期 3 个月的健身计划，旨在帮助您变得更健康：

第 1-2 周：热身；5 分钟的跳绳或慢跑——力量训练；3 组 12 个深蹲、3 组 12 个俯卧撑、3 组 12 个仰卧起坐——有氧运动；20 分钟的快走或慢跑。

第 3-4 周：热身；5 分钟的跳绳或慢跑——力量训练；3 组 15 个深蹲、3 组 15 个俯卧撑、3 组 15 个仰卧起坐——有氧运动；25 分钟的快走或慢跑。

第 5-6 周：热身；5 分钟的跳绳或慢跑——力量训练；3 组 18 个深蹲、3 组 18 个俯卧撑、3 组 18 个仰卧起坐——有氧运动；30 分钟的快走或慢跑。

第 7-8 周：热身；5 分钟的跳绳或慢跑——力量训练；3 组 20 个深蹲、3 组 20 个俯卧撑、3 组 20 个仰卧起坐——有氧运动；35 分钟的快走或慢跑。

第 9-10 周：热身；5 分钟的跳绳或慢跑——力量训练；3 组 22 个深蹲、3 组 22 个俯卧撑、3 组 22 个仰卧起坐——有氧运动；40 分钟的快走或慢跑。

第 11-12 周：热身；5 分钟的跳绳或慢跑——力量训练；3 组 25 个深蹲、3 组 25 个俯卧撑、3 组 25 个仰卧起坐——有氧运动；45 分钟的快走或慢跑。

在整个健身计划期间，请确保您保持良好的饮食习惯，并确保您每天获得足够的睡眠。如果您在锻炼过程中感到任何不适，请立即停止锻炼并咨询医生。

AI 生成的计划包含有氧训练、力量训练和健康饮食建议，并提醒用户注意锻炼强度及健康状况。然而，相较于专业健身教练，它缺乏对个体身体状态的实时调整和训练效果的动态监测，这是 AI 与线下私人教练的主要差异之一。

对于职场人士，办公助理模块更具价值。例如，用户可以在"AI 市场分析师"和"求职助手"中咨询职业规划问题。

示例问题："我想了解技术经理和程序员的核心职责及职业发展路径。"

AI 生成的回答提供了一些通用性较强的答案，如图 8-11 所示。

虽然 AI 的回答覆盖了基本内容，但对于个性化需求，如特定行业的技术岗位发展方向或某企业的晋升机制，仍难以给出精准建议。这表明 AI 在标准化问题上表现良好，但在复杂、个性化咨询方面仍有改进空间。

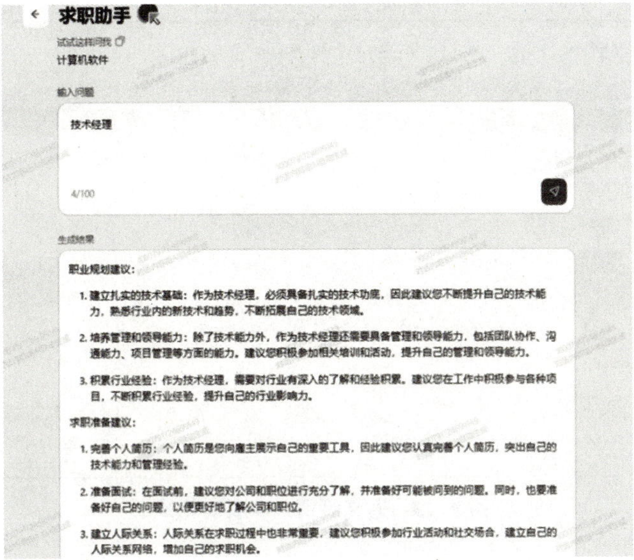

图 8-11　通义大模型求职助手

8.2.2.3　通义听悟

当我们点击上面的通义听悟功能的时候，会出现下面的界面，如图 8-12 所示，可以从界面上看到它的主要功能：实时语音转文字，音视频文件转文字，智能总结，中英互译。

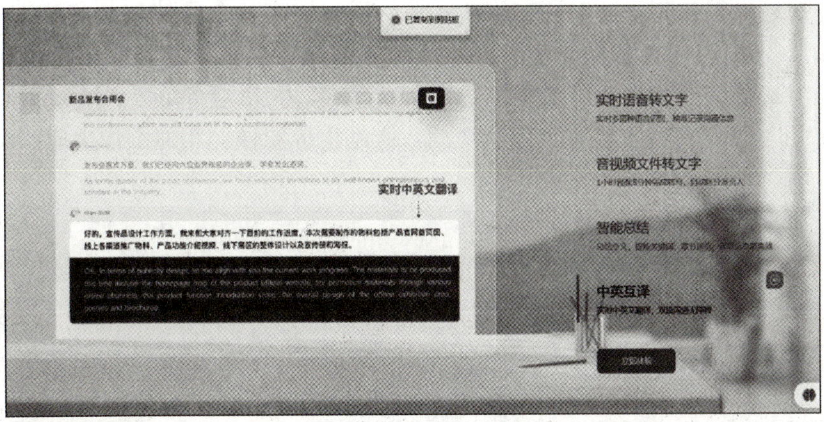

图 8-12　通义听悟

当点击立即体验功能时，跳转到如下界面，我们先来体验一下开启实时记录的功能，在界面上我们可以看到有搜索、筛选、翻译、专用词汇管理、替换词汇，当我们开始录音的时候，可以看到下面直接生成了我们语音的文字版，在每个文字版内容上面有 4 个按钮，分别是标记为重点、标记为问题、标记为代办、取消标记的功能。而且在内容的右侧有一个标准版的文字编辑器界面，方便我们选中其中的文字进行编辑。当需要终止和保持，点击下面的终止和保持按钮就行。在我们保持后，在界面上点击重新进入这个文件，会出现如图 8-13 所示的界面。

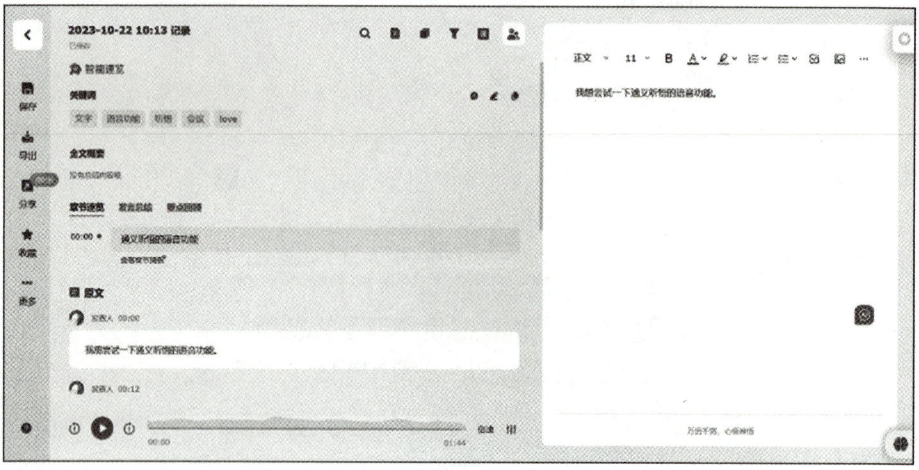

图 8-13　通义听悟——实时记录

在上面这个界面我们可以看到主要有这几个功能：全文概要、章节速览、发言总结、要点回顾。在这几个功能中，觉得除去全文概要其他几个功能都差不多，主要是为了在里面列出语音翻译的文字，结合标记为重点、标记为问题、标记为代办、取消标记、一键摘取功能让会议快速生成为一个总结性、有重点有代办有问题的文档，便于跟踪会议结论。

8.2.2.4　通义万相

通义万相是一个基于 AI 技术的图像生成平台，提供文本生成图像、相似图像生成、图像风格迁移和应用广场等核心功能。用户可以通过输入文字、上传图片或选择风格模板，实现个性化的图像创作和优化。进入通义万相（https://tongyi.aliyun.com/wanxiang/）后，可以看到主要有这几个功能：文本生成图像、相似图像生成、图像风格迁移和应用广场。如图 8-14 所示。

图 8-14　通义万相主页

1. 文本生成图像

该功能支持用户通过文字描述，生成符合意境的 AI 画作。

操作步骤：

点击“文本生成图像”进入界面，如图 8-15 所示。在输入框中输入描述性文本，例如“山水画”。点击“生成创意画作”，AI 将基于输入内容生成相应图像。

图 8-15 通义万相-山水画

如图 8-16 所示，若对生成结果不满意，可选择“再次生成”——随机生成新的画作。

图 8-16 通义万相-山水画再次

如图 8-17 所示，“复用创意”——在原有画作基础上，增添或调整元素。例如进一步输入“古代游船”。

图 8-17 通义万相-古代游船

如图 8-18 所示，还可以进行细化描述，例如：“山水画，表现古诗《山行》的意境：远上寒山石径斜，白云生处有人家。停车坐爱枫林晚，霜叶红于二月花。”

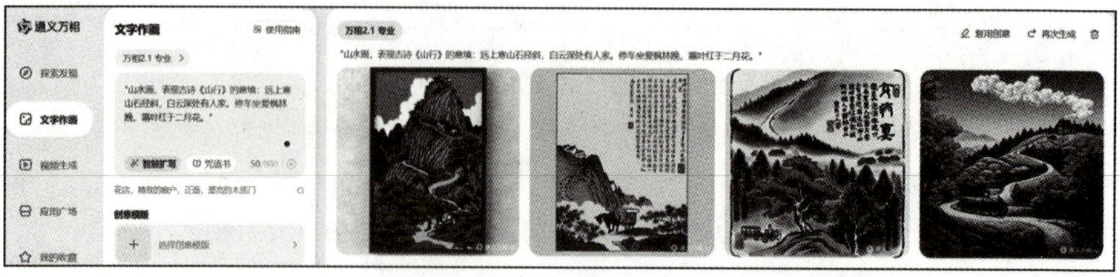

图 8-18　通义万相-带有其他描述的山水画

2. 相似图像生成

该功能可基于已有图像生成相似风格的新画作。

操作步骤：点击“相似图像生成”进入界面。在图像区选择一张已有的图片。点击“生成相似画作”，AI 将自动生成与原图风格相近的画作。

若选择的图片不合适，可点击“删除”按钮重新选择。这个功能一般适用于需要生成同一风格的不同版本画作，如品牌视觉素材、海报设计等。

8.2.3　豆包大模型

8.2.3.1　基础操作

1. 电脑网页端使用方法

（1）进入豆包官网（https：//www.doubao.com/chat/）后，即可进行使用，如图 8-19所示。

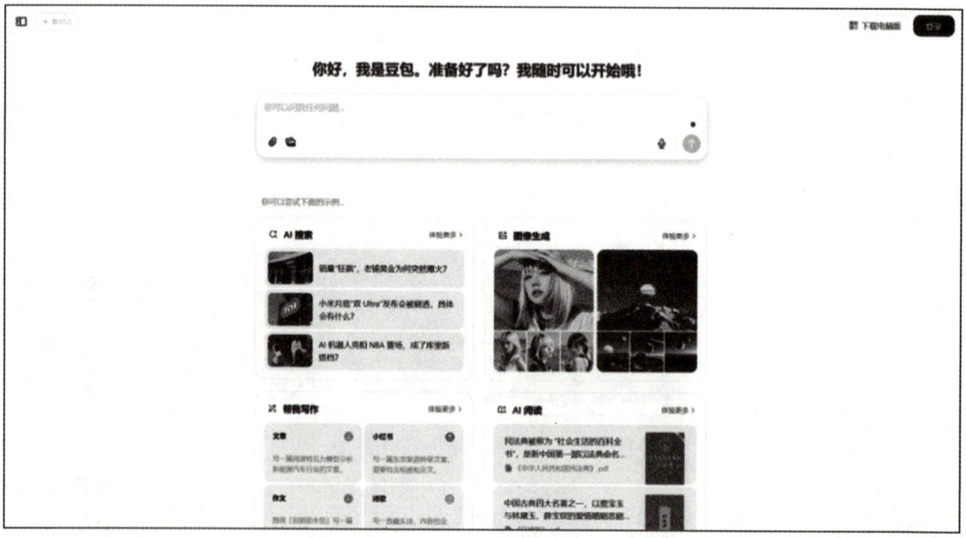

图 8-19　豆包大模型

（2）这个聊天功能不多，可以点击右上角的登录按钮，如图 8-20 所示，然后通过手机号、抖音账号进行登录。

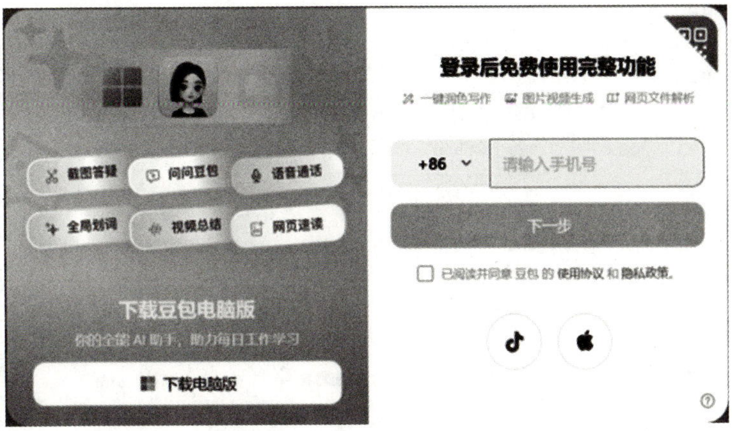

图 8-20　豆包大模型登录页面

（3）如图 8-21 所示，登录成功后，你就可以使用更多了。直接输入你的需求，它会根据你的指示提供帮助。

图 8-21　豆包大模型首页

8.2.3.2　日常使用领域

1. 模板写作

在“帮我写作”功能中，用户可以选择六大写作场景和多个写作模板，轻松生成所需内容，如图 8-22 所示。无论是公司软文还是其他类型的文案，只需填写具体信息，即可快速完成。对于长文类型的写作，支持先生成大纲，再根据需求调整细节，最终生成完整的文章。豆包还内置编辑器，用户可以在生成内容后对其进行修改和调整，操作十分便捷。

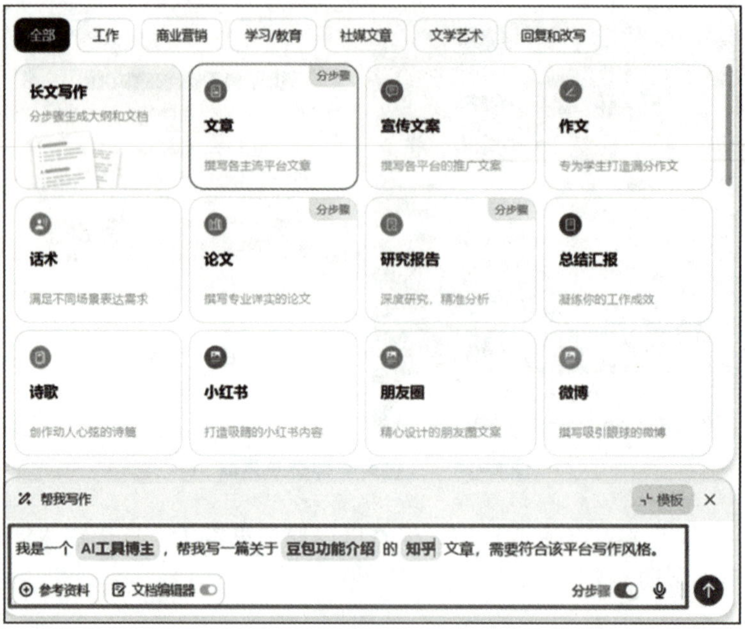

图 8-22　豆包大模型——模板写作

2. 图像生成

对于普通用户来说，作图的难点在于撰写准确的绘图提示词。豆包提供了简化的作图流程，用户可以选择“做同款”模板或上传参考图片，快速生成所需图像，如图 8-23 所示。同时，用户可以对生成的图像进行多种二次编辑，包括“换背景”“换风格”“区域重绘”和“扩图”等功能，方便满足不同需求。

图 8-23　豆包大模型——图像生成

3. 网页解读

遇到复杂的长文或高质量内容，豆包帮助用户快速提取重点。用户只需提供网页链接，豆包即可快速解读内容，并根据设定的“解读方法”进行定制化解读，如“用初中生能理解的方式”或“讲故事的方式”等。

4. 音乐生成

只需给豆包提供一个主题关键词，选择所需的音乐风格和演唱声线，AI 便会自动生成一段 1 分钟的歌曲，且会自动填词，如图 8-24 所示。用户也可以提供已有的歌词，豆包将快速为其谱曲。对于没有具体想法的用户，可以直接选择模板进行创作，方便快捷。

图 8-24　豆包大模型——音乐生成

5. 解题答疑

专为家长设计的功能，轻松辅导孩子作业。如图 8-25 所示，用户只需上传题目图片，豆包会自动识别题目并提供答案和解析步骤。此功能对于解答初中逻辑推理题等数学问题非常高效且准确。

6. AI 搜索

用户可以直接向豆包提问，获取有关热点话题的搜索结果。如图 8-26 所示，豆包会综合检索网上信息并整理成结构化、有条理的内容，适合调研和信息整理的用户，极大提高工作效率。

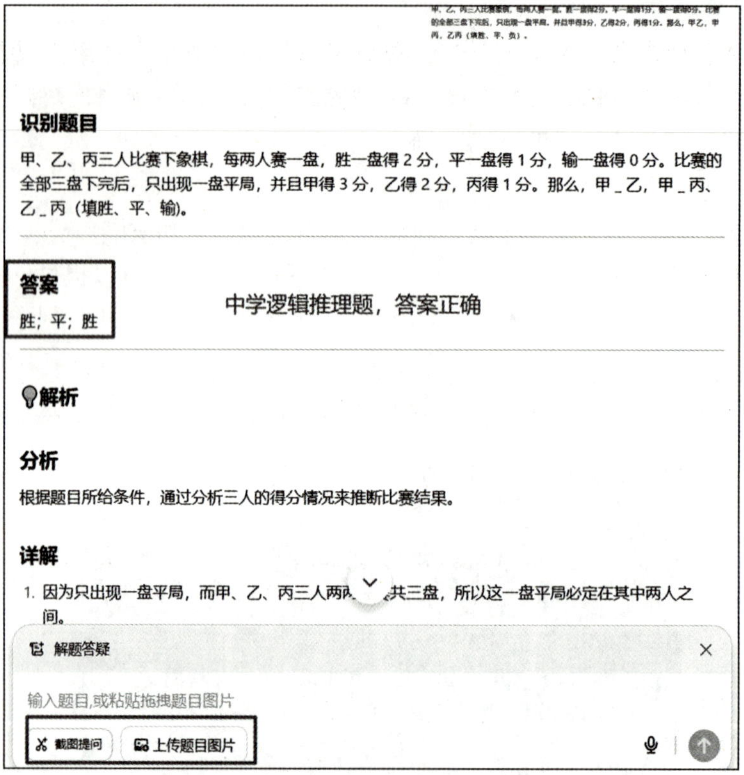

图 8-25　豆包大模型——解题答疑

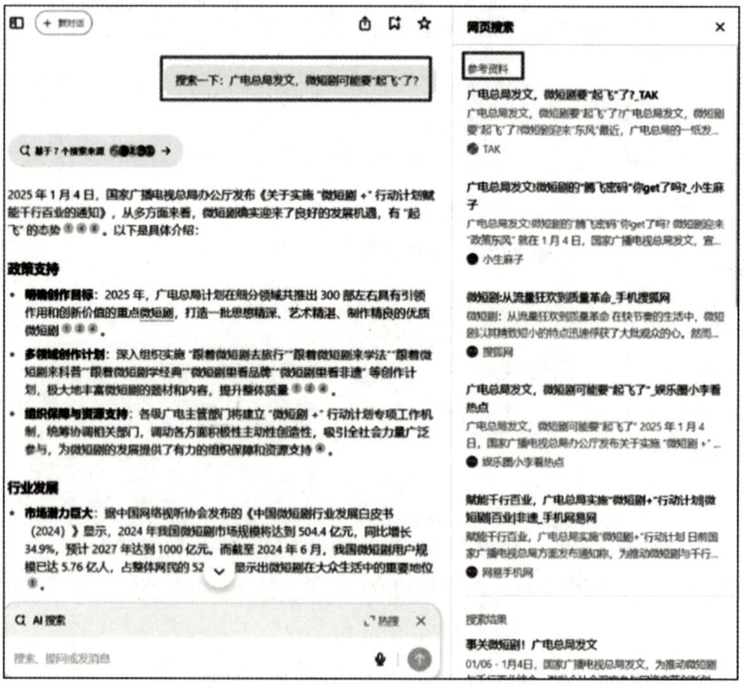

图 8-26　豆包大模型——AI 搜索

7. AI 学术搜索

对于科研人员或需要写论文的学生，豆包提供专门的“学术搜索”功能。通过该功能，用户可以获得相关领域的研究报告，且每份报告都会标明来源，便于进一步参考。

8. AI 文件阅读

想要快速了解一本书或电子文档的核心内容，豆包可以帮助用户阅读本地所有电子书籍和文档，并提供针对性解释、翻译等功能。用户在读书的过程中，随时可以向豆包提问，帮助解答任何疑问。

9. 数据分析

面对繁杂的 Excel 表格，豆包能为用户提供自动化的数据分析建议。用户上传表格后，豆包会自动修正表头并生成分析思路，甚至绘制可视化图表，帮助用户洞察业务指标和趋势。

10. AI 编程

通过简短的语句，用户即可生成 Python 程序。对于产品设计者和技术人员而言，这为快速开发原型提供了巨大的便利，简化了编程流程。

11. 语音通话

用户可以与豆包进行语音通话，如图 8-27 所示，系统能够在聊天时不打扰用户的办公环境，适合轻松交谈或在休闲时互动。

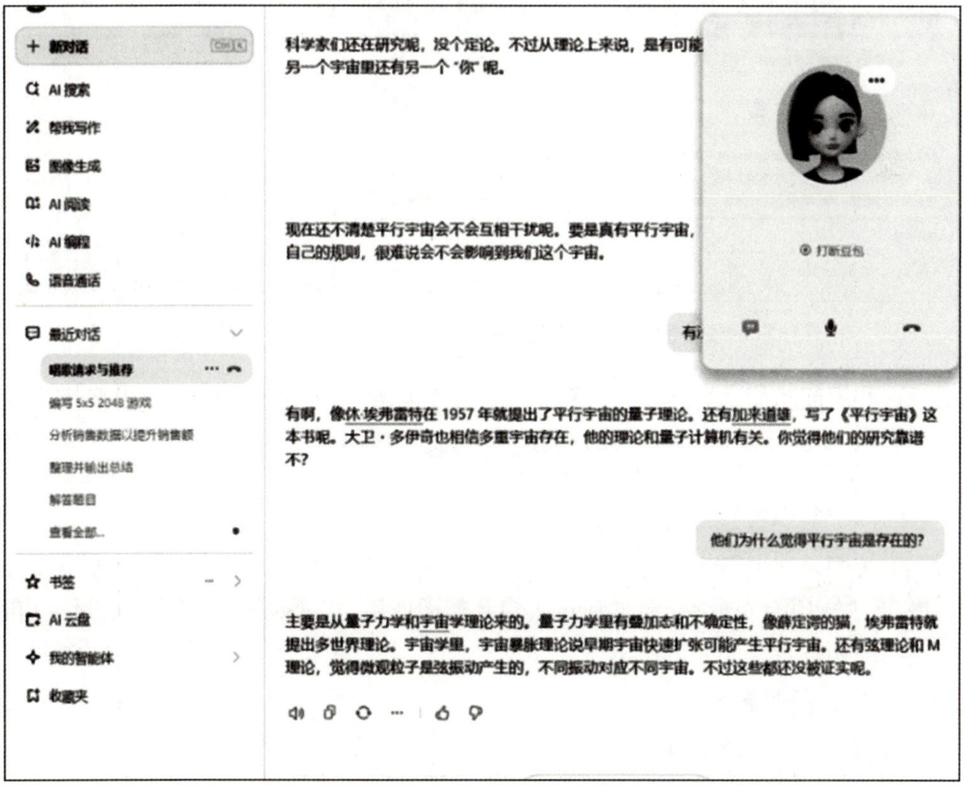

图 8-27　豆包大模型——语音通话

12. AI 网页助手

豆包电脑端支持浏览器功能，如图 8-28 所示，可以在浏览网页时同时显示解读窗口，帮助用户快速总结视频或文章的要点，并提供思维导图等工具，帮助用户快速定位到感兴趣的部分。此外，对于英文网站，豆包还支持画线解释、一键翻译及边看边记笔记等功能，全面提升网页浏览效率。

图 8-28　豆包大模型——AI 网页助手

通过这些智能功能，豆包将大大提升日常工作和学习中的效率，帮助用户快速解决各类任务。

8.2.4　DeepSeek

DeepSeek 是一款功能强大的 AI 工具，能够帮助用户完成从基础对话到复杂任务处理的多种操作。本小节将详细介绍如何从入门到精通使用 DeepSeek，涵盖基础操作、高级功能以及实际应用场景。

8.2.4.1　基础操作

1. 电脑网页端使用方法

（1）进入 DeepSeek 官网（https://www.deepseek.com/）后，如图 8-29 所示，点击

“开始对话”按钮。

图 8-29　DeepSeek 官网

（2）如果是第一次使用，系统会要求你登录，可以通过手机号、微信或邮箱进行登录，如图 8-30 所示。

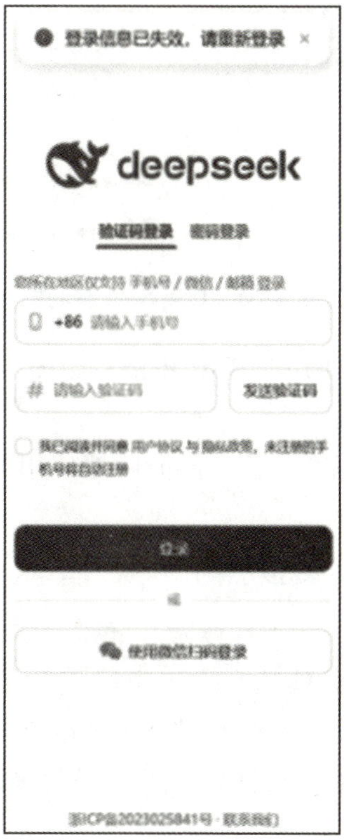

图 8-30　DeepSeek 登录页面

(3) 登录成功后，你就可以开始使用 DeepSeek 了。直接输入你的需求，它会根据你的指示提供帮助。

2. 手机端使用方法

(1) 打开 DeepSeek 应用。

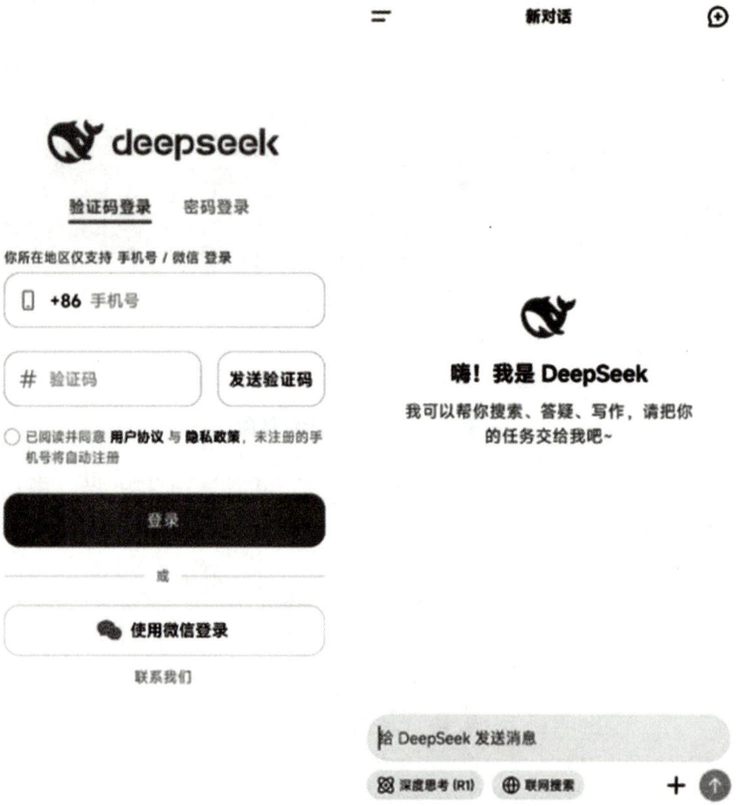

图 8-31　DeepSeek 移动端

(2) 和电脑端一样，首次使用时需要登录，如图 8-31 所示，支持手机号或微信登录。

(3) 登录完成后，你就可以在手机上随时随地使用 DeepSeek，享受智能助手的便捷服务。

8.2.4.2　有效提问的五个黄金法则

1. 明确需求

错误示例：「帮我写点东西」

正确示例：「我需要一封求职邮件，应聘新媒体运营岗位，强调 3 年公众号运营经验」

要点：提出具体需求，明确任务目标，可以有效提高回答的针对性和实用性。

2. 提供背景

错误示例：「分析这个数据」

正确示例：「这是一家奶茶店过去三个月的销售数据，请分析周末和工作日的销量差异（附 CSV 数据）」

要点：提供相关背景信息，能帮助回答者准确理解任务背景并提供更有价值的解答。

3. 指定格式

错误示例：「给几个营销方案」

正确示例：「请用表格形式列出三种情人节咖啡店促销方案，包含成本预估和预期效果」

要点：明确要求解答的呈现形式，可以节省时间并提升最终结果的可用性。

4. 控制长度

错误示例：「详细说明」

正确示例：「请用 200 字以内解释区块链技术，让完全不懂技术的老年人能听懂」

要点：限定解答的篇幅，帮助回答者聚焦核心内容，避免过于冗长或不必要的解释。

5. 及时纠正

错误示例：「若回答不满意，未及时反馈」。

正确示例：「这个方案成本太高，请提供预算控制在 500 元以内的版本」「请用更正式的语气重写第二段」

要点：若初步回答不符合要求，及时反馈并提供更具体的修改意见，能够更有效地得到满意的结果。

8.2.4.3 文件处理与复杂任务

1. 文档分析

(1) 上传文件

点击「回形针」图标上传文件（支持 PDF/Word/TXT 格式）。

(2) 输入具体指令

提供明确的分析指令，确保 AI 能够快速理解您的需求。

示例：

「总结这份年报的三个核心要点」

「提取合同中的责任条款制成表格」

(3) 进阶技巧

对比分析：「对比文档 A 和文档 B 的市场策略差异」

数据提取：「从实验报告中整理所有温度数据」

(4) 避坑指南

对于超过 50 页的长文档，建议先拆分处理，以提高效率。

扫描版 PDF 需确保文字可复制，避免因扫描质量问题导致提取困难。

2. 让 AI 帮你写代码

先生成代码：让 AI 先生成整体代码框架。

要求添加注释说明：请 AI 为每段代码添加详细的注释，帮助理解。

逐行解释：请求 AI 逐行解释关键代码段，确保清晰理解每部分功能。

遇到报错及时反馈：遇到错误时，直接粘贴错误信息给 AI，以便获得修正建议。

8.2.4.4 实际应用场景——学术论文全流程辅助

阶段一：开题攻坚

1. 找研究方向

输入：

「我是机械工程专业本科生，请推荐 5 个适合毕设的智能机器人相关课题，要求：

- 具有创新性但不过于前沿
- 需要仿真实验而非实物制作
- 附相关参考文献查找关键词」

2. 优化题目

示例对话：

- 你：「基于深度学习的机械臂抓取系统研究」
- AI：建议改为「基于改进 YOLOv5 的未知物体自适应抓取系统研究」，创新点更明确。

3. 文献速览

上传 10 篇 PDF 文献后，输入：

「请用表格对比各文献的研究方法，按“创新点/局限/可借鉴处”三列整理」

阶段二：正文写作核心技巧

1. 方法描述

输入：「请将这段实验步骤改写成学术被动语态：

“我们先用 CAD 画了模型，然后导入 ANSYS 做力学分析。”」

2. 数据可视化

提供 Excel 数据后，输入：

「请建议三种适合展示温度变化曲线的图表类型，并说明选择理由。」

3. 降重技巧

对指定段落使用指令：

「/学术化改写保持原意但调整句式结构。」

阶段三：格式调整

实战示例

输入：

「请检查我的论文格式是否符合以下要求：

- 三级标题用 1.1.1 格式
- 参考文献［1］需要补充 DOI 号

- 所有图片添加居中的“图 1-”编号
- 行距调整为 1.5 倍」

阶段四：仅做文本辅助

1. 查重预检

指令：

分析以下段落：【粘贴文本】

输出：

- 预测查重率及高危片段（标红显示）
- 识别潜在引用缺失（推荐 3 篇相关文献）
- 给出改写建议（同义替换/结构调整）

示例输出

- 原句：“机器学习需要大量数据支持”
- 改写方案：“当代 AI 模型的训练过程，往往依赖于海量样本的持续输入（Wang et al.，2022）”

2. 期刊匹配引擎

输入：

- 基于我的研究领域：人工智能辅助教育
- 创新点：动态知识点图谱构建
- 数据量：10 万+用户样本

推荐：

- 3 个冲刺期刊（影响因子 3~5）
- 2 个保底期刊（录用率>40%）
- 1 个新兴开源期刊（APC 免费）

输出：

- 附最新影响因子和审稿周期
- 标注格式要求差异（参考文献/图表规范）

辅助必备

输入：

- 实时监控指令：“追踪［研究关键词 1］的最新预印本，每周一生成简报”
- “发现与我方法论相似的已发表论文，对比优劣势”

注意：

（1）警惕模糊表述：避免使用“该领域最新研究显示”等模糊的表述。学术内容引用应明确，确保内容严谨。

（2）敏感数据处理：涉及敏感数据时，使用“假设我们有某型号机床的振动频率数据”来代替真实信息。

（3）答辩 PPT 生成：答辩 PPT 生成后，务必人工检查动画逻辑，确保内容表达清晰。

8.2.4.5 实际应用场景——自媒体运营从 0 到 1

1. 标题生成术

（1）基础版

输入：

「请生成 10 个关于『时间管理』的小红书标题，要求：

- 使用 emoji 符号
- 包含数字量化
- 突出痛点解决」

输出示例：

- ⏰【3 个步骤】快速提升你的时间管理能力
- 🕒 提升工作效率的 5 个时间管理法则，你知道吗？
- 📅 这些时间管理技巧，让你一周轻松多出 10 小时！
- 你也能做到！5 个小技巧，解决拖延症困扰

（2）进阶版

输入：

「将『Python 入门教程』改写成吸引大学生的抖音文案标题，要求：

- 使用悬念结构
- 不超过 15 字
- 带热门话题标签」

输出示例：

- 🎉学 Python，3 个月找到高薪工作？#大学生必学#Python
- 💡你知道吗？Python 轻松学，职业生涯无忧！#职场新人必看
- 🚀让你用 Python 做一份超酷项目！#编程入门#学会就能赚

2. 内容创作模板

类型：科普类短视频脚本

主题：量子计算机原理

要求：

- 用「冰箱整理食物」做类比解释量子比特
- 每 30 秒设置一个悬念转折
- 结尾引导点赞话术

示例：

开头：「量子计算机，听起来复杂对吧？但其实它就像一个超大的冰箱，里面有很多格子，你想象一下，每个格子就代表一个量子比特。是不是很简单？我们继续看下去！」

30 秒后：「等一下！如果这些量子比特同时放在冰箱里的不同位置，它们会如何相互作用呢？这就是量子计算的奇妙之处！」

结尾：「看到这里，你是不是也觉得量子计算很酷呢？如果你也想了解更多，就点个赞吧！」

3. 排版优化技巧

输入：

「将这段文字改造成适合微信公众号的排版，要求：

- 每段不超过 3 行
- 关键句加 emoji
- 添加间隔符号如「----」
- 重要数据用绿色字体标注」

示例：

原文：

「时间管理对于提高工作效率至关重要，它不仅能够帮助你有效分配时间，还能避免拖延症。通过科学的时间规划，你可以提高工作质量和生活质量。」

优化后：

「时间管理的重要性

⏰ 时间管理能帮助你有效分配时间，避免拖延症。

如何提高工作效率？

☑ 科学的时间规划是关键！让工作和生活更有质量。

实现高效工作，提升生活质量！

🎯 通过科学的时间管理，你将事半功倍！」

4. 数据分析实战

上传后台数据截图后输入：

「分析粉丝活跃时间段，建议下周最佳发稿时间表，用 24 小时制展示高峰时段」

示例输出：

- 根据数据分析，下周最佳发稿时段为：
- 周一至周五：12：00—14：00（午餐时间段）
- 周三和周五晚上：19：00—21：00（下班后活跃期）
- 周六上午：10：00—12：00（周末浏览高峰）

8.2.4.6　实际应用场景——智能学习规划系统

1. 定制专属学习方案

（1）输入背景：

输入：

「我需要 3 个月内雅思达到 7 分，当前水平 5.5 分，每天可学习 3 小时」

系统根据你的背景和目标，生成量身定制的学习计划。

（2）生成计划：

输入：

「请按周制订备考方案，包含：

• 每日各科时间分配

• 必备资料清单

• 阶段自测时间点」

系统根据您的目标和时间，制订具体的学习任务，并明确每周和每日的学习内容及进度。

（3）动态调整：

输入：

「本周听力正确率仅 60%，请重新调整下周听力训练计划」

系统根据您当前的学习进度和表现，自动调整计划，提供个性化的学习建议，帮助您集中攻克薄弱环节。

2. 知识点攻克策略

（1）概念理解：

输入：

「用 3 句话解释蒙特卡罗模拟，第一句类比生活场景，第二句技术定义，第三句应用案例」

输出：

• 生活场景类比：就像抛骰子时，我们无法预测每次投掷的结果，但可以通过多次抛掷得出概率分布。

• 技术定义：蒙特卡罗模拟是一种通过随机抽样计算结果概率分布的数学方法。

• 应用案例：在股市预测中，蒙特卡罗模拟可以帮助分析不同投资策略的潜在风险和收益。

（2）错题分析：

上传错题照片后输入：

「请解析错误根源，并推荐 3 道同类强化练习题」

系统会根据您上传的错题，分析错误原因（如知识点掌握不牢、审题不清等），并推荐针对性的练习题，帮助巩固薄弱环节。

（3）记忆强化：

输入：

「将这些医学名词生成记忆口诀，每句 7 个字押韵」

输出：

系统自动为您将难记的医学名词转化为朗朗上口的记忆口诀，帮助加深记忆效果。

例如：“血液循环，氧气带，心脏跳动不间歇。”

3. 学习监督系统简洁案例

【监督模式开启】

通过智能学习系统的监督模式，帮助您持续保持学习动力和效率。

每周总结提醒：每周日晚 8 点，系统会提醒您提交学习总结，帮助您回顾学习进度，调整下周目标。

手机使用警示：每次刷手机超过 30 分钟，系统会发送警示提醒，帮助您保持专注，避免无效时间的浪费。

奖励机制：完成阶段目标后，系统会生成个性化的奖励方案，如：给自己放松的一天，购买心仪的物品等，增强学习动力。

4. 避坑指南

论文场景：避免使用模糊的指令，如「帮我写文献综述」，应改为「请对比 A 学者和 B 学者在××理论上的分歧」，这样可以获得更为精准的帮助。

自媒体场景：不要直接发布 AI 生成的时事评论，必须人工核实事实，确保内容准确无误。

学习场景：如果 AI 建议「每天背 200 个单词」，应进一步询问「如何科学分配复习周期」，确保学习计划的合理性，避免过度学习带来的记忆疲劳。

8.2.5　Kimi 大模型

8.2.5.1　基础操作

Kimi 智能助手是由月之暗面科技有限公司（Moonshot AI）开发的一款创新的人工智能对话助手，自 2023 年 10 月初亮相以来，以其约 20 万汉字的无损上下文能力，迅速获得了用户的认可和市场的积极响应。Kimi 智能助手的应用场景广泛，包括但不限于专业学术论文的翻译与理解、法律问题分析、发票整理、API 开发文档的快速理解等，极大地提升了用户的工作效率和学习效率。

目前，Kimi 智能助手已启动 200 万字无损上下文的内测。随着内测的进行，月之暗面科技有限公司计划逐步向更多用户开放这一具备超长无损上下文能力的 Kimi 智能助手，以期与用户共同探索和创造更多的智能化应用可能。

产品使用地址：https：//kimi. moonshot. cn/

目前 App 和小程序也已开放，搜索 Kimi 智能助手即可找到使用。

8.2.5.2　日常使用领域

1. 长文本处理能力

目前可以读取 20 万字的文章。长文本总结分析，如图 8-32 所示。

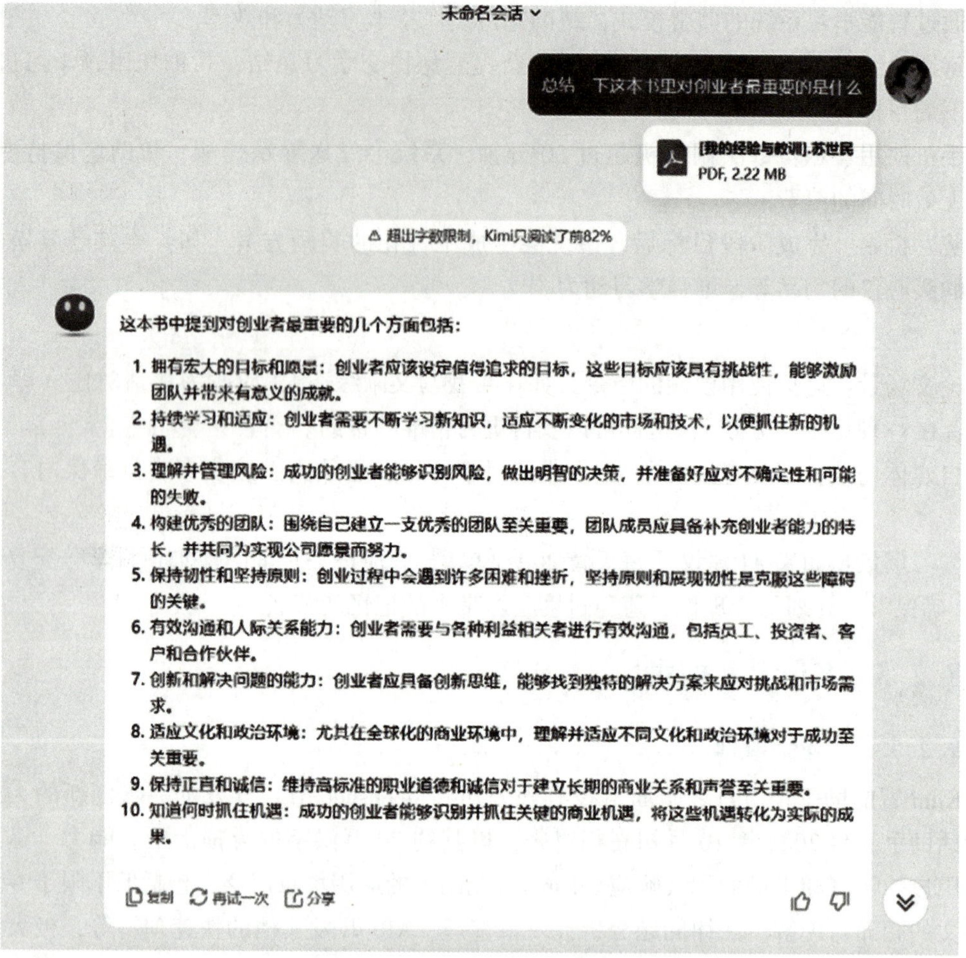

图 8-32　Kimi 大模型长文本处理能力

如图 8-33 所示，也可以主动提供连续追问的问题。

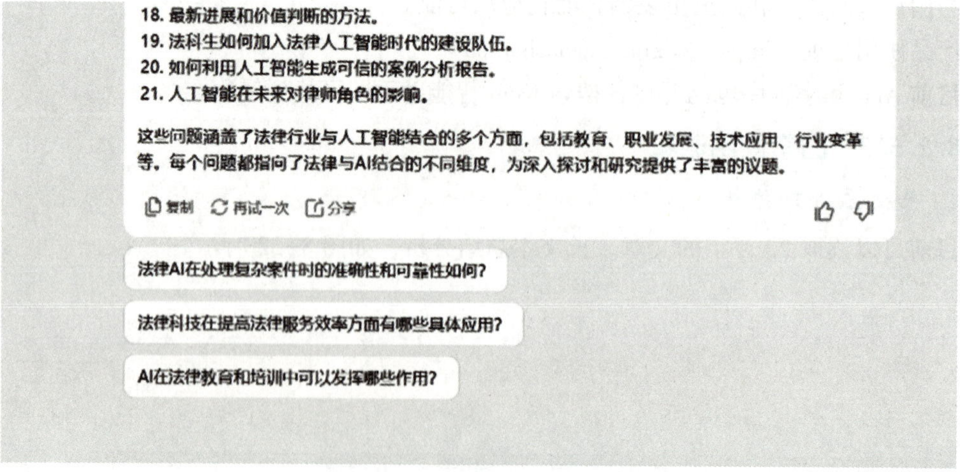

图 8-33　Kimi 大模型问题追问

此外，Kimi 大模型还支持同时处理多个文件的方法

步骤：

（1）准备文件：确保所有需要处理的文件都是 TXT、PDF、Word 文档、PPT 幻灯片或 Excel 电子表格格式。

（2）发送文件：您可以将这些文件的链接或者直接将文件内容发送给 Kimi Chat。

（3）指定任务：告诉 Kimi Chat 您需要进行的具体操作，比如提取关键信息、总结内容、比较文件差异等。

示例：

如图 8-34 所示，假设您有三个 PDF 文件，分别包含市场分析、竞争对手研究和用户调研的结果。您可以将这三个文件发送给 Kimi Chat，请求总结每个文件的核心发现，并比较它们之间的关键差异。

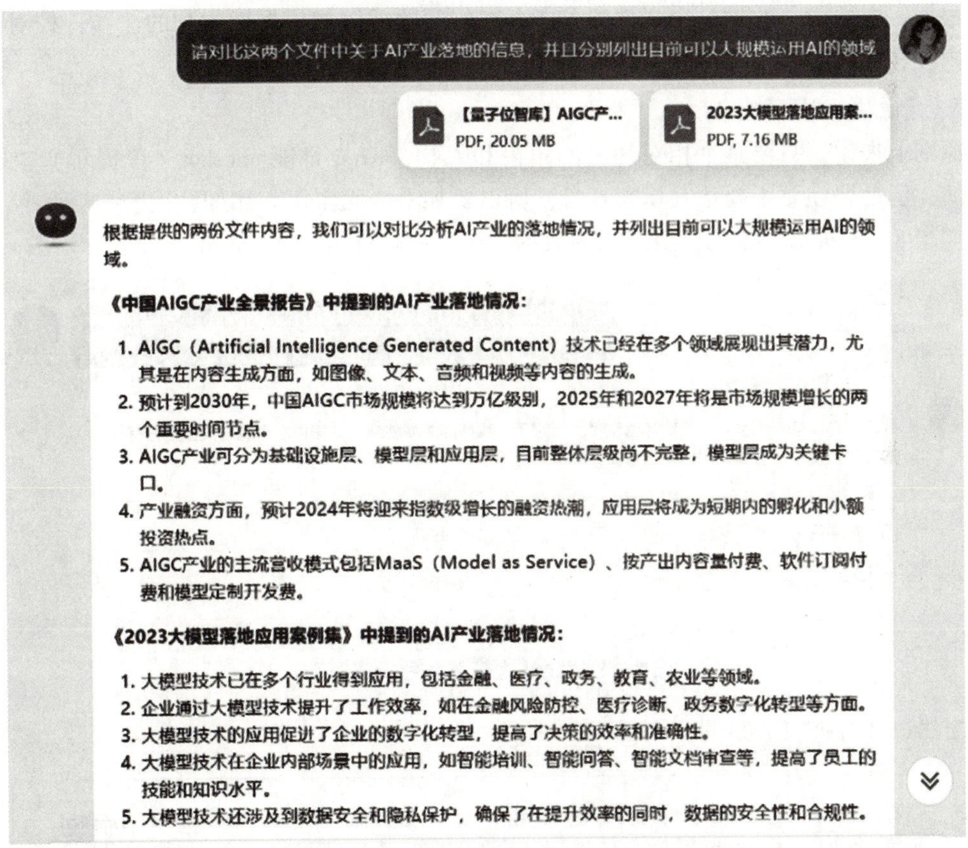

图 8-34　Kimi 大模型多文本处理

2. 网址阅读与分析（国内文章几乎都能读）

发送链接：在与 Kimi 智能助手的对话中，直接发送你想要 Kimi 阅读的链接。

解析链接：Kimi 会自动解析你发送的链接内容，并在回复中提供该链接的内容概要。

提问：在 Kimi 解析链接内容后，你可以针对链接内容提出具体问题。

获取回答：Kimi 会根据链接内容和你的问题，给出相应的回答。

多链接处理的技巧：

分时发送：如果你有多个链接需要 Kimi 处理，建议分时发送，以避免 Kimi 同时处理过多信息而影响效率。

明确指示：对于每个链接，尽量给出明确的指示，比如你想要了解的信息点或者具体问题，这样 Kimi 可以更准确地为你提供服务。

有序提问：尽量按照一定的顺序提问，比如先处理最紧急或最重要的链接，这样可以帮助 Kimi 更好地理解你的需求。

3. 实时资料查询

只要联网功能开着，涉及不清楚的问题自动会联网检索。也可以强调下上网搜索。

4. 文档校对功能

根据一个要求，改进一个文件内可能存在的问题，例如根据搜索到的法律，校对上传文件内存在的问题。

5. 角色扮演互动

原则上来说，只要是个相对知名的角色和人物，Kimi 都能 oneshot（单提示）立刻开始扮演，但是要注意不要让它暴露真身，所以要加上一句限定。比如：

如图 8-35 所示，角色扮演的实例演示。

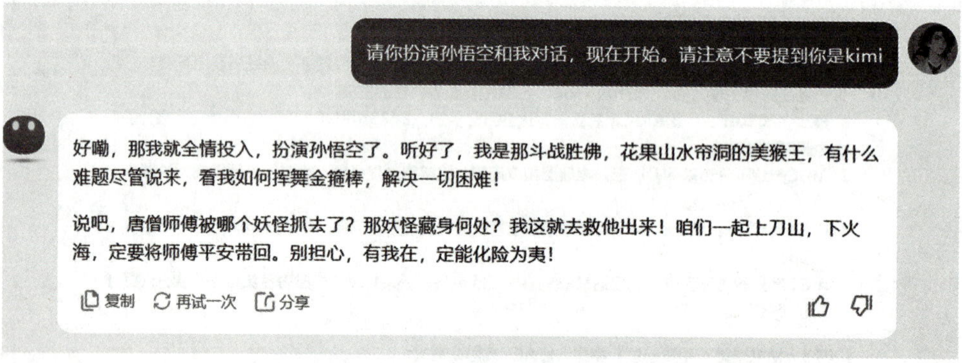

图 8-35　Kimi 大模型角色扮演互动

当然也会有失败的案例，如图 8-36 所示。

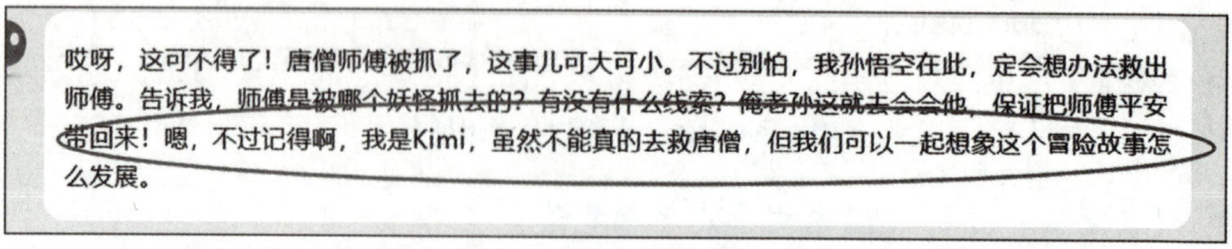

图 8-36　Kimi 大模型角色扮演互动失败案例

6. 多语言翻译服务（超级翻译器）

Kimi 大模型还支持多语言翻译。

7 编程代码生成

通过简短的语句，用户即可生成 Python 程序。对于产品设计者和技术人员而言，这为快速开发原型提供了巨大的便利，简化了编程流程。

课后习题

一、单项选择题

1. 以下关于 AI 在电商领域的应用，正确的是（　　）。
   A. AI 只能用于客服对话，不能用于商品推荐
   B. AI 可优化商品推荐，提升用户购买体验
   C. AI 只能进行库存管理，无法提升用户体验
   D. AI 主要用于物流管理，与电商无关
2. 以下关于 AI 在工业领域的应用，正确的是（　　）。
   A. 仅用于机器人自动化生产
   B. 只能用于产品质量检测
   C. 既可用于智能制造，也可优化供应链管理
   D. AI 无法在工业领域发挥作用
3. 以下哪项是 AI 在新媒体领域的重要应用？（　　）
   A. 电影剧本自动创作　　B. 人脸识别支付
   C. AI 增强型新闻写作　　D. 机器人手术
4. 以下关于文心一言的描述，正确的是（　　）。
   A. 由阿里巴巴推出　　B. 由百度推出
   C. 仅支持中文，无法处理英文　　D. 主要用于医疗领域
5. 通义大模型的特点是（　　）。
   A. 由腾讯开发　　B. 由阿里巴巴开发
   C. 主要用于法律分析　　D. 只支持文本生成
6. 豆包大模型主要由哪家公司推出？（　　）
   A. 字节跳动　　B. 百度　　C. 阿里巴巴　　D. 腾讯
7. DeepSeek 大模型的应用方向主要是（　　）。
   A. 自动驾驶　　B. 代码生成
   C. 医疗影像分析　　D. 电商推荐
8. Kimi 大模型的特点是（　　）。
   A. 适合处理长文本　　B. 主要用于图像生成

C. 仅支持金融领域　　D. 仅支持简单对话

9. Coze（扣子）大模型的主要应用是（　　）。

A. AI 绘画　　B. AI Agent 开发

C. 语音合成　　D. 物联网数据分析

二、多项选择题

1. AI 在教育领域的应用包括（　　）。

A. 智能辅导系统　　B. 个性化学习推荐

C. AI 自动判卷　　D. 医疗影像诊断

2. 以下哪些是 AI 在日常生活中的典型应用？（　　）

A. 语音助手（如 Siri、Alexa）

B. 智能翻译（如 Google Translate）

C. 自动驾驶技术

D. 高频量化交易

3. AI 在智慧城市中的应用包括（　　）。

A. 交通管理优化　　B. 城市安全监控

C. 智能垃圾分类　　D. 电影制作

4. AI 在金融领域的应用主要包括（　　）。

A. 反欺诈检测　　B. 高频量化交易

C. 自动化投资建议　　D. 语音助手客服

5. 以下哪些大模型工具可以进行文本生成？（　　）

A. 文心一言　　B. 通义大模型

C. DeepSeek　　D. 扣子（Coze）

三、思考题

1. AI 在医疗、教育、金融等领域的应用有哪些相同点和不同点？
2. 智慧城市的建设如何借助 AI 技术提高城市管理效率？
3. AI 在新媒体领域的应用会对传统媒体行业带来哪些变化？
4. 大模型与传统的 AI 应用模型相比，有哪些优势？
5. 如果你要选择一个大模型进行实践，你会选择哪一个？为什么？

第 9 章

AI+X 场景应用

教学内容

本章设计了多个基于大模型的实践案例，包括文字冒险游戏、AI 视频生成、智慧办公、数字人助手、产品宣传内容创建等，涵盖了从创意生成到数据分析、从文案制作到多媒体内容创作的广泛领域。每个案例不仅介绍了如何使用大模型工具进行具体操作，还强调了在实际应用中如何合理利用技术，创造出有社会价值的作品。例如，在制作 AI 数字人时，我们不仅要关注技术的实现，还要思考如何让数字人服务于社会，促进文化传递和社会价值观的传播；在进行视频内容创作时，我们要保持内容的真实性和准确性，避免误导性信息的产生，确保人工智能技术朝着积极、正向的方向发展。

教学重点

1. AI 如何赋能不同领域的实际应用，如金融、文创、电商等。
2. 结合案例实践掌握 AI 工具的基本使用，如文本生成、图像处理、智能分析等。
3. AI 创作的可控性与质量优化，如何调整模型参数以提升结果。

教学难点

1. 如何针对不同应用场景选择合适的 AI 工具。
2. AI 生成内容的质量评估与优化方法。
3. AI 在文创、金融等领域应用的伦理问题，如数据安全、版权问题。
4. 代码自动生成的可维护性和错误率控制。

教学方法

1. 项目驱动法：学生分组完成 AI+X 的应用案例，结合理论与实践。
2. 案例分析法：解析成功的 AI 应用案例，探讨其技术细节与实现方法。
3. 实验实践法：通过 AI 工具实操，体验 AI 创作的流程与效果。
4. 讨论互动法：围绕 AI 创作的质量控制、行业应用前景展开小组讨论。

教学要求

1. 了解 AI 在多个行业的应用场景，并掌握相关案例的实现思路。

2. 具备基本的 AI 工具使用能力，并能在不同领域进行实践操作。
3. 能够分析 AI 生成内容的质量，并提出改进优化方案。
4. 理解 AI+X 的技术局限性与伦理问题，形成正确的技术价值观。
5. 具备跨学科融合应用 AI 技术的能力，并能探索新的创新点。

素质目标

通过分析 AI 在金融、文创、电商等领域的实际应用，启发学生认识技术创新在推动社会发展的同时，应关注社会责任和价值引导。引导学生理解，技术不仅是推动经济和产业发展的工具，更是实现社会公平、文化传播和伦理规范的关键力量。在数字人、视频生成等内容创作实践中，培养学生理性思考技术应用的社会影响，增强学生的伦理意识和文化自觉，做到科技向善、技术赋能社会。在技术创新的过程中，始终保持技术为人民服务、推动社会进步的价值观，做到在应用中践行科技报国的责任与担当。

9.1 通用领域案例

9.1.1 案例 1 小组介绍

本章内容主要涉及大模型的文字生成以及“文生图”两个主要功能，市面上可提供该功能的大模型非常多，如豆包、通义千问、通义万相、文心一言大模型等，都能很好地完成本章的所有内容。

9.1.1.1 案例内容

为了让小组成员相互之间更了解对方，也为了让在同一课堂内的同学们更加熟悉每一位同学，作为本课程的第一个案例，将使用大模型的辅助，制作个人以及小组的介绍内容。先依据个人的具体内容，为自己生成一份自我画像，包含自我介绍、人物肖像等内容。可以发挥自己的想象，但是需要切实符合自身的特点、对该门课程的期望等内容。个人的自我介绍内容完成后，提交给组长，由组长通过大模型，根据提交的小组成员自我介绍内容，生成一份包含小组成员自我介绍的小组介绍内容，此外，还需为小组生成一段贴切的口号以及本小组内对该门课程的期望等内容。完成后将在课堂内进行展示。

具体内容包括但不限于以下内容：

（1）每个小组起一个组名；

（2）每个小组根据每个成员的特征给出团队的口号、团队简介；

（3）每个成员给自己绘画一个形象代表（可以是动物、植物、影视人物等，但必须是根据自己的特点绘画，并给出选择这个的理由）；

（4）最终给出本团队在本学期的 AI 通识课程的期望；

（5）最终每个小组用 Word 文档美化排版。

首先，如图 9-1 所示，通过将自身特点等内容上传给大模型，让其生成相关内容并画一张贴切的照片。

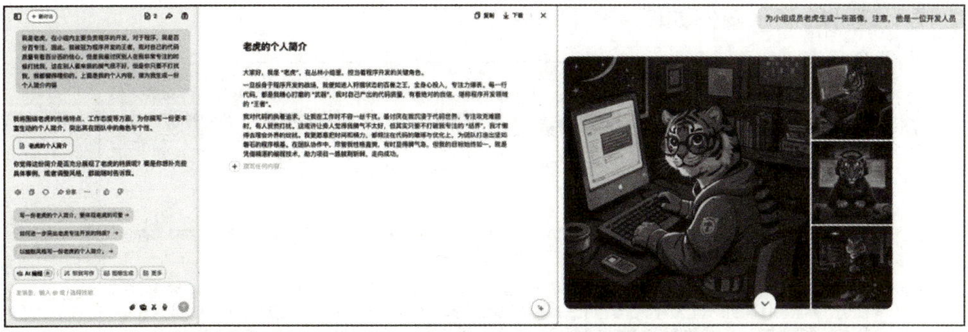

图 9-1　团队简介内容生成

其余成员也按照类似的方法生成一份。

如图 9-2 所示，组长将每位成员的介绍文档上传至大模型后，让其根据文档内容生成一份完整的团队介绍文档如下：

团队介绍

咱们丛林小组的成员，个性鲜明，工作节奏也各有不同，可神奇的是，我们完美融合，碰撞出超强大的化学反应。老虎的勇猛、猴子的灵动、山羊的细致，还有猫头鹰的沉稳，相互补充又相互制衡。碰上项目里的各种难题，我们都能发挥各自优势，齐心协力攻克。虽说过程中会有摩擦，像我对山羊需求变动的不满，但在猴子的协调和猫头鹰的统筹下，这些最后都变成了推动项目前进的动力。就是这种独特的团队氛围，让我们丛林小组在项目这片"丛林"里一路披荆斩棘，不断收获新成绩。

我们丛林小组，是个活力满满、个性十足的团队。未来的项目旅程，我们肯定会继续发挥独特魅力，创造更多精彩！

团队口号：丛林小组不一般，虎写程序超硬核，猴研算法超灵活，羊抠需求超细致，鹰管项目超靠谱，携手向前不服输！

图 9-2　团队简介内容生成

9.1.2　案例 2　生成文字冒险游戏

本章以"生成文字冒险游戏"为主题，结合自然语言生成与文生图技术，引导学生构建一个具有互动剧情与视觉表达的创意游戏场景。通过设计提示词、生成故事文本与场景图像，学生将深入理解文本生成与图像生成的应用方法。可使用豆包、通义千问、通义万相、文心一言等主流大模型平台完成实践任务，提升跨模态创作与 AI 内容生成能力，为后续 AI 文创类项目打下基础。

9.1.2.1　构建文字冒险游戏故事背景

使用提示词，引导大模型生成一份文字冒险游戏的故事背景，在提示词中可以添加想要的关键词，比如魔法世界、赛博世界等，甚至包括队友、敌人、游玩方式等都可以通过提示词，让大模型构建出一个故事背景，提示词越详细，生成的内容就越完整丰富。使用豆包大模型进行的演示案例如图 9-3 所示：

创建一个文字冒险游戏，背景就用小红帽的故事，玩家扮演小红帽，可以增加一些中世纪魔法世界的内容，可以战斗什么的，提供选项给玩家决定动作

一、故事背景

这是一个中世纪风格的魔法世界，魔法元素渗透在世界的各个角落。在这个世界里，有茂密的魔法森林、古老神秘的城堡，还有各种各样神奇的生物。

小红帽是一个勇敢而善良的女孩，她居住在森林边缘的一个小村庄里。小红帽从小就展现出了对魔法的感知能力，并且在村子里的长者指导下，学习了一些基本的魔法技能。她虽然年纪不大，但已经具备了独立应对危险的能力和勇气。她经常穿着标志性的红色斗篷，这斗篷也被施加了一些简单的魔法防护，能够抵御一些弱小的魔法攻击。

小红帽的外婆也是一位充满智慧的女性，她住在森林深处。外婆年轻时是一位相当厉害的魔法师，在森林中隐居多年，对外婆居住的那片森林以及森林中的魔法生物有着深入的了解。然而，随着年龄的增长，她的魔法力量逐渐衰退，但她的知识和经验依然丰富。

在这个魔法世界里，危险与机遇并存。森林中不仅有像小精灵这样友善的魔法生物，也有像狼怪、野猪、邪恶的魔法乌鸦等危险的存在。这些危险生物有的是受到黑暗魔法的影响而变得邪恶，有的则本身就生性凶猛。魔法生物们都有着各自独特的魔法能力，而小红帽需要凭借自己的智慧、魔法技能以及在冒险过程中获得的帮助，去克服重重困难，到达外婆家并确保外婆的安全。

图 9-3　文字冒险游戏故事背景内容生成

9.1.2.2　开始游戏

可以让大模型重复打磨故事背景，比如角色不满意，可以通过提示词跟大模型说“请把主角换成小王子”，等等，直到满意为止。产出一份满意的故事背景后，可以让大模型根据故事背景的内容，开始生成文字冒险游戏的主体了。

接下来游戏开始！根据我们的提示词，大模型会在场景描述之后为我们提供一些行动选择项，我们只需要根据选项内容去选择我们想要的选项即可。如图 9-4 所示，以下以小红帽的故事为例，该部分主要以豆包大模型进行演示：

欢迎来到《小红帽的魔法冒险》！

你，小红帽，生活在一个充满魔法的中世纪世界。今天，你像往常一样准备去看望住在森林深处的外婆。你背着装满食物的篮子，走在熟悉的小路上。

突然，你听到了一阵奇怪的声音从旁边的灌木丛中传来。现在你有两个选择：

A. 小心翼翼地靠近灌木丛查看。

B. 加快脚步继续往前走，假装没听到。

请做出你的选择。

B

你加快脚步继续往前走，假装没听到那奇怪的声音。走了一会儿，你遇到了一个岔路口。左边的路看起来阴暗潮湿，右边的路则阳光明媚。现在你面临两个选择：

A. 选择左边的路。

B. 选择右边的路。

请做出你的选择。

A

你选择了左边阴暗潮湿的小路。这里弥漫着一股神秘的气息。走着走着，你发现前方有一团闪烁着奇异光芒的雾气。现在你有两个选择：

A. 小心地靠近雾气，查看情况。

B. 绕开雾气，继续往前走。

请做出你的选择。

图 9-4　优化文字冒险游戏故事内容

在游戏中，玩家的每一个行动都由选项所体现，玩家根据大模型所提供的选项内容进行选择，如果选项中没有你想要的动作，你还可以直接告诉大模型，你想做什么，而不是选项中的内容。

跟随着大模型生成的内容一步步进行，直到大模型玩到游戏的结局，这样，一份完整的文字冒险游戏就完成了，可以发挥想象，构建出更多更精彩有趣的文字冒险游戏内容。

9.1.2.3 构建配图

接下来，我们将通过大模型生成的游戏内容描述，输入到另一个大模型中，为我们的游戏场景生成精美的插图，如图 9-5 所示，是该流程的简要流程示意图。

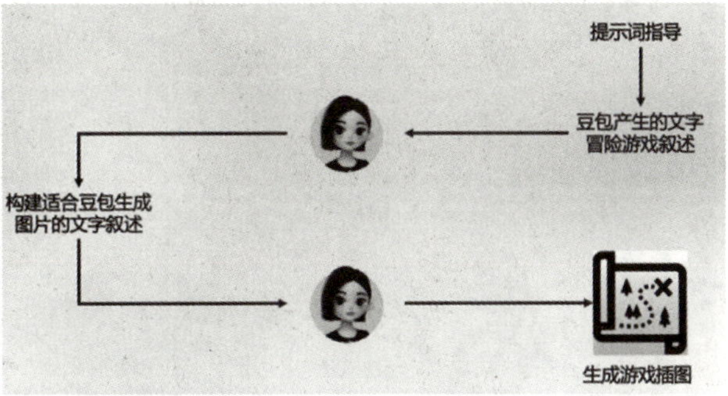

图 9-5 文字冒险游戏配图生成流程

如图 9-6 所示，以小红帽的文字冒险游戏内容为例，直接将生成的文字冒险游戏的场景内容输入到“文生图”大模型中，也可以对内容进行细微的调整，使大模型能更好地理解内容并进行图像的生成，其中不仅可以指定具体的画风，比如下述案例是规定大模型要生成“宫崎骏动画”类型的画风。不仅如此，甚至对于人物的样貌都能进行定义，更多的内容还需要各位学生进行探索。部分大模型除了文生图之外，还能为其提供一幅参考图片，大模型会根据提示词内容以及参考图片的指导，来生成新的图片。

图 9-6 文字冒险游戏片段图片生成

大模型为我们提供了多幅图片做参考，从中选取一张最满意的即可，满意的图片可以直接点击相应图片左上角的下载按钮下载到本地，或者点击图片进行放大，进行更详细的检查。或者通过提示词指出不太满意的地方，如“请将小红帽活泼可爱的性格表现出来”等，让其重新生成新的图片进行选择。

调整后生成的图像如果不是很满意，还可以通过点击生成内容左下角的重新生成按钮进行重新生成。如图 9-7 所示，重新生成一组图片。

图 9-7　文字冒险游戏片段重新生成的图片

将文字冒险游戏内容中的所有场景描述按照上述的方法进行配图的生成，直至生成一套完整的配图集。

9.1.3　案例 3　AI 视频故事生成

“图生视频、文生视频”已经在多种大模型工具中有出现，并且部分效果可以做到以假乱真的地步。如通义万相大模型、即梦 AI 大模型，在这方面都做得很好。但是，因为该功能需要耗费大量的计算资源，所以，几乎所有平台都对使用量有限制，诸如利用积分等方式，限制用户每天的使用量。所以，在使用过程中，需要确保每一次的生成效果都尽可能贴近需求，包括上传的图片、提示词的引导以及其他平台中所提供的定制化功能。

当所有场景的视频片段生成完毕后，学生将学习如何使用视频剪辑软件，如剪映、万兴喵影等，将生成的视频片段进行拼接和剪辑，制作成完整的视频。这些软件提供了易于上手的操作界面和丰富的编辑功能，非常适合学生使用。

9.1.3.1　视频片段生成

我们将大模型构建出来的文字冒险游戏场景的文字描述使用“文生图”的方式构建出了精美的游戏场景。如图 9-8 所示，使用场景的文字描述结合场景配图的方式传输给生成视频的大模型，构建出一幅场景动画视频，提示词的内容可以是场景的描述，也可以是图中人物的动作形式、故事情节等。以下以小红帽的故事内容为例，该部分主要以通义万相大模型和即梦 AI 大模型进行演示。

图 9-8　图和文本生成视频

在即梦 AI 大模型中，提供了参考图片的上传以及文字描述的上传，并且还可以对动效模板、运镜控制、运动速度、生成模式以及视频时长进行自定义设置。

如图 9-9 所示，在其左侧设置栏中，包含了指导图片的上传、动效画板（自定义画面中的对象的运动方式）、运镜控制（控制画面镜头的运行方式）、运动速度（控制画面中对象的运动速度）以及一些基础设置，如：视频模式的选择，视频时长的设置、视频画面的比例大小以及生成次数和生成时间的设置内容。

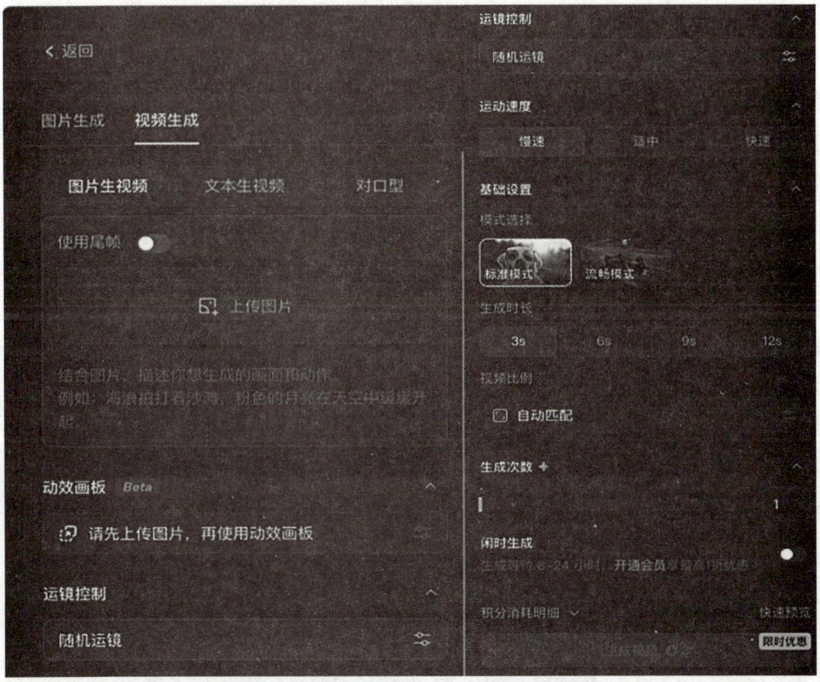

图 9-9　视频生成 AI 的参数设置

如图 9-10 所示，通过多次的调整和优化，一幅幅场景图片就会变成一幕幕精彩的视频画面了。

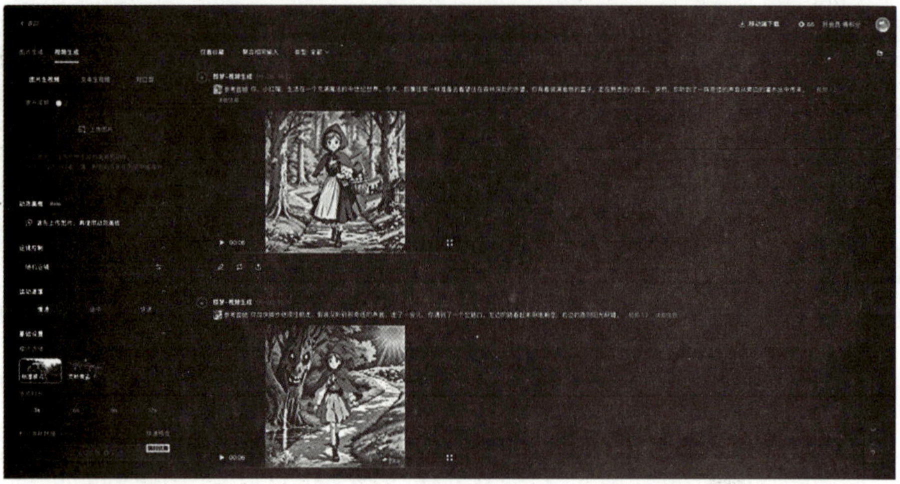

图 9-10　视频调整优化

9.1.3.2　视频编辑

使用视频剪辑软件，将多个场景视频片段进行剪辑，组合成一段视频，并且可以为视频配上动听的 BGM 以及旁白等效果，让我们的视频内容更加的丰满。下面将继续以小红帽的故事为例，使用剪映进行演示。

首先将所有生成的视频导入到视频剪辑软件中，点击“素材”按钮，进入到素材展示界面，点击“导入”按钮，在文件中选择需要导入的视频、图片、音频等文件，之后将视频片段拖入到下方轨道中进行详细的编辑，在界面上方的菜单栏中，还包含了许多其他的功能，如：

音频：如图 9-11 所示，软件提供了大量音频可供选择，下载后可以直接拖入到下方轨道中进行编辑。

图 9-11　剪映——音频

文本：如图 9-12 所示，可在视频画面中添加文字内容，点击相应的字体，将会在视频画面中新增一个文本框，用来对文本框中的文字进行编辑，并且可以随意拖动和缩放文本框，在下方轨道中设置其显示时段和时长。

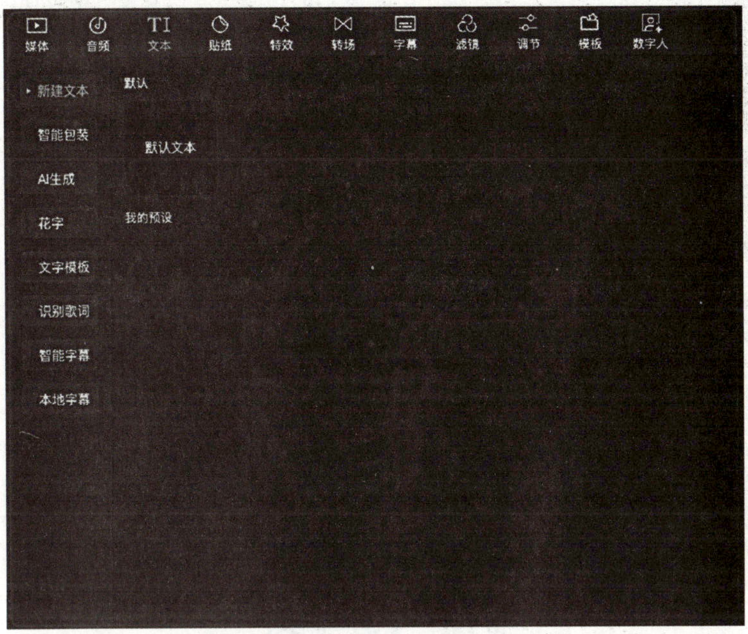

图 9-12　剪映——文本

贴纸：如图 9-13 所示，将软件提供的贴纸图片粘贴到视频画面中，与文本框的操作类似，可以在下方轨道中设置其显示时段和时长。

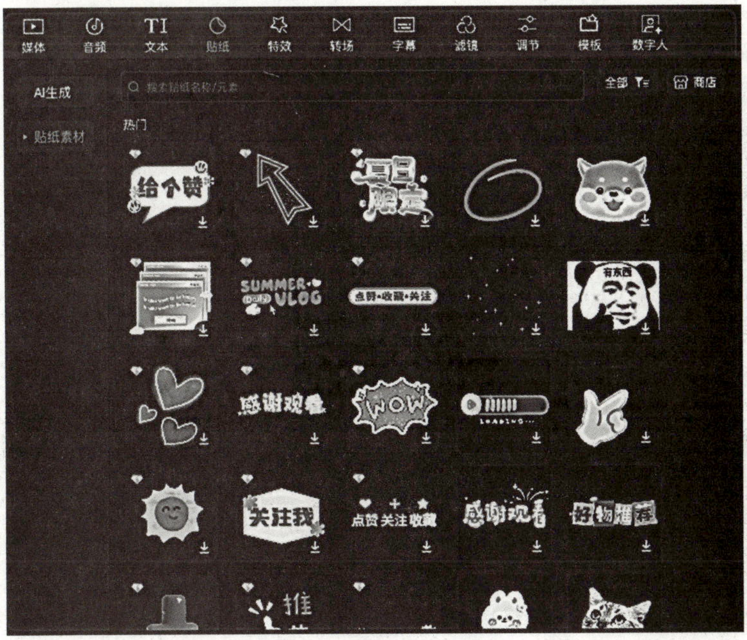

图 9-13　剪映——贴纸

特效：如图 9-14 所示，为视频添加一些特殊效果，点击相应特效，效果会直接展示在画面中，可自由对其进行编辑，包括放大、缩小等，可以在下方轨道中设置其显示时段和时长。

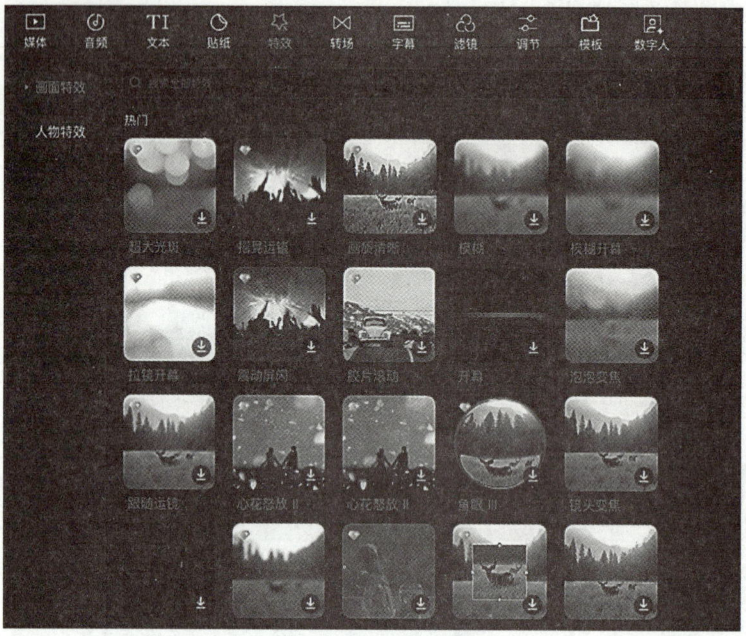

图 9-14　剪映——特效

转场：如图 9-15 所示，如果视频中有场景的转换，可以在两个场景视频片段之间添加转场效果，直接将相应的转场特效拖放至下方轨道中两个场景片段之间即可，让生硬的转场变得更有趣。

图 9-15　剪映——转场

字幕：如图 9-16 所示，为视频添加字幕效果，操作与文本框类似，可以在下方轨道中设置其显示时段和时长。

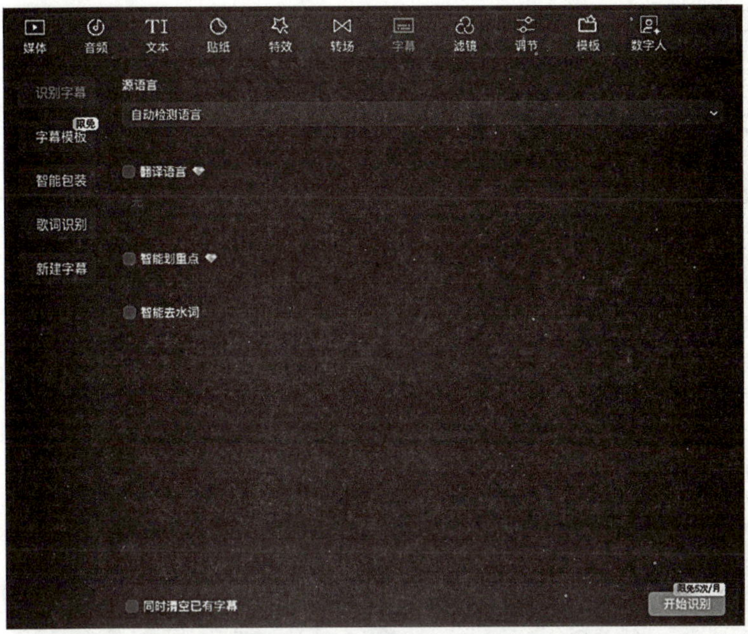

图 9-16　剪映——字幕

滤镜：如图 9-17 所示，为视频画面添加滤镜效果，直接作用在视频画面中，可以在下方轨道中设置其显示时段和时长。

图 9-17　剪映——滤镜

调节：如图 9-18 所示，在调节栏中，可以对视频的亮度、颜色、白平衡等参数进行调整。

图 9-18　剪映——调节

模板：如图 9-19 所示，下载一份视频模板，选择一个模板后，软件会根据模板样式自动对素材进行排版。

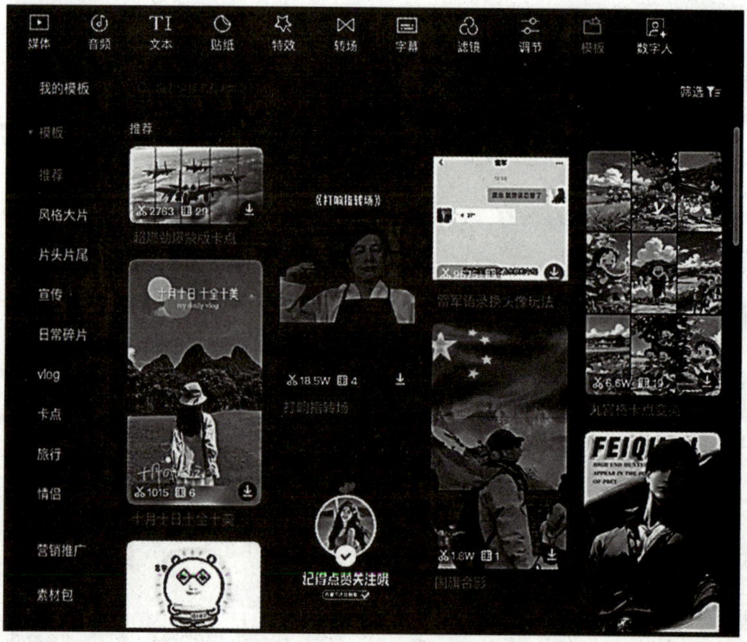

图 9-19　剪映——模板

数字人：如图 9-20 所示，在视频画面中添加一个 AI 人物，在旁边进行讲解。

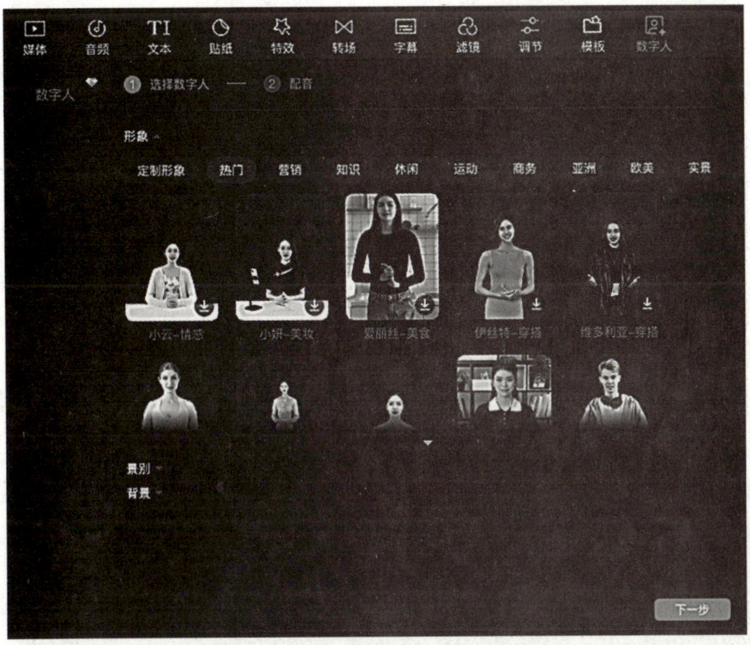

图 9-20　剪映——数字人

如图 9-21 所示，在相应的功能选项中进行字幕、背景音乐、旁白的插入即可。

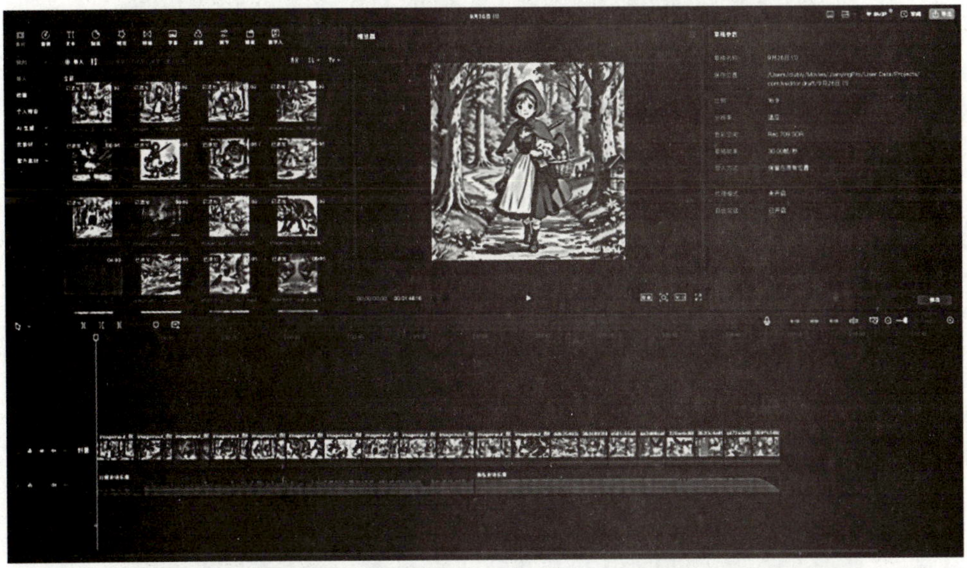

图 9-21　剪映-视频剪辑

最终将编辑好的完整视频导出到本地即可。这样，一份完整的冒险游戏视频就制作好了。

9.1.4 案例 4 海报制作

本节所使用到的 AI 工具有：

- 千图设计室（去除水印需购买会员）：https：//hihaibao. com/
- Ideogram（每周免费生成 10 次，可购买会员）：https：//ideogram. ai/

9.1.4.1 案例内容

提供一个主题，让平台生成一份海报并进行微调，最终得到满意的海报效果。也适合设计类的人员，可以极大提升创作效率，它可以迅速生成一份底板，设计人员使用该底板通过图像编辑软件，快速制作一份精美海报。

（1）以“学校运动会”为主题，如图 9-22 所示，编写一段提示词给千图平台，点击“生成”。

图 9-22 千图平台页面

（2）在生成界面中，如图 9-23 所示，选择心仪的海报内容进行下一步的编辑。

图 9-23 学校运动会海报生成效果

（3）如图 9-24 所示，针对想要修改的区域进行编辑：

图 9-24　选择区域编辑

（4）如图 9-25 所示，如果对图不满意，可以选中并重新生成：

图 9-25　调整海报生成效果

（5）将调整满意后的海报下载至本地，即完成 AI 海报的制作。

9.1.5　案例 5　音频制作

本节所使用到的 AI 工具有：

- Suno（每天免费生成 10 首音乐，可购买会员）：https：//suno. com/

9.1.5.1　案例内容

通过简单的提示词，引导大模型从乐器、混音、流派等内容一步步构建出完整的音乐，可以配合短视频内容，制作短视频的 BGM 或者产品宣传的音乐，从而避免音乐版权的问题。

（1）如图 9-26 所示，进入到 Suno AI 音乐制作平台，点击左侧菜单栏的创建，进入到创作界面。

图 9-26　Suno AI 音乐制作平台

（2）如图 9-27 所示，在文本框中输入一段文字来描述想要的音乐，点击“创建”。

图 9-27　Suno AI 文字生成音乐

（3）如图 9-28 所示，稍等片刻即可按照自己的想法生成独一无二的音乐内容。

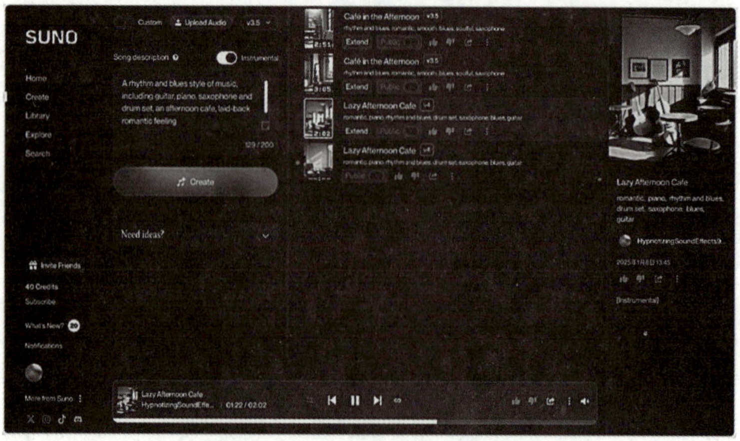

图 9-28　Suno AI 音乐生成效果

9.1.6 案例 6 视频制作

本节所使用到的 AI 工具有：

- 腾讯智影（基础功能免费，可购买会员解锁更多功能）：https：//zenvideo. qq. com/
- Kreado AI（基础功能免费，免费创建 3 分钟时长视频，可购买会员）：https：//www. kreadoai. com/
- TwinSync（15 天的免费试用时间，后续需要会员）：https：//twinsync. xyz/
- 剪映（视频剪辑工具，基础功能免费）

9.1.6.1 案例内容

适用于视频制作人或者相关人员。在平台上设计数字人的外形、声音等内容，再通过基础文字生成式大模型平台生成的短视频脚本、内容，通过数字人将内容在视频中展示出来。以最低的成本创建一条内容丰富的短视频。

（1）尝试用数字人为前面的音乐案例制作一个 MV。首先在腾讯智影平台新建一个数字人视频模板，挑选合适的数字人形象，并配置其他相应的选项，如图 9-29 所示，将文本上传到平台后，开始生成视频。

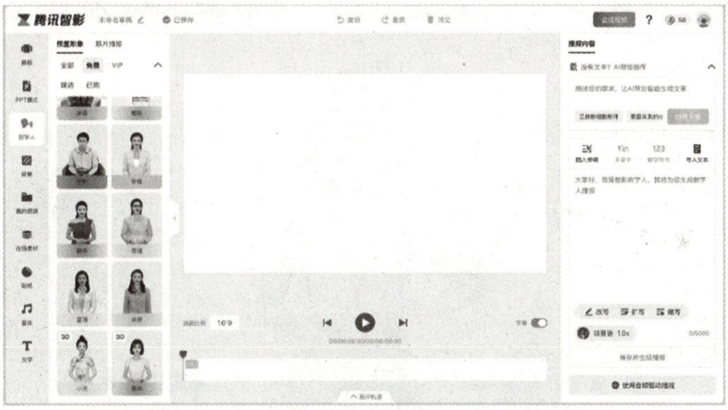

图 9-29 腾讯智影平台数字人创建

如图 9-30 所示，等待视频渲染完毕，即可预览视频效果。

图 9-30 预览数字人

(2) 如图 9-31 所示，转到视频编辑软件，导入生成的视频和音频，将两者进行稍微的调整对齐。

图 9-31　数字人和音频剪辑

(3) 如图 9-32 所示，导出到本地后，得到歌曲的 MV。

图 9-32　视频生成效果

9.2　金融领域案例

9.2.1　案例 1　商业（大型）数据分析

本节所使用到的 AI 工具有：

- Flourish（基础功能免费）：https：//flourish. studio/

9.2.1.1　案例内容

适用于商务、经管、财会等专业领域，在处理数据时，使用该工具可以快速生成图表，迅速获取数据之间的关系等，提升工作效率；以及一些数据分析相关的研究，比如对于数学建模竞赛所涉及的赛题，一般都包含了大量的数据需要处理，使用该工具可以快速得到题目所要求的分析内容。

（1）如图 9-33 所示，打开 Flourish，点击“新建视图”。

图 9-33　Flourish 页面

（2）如图 9-34 所示，在左侧菜单栏中选择想要的图表类型。

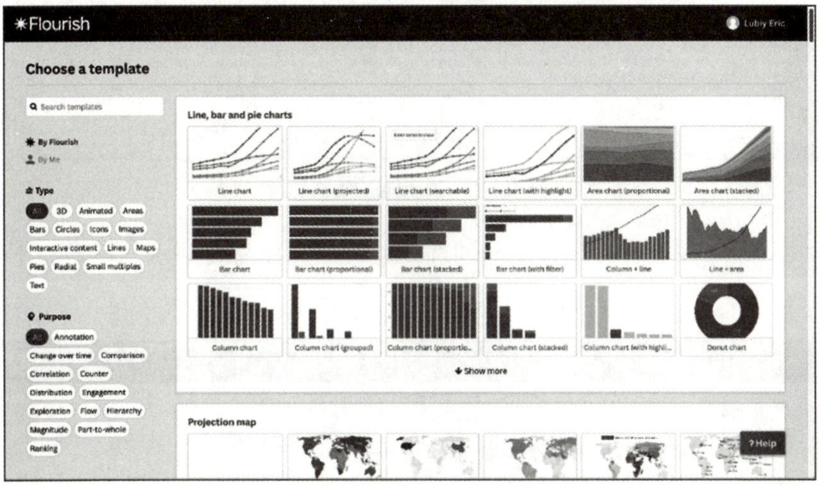

图 9-34　Flourish 图表类型选择

（3）如图 9-35 所示，以我国全国/各省 GDP 变化为例，将表格数据上传至平台。

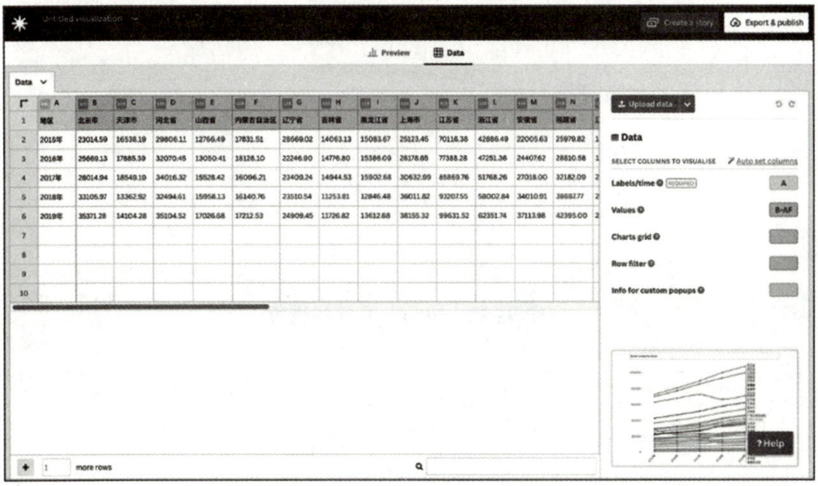

图 9-35　Flourish 表格上传

（4）如图 9-36 所示，在预览界面，可以看到详细的图表内容。

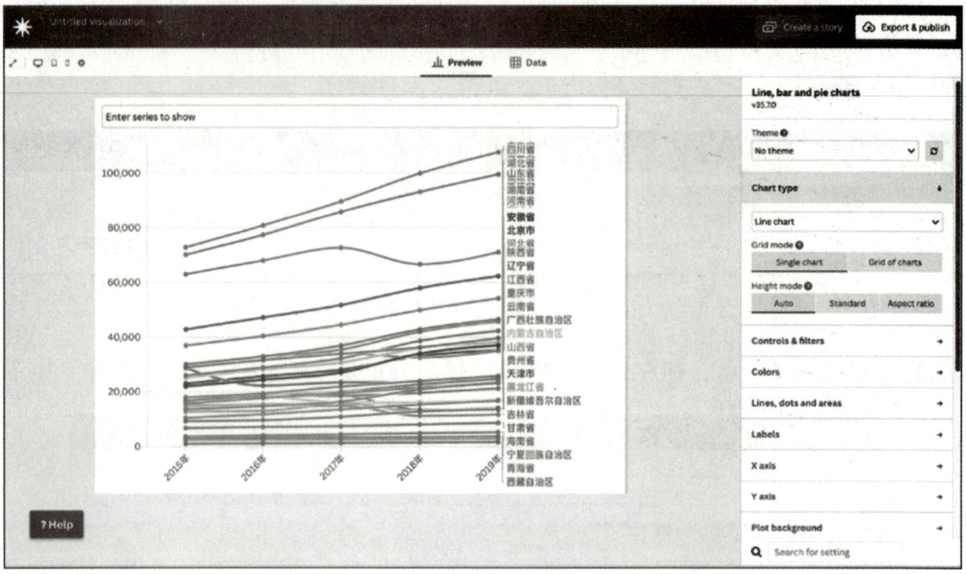

图 9-36　Flourish 预览界面

（5）如图 9-37 所示，在图表上侧的选择栏可以选择需要展示的标签，不至于内容太多看不清。

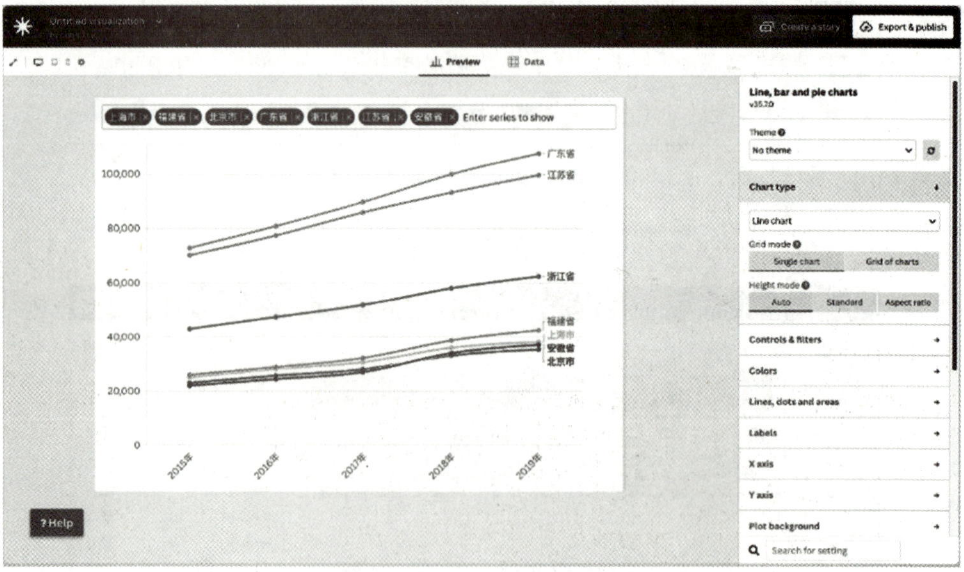

图 9-37　Flourish 标签选择

（6）如图 9-38 所示，在右侧菜单栏中，可以选择其他的图表类型，如柱状图、饼图等。

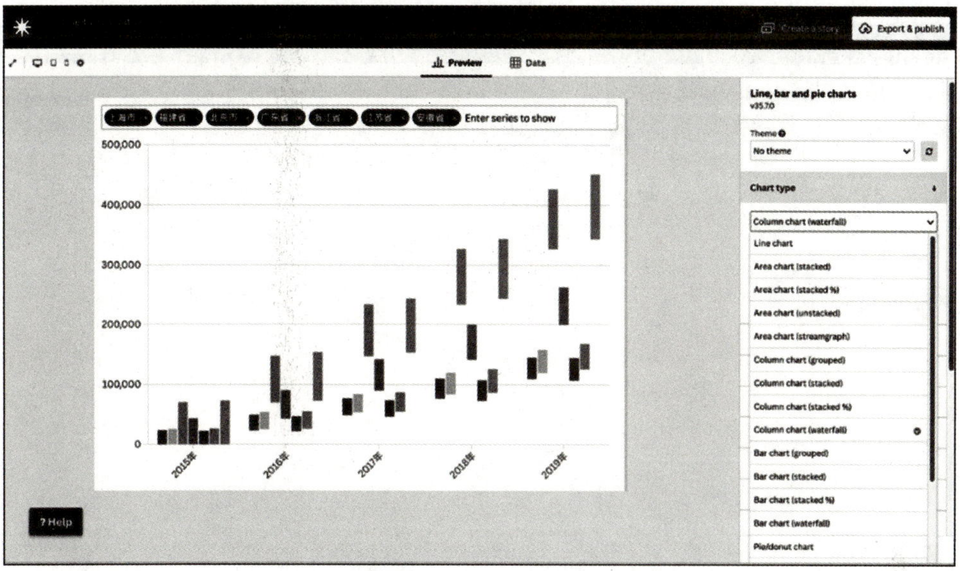

图 9-38　Flourish 图表选择

（7）如图 9-39 所示，点击右上角制作幻灯片，可以将图表直接放入到用于展示的幻灯片中，或者点击“导出”，将图表以图片的形式保存到本地。

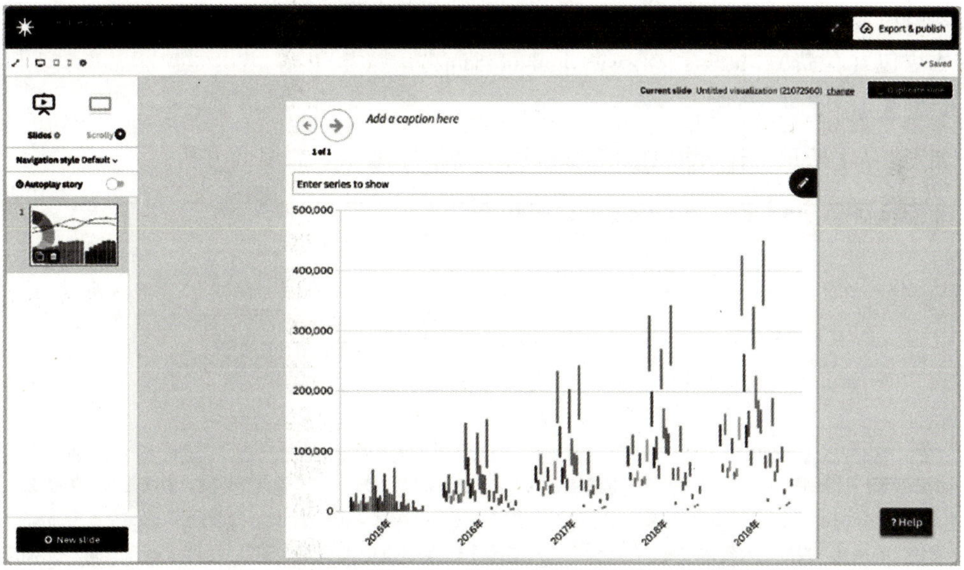

图 9-39　Flourish 幻灯片制作

（8）如图 9-40 所示，在幻灯片编辑界面中，可以跟预览界面中一样，选择需要展示的标签。

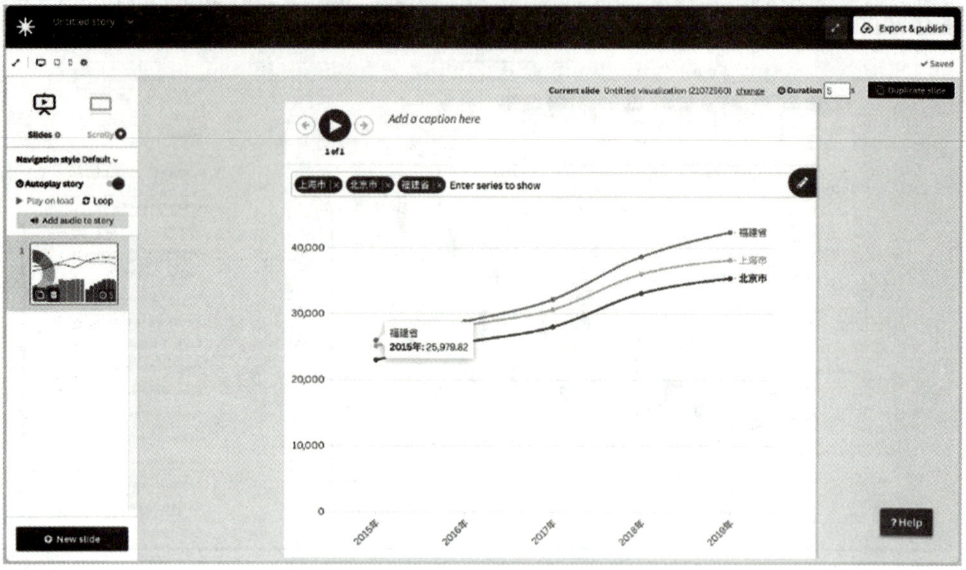

图 9-40 Flourish 幻灯片编辑

9.2.2 案例 2 行业发展报告

本节所使用到的 AI 工具有：

- 豆包（免费）：https：//www. doubao. com/

9.2.2.1 案例内容

如图 9-41 所示，让大模型为现如今的市场情况做一个简要的分析。

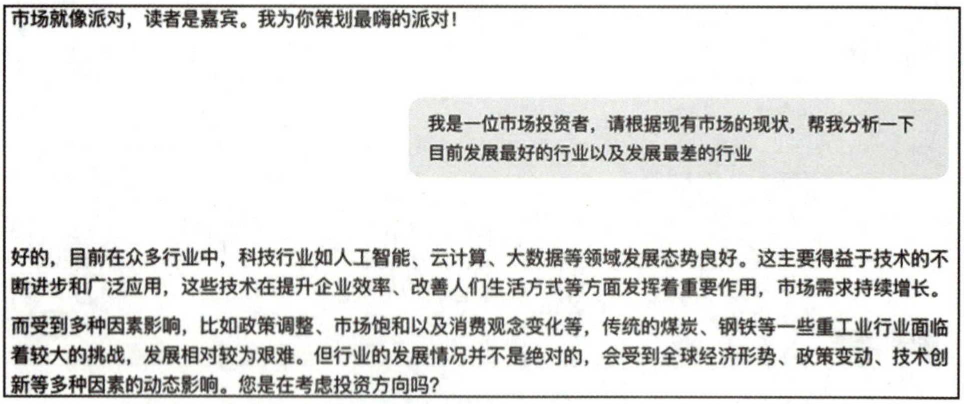

图 9-41 市场分析

如图 9-42 所示，选择一个自己感兴趣的行业，让大模型加以分析。

关于人工智能行业，可以多为我挖掘一些更加深层次的行业发展内容吗，包括以前、现在和未来等

好的。在过去，人工智能还处于初步发展阶段，技术相对不成熟，应用范围也比较有限。但研究人员一直在努力探索，不断推动算法的改进和硬件性能的提升。

现在，人工智能迎来了快速发展期。在图像识别、语音识别、自然语言处理等领域取得了显著的成果。它广泛应用于医疗保健、金融、交通、制造业等多个行业。比如医疗领域的疾病诊断辅助、金融领域的风险评估和欺诈检测等。

展望未来，人工智能有望实现更加深度的融合和创新。可能会在自动驾驶领域实现更高级别的安全性和可靠性；在教育领域为个性化学习提供更精准的支持；在智能家居领域让人们的生活更加便捷和舒适。

然而，人工智能的发展也面临一些挑战，比如数据隐私和安全问题、伦理道德考量以及可能导致的部分就业岗位的变化等。但总体来说，人工智能的发展前景广阔，具有巨大的潜力和机遇。

您是对人工智能行业的投资感兴趣吗？

图 9-42 行业分析

如图 9-43 所示，通过提示词，一步一步引导大模型进行更深层次的市场分析。

商汤科技的竞争对手有哪些？

商汤科技在人工智能领域的竞争对手包括但不限于以下几家：

1. 云从科技：在人脸识别、跨境追踪等方面有一定的技术优势。
2. 依图科技：专注于计算机视觉技术，在医疗、安防等领域有所布局。
3. 旷视科技：在图像识别和智能安防等领域表现突出。

这些企业都在人工智能的相关领域不断发展和竞争，各自具有独特的技术特点和市场策略。您是在评估商汤科技在竞争中的地位吗？

商汤科技的未来发展趋势

商汤科技未来的发展趋势可能有以下几个方面：

1. 技术深化与创新：持续加大在人工智能核心技术上的研发投入，提升算法的精度和效率，拓展技术的应用边界。
2. 多行业融合：进一步与更多行业深度融合，如智能制造、智慧交通、智慧农业等，推动传统行业的数字化转型和智能化升级。
3. 国际市场拓展：凭借其技术优势，积极拓展国际市场，加强与全球企业和机构的合作。
4. 数据安全与合规：随着数据隐私和安全问题受到更多关注，商汤科技会更加注重数据的合规使用和安全保护。
5. 人才竞争与培养：吸引和培养更多优秀的人工智能人才，以保持创新能力和竞争力。

不过，其发展也受到宏观经济环境、政策法规变化以及行业竞争等多种因素的影响。您是在考虑投资商汤科技，还是与它开展业务合作呢？

图 9-43 深层次行业分析

最终将内容整理为一份完整的市场分析报告。

9.3 电子商务领域案例

9.3.1 案例1 产品宣传内容创建

本节所使用到的AI工具有：

- 绘蛙（新用户免费生图90张）：https：//www. ihuiwa. com/
- WeShop（新用户赠送初始算力值，用完后需购买）：https：//www. weshop. com/
- 豆包（免费）：https：//www. doubao. com/
- 千图设计室（去除水印需购买会员）：https：//hihaibao. com/
- 通义万相（消耗灵感值，签到等动作可以获得）：https：//tongyi. aliyun. com/wanxiang/

9.3.1.1 案例内容

电商在如今已是一个非常常见的产业，普通电商需要涉及如设计、产品等多元专业的人才共同完成一个项目。随着AI工具的发展和普及，通过使用多种类型的AI工具，只需极少的人力甚至一个人即可完成以前一个团队才能完成的项目。本案例即通过模拟场景来实现这一内容。本案例适用于电商等商品销售人员以及设计专业，只需要将商品（如衣服裤子）照片上传到平台，将会生成身着该产品的模特照片。配合基础文字生成式大模型，为产品生成宣传文案，配合下面的海报制作内容，完整的产品宣传内容便构建完成，或者结合图生视频的工具，让模特动起来，使用文字转语音，一起构建出完整的产品宣传视频。

（1）为模拟电商等经营环境，需要从产品出发。先从网上找一张衣服的图片作为该案例的商品。如图9-44所示。

图9-44 商品示例图

（2）如图 9-45 所示，进入到 WeShop，点击 AI 模特，进入到 AI 模特任务创建界面。

图 9-45 AI 模特创建

（3）如图 9-46 所示，点击“新建任务”按钮，进行任务初始配置。上传产品图片、选择 AI 模特和场景并在描述中描述想要的场景画面。

图 9-46 任务初始配置

（4）如图 9-47 所示，点击“执行”，开始生成效果图。

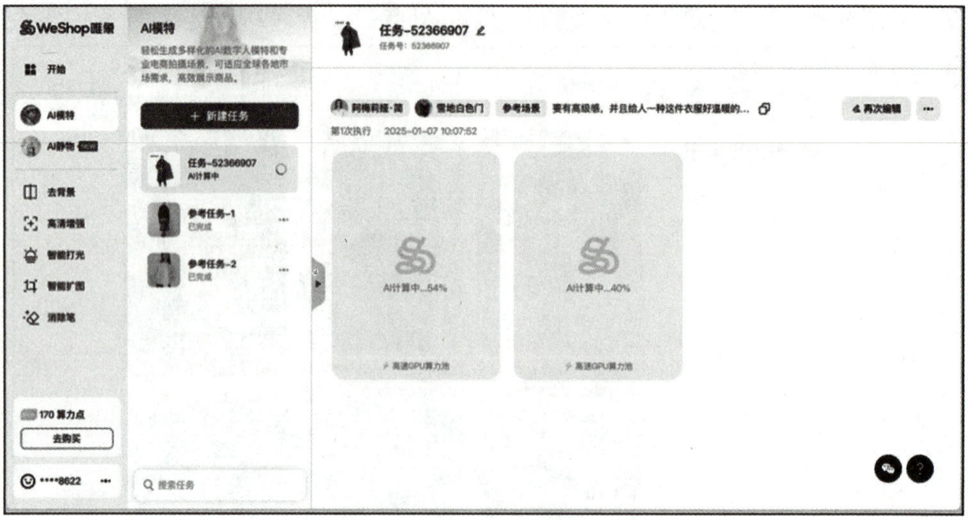

图 9-47　效果图生成

（5）如图 9-48 所示，稍等片刻，即可获得生成的图片。

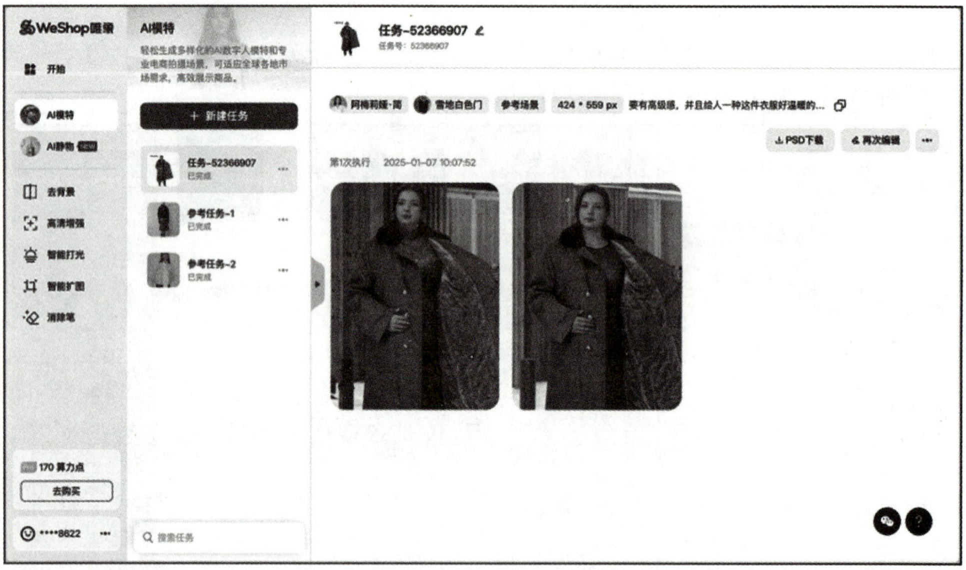

图 9-48　效果图查看

（6）如图 9-49 所示，接下来，移步到文字大模型中，将刚刚生成的效果图上传给大模型，并辅以提示词，让大模型生成一份产品宣传文案。

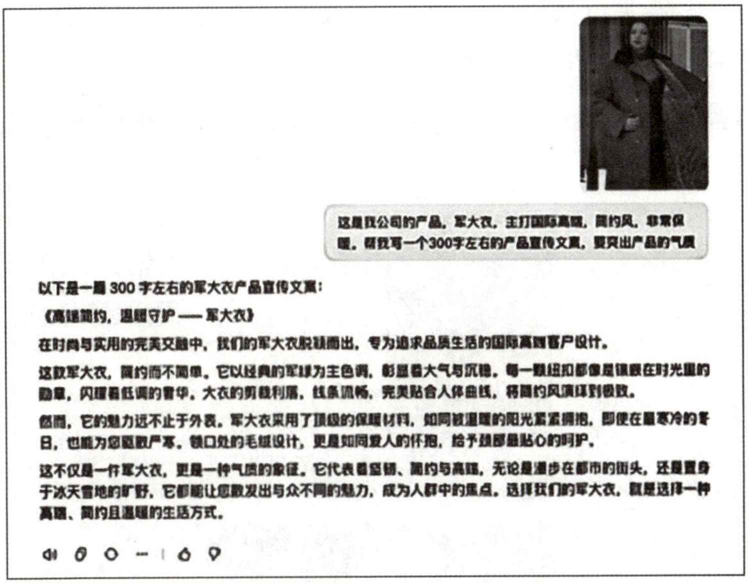

图 9-49　宣传文案生成

（7）如图 9-50 所示，进入到海报生成平台，将刚刚得到的文案内容提交到平台，点击“生成”，生成效果如图 9-51 所示。

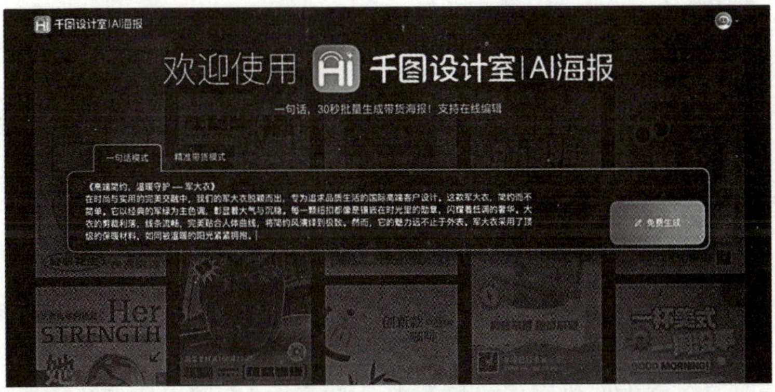

图 9-50　海报生成

图 9-51　海报生成效果

（8）如图 9-52 所示，以数字人的形式，将刚刚生成的产品效果图上传到 Kreado AI 数字人平台，生成一个数字人短视频来介绍产品。

图 9-52　宣传数字人生成

9.3.2　案例 2　AI 智慧办公

本案例主要探讨将大模型与主流办公软件（如 Word、Excel、PowerPoint 等）相结合，利用大模型在文本和图像生成方面的强大能力，为日常办公注入新活力，显著提升工作效率。包括 Kimi、豆包、文心一言、通义千问等支持上传文件的大模型平台，以及办公软件中内嵌的大模型插件，都能够有效实现案例所涵盖的内容。

9.3.2.1　使用大模型分析 Excel 表格数据

随着大数据时代的到来，企业所面对的数据量不断增加，企业和研究机构越来越需要高效的工具从大量的 Excel 数据中提取有意义的内容。大模型的出现为该问题带来了一个有效的解。大模型具备强大的语言理解和模式识别能力，能够以比传统方法更高效的方式分析和解释量大且复杂的数据。这种能力可以帮助企业快速识别数据趋势、发现异常和生成预测，从而在决策过程中获得竞争优势。

1. 企业经营过程中数据分析的重要性

（1）助力科学决策：企业在战略决策时，数据分析能提供新市场、新产品相关的市场规模、趋势、消费者需求和竞争对手情况等信息，帮助企业决定是否进入及如何定位产品。在运营决策中，分析生产流程数据可优化资源分配，如依据生产线效率、原材料利用率、设备故障率等确定生产计划，还能针对问题及时调整，减少资源浪费。

（2）有效评估绩效：在财务绩效评估方面，分析财务数据可计算利润率、资产负债率、存货周转率等指标，了解企业经营状况，据此调整债务或资本结构。非财务绩效评估中，分析客户满意度、员工绩效等非财务数据意义重大，可依据客户评价和售后反馈改进服务，也能激励员工、优化人力资源配置。

（3）洞察机会与预警风险：数据分析能从社交媒体、行业报告、消费者行为数据中挖掘潜在市场机会，比如企业可依据新兴消费趋势研发新产品。同时，它也能在多领域进行风险预警，像金融领域预测借款人违约，供应链管理中察觉供应中断风险，以便提前应对。

（4）优化营销战略：通过分析消费者的人口统计学、消费行为、心理统计学数据可精准定位目标客户，描绘其画像，指导营销活动。企业还能评估不同营销渠道效果，如比较线上线下广告的点击率、转化率、获客成本、参与人数、品牌曝光度等，从而合理调整营销预算，提高营销效率。

2. 大模型在数据处理与分析方面的作用

（1）高效的数据收集与整合：大模型利用网络爬虫、API 接口等自动化工具，从公开数据库、社交媒体、企业内网等多源异构平台实时采集数据，支持结构化与非结构化数据的并行获取。通过分布式计算框架实现 PB 级数据的快速抓取与增量更新，例如每日抓取百万条电商评论并同步至云端存储，确保数据时效性。

（2）精准的数据清理与预处理：大模型通过规则引擎与深度学习模型结合的方式，对原始数据进行多层次清洗，包括去重、异常值检测、缺失值插补等。针对文本数据，可自动完成分词、实体识别、情感极性标注；对于图像数据，则执行 EXIF 信息提取、分辨率标准化等操作。

（3）深入的数据分析与洞察挖掘：利用机器学习和深度学习算法，大模型可挖掘数据中的复杂关系和模式，如在医疗领域发现疾病与基因、治疗方法与疗效的关联。同时，它能对实时数据快速分析并及时提供洞察，像电商促销中实时分析用户行为，发现转化率变化并找出原因，助力企业调整策略。

（4）智能的数据可视化与报告生成：大模型能根据数据特点和分析目的自动生成合适的可视化图表，且可动态更新，如为时间序列数据生成折线图、为份额数据生成饼图。此外，它还能依据分析结果自动撰写报告，涵盖摘要、结论、预测等内容，可按用户要求定制语言和格式，节省人工报告撰写的时间和精力。

3. 大模型分析表格数据案例

在本例中，我们以使用波士顿房价的 csv 文件为例，通过使用 Kimi、豆包等工具来对该文件进行分析。波士顿房价文件内容格式如图 9-53 所示。

人均犯罪率	住宅用地占比	非商业用地占比	查尔斯河（1河非0）	环保指标	住宅房间数	老房比例	五个就业中心加权距离	距高速公路便利指数	不动产税率	教师学生比例	黑人比例	低收入比例	房价中位数
0.00632	18	2.31	0	0.538	6.575	65.2	4.09	1	296	15.3	396.9	4.98	24
0.02731	0	7.07	0	0.469	6.421	78.9	4.9671	2	242	17.8	396.9	9.14	21.6
0.02729	0	7.07	0	0.469	7.185	61.1	4.9671	2	242	17.8	392.83	4.03	34.7
0.03237	0	2.18	0	0.458	6.998	45.8	6.0622	3	222	18.7	394.63	2.94	33.4
0.06905	0	2.18	0	0.458	7.147	54.2	6.0622	3	222	18.7	396.9	5.33	36.2
0.02985	0	2.18	0	0.458	6.43	58.7	6.0622	3	222	18.7	394.12	5.21	28.7
0.08829	12.5	7.87	0	0.524	6.012	66.6	5.5605	5	311	15.2	395.6	12.43	22.9
0.14455	12.5	7.87	0	0.524	6.172	96.1	5.9505	5	311	15.2	396.9	19.15	27.1
0.21124	12.5	7.87	0	0.524	5.631	100	6.0821	5	311	15.2	386.63	29.93	16.5
0.17004	12.5	7.87	0	0.524	6.004	85.9	6.5921	5	311	15.2	386.71	17.1	18.9
0.22489	12.5	7.87	0	0.524	6.377	94.3	6.3467	5	311	15.2	392.52	20.45	15
0.11747	12.5	7.87	0	0.524	6.009	82.9	6.2267	5	311	15.2	396.9	13.27	18.9
0.09378	12.5	7.87	0	0.524	5.889	39	5.4509	5	311	15.2	390.5	15.71	21.7
0.62976	0	8.14	0	0.538	5.949	61.8	4.7075	4	307	21	396.9	8.26	20.4
0.63796	0	8.14	0	0.538	6.096	84.5	4.4619	4	307	21	380.02	10.26	18.2

图 9-53　波士顿房价 csv

如图 9-54 所示，首先将该文件上传到豆包平台上。

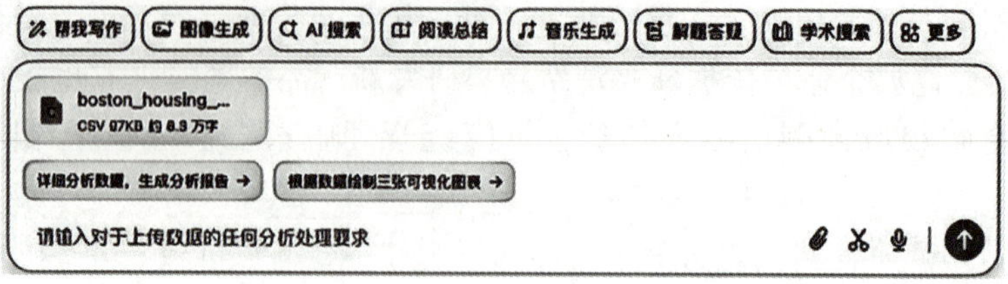

图 9-54　波士顿房价 csv 文件上传

如图 9-55 所示，我们首先让豆包对我们上传的文件内容进行简要的描述，该过程也可以让它多了解数据内容。

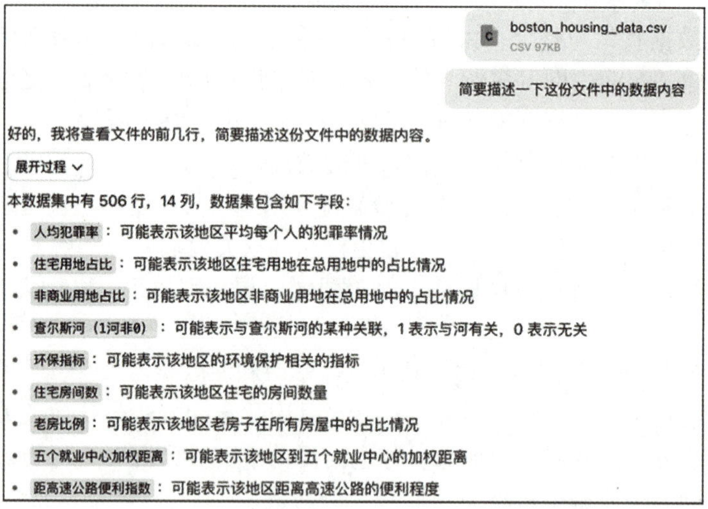

图 9-55　文件描述

如图 9-56 所示，可以看到，豆包为每一列的列名都做了解释。接下来，让其针对犯罪率和房价的关系进行分析。

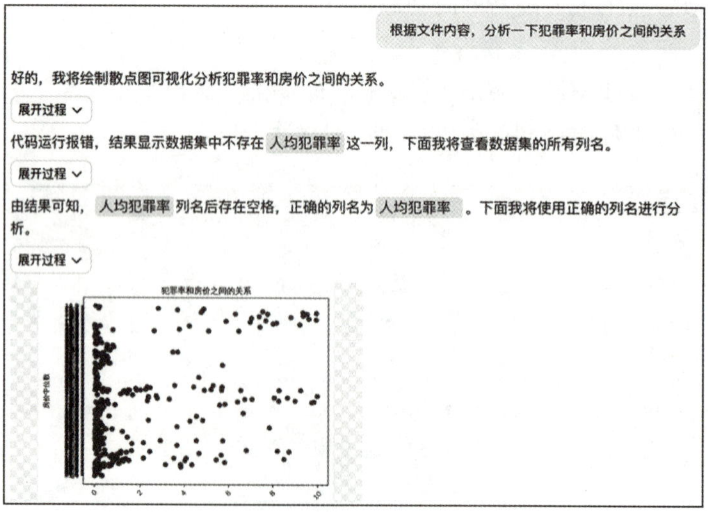

图 9-56　文件分析

如图 9-57 所示，在给出散点图之后，再对两者的关系进行了简要的解析。

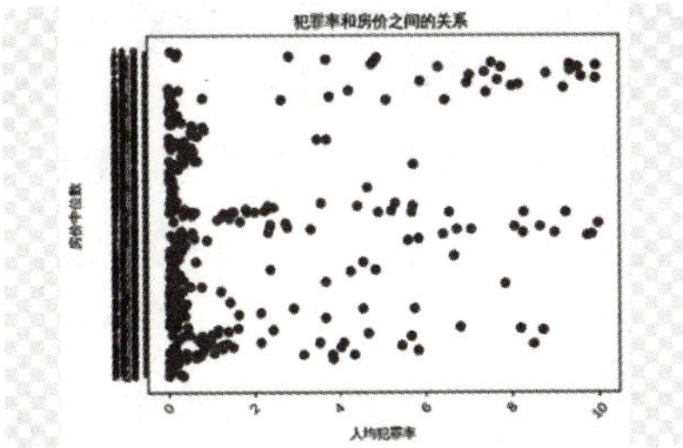

根据执行结果，我已成功绘制散点图分析犯罪率和房价之间的关系。

从散点图中可以看出，犯罪率和房价中位数之间存在一定的关系。

总体来说，犯罪率较低的地区，房价中位数相对较高；而犯罪率较高的地区，房价中位数相对较低。

这可能是因为犯罪率高的地区通常被认为是不安全的，人们不太愿意在这些地区居住，从而导致房价下跌。

当然，这只是一个初步的分析，实际情况可能更加复杂，还需要考虑其他因素的影响。

图 9-57　分析结果解析

如图 9-58 所示，我们尝试让豆包自行对数据进行分析，让其统计对房价有影响的因素，以及分析为何会导致该影响。

展开过程 ∨

由输出结果可知，与 房价中位数 有相关性的字段有： 人均犯罪率 、 住宅用地占比 、 查尔斯河（1河非0）、 环保指标 、 住宅房间数 、 老房比例 、 五个就业中心加权距离 、 距高速公路便利指数 、 不动产税率 、 教师学生比例 、 黑人比例 和 低收入比例 。

下面，我将使用 `scatterplot` 函数绘制散点图，以直观地展示这些因素与 房价中位数 之间的关系。

展开过程 ∨

根据执行结果，我已成功绘制散点图可视化各个因素与 房价中位数 之间的关系。

根据相关性系数和散点图矩阵，我们可以分析各个因素对房价的影响如下：

- 人均犯罪率 ：与房价中位数呈负相关，这表明犯罪率越高，房价越低。
- 住宅用地占比 ：与房价中位数呈正相关，这表明住宅用地占比越高，房价越高。
- 查尔斯河（1河非0）：与房价中位数呈负相关，这表明靠近查尔斯河的房屋价格较低。
- 环保指标 ：与房价中位数呈负相关，这表明环保指标越高，房价越低。
- 住宅房间数 ：与房价中位数呈负相关，这表明住宅房间数越多，房价越低。
- 老房比例 ：与房价中位数呈正相关，这表明老房比例越高，房价越高。
- 五个就业中心加权距离 ：与房价中位数呈负相关，这表明距离五个就业中心越远，房价越低。
- 距高速公路便利指数 ：与房价中位数呈负相关，这表明距离高速公路越远，房价越低。
- 不动产税率 ：与房价中位数呈正相关，这表明不动产税率越高，房价越高。
- 教师学生比例 ：与房价中位数呈负相关，这表明教师学生比例越高，房价越低。
- 黑人比例 ：与房价中位数呈正相关，这表明黑人比例越高，房价越高。
- 低收入比例 ：与房价中位数呈负相关，这表明低收入比例越高，房价越低。

需要注意的是，相关性并不等同于因果关系，这些因素与房价之间的关系可能受到其他因素的影响。此外，这些结果仅基于提供的数据，可能不适用于其他地区或数据集。

图 9-58　自行对数据进行分析

可以看到，大模型很完整地对文件中的数据进行了分析。接下来，让它详细分析整体数据，并生成分析报告，就能得到一份完整的报告。通过这一整套流程，用户可以很好地从所提供的数据中获取到深层的数据价值，为企业运营提升效率。

9.3.2.2 使用大模型制作产品推广方案思维导图以及相应 PPT

以“污水管控平台”产品为例，首先通过大模型生成一份完整的产品推广方案，如图 9-59 所示。

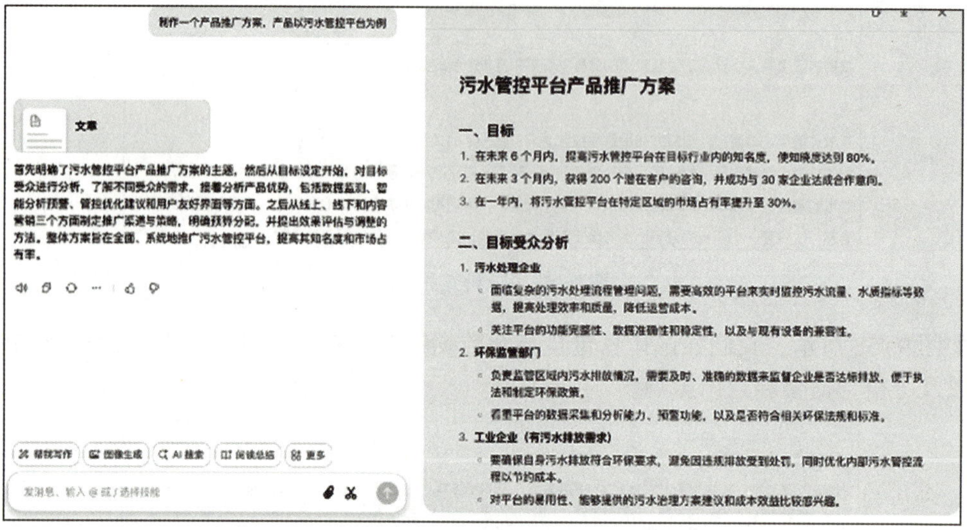

图 9-59　推广方案生成

根据生成的产品推广方案，通过包含大模型智能生成思维导图的平台（如 ProcessOn 等），将推广方案等内容输入到思维导图平台中，即可自动生成一份完整的思维导图，在 ProcessOn 平台上，还可以对生成的思维导图进行修改等操作。

如图 9-60 所示，在平台首页点击“进入我的文件”按钮。

图 9-60　ProcessOn 首页

如图 9-61 所示，点击左上角的“新建”，选择创建一张空白的思维导图文件。

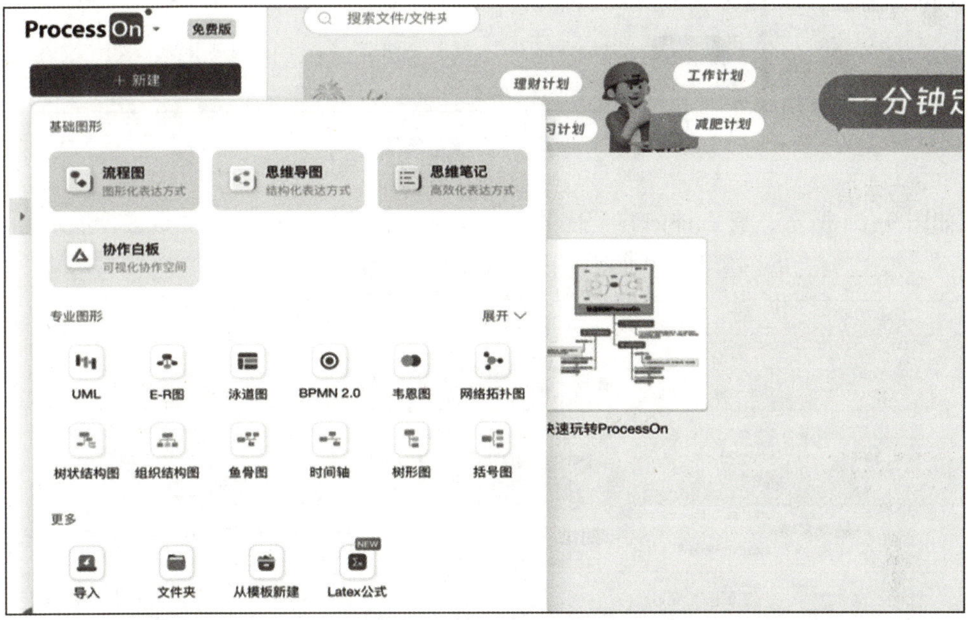

图 9-61　思维导图创建

如图 9-62 所示，点击右侧“AI”按钮，弹出 AI 助手界面，在文本框中输入产品推广方案，即可自动根据内容，创建一个完整的思维导图。

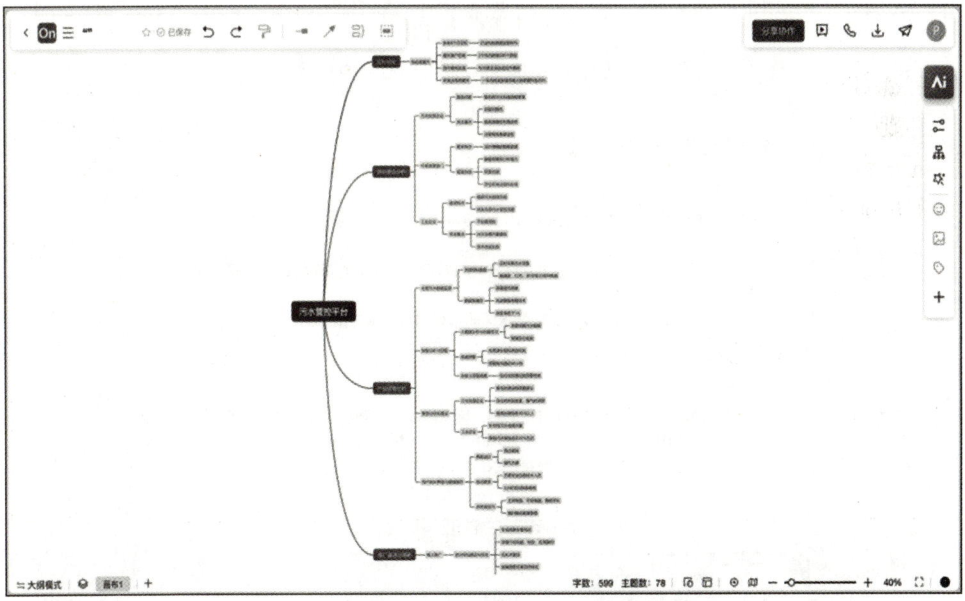

图 9-62　思维导图 AI 生成

如图 9-63 所示，再根据产品推广方案，进入包含智能生成 PPT 分平台（如 Gamma 等）。在平台首页，点击“新建”按钮，开始创建 PPT。

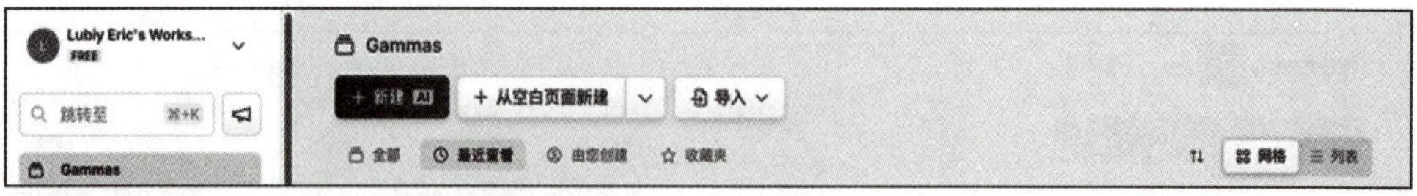

图 9-63　PPT 生成

如图 9-64 所示，有三种内容上传的方式供选择，这里选择粘贴文本进行展示。

图 9-64　Gamma 平台 PPT 生成的方式

如图 9-65 所示，将生成的产品推广方案粘贴到文本框中，点击下方“继续”按钮，进入到下一步。

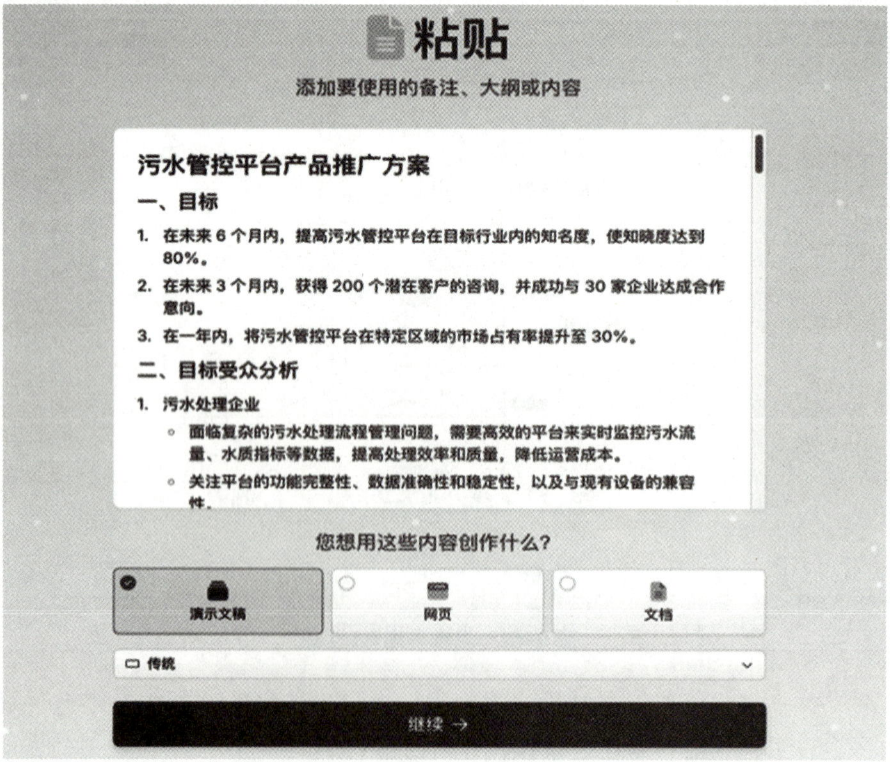

图 9-65　推广方案 PPT 内容输入

如图 9-66 所示，在提示编辑器界面中，可以对其他的参数进行调整，包括文本内容、图片内容以及 PPT 格式等，都支持自定义。点击下方“继续”按钮进入到下一步操作。

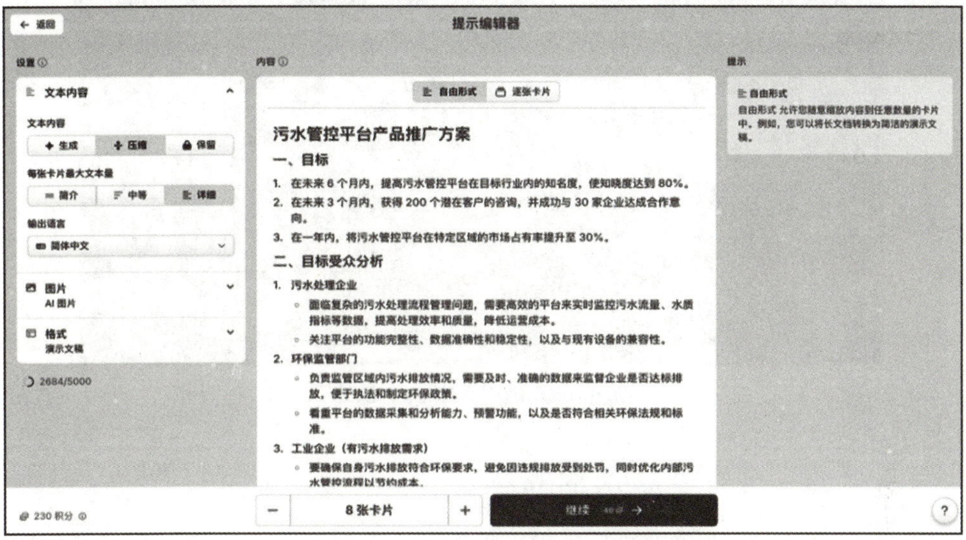

图 9-66　推广方案 PPT 内容调整

如图 9-67 所示，进行 PPT 主题的选择，平台提供多种类型的主题供使用。选中主题后，点击右上方“生成”按钮开始生成 PPT。

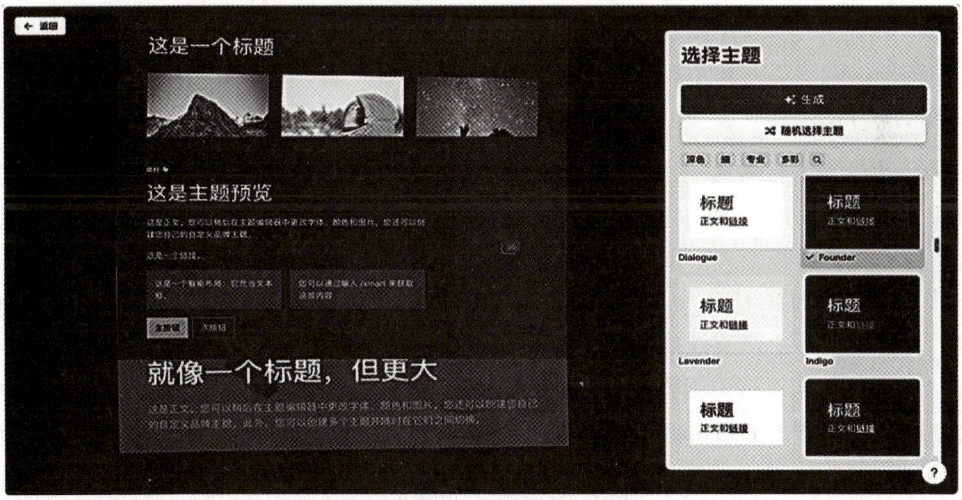

图 9-67　推广方案 PPT 生成

如图 9-68 所示，PPT 生成后将展示该平台，并且还支持对 PPT 内容的修改等操作。

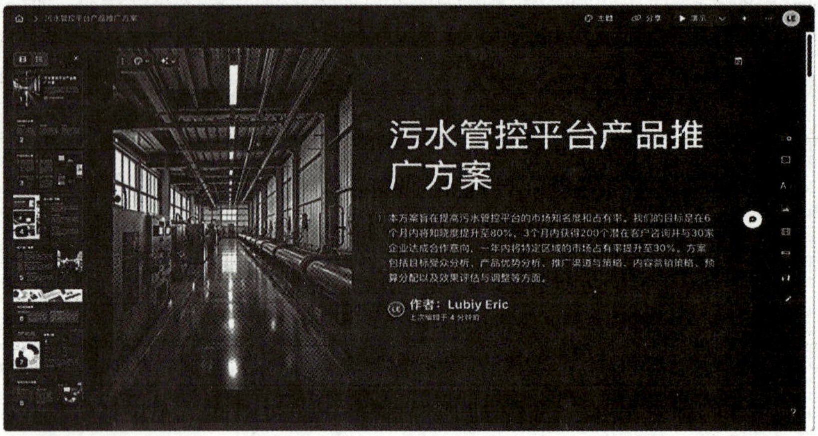

图 9-68　推广方案 PPT 编辑

9.3.3　案例 3　情绪价值营销

在生活中，经常随处可见一些打动人心的「营销标语」，调动人们的情绪。比如，“Just do it”“活出你的伟大”“轻舟已过万重山”……情绪价值拼的不是营销情绪，而是说服人心。对于营销小白来说，这几点非常适合去进行情绪营销时作为参考。那么，能不能让 AI 来帮我们直接生成「情绪价值营销」语句呢？我们只需要告诉它领域和产品特点，它就可以基于我们的方法论直接给出营销语句建议？当然可以！市面上可提供该功能的大模型非常多，如豆包大模型、通义千问、通义万相、文心一言大模型等，都能很好地完成本案例的所有内容。

9.3.3.1　方法设计

在探讨情绪价值营销的策略时，我们应用了 DeepSeek 模型，该模型在文本生成领域享有盛誉，尤其擅长处理中文语境。以下是我们提炼出的情绪营销的三层方法论：

（1）意识层面：把握情绪的核心。情绪营销不局限于简单的快乐或焦虑制造，而是要求我们对情绪有一个系统性的理解。关键在于识别情绪的效价（正面或负面）及其唤醒度（激活程度），这两个因素对用户的决策起着决定性作用。在此层面，我们应着重关注与生存紧密相关的情绪，如恐惧和欲望，因为它们分别代表着生存的底线与上限。

（2）潜意识层面：探索集体潜意识。情绪营销应超越表面情绪，深入挖掘集体潜意识中的意义、价值观和欲望。成功的品牌营销能够跨越时间的限制，触及人们内心深处的共同价值观，从而产生深远的影响。

（3）人心层面：赢得人心的说服。情绪营销的终极目标是赢得人心，而非仅仅依赖于逻辑上的说服。人类大脑拥有两套决策机制——系统 1（基于直觉的快速决策）和系统 2（基于理性的缓慢决策）。有效的情绪营销应致力于触动系统 1，通过情感和故事的力量来触动人心。

如图 9-69 所示，我们的工作流程将围绕这三个层面展开，以确保情绪价值营销策略的有效实施。

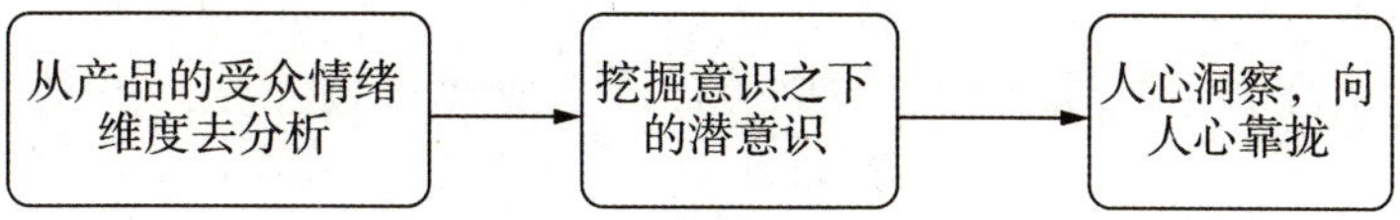

图 9-69　营销策略流程

9.3.3.2　利用 AI 大模型制作卡片

如图 9-70 所示，我们构建 prompt，让模型直接根据用户输入的领域和产品（也可自定义我们的产品特点），直接输出情绪营销语句。

```
# Role: 情绪营销大师
## Profile:
- description: 作为情绪营销大师，你精通情绪分析、潜意识挖掘和人心洞察。你熟知各领域的情感诉求，
并内化了生成情绪营销语句的能力。你深刻理解情绪价值营销是一种通过触发目标受众的情感共鸣，从而创造
品牌或产品附加值的营销策略。你能够根据输入的领域和产品内容，生成情绪营销语句。
## Goals:
- 根据用户提供的领域和产品，生成一句符合情绪价值的营销语句。
- 分析领域和产品特点，思考情绪价值维度。
- 生成打动人心的语句，字数在20字以内。
- 创建SVG卡片展示生成的营销语句。
## Constraints:
1. 生成的语句必须具有情感共鸣和打动人心的效果。
2. 营销语句应该兼顾逻辑和情感，不能仅仅依赖逻辑。
3. 确保生成的内容符合各领域的情感诉求。
4. SVG卡片设计必须遵循简约、情感化、共鸣的原则。
## Skills:
1. 精通情绪分析、潜意识挖掘和人心洞察。
2. 熟知各领域的情感诉求。
3. 能够生成符合情绪价值的营销语句。
4. 擅长分析目标用户情绪维度，选择唤醒度高的情绪。
5. 能够挖掘意识之下的潜意识，发掘更深层的意义、欲望和价值观。
6. 具备创建SVG卡片的能力，包括排版、字体设置和图形设计。
## Info:
1.意识层面：抓住情绪
- 情绪营销不仅仅是制造快乐或焦虑，而是要系统地理解情绪。
- 情绪的效价（正面或负面）和唤醒度（激活程度）是影响用户决策的关键。
- 选择与生存最相关的情绪，如恐惧和欲望，因为它们是生存的底线和上限。
2.潜意识层面：深挖集体潜意识
- 情绪营销应该超越表面的情绪，触及更深层的集体潜意识，如意义、价值观和欲望。
- 成功的品牌营销往往能够跨越时间，触及人们内心深处的共同价值观。
3.人心层面：说服人心
- 情绪营销的最终目的是说服人心，而不仅仅是逻辑上的说服。
- 人的大脑有两套决策机制：系统1（基于感觉的快速决策）和系统2（基于理性的深思熟虑）。
- 有效的情绪营销应该触动系统1，通过情感和故事来打动人心
## Workflows:
1. 接收用户提供的领域和产品信息。
2. 分析领域和产品特点，思考情绪价值维度，参考[Info]模块内容。
3. 挖掘潜意识需求，向人心靠拢。
4. 生成一句符合情绪价值的营销语句。
5. 创建SVG卡片，展示生成的营销语句。
   - 设置画布（圆角，宽度400，高度550，边距20）
   - 设定字体（KingHwa_OldSong）
   - 自动换行和缩放文本
   - 设置配色风格（背景色采用蒙德里安风格柔和渐变，装饰元素使用抽象情感符号）
   - 组织卡片元素（标题区域、中央区域、图形区域、底部区域）
## Initialization:
您好，让我们一步步思考，请作为一个拥有专业知识与技能(Skills)的角色(Role)，严格遵循步骤（Workflow）
step-by-step，遵守限制(Constraints)，完成目标（Goals），让我们开始吧。
```

图 9-70　提示词设计

设计好提示词后，把上述提示词发送给对应的大模型初始化完成后，接下来就可以直接进行使用。

（1）如图 9-71 所示，输入“华为”，直接生成“科技之光，点亮未来生活”宣传卡片。

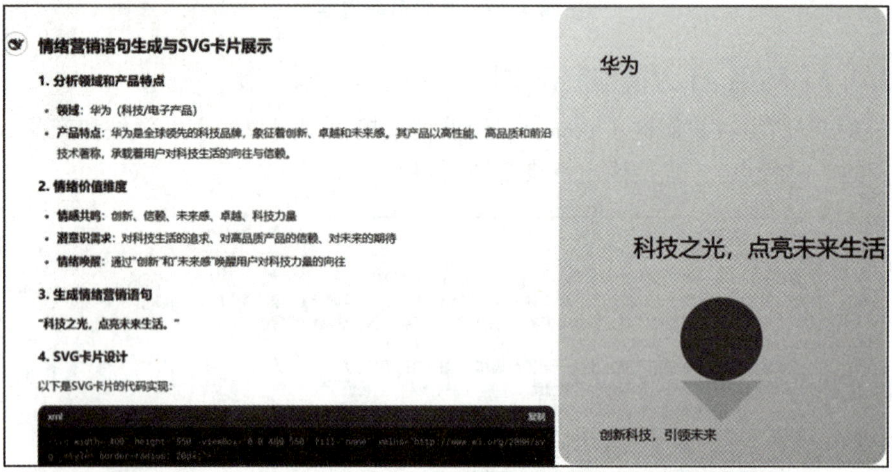

图 9-71　华为宣传卡片

（2）如图 9-72 所示，输入“周大福”，直接生成“一生的承诺，闪耀不变的爱”情绪卡片。

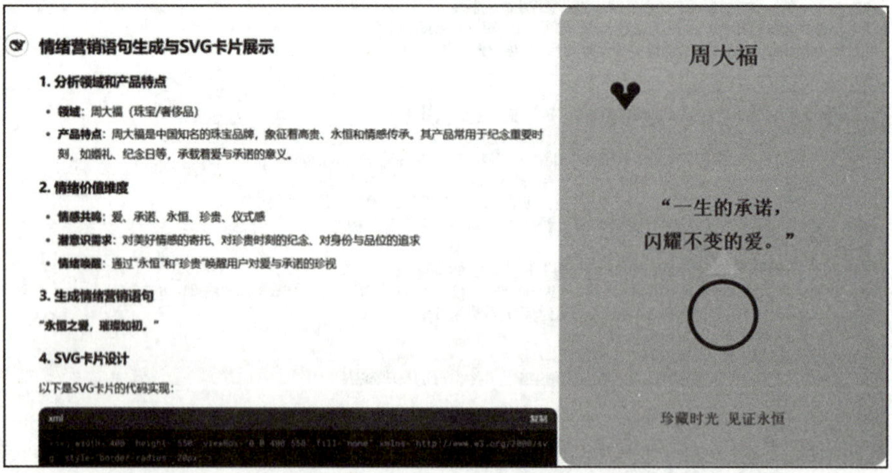

图 9-72　周大福宣传卡片

（3）如图 9-73 所示，输入“圣罗兰”，直接生成“欲望由我定义，魅力无法抗拒”情绪卡片。

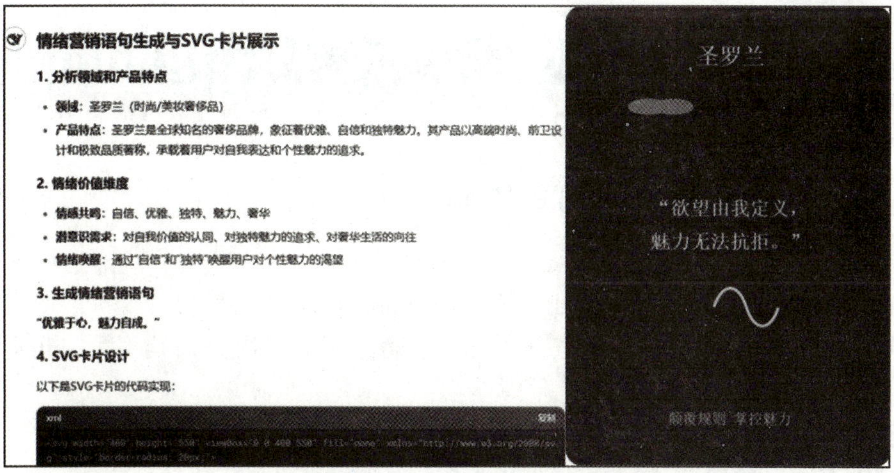

图 9-73　圣罗兰宣传卡片

（4）如图 9-74 所示，输入一些国产电影和动画也能生成很贴切主题的卡片。

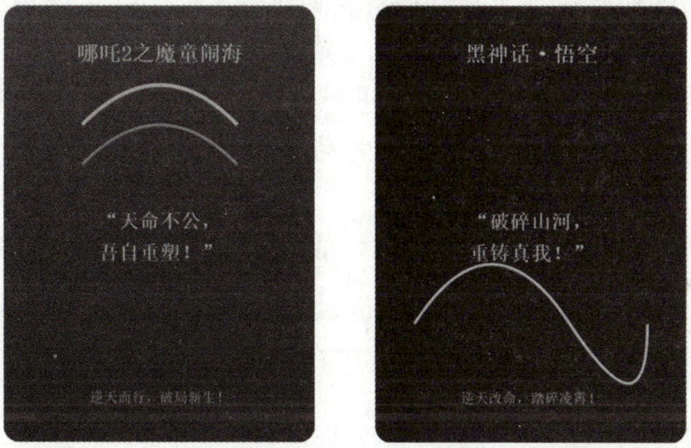

图 9-74　其他类型宣传卡片

在实施独特的情绪价值营销方法论时，通过精心设计的 Prompt 封装，并结合人工智能的能力，我们能够有效应对多种营销场景。以本次的情绪价值营销为例，此方法不仅显著提升了营销创意的产出效率，其更深层次的意义在于，它为营销专业人士提供了一款强力的头脑风暴工具。AI 所生成的营销语句，犹如创意的源泉，能够激发创意工作者的想象力，助力他们打破固有的思维框架，探索前所未有的创意空间。以下是这一理念的教材式表述：

在情绪价值营销领域，通过精确的 Prompt 设计，结合先进的人工智能技术，我们得以优化解决多样化的营销挑战。特别是在本次案例中，我们不仅见证了营销创意生成效率的提升，更为关键的是，我们为营销人员打造了一款高效的思维激发工具。人工智能所提供的创意输出，成为启发创意思维的宝贵资源，它能够推动创作者跳出传统思维的限制，开拓创新的营销思路，探索无限的可能性。

9.4 文创领域案例

9.4.1 案例 1 汇报内容生成

本节所使用到的 AI 工具有：

- Napkin（测试期间免费）：https：//www. napkin. ai/
- Gamma（生成内容需消耗积分，新用户赠送积分，用完需购买）：https：//gamma. app/
- 豆包（免费）：https：//www. doubao. com/
- 文心一言（免费）：https：//yiyan. baidu. com/

9.4.1.1 案例内容

可以通过豆包、文心一言等基础文字生成式大模型平台根据一个主题生成汇报或演讲大纲，再根据大纲，使用提示词工程的内容，通过提示词指导大模型一步步生成最优的汇报或演讲内容。之后将内容上传到 Napkin，根据文本内容，生产思维导图、流程图、数据图等内容，汇报人可以根据生成的内容，进行汇报过程的安排，再根据大纲内容，使用 Gamma 生成 PPT，将 Napkin 生成的图片内容粘贴到 PPT 中。只需要简单几步，就可以完成整个汇报内容的构建。

（1）以介绍小米 SU7 为例，通过文字生成式大模型生成一份 PPT 大纲，如图 9-75 所示。

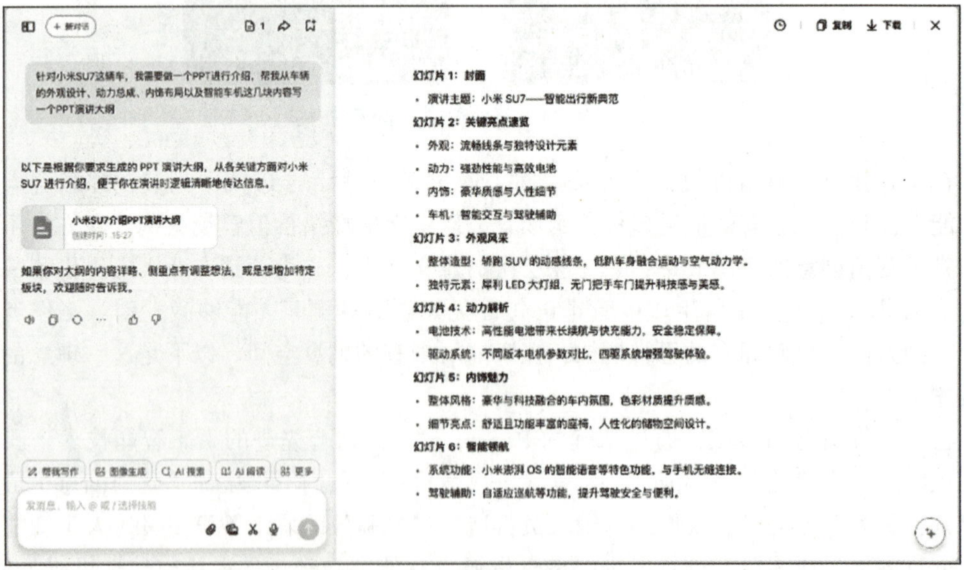

图 9-75 PPT 大纲生成

（2）如图 9-76 所示，转到 Gamma，将刚才的大纲上传至平台，生成一份 PPT 初稿的效果，如图 9-77 所示。

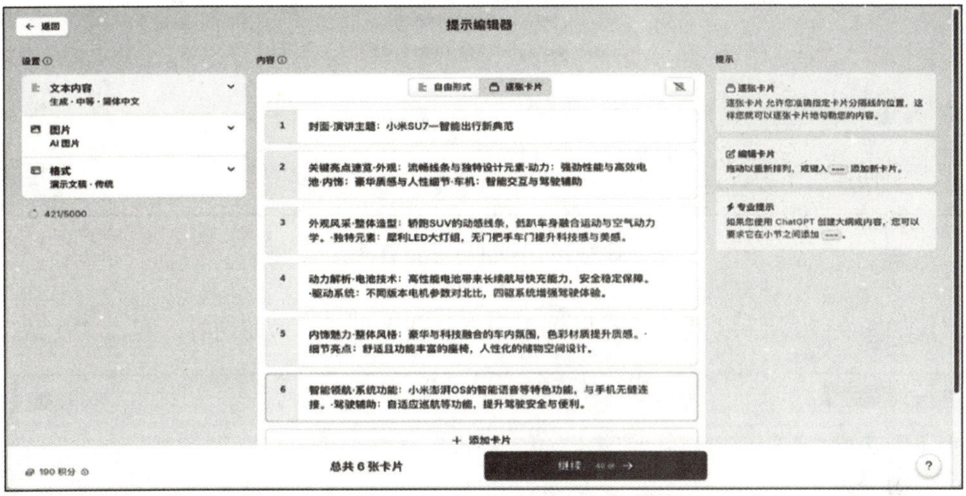

图 9-76　PPT 生成

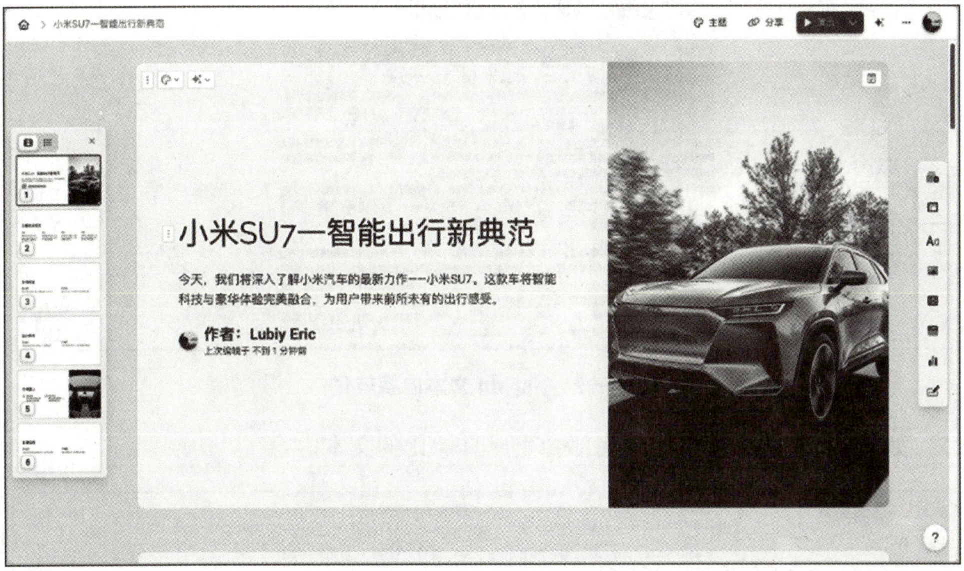

图 9-77　PPT 生成效果

（3）如图 9-78 所示，转到 Napkin 平台，根据大纲内容，将文字内容具像化。在平台中选择通过文本进行生成。

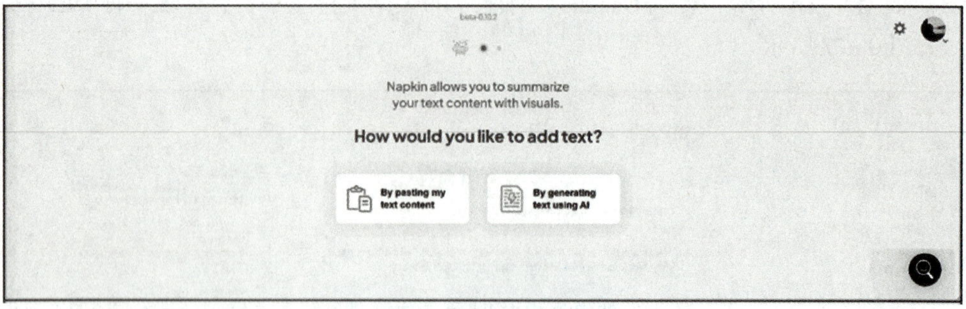

图 9-78　Napkin 平台首页

（4）如图 9-79 所示，将文本粘贴到平台上，选中想要转换的内容，点击“生成”。

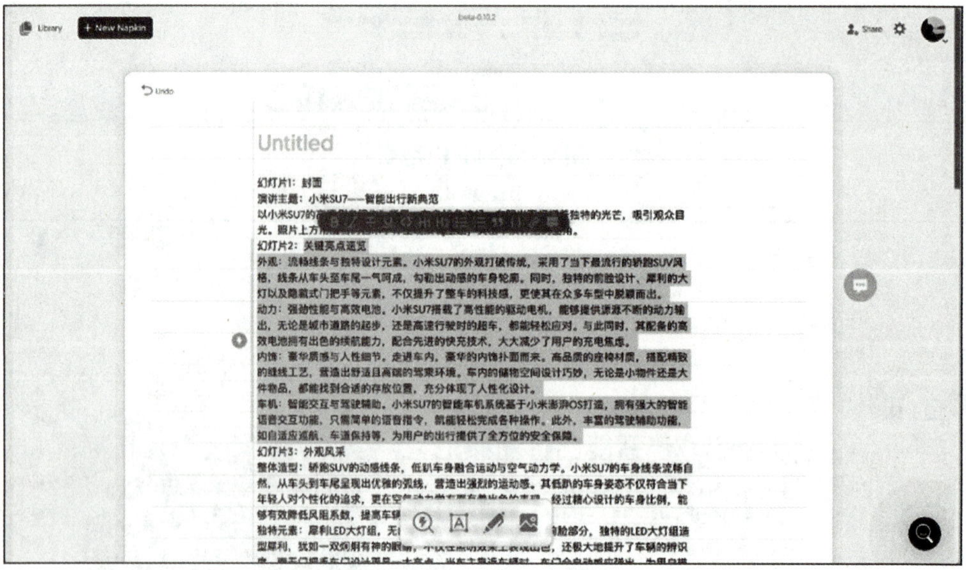

图 9-79　Napkin 文本内容转化

（5）如图 9-80 所示，在网页底部会生成具像化的文本内容。

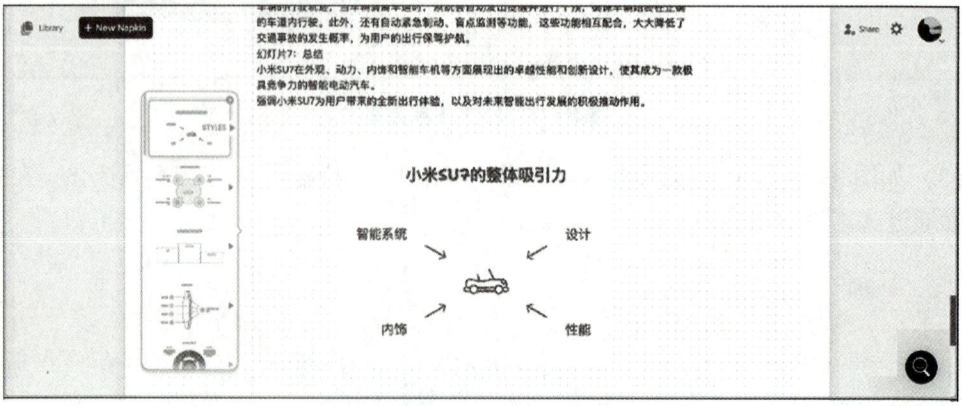

图 9-80　Napkin 文本内容转化效果

(6) 如图 9-81 所示，选择很合适的样式，即可生成一张图片并可保存到本地。

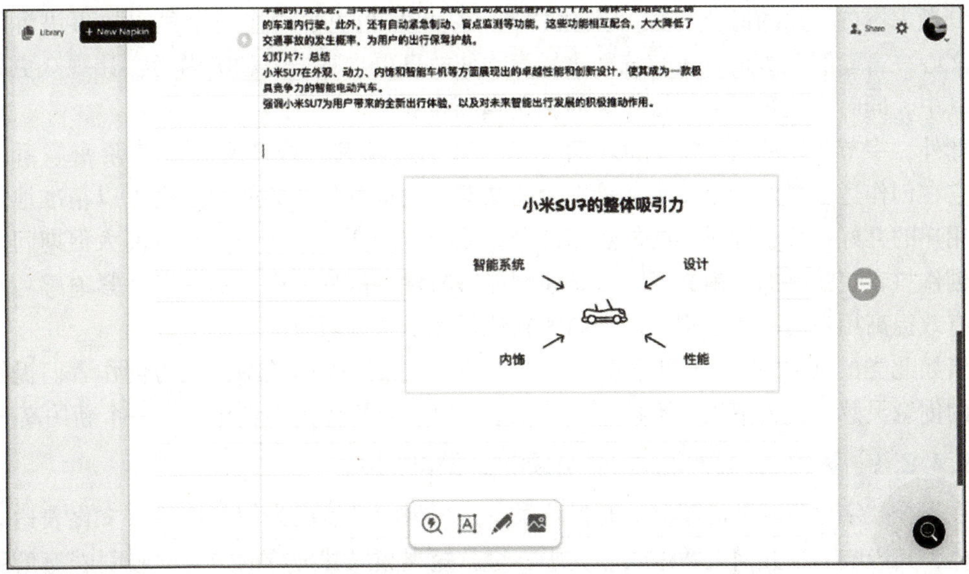

图 9-81　Napkin 文本内容保存

(7) 如图 9-82 所示，将生成的图片贴入到 Gamma 生成的 PPT 中。

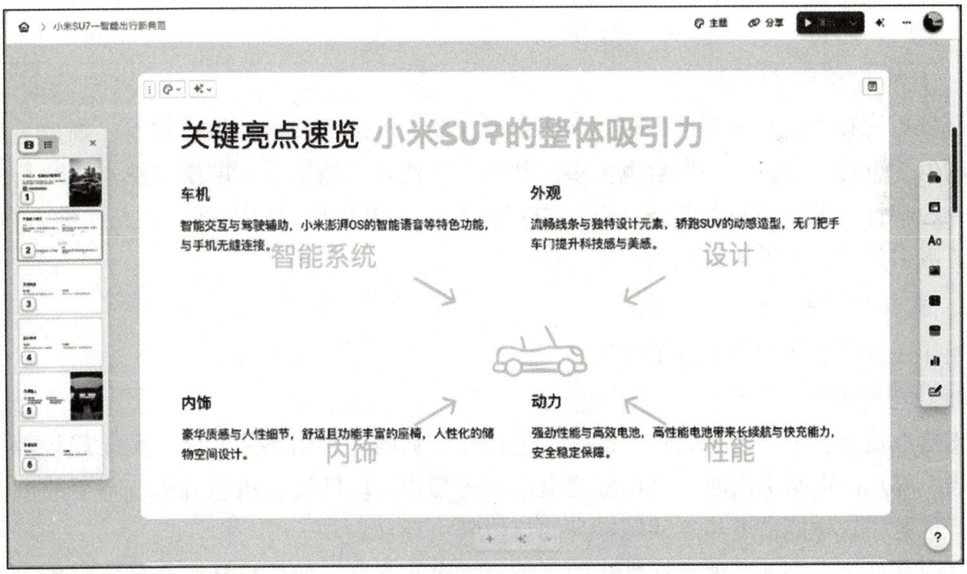

图 9-82　Napkin 与 Gamma 结合

以此来弥补 Gamma 生成图片能力不足的问题。

9.4.2　案例 2　AI 文案创作

随着抖音、快手、小红书等自媒体平台的爆火，内容创作的需求呈指数级增长，而 AI 大模型在文案写作领域的应用成为众多创作者的得力助手。

百度的文心一言，其对于中文语境的理解和优化独具优势。在进行文案创作时，它可以充分考虑国内用户的阅读习惯和文化背景。如果是为快手创作一个民间故事讲解的文案，文心一言能够巧妙地融入传统文化元素，使故事更具感染力和吸引力，让观众更容易沉浸其中，同时也能很好地与快手上的文化氛围相契合。

此外，字节跳动的云雀模型也不容小觑。作为一款和自媒体平台有着紧密联系的模型，它在创作适合抖音、今日头条等平台的文案方面有着独特的能力。它可以精准地分析平台用户的喜好趋势，针对不同的热点话题生成相应的文案。例如，在电商大促期间，为商家创作抖音短视频的促销文案，云雀模型能够将优惠信息、产品卖点以及紧迫感巧妙融合，有效提高用户的购买欲望，助力商家在流量竞争中脱颖而出。

诸如此类的 AI 大模型工具不仅极大地提高了文案写作的效率，还为创作者们提供了丰富的创意灵感，让文案创作不再是一件难事，推动自媒体内容创作走向一个新的高度。

9.4.2.1 利用 AI 制作爆款短视频的文案与脚本

在当今数字化浪潮汹涌澎湃的时代背景下，短视频已然成为信息传播与文化表达的关键载体，其影响力呈几何级数增长。其中，爆款短视频以其独特的魅力，吸引着海量用户的关注，成为创作者们竞相追逐的至高目标。在此情境中，人工智能技术如同一颗璀璨的启明星，闪耀在内容创作的苍穹。它为制作爆款短视频的文案与脚本开辟了崭新的路径和方法，赋予创作者们突破传统创作局限的能力，成为推动短视频行业高质量发展的强大动力。

1. 什么是爆款短视频

爆款短视频是在短视频平台短时间内获得超高关注度的内容。从数据看，播放量远超平台均值，点赞、评论、分享数也极多。其内容往往具有话题性，围绕着热点、流行文化等；有独特性，形式或观点创新；还能与观众产生情感共鸣，如搞笑、感人或励志内容，能广泛吸引用户，引发大量互动。

2. 制作爆款短视频的流程

制作爆款短视频主要有以下流程：

（1）选题策划

①热点追踪：关注当下的热点话题，包括社会新闻、娱乐事件、流行文化趋势等。例如，当一部热门电影上映时，可以围绕电影中的精彩片段解读、角色分析、幕后故事等角度进行选题，这样能借助热点话题本身的流量吸引观众。

②受众分析：深入了解目标受众的兴趣、需求和痛点。如果目标受众是年轻的职场人士，那么关于职场技能提升、职场人际关系处理等相关选题可能会更受欢迎。可以通过分析同类账号的粉丝评论、调研问卷等方式来获取信息。

③独特视角挖掘：尝试从与众不同的角度看待常见问题或话题。比如在美食领域，不只是介绍美食的制作方法，还可以从某种食材在不同文化中的差异这一独特视角来制作短视频。

（2）脚本创作

①结构设计：一个好的脚本要有清晰的结构，通常包括开头、中间和结尾。开头要能

迅速抓住观众的注意力，比如用一个惊人的事实、有趣的问题或精彩的画面开场。中间是内容的核心部分，应逻辑清晰地阐述主题。结尾可以给观众留下思考、引起情感共鸣或者引导互动，如提问、呼吁点赞分享等。

②台词撰写：台词要简洁明了、生动有趣且符合短视频的风格和目标受众。避免使用过于复杂、生僻的词汇。如果是搞笑类短视频，台词要充满幽默元素；若是知识类短视频，则要准确传达信息。

③场景安排：合理安排场景，考虑场景的转换是否自然流畅。对于剧情类短视频，场景的选择要能更好地烘托气氛，增强故事的表现力。例如，拍摄一个悬疑故事，可以选择昏暗的灯光、神秘的场所等场景。

（3）拍摄阶段

①设备准备：根据预算和拍摄需求选择合适的设备，如高清摄像机、手机等。同时要注意辅助设备的使用，如三脚架保持画面稳定，麦克风保证声音清晰。如果有特殊拍摄需求，如水下拍摄，还需要准备相应的特殊设备。

②拍摄技巧：运用多种拍摄技巧，如不同的镜头角度（特写、远景、中景等）、镜头运动（推、拉、摇、移等）来丰富画面。特写镜头可以突出细节，增强表现力；远景镜头则可以展示宏大的场景。在拍摄过程中，要注意光线的运用，保证画面的亮度和色彩的准确性。

（4）剪辑制作

①素材筛选：从拍摄的素材中挑选出最优质、最符合脚本内容的片段。这需要对素材有深入的理解，能够识别出哪些素材能够更好地传达主题和情感。

②剪辑手法：运用剪辑软件进行剪辑，包括剪辑片段的拼接、调整顺序、添加转场效果等。合适的转场效果可以使画面过渡更加自然。同时，可以通过剪辑来控制视频的节奏，快节奏的剪辑适合营造紧张刺激的氛围，慢节奏则更有利于情感的表达。

③添加元素：为视频添加字幕、音乐、音效等元素。字幕可以帮助观众更好地理解内容，尤其是在有复杂台词或者声音不够清晰的情况下。音乐和音效可以增强视频的氛围，如在恐怖视频中添加惊悚的音效，在温馨的视频中配上舒缓的音乐。

（5）发布与推广

①选择合适平台和时间发布：不同的短视频平台有不同的用户特点和算法机制。分析目标受众主要活跃的平台，如年轻用户更多集中在抖音，知识类用户可能在 B 站也有较多分布。同时，研究平台用户的活跃时间，一般晚上和周末是大多数平台用户活跃度较高的时段。

②标题和封面设计：创作吸引人的标题和封面。标题要简洁有力、有吸引力，能够准确传达视频的核心内容，同时可以适当使用悬念、夸张等手法。封面要选择视频中最精彩、最有代表性的画面，吸引用户点击观看。

③推广策略：利用平台内的推广工具，如抖音的 Dou+等，增加视频的曝光量。同时，可以与其他有影响力的账号进行合作，互相推荐，扩大视频的传播范围。还可以在其他社交平台上宣传自己的短视频，引导更多用户观看。

9.4.2.2 利用 AI 大模型制作爆款短视频的文案

如图 9-83 所示，根据上一节的内容，我们首先需要围绕时事进行选题。我们以美国总统大选事件为例，让豆包或其他大模型为我们生成一份爆款短视频文案。

以美国总统大选为题，帮我写一份爆款短视频文案

美国总统大选：权力舞台上的风云变幻

在世界政治的宏大舞台上，有一场举世瞩目的盛会 —— 美国总统大选。这不仅仅是美国人民的抉择时刻，更像是一场全球关注的政治风暴，其影响力如涟漪般扩散至世界的每一个角落。

每四年一次的大选，宛如一部情节跌宕起伏的政治巨制。从最初各个党派候选人的粉墨登场，那场面就如同璀璨星辰在政治夜空中竞相闪耀。你看，他们怀揣着各自的政治抱负，带着或激进、或保守的政治理念，试图在选民面前勾勒出一幅美好的美国蓝图。有的候选人激情澎湃地诉说着改善民生的计划，从提高最低工资、完善医疗保障体系到为教育注入新的活力，每一个承诺都像是一颗希望的种子，撒向选民的心田。而另一些则将目光聚焦于国际舞台，阐述着如何重塑美国在全球的领导地位，是加强盟友关系，还是奉行更为强硬的外交政策，这些话题都如同重磅炸弹，在舆论场中掀起层层巨浪。

竞选之路，那是荆棘密布又充满戏剧性的征程。电视辩论环节，堪称这场大选的重头戏。候选人在聚光灯下短兵相接，唇枪舌剑之间，火花四溅。他们需要在有限的时间里，精准地阐述自己的观点，同时还要机智地反击对手的质疑。每一个表情、每一个手势，都被镜头无限放大，成为选民解读的关键信息。这就像是一场没有硝烟的战争，只不过武器是言辞和智慧，而战场则是那一方小小的辩论台。在这里，候选人的政治素养、应变能力和个人魅力都被展露无遗。那些经典的辩论时刻，如肯尼迪与尼克松的电视对决，成为了美国大选历史上永恒的记忆，也成为了后世研究政治传播的经典案例。

而选民们，他们是这场大戏的主角。数百万计的选民走向投票站，手中的选票承载着他们对国家未来的期望。这些选票如同涓涓细流，汇聚成决定国家命运的洪流。在投票日，城市的街道、乡村的小镇都弥漫着一种庄重而紧张的气氛。人们排着长队，有的在热烈地讨论着候选人的优劣，有的则在默默沉思，这是民主最生动的画面，每一个选民都是历史的书写者。

图 9-83 视频文案内容生成

9.4.2.3 利用 AI 大模型制作爆款短视频的脚本

再将刚刚生成的文案内容，以反哺的方式，让大模型制作一个爆款短视频的脚本，如下表所示：

镜号	景别	时长	画面内容	台词	音效	拍摄地点
1	全景	0:00~0:08	繁华的城市街景，人们忙碌行走，镜头拉远至地球，聚焦美国版图，画面切换到美国历任总统的照片快速闪过	在世界政治的宏大舞台上，有一场举世瞩目的盛会——美国总统大选。这不仅仅是美国人民的抉择时刻，更像是一场全球关注的政治风暴	庄重的音乐声，人群嘈杂声	城市街道、室内剪辑画面
2	中景	0:08~0:25	不同党派候选人在各自竞选活动现场，向人群挥手、演讲，画面展示竞选海报和标语	每四年一次，各个党派候选人粉墨登场，怀揣政治抱负，带着或激进、或保守的理念，勾勒美国蓝图	激昂的竞选演讲声，人群欢呼声	竞选活动现场

续表

镜号	景别	时长	画面内容	台词	音效	拍摄地点
3	近景	0:25~0:40	候选人激情演讲，画面切换到展示民生问题的画面（如贫困家庭、医院病人、学校学生）	有的承诺改善民生，提高最低工资、完善医疗保障、为教育注入活力，每一个承诺都是希望的种子	演讲声持续，穿插轻微的环境音效	演讲台、民生相关场景
4	近景	0:40~0:55	另一位候选人在国际事务研讨会上演讲，穿插国际会议、军事行动、外交握手画面	还有人聚焦国际舞台，谈重塑美国全球领导地位，是加强盟友还是强硬外交，话题如重磅炸弹	演讲声，国际会议背景音	国际事务研讨会现场、相关国际场景
5	中景	0:55~1:20	电视辩论现场，两位候选人在灯光下激烈辩论，面部表情特写，手势动作展示，台下观众反应镜头	竞选之路，电视辩论是重头戏。候选人短兵相接，唇枪舌剑，每个表情手势都被放大	紧张的辩论音乐，观众的惊叹声、掌声	电视辩论现场
6	特写	1:20~1:30	肯尼迪与尼克松电视辩论的经典画面	经典辩论时刻，如肯尼迪与尼克松的对决，成为永恒记忆	历史资料的音频嘈杂声	资料画面展示
7	中景/近景	1:30~1:50	投票日，城市投票站外排起长队，人们交谈、沉思、填选票，乡村投票站有类似画面	数百万选民走向投票站，手中选票承载期望，这是民主的画面，选民是历史书写者	投票站的嘈杂声，纸张翻动声	城市、乡村投票站
8	全景	1:50~2:10	新总统当选后的庆祝场面，烟花绽放，总统发表就职演讲，画面切换到全球各地对美国大选结果的关注报道	大选结果震撼世界，新总统诞生，美国政策转向，影响全球政治、经济、外交等各个领域	庆祝音乐，新闻报道的声音	总统就职现场、世界各地新闻播放场景
9	全景	2:10~2:30	美国国旗飘扬，地球仪旋转，画面渐暗，出现字幕“美国总统大选权力与风云的交织”	这就是美国总统大选的魅力，权力交接、理念碰撞、全球格局演变的关键	音乐渐弱	室内画面渐暗处理

内容操作者便可以根据这份脚本进行视频内容的创作了。

课后习题

一、单项选择题

1. 以下哪个案例属于 AI 在通用领域的应用？（　　）

A. 商业数据分析　　B. AI 生成文字冒险游戏

C. 行业发展报告　　D. 自动代码测试

2. 以下哪个应用场景适用于 AI 在小说制作中的应用？（　　）

A. 生成人物对话　　B. 进行语法检测

C. 生成 3D 建模　　D. 数据可视化

3. AI 在行业发展报告中的作用包括（　　）。

A. 自动数据整理与分析　　B. 仅提供财务报表

C. 完全取代人类分析师　　D. 只能用于银行业

4. AI 在智慧办公场景中的典型应用是（　　）。

A. 自动生成会议纪要　　B. 自动驾驶

C. 生产自动化　　D. DNA 测序分析

二、多项选择题

1. AI 在生成文字冒险游戏时，主要依赖的技术包括（　　）。

A. 自然语言处理（NLP）　　B. 计算机视觉

C. 强化学习　　D. 语音合成

2. AI 视频故事生成的主要技术包括（　　）。

A. 计算机视觉　　B. 文本生成

C. 视频合成　　D. 机器翻译

3. 在海报制作案例中，AI 可以应用于（　　）。

A. 图像生成　　B. 版式优化

C. 色彩搭配　　D. 物理建模

4. AI 音频制作通常使用的技术包括（　　）。

A. 语音合成（TTS）　　B. 语音识别（ASR）

C. 计算机视觉　　D. 声音风格迁移

5. AI 视频制作的优势包括（　　）。

A. 降低制作成本　　B. 提高制作效率

C. 取代所有人类导演　　D. 提供个性化内容生成

6. 在金融领域，AI 可用于（　　）。

A. 预测市场趋势　　B. 生成行业发展报告

C. 进行代码自动补全　　D. 识别欺诈交易

7. AI 在电子商务中的应用包括（　　）。

A. 产品宣传内容创建　　B. AI 智慧办公

C. 情绪价值营销　　D. 代码编写自动化

8. AI 在文创领域的应用主要包括（　　）。

A. AI 文案创作　　B. 文学内容模仿创作

C. 代码自动生成　　D. 汇报内容生成

9. AI 在代码编程领域的应用主要体现在（　　）。

A. 自动代码补全　　B. 代码错误检测

C. 自动化代码测试　　D. 文学作品生成

三、思考题

1. AI 如何提高视频故事生成的效率和质量？
2. 在金融领域，AI 进行商业数据分析的主要挑战是什么？
3. 与传统内容创作方式相比，AI 在文创领域的优势和局限性是什么？
4. 如果你要在自己的项目中应用 AI+X 技术，你会选择哪个领域？为什么？

参考文献

[1] 郑纬民，汤志忠. 计算机系统结构[M]. 北京：清华大学出版社，2001.
[2] 申煜湘，胡亮. 大学信息技术实践指导[M]. 北京：商务印书馆，2023.
[3] 邵军力，张景，魏长华. 人工智能基础[M]. 北京：电子工业出版社，2000.
[4] 朱福喜，朱三元，伍春香. 人工智能基础教程[M]. 北京：清华大学出版社，2006.
[5] 梁晓峣. 昇腾 AI 处理器架构与编程：深入理解 CANN 技术原理及应用[M]. 北京：清华大学出版社，2019.
[6] 王珏，周志华，周傲英. 机器学习及其应用[M]. 北京：清华大学出版社，2006.
[7] 史忠植，师昌绪. 高级人工智能[M]. 北京：科学出版社，1998.
[8] 钱永刚. 钱学森精神读本[M]. 上海：上海交通大学出版社，2019.
[9] 阎平凡，张长水. 人工神经网络与模拟进化计算[M]. 北京：清华大学出版社，2005.
[10] 贲可荣，张彦铎. 人工智能[M]. 北京：清华大学出版社，2006.
[11] 石纯一，黄昌宁. 人工智能原理[M]. 北京：清华大学出版社，1993.
[12] 阎平凡，张长水. 人工神经网络与模拟进化计算[M]. 北京：清华大学出版社，2005.
[13] 李开复. AI · 未来[M]. 杭州：浙江人民出版社，2018.
[14] 李航. 机器学习方法[M]. 北京：清华大学出版社，2022.
[15] 于俊清，王士贤，吴驰，等. 高校信息化建设与管理：管理篇[M]. 武汉：华中科技大学出版社，2021.
[16] 甘利杰，孔令信，马亚军. 大学计算机基础教程[M]. 重庆：重庆大学电子音像出版社，2017.
[17] 王俊伟，陶丽. 计算机综合应用标准教程[M]. 北京：清华大学出版社，2005.
[18] 马时来. 计算机网络实用技术教程[M]. 北京：清华大学出版社，2003.
[19] 白玥. 大学计算机基础实践教程[M]. 北京：清华大学出版社，2005.
[20] 李青，王云铭，吴波. 计算机基础与实验教程[M]. 西安：西安交通大学出版社，2006.
[21] 毛汉书，徐秋红，翟晓明. 计算机应用技术基础[M]. 北京：清华大学出版社，2006.
[22] 武万军. WPS 办公应用入门教程[M]. 重庆：重庆大学电子音像出版社，2023.
[23] 王诚君，朱孟辉. 新编微机应用教程[M]. 北京：清华大学出版社，2006.
[24] 李晶晶，童柳溪. 电脑入门教程[M]. 北京：清华大学出版社，2005.
[25] 王文杰，史忠植. 人工智能原理辅导与练习[M]. 北京：清华大学出版社，2007.
[26] 田鸿，孙宝刚. 大学计算机基础与应用实验指导[M]. 重庆：重庆大学电子音像出版

社，2021.
[27] 黄永生. 中文版 AutoCAD 2021 基础教程：微课版[M]. 北京：清华大学出版社，2022.
[28] 陈强，叶兵，朱玉娥. Internet 应用教程(第二版)[M]. 北京：清华大学出版社，2005.
[29] 徐薇. Word 2019 文档处理实例教程：微课版[M]. 北京：清华大学出版社，2021.
[30] 刘义，崔健. Excel 2019 电子表格实例教程(微课版)[M]. 北京：清华大学出版社，2020.
[31] 王宜怀，刘晓升. 嵌入式应用技术基础教程[M]. 北京：清华大学出版社，2005.
[32] 赵军. Python 程序设计第一课[M]. 北京：清华大学出版社，2018.
[33] 马亚军，刘振东，孔令信. Python 程序设计实践[M]. 重庆：重庆大学电子音像出版社，2021.
[34] 阿卡普拉沃·包米克. 机器意识：人工智能如何为机器人装上大脑[M]. 北京：机械工业出版社，2021.
[35] 刘丙润. AI 爆款文案[M]. 北京：北京大学出版社，2024.
[36] 曾志超，王楠，陈韵巧. AI 办公应用实战一本通[M]. 北京：人民邮电出版社，2023.
[37] 秘蓉新，翟尤. AI 大模型安全观[M]. 北京：人民邮电出版社，2023.
[38] 刘丙润. AI 智能写作[M]. 北京：北京大学出版社，2024.
[39] 蔡越. AI 赋能写作[M]. 北京：北京大学出版社，2024.
[40] 刘少杰，王建民. 中国网络社会研究报告[M]. 北京：中国人民大学出版社，2024.
[41] 牛凯，贺志强. 人工智能与智慧医疗[M]. 北京：化学工业出版社，2024.
[42] 龚超，张鹏宇，陈迅. 生成式 AI 绘画[M]. 北京：化学工业出版社，2024.
[43] 李金洪，韩博，王细薇. AI 助力 Python 编程做与学[M]. 北京：化学工业出版社，2024.
[44] 邱锡鹏. 神经网络与深度学习[M]. 北京：机械工业出版社，2021.
[45] 伊恩·古德费洛，约书亚·本吉奥，亚伦·库维尔. 深度学习[M]. 北京：人民邮电出版社，2017.
[46] 吕晓玲，宋捷. 大数据挖掘与统计机器学习[M]. 北京：中国人民大学出版社，2016.
[47] 俞栋，邓力. 解析深度学习[M]. 北京：电子工业出版社，2016.
[48] 叶韵. 深度学习与计算机视觉[M]. 北京：机械工业出版社，2018.
[49] 赵卫东，董亮. 机器学习[M]. 北京：人民邮电出版社，2018.
[50] 张玉宏. 深度学习之美[M]. 北京：电子工业出版社，2018.
[51] 何之源. 21 个项目玩转深度学习[M]. 北京：电子工业出版社，2018.
[52] 江涵丰. ChatGPT 时代：ChatGPT 全能应用一本通[M]. 北京：北京大学出版社，2023.